TRAINING

Biologie – Mittelstufe 2

Harald Steinhofer · Jürgen Rojacher

STARK

Autoren

Harald Steinhofer betreute nach seinem Lehramtsstudium und dem anschließenden Referendariat als Fachredakteur die Biologie-Unterrichtswerke des Stark Verlags. Seine Freude am Unterrichten veranlasste ihn aber, nach einigen Jahren doch wieder in den Lehrberuf zurückzukehren. Seit dem Jahr 2004 ist er als Biologie- und Chemielehrer am Anne-Frank-Gymnasium Erding tätig. Die Freude am Erstellen guter Lernmaterialien für Schülerinnen und Schüler ließ Herrn Steinhofer ab 2009 als Autor tätig werden. Mittlerweile hat er an diversen Schüler- und Lehrerprodukten des Stark Verlags mitgewirkt.

Jürgen Rojacher unterrichtet seit 2008 am Anne-Frank-Gymnasium Erding die Fächer Biologie und Chemie. Seine Fähigkeit, komplexes Fachwissen anschaulich und auf verschiedenen Anforderungsniveaus vermitteln zu können, stellte er bereits als Autor mehrerer Werke zur Unterrichts- und Prüfungsvorbereitung unter Beweis. Daneben ist er Coautor eines erfolgreichen Biologielehrbuchs für Medizinstudenten.

www.stark-verlag.de
1. Auflage 2013

Inhalt

Fortsetzung nächste Seite

Autor: Harald Steinhofer, Jürgen Rojacher

1 Nervensystem

1.1 Das Reiz-Reaktions-Schema

Eine Eule sitzt nachts auf ihrem Ansitz und lauscht. Plötzlich dreht sie den Kopf in eine bestimmte Richtung, um kurz darauf abzuheben und eine Maus zu erbeuten, die im Laub geraschelt hat.
Sinnesorgane sind zu enormen Leistungen fähig. Sie können unterschiedlichste Reize aufnehmen, die vom Nervensystem verarbeitet werden und gegebenenfalls zu einer beobachtbaren Reaktion führen. Dies lässt sich am Beispiel der Eule verdeutlichen: Von ihrem Ansitz aus lauscht sie, bis sie ein Rascheln in der Umgebung hört. Die Signale, die das Gehör aufnimmt, werden im Gehirn verarbeitet. Hierauf folgt die Reaktion des Kopfwendens. Das Auffliegen der Eule stellt eine weitere Reaktion auf die Reize dar.
Am Beispiel eines Völkerballspiels lässt sich dieses **Reiz-Reaktions-Schema** auch auf den Menschen anwenden: Ein Schüler beobachtet einen Gegenspieler, der ihn mit dem Ball abwerfen will. Sobald der Gegner den Ball wirft, nehmen die Augen des Schülers die Geschwindigkeit und die Abwurfrichtung wahr. Die von den Augen kommenden Informationen werden vom Gehirn verarbeitet, das die wahrscheinliche Flugbahn errechnet. Hierauf erfolgt die Reaktion des Ausweichens oder Fangens. Ein detaillierter Ablauf des Reiz-Reaktions-Schemas ist in der folgenden Abbildung dargestellt.

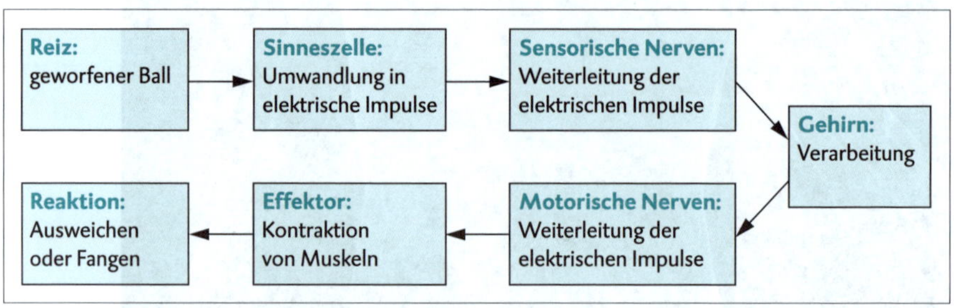

Abb. 1: Reiz-Reaktions-Schema am Beispiel Völkerball

Das dargestellte Reiz-Reaktions-Schema lässt sich für sämtliche Reaktionen des menschlichen Körpers verallgemeinern. Ein **Reiz** wird von einem **Sinnesorgan** wahrgenommen. Die **Sinneszellen** wandeln den Reiz in einen **elektrischen Impuls** um, der über **sensorische Nervenbahnen (Sinnesnerven)** vom Sinnesorgan häufig über das Rückenmark zum **Gehirn** geleitet wird. Die eingehenden Informationen werden im Gehirn verarbeitet. Von dort werden

elektrische Impulse über **Befehlsnerven** zu den ausführenden Organen geschickt, den **Effektoren**. Bei diesen handelt es sich häufig um Muskeln. Die Nervenbahnen, die zu den Muskeln führen, werden als **motorische Nervenbahnen (Bewegungsnerven)** bezeichnet. Gelangt der elektrische Impuls zum Muskel, bewirkt er dessen Kontraktion (Zusammenziehen). Es ist also eine **Reaktion** erkennbar. Neben den Muskeln gibt es auch noch andere Effektoren wie innere Organe oder Drüsen.

> Die **Sinneszellen** der jeweiligen **Sinnesorgane** nehmen die **Reize** aus der Umwelt auf und wandeln sie in elektrische **Signale** um, die über **Sinnesnerven** ins **Gehirn** geleitet und dort verarbeitet werden. Als Reaktion darauf werden vom Gehirn aus elektrische **Signale** über die **Befehlsnerven** zu den **Effektoren** geleitet.

1.2 Nervensysteme unterschiedlicher Tierstämme

Alle Lebewesen nehmen Informationen aus der Umwelt auf und verarbeiten diese. Tiere haben unterschiedlichste Sinnesorgane entwickelt, mit denen sie Reize wahrnehmen, die dann durch ihre Nervenzellen verarbeitet werden. Bei den einzelnen Tierstämmen sind verschiedene Typen von **Nervensystemen** vorhanden, in denen die Nervenzellen angeordnet sind bzw. zusammenarbeiten. Da die Nervenzellen bei allen Tierstämmen ähnlich aufgebaut sind, kann man schlussfolgern, dass sich dieser Zelltyp vermutlich schon sehr früh in der Evolution entwickelt hat.

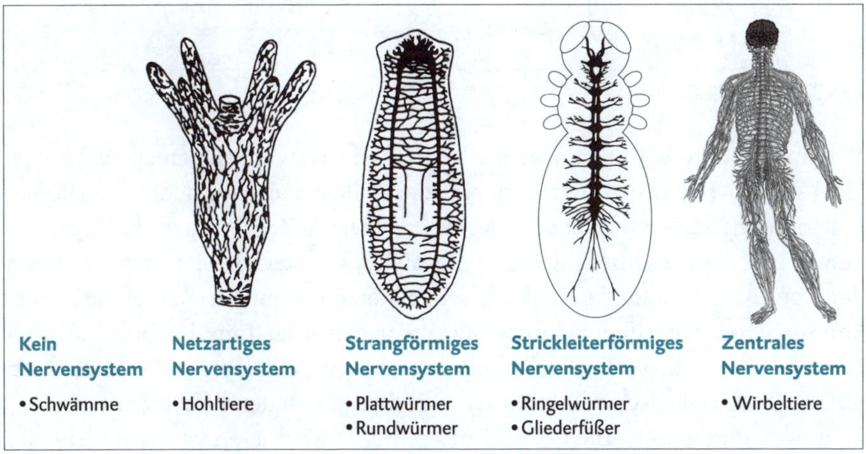

Abb. 2: Nervensysteme unterschiedlicher Tierstämme

Eine Tendenz in der evolutionären Entwicklung des Nervensystems ist die **Zentralisation**. Bei vielen Tierstämmen bildeten sich im Laufe der Zeit ein Gehirn oder Nervenknoten (Ganglien) mit gehirnähnlicher Funktion heraus. Diese Verarbeitungszentren ermöglichen es, komplexere Informationen zu verrechnen bzw. kompliziertere Bewegungsmuster auszuführen, sodass sich die Überlebenschancen dieser Tiere erhöhten. In der Abbildung 2 sind die Nervensysteme einiger Tierstämme vereinfacht dargestellt.

1.3 Die Nervenzelle

Die kleinste Einheit des Nervensystems ist die **Nervenzelle (Neuron)**. Im menschlichen Nervensystem befinden sich ca. 20 Milliarden Neuronen, die sich alle in ihrem Aufbau prinzipiell gleichen.

Bau einer Nervenzelle

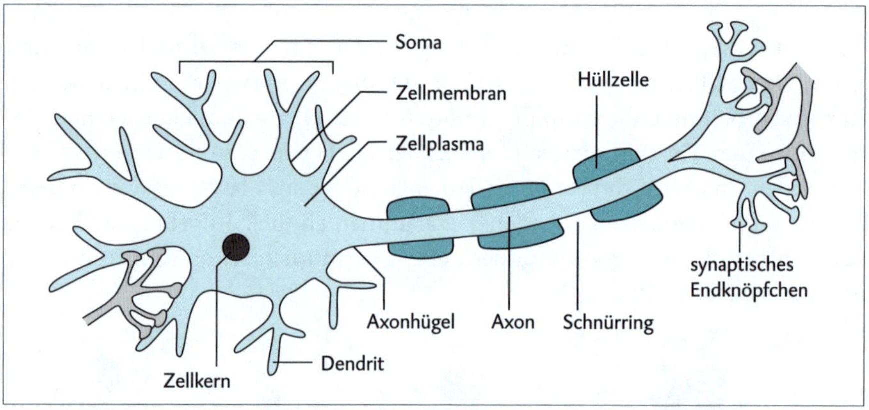

Abb. 3: Bau einer Nervenzelle

Wie in Abbildung 3 erkennbar ist, besitzt jede Nervenzelle einen plasmareichen **Zellkörper (Soma)**, in dem sich der Zellkern und die anderen Zellorganellen befinden. Vom Zellkörper gehen zahlreiche Zellfortsätze ab. Unter anderem nach der Richtung der Erregungsleitung unterscheidet man zwischen den **Dendriten** und dem **Axon**, wobei letzteres immer nur einfach vorkommt. Die Dendriten nehmen Signale (elektrische Impulse) von anderen Nerven- oder Sinneszellen auf und leiten sie zum Zellkörper weiter. Das Axon überträgt die elektrischen Impulse vom Zellkörper zu den Effektoren wie Muskeln oder inneren Organen bzw. Drüsen. Bei Wirbeltieren ist das Axon einer Nervenzelle von **Hüllzellen** (auch **Gliazellen** oder **Schwann'sche Zellen** genannt) umgeben. Zwischen den einzelnen Hüllzellen befinden sich etwa 1–2 µm lange Unterbrechungen, die als **Schnürringe** bezeichnet werden. Axon und Hüllzellen werden gemeinsam als **Nervenfaser** bezeichnet, die Gesamtheit der Hüllzellen an einem Axon wird **Myelinscheide** genannt. Der Ursprung des Axons befindet sich am **Axonhügel**, der unmittelbar am Zellkörper ansetzt. Das Axon tritt an seinem Ende in Kontakt mit den Dendriten einer anderen Nervenzelle oder der Zellmembran der Effektoren. Diese Kontakte werden als **Synapsen** bezeichnet. Am Axon befinden sich hier zahlreiche kleine Verdickungen, die **synaptischen Endknöpfchen**.

Erregungsleitung

Erreicht die Dendriten ein Signal, so leiten sie dieses an den Zellkörper weiter. Hier werden alle eingehenden Signale verrechnet. Ist die Erregung am Zellkörper groß genug, entsteht am Axonhügel ein **elektrischer Impuls**, der über das Axon zu den Zielzellen geleitet wird. Ein solcher Impuls, ein sogenanntes **Aktionspotenzial**, kann von der Nervenzelle nur am Axonhügel erzeugt werden, wodurch gewährleistet ist, dass die Erregungsleitung nur in eine Richtung ablaufen kann. Die Hüllzellen schützen und isolieren die Axone und beschleunigen die Weiterleitung des elektrischen Impulses. Gelangt das Signal zu einem synaptischen Endknöpfchen, tritt die Nervenzelle mit der Zielzelle in Kontakt (siehe Kapitel 1.4).

> Gelangt ein Signal über einen Dendriten zu einer Nervenzelle, so wird, wenn die Erregung groß genug ist, am Axonhügel ein **elektrischer Impuls** erzeugt **(Aktionspotenzial)**, der über die Nervenfaser bis zum synaptischen Endknöpfchen geleitet wird.

1.4 Die Synapse

Als **Synapse** wird die Kontaktstelle zwischen zwei Nervenzellen bzw. zwischen einer Nervenzelle und der Zellmembran einer Effektorzelle, beispielsweise einer Muskel- oder einer Drüsenzelle, bezeichnet. Ein Neuron bildet am Ende seines Axons durchschnittlich ca. 1 000 Kontakte aus und trägt etwa 10 000 Verbindungen an seinen Dendriten.

Aufbau einer Synapse

Am Ende des Axons befinden sich zahlreiche Verdickungen, die **synaptischen Endknöpfchen** (siehe Abb. 3 und 4). Zwischen einem Endknöpfchen und der Membran der Zielzelle befindet sich ein kleiner Zwischenraum, der als **synap-**

tischer Spalt bezeichnet wird. Die Membran des Endknöpfchens, die an den synaptischen Spalt grenzt, wird als **präsynaptische Membran** (lat. *prae* vor) bezeichnet, die der Zielzelle als **postsynaptische Membran** (lat. *post* nach). Im synaptischen Endknöpfchen befinden sich zahlreiche **Membranbläschen (Vesikel)**, in denen sich **chemische Botenstoffe (Transmitter)** zur Kommunikation mit der Zielzelle befinden. Auf der postsynaptischen Membran sitzen **Rezeptoren**, in die die Transmitter nach dem **Schlüssel-Schloss-Prinzip** passen. An diese Rezeptoren sind **Ionenkanäle** gekoppelt, die spezifischen Ionen den Durchtritt durch die postsynaptische Membran ermöglichen.

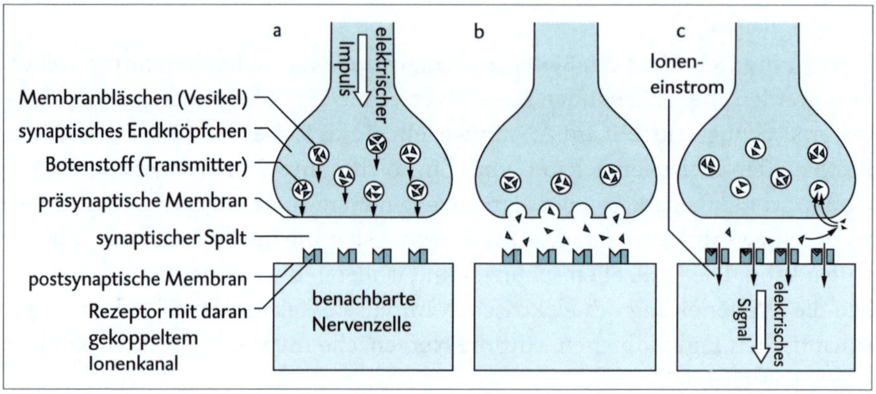

Abb. 4: Aufbau einer Synapse und Ablauf der Erregungsleitung

Erregungsleitung an einer Synapse

Gelangt ein elektrischer Impuls an das synaptische Endknöpfchen, bewegen sich die Vesikel mit den Transmittern in Richtung präsynaptische Membran (siehe Abb. 4a). Die Vesikelmembran verschmilzt mit der präsynaptischen Membran, wodurch die Transmitter in den synaptischen Spalt freigesetzt werden (siehe Abb. 4b). Die Botenstoffe diffundieren durch den synaptischen Spalt zur postsynaptischen Membran. Dort binden sie an die Rezeptoren, wodurch die mit diesen gekoppelten Ionenkanäle geöffnet werden und Ionen in die Zielzelle strömen (siehe Abb. 4c). Der Ioneneinstrom erzeugt ein elektrisches Signal, das je nach Zielzelle unterschiedliche Auswirkungen haben kann. Bei einer Muskelzelle führt es beispielsweise zu einer Kontraktion. Sobald die Transmitter freigesetzt worden sind, wird mit deren Rücktransport in das synaptische Endknöpfchen begonnen, um eine Dauererregung zu verhindern. Häufig werden die Transmitter hierzu durch Enzyme in Bruchstücke zerlegt. Diese werden an der präsynaptischen Membran aufgenommen und in Vesikel eingeschleust. Dort werden sie gegebenenfalls wieder zu funktionsfähigen

Transmittern zusammengefügt. Nach und nach werden alle Botenstoffe im synaptischen Spalt von den Enzymen abgebaut und deren Bruchstücke wieder ins synaptische Endknöpfchen aufgenommen, sodass die Rezeptoren wieder unbesetzt sind. Hierdurch schließen sich die Ionenkanäle wieder und der Ioneneinstrom in die Zielzelle versiegt.

Die Bindung der Transmitter an die Rezeptoren der postsynaptischen Membran erfolgt nach dem **Schlüssel-Schloss-Prinzip:** Jeder Transmitter besitzt eine einzigartige Struktur, sodass er nur zu einem ganz bestimmten Rezeptor passt.

1.5 Das Nervensystem des Menschen

Das menschliche Nervensystem wird grob in zwei Teile untergliedert:

- Das **zentrale Nervensystem (ZNS)**, das aus Rückenmark und Gehirn besteht.
- Das **periphere Nervensystem (PNS)**, das sich aus Sinnes- und Befehlsnerven zusammensetzt.

Im zentralen Nervensystem befindet sich mit ca. 20 Milliarden Zellen ein Großteil der Nervenzellen. Das periphere Nervensystem enthält hingegen nur etwa 20 Millionen Neuronen.

Das periphere Nervensystem (PNS)

Das periphere Nervensystem setzt sich aus einer sensorischen Untereinheit aus Sinnesnerven und einer motorischen Untereinheit, die aus Befehlsnerven besteht, zusammen. Dieser Teil des Nervensystems ist aber zu weit mehr fähig, als bloß Leitungsbahnen bereitzustellen.
Ein Teil des PNS arbeitet vollkommen eigenständig. Dieser Bereich wird **vegetatives** (oder **autonomes**) **Nervensystem** genannt. Es koordiniert das innere Gleichgewicht des Körpers **(Homöostase)** und passt es gegebenenfalls den auftretenden Belastungen an, indem es verschiedene Organe aktiviert oder hemmt. Das vegetative Nervensystem besteht aus zwei Untereinheiten, dem **Sympathikus** und dem **Parasympathikus**. Die Nervenstränge des Sympathikus verlaufen vom Rückenmark zu Nervenknoten (Ganglien), die auf beiden Seiten parallel zur Wirbelsäule liegen und die sogenannten Grenzstränge bilden (siehe Abb. 5), und von dort aus weiter zu den inneren Organen. Der Parasympathikus entspringt aus bestimmten Gehirnnerven und einigen Nerven des Rückenmarks im Bereich des Kreuzbeins.

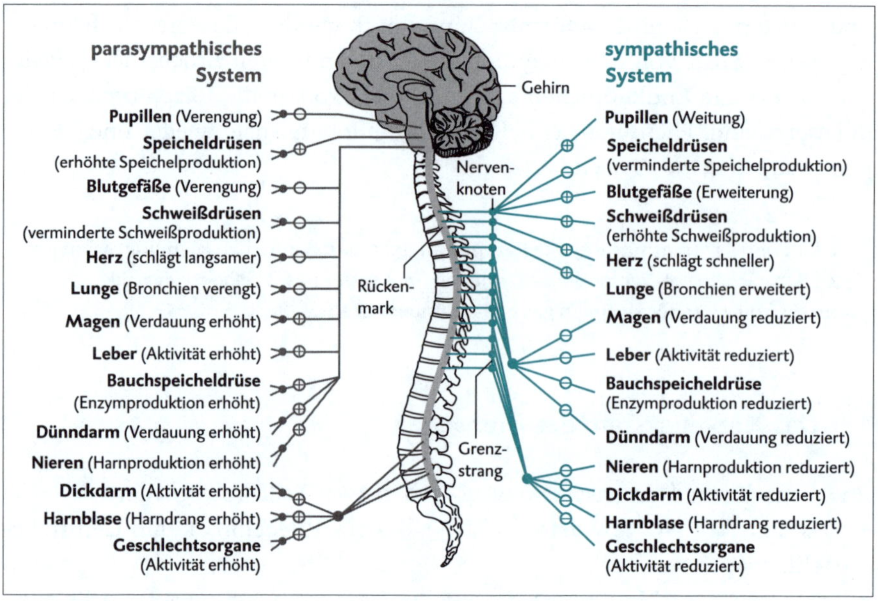

Abb. 5: Aufbau und Wirkungsweise von Sympathikus und Parasympathikus

Der Sympathikus wirkt aktivierend auf Organe, die die körperliche Leistungsfähigkeit steigern können, und hemmt die anderen Organe. Er wirkt somit als Alarmsystem in Stress- und Gefahrensituationen. So erhöht er beispielsweise die Herz- und die Atemfrequenz und dämpft die Organe, die an der Verdauung beteiligt sind. Dadurch bewirkt er eine rasche Energiebereitstellung für die Muskulatur. Der Parasympathikus dagegen aktiviert Organe, die zur Regeneration bzw. zum Aufbau von Energiereserven benötigt werden. Er hemmt die Organe, die die Leistungsfähigkeit steigern und somit den Energieverbrauch erhöhen.

Sympathikus und Parasympathikus arbeiten als **Antagonisten** zusammen, um das innere Gleichgewicht zu halten bzw. der jeweiligen Situation anzupassen.

Sympathikus und Parasympathikus beeinflussen viele Organe gleichzeitig. Meist wirken sie als **Gegenspieler (Antagonisten)**.

Das zentrale Nervensystem

Das zentrale Nervensystem gliedert sich in das **Gehirn** und das **Rückenmark**. Im Gehirn finden unter anderem Denk-, Speicher- und Verarbeitungsvorgänge statt und es werden komplexe Verhaltensmuster erzeugt. Das Rückenmark übernimmt im Wesentlichen eine Weiterleitungs- und Verteilungsfunktion der elektrischen Impulse, die im Gehirn und in den Sinneszellen erzeugt werden. Einige einfache Reaktionen können aber auch direkt über das Rückenmark veranlasst werden.

Das Rückenmark

Das Rückenmark geht am Hinterhauptsloch aus dem Gehirn hervor. Bei einem ausgewachsenen Menschen ist es knapp 50 cm lang und fingerdick. Es liegt geschützt im Wirbelkanal, der von den einzelnen Rückenwirbeln gebildet wird. Im Querschnitt des Rückenmarks erkennt man die innen liegende **graue Substanz** und die außen liegende **weiße Substanz**. In der grauen Substanz befinden sich überwiegend die Zellkörper der Nervenzellen, in der weißen die Leitungsbahnen. 31 Paar Rückenmarksnerven (Spinalnerven) gehen vom Rückenmark jeweils zwischen den Wirbeln in das periphere Nervensystem über. Diese Nervenbündel sind in der Nähe des Rückenmarks in die **vordere** und die **hintere Wurzel** unterteilt. In der vorderen Wurzel verlassen motorische Nervenfasern das Rückenmark, während in der hinteren sensorische Nervenfasern zum Rückenmark ziehen, die vorher im **Spinalganglion** gebündelt worden sind (siehe Abb. 6).

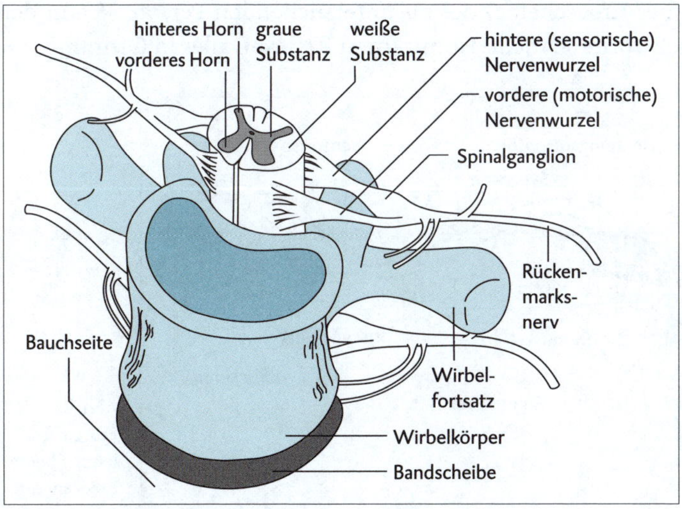

Abb. 6: Aufbau und Lage des Rückenmarks

Betrachtet man die Querschnittsfläche des Rückenmarks, so ähnelt die graue Substanz in ihrer Form einem Schmetterling. Analog zur vorderen und hinteren Wurzel bezeichnet man die „Flügel“ der grauen Substanz als vorderes und hinteres Horn.

Einige Reaktionen des menschlichen Körpers werden vom Rückenmark und nicht vom Gehirn gesteuert. Das ist möglich, da die Zellkörper der motorischen Nerven in der grauen Substanz liegen und somit direkt mit sensorischen Nervenbahnen gekoppelt werden können. Solche Reaktionen, die im Rückenmark und nicht im Gehirn verarbeitet werden, bezeichnet man als **Reflexe**. Normalerweise übernimmt das Rückenmark die Weiterleitung der über die **sensorischen Nerven** eintreffenden Impulse an das Gehirn. Bei einem Reflex wird das Signal jedoch direkt **im Rückenmark verarbeitet** und über einen **motorischen Nerv** zum jeweiligen **Effektor** weitergeleitet. Hierdurch ist der Weg, den der Impuls zurücklegen muss, kürzer, wodurch die Reaktion schneller eintreten kann.

> **Reflexe** sind schnelle Handlungen, die unbewusst ablaufen. Meist werden sie über das Rückenmark gesteuert und dienen dem Schutz des Körpers, weshalb sie auch als **Schutzreflexe** bezeichnet werden.

Um das Funktionieren der Reflexe von Kindern zu testen, überprüfen Ärzte schon im jungen Alter beispielsweise den **Kniesehnenreflex**. Hierbei schlägt der Mediziner mit einem kleinen Hämmerchen vorsichtig auf die Kniesehne (direkt unterhalb der Kniescheibe) der zu untersuchenden Person. Wenn der Unterschenkel nach vorne schnellt, ist mit ihren Reflexen alles in Ordnung.

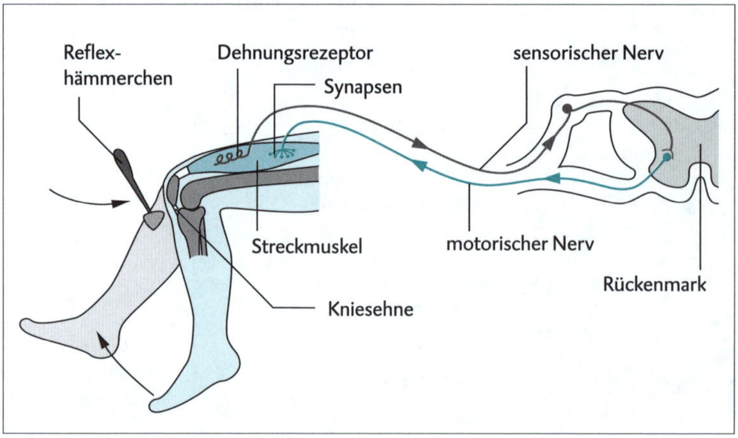

Abb. 7: Erregungsleitung beim Kniesehnenreflex

In Abbildung 7 ist der Verlauf des Kniesehnenreflexes mit den zugehörigen Nervenfasern und Organen dargestellt. Wird die **Kniesehne** z. B. durch einen **leichten Schlag** mit einem Hammer gedehnt, so entsteht ein Zug auf den

Oberschenkelmuskel. Hier befinden sich **Dehnungsrezeptoren**, also **Sinneszellen**, die die Dehnung des Muskels wahrnehmen und daraufhin ein Signal erzeugen. **Sensorische Nerven** leiten den elektrischen Impuls zum **Rückenmark**. In der grauen Substanz befinden sich Synapsen zwischen den sensorischen und den **motorischen Nerven**. Gelangen Impulse an diese Synapsen, so werden die motorischen Nerven erregt und leiten ihrerseits elektrische Signale zum **Effektor**, bei dem es sich in diesem Fall um den **Oberschenkelmuskel** handelt. Kommen die Impulse an den Synapsen am Oberschenkelmuskel an, so verkürzt sich dieser und der Unterschenkel schnellt nach vorne. Ein solches Reiz-Reaktions-Schema für einen Reflex wird **Reflexbogen** genannt und ist in Abbildung 8 dargestellt.
Der Kniesehnenreflex schützt uns Menschen vor Stürzen. Stolpern wir, weil einer unserer Füße an einem Hindernis hängen bleibt, so schnellt der Unterschenkel nach vorne und fängt uns ab.

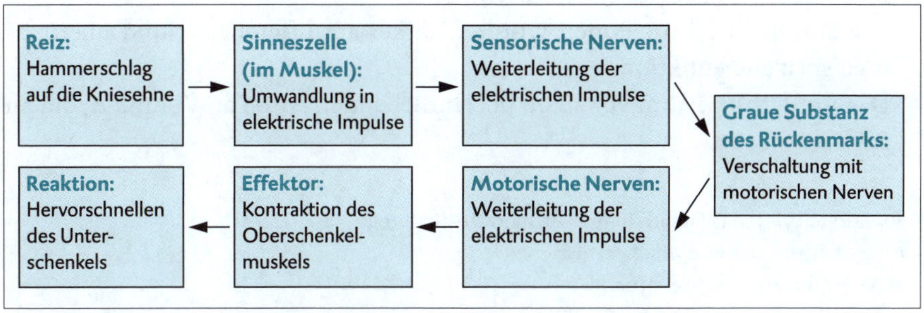

Abb. 8: Reflexbogen des Kniesehnenreflexes

Da Reflexe unterschiedlich gestaltet sein können, werden sie in verschiedene Gruppen unterteilt:

- **Monosynaptische Reflexe:** Bei diesen Reflexen sind sensorische und motorische Neuronen direkt miteinander verknüpft.
- **Polysynaptische Reflexe:** Dabei sind zwischen sensorischen und motorischen Neuronen ein oder mehrere sogenannte Interneurone (Schaltneurone, Zwischenneurone) geschaltet.
- **Eigenreflex** (häufig monosynaptisch): In diesem Fall ist das Reizorgan (das Organ, das gereizt wurde) gleich dem Effektor.
- **Fremdreflex** (häufig polysynaptisch): Hier sind das Reizorgan und der Effektor nicht dasselbe Organ.

Beim Kniesehnenreflex handelt es sich um einen **monosynaptischen Eigenreflex**.

Das Gehirn

Bei verschiedenen Tierstämmen fand im Laufe der Evolution eine Zentralisierung der Nerven zu gehirnähnlichen Nervenknoten oder sogar zu einem voll ausgeprägten Gehirn statt. In diesen zentralen Strukturen befindet sich ein Großteil der Nervenzellen der Lebewesen.

Da bei den einzelnen Tierstämmen die Nervensysteme sehr unterschiedlich aufgebaut sind, wird in den folgenden Abschnitten nur auf das menschliche Gehirn näher eingegangen.

Das Wirbeltiergehirn entwickelte sich aus einer blasenartigen Ausstülpung des Rückenmarks. Es stellt eine Vergrößerung des zentralen Nervensystems dar und lässt sich in die drei Abschnitte **Vorder-, Mittel- und Rautenhirn** unterteilen. Im Verlauf der Wirbeltierevolution können neben der Zentralisierung des Nervensystems weitere Trends ausgemacht werden:

- Bei vielen Gruppen nahm die relative Größe des Gehirns zu (bei gleichwarmen stärker als bei wechselwarmen).
- Die einzelnen Hirnregionen wurden stärker ausdifferenziert und übernahmen spezielle Funktionen.
- Das Vorderhirn nahm vor allem bei landlebenden Arten an Volumen und an Komplexität zu.

Funktionell wird das Gehirn in fünf Abschnitte eingeteilt:
- **Großhirn**
- **Zwischenhirn**
- **Mittelhirn**
- **Kleinhirn**
- **Nachhirn**

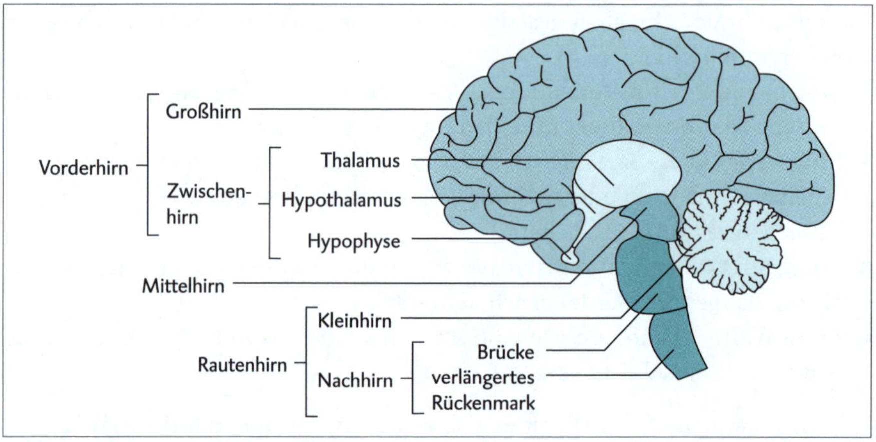

Abb. 9: Aufbau des menschlichen Gehirns

Das **Großhirn** ist in zwei Hälften, eine linke und eine rechte, unterteilt. Sie sind durch den sogenannten **Balken** miteinander verbunden, der sich aus vielen Millionen Nervenfasern zusammensetzt. Die Großhirnhälften bestehen aus einer außen liegenden **grauen Substanz (Großhirnrinde)** und einer innen liegenden **weißen Substanz**. Im Großhirn werden die bewussten Sinneseindrücke wahrgenommen und verarbeitet. Auch das komplexe Denkvermögen und andere Leistungen wie intelligentes Handeln oder Gedächtnis- und Erinnerungsvermögen werden von hier aus gesteuert. Die einzelnen Funktionen sind dabei nicht willkürlich verteilt: Die Großhirnrinde lässt sich in Lappen unterteilen, in denen wiederum jeweils einzelne Rindenfelder und Areale für bestimmte Aufgaben zuständig sind (siehe Abb. 10). Die Rindenfelder lassen sich nach ihrer Funktion ordnen. Die **sensorischen Rindenfelder** werten die von den Sinnesorganen kommenden Informationen aus, während die **motorischen Rindenfelder** Muskelbewegungen steuern. Viele weitere Felder lassen sich keiner dieser beiden Gruppen zuordnen. Sie sind z. B. für Denk-, Bewusstseins- und Gedächtnisleistungen verantwortlich. Die Rindenfelder der beiden Großhirnhälften haben unterschiedliche Aufgaben. Die Felder der linken Hirnhälfte steuern eher die logischen Denkvorgänge, während die der rechten hauptsächlich für die kreativen Leistungen verantwortlich sind. Auch die Muskulatur einer Körperhälfte wird von je einer Hirnhälfte beeinflusst. So steuert die linke Hälfte die rechte Körperseite und die rechte Hälfte die linke.

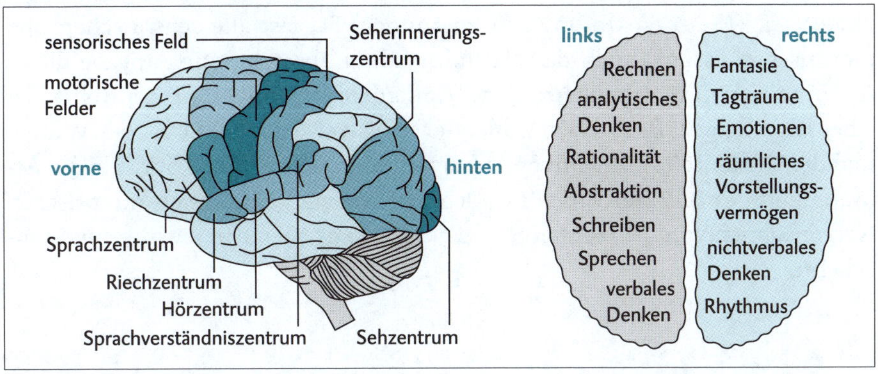

Abb. 10: Wichtige Rindenfelder der Großhirnhälften (links), Verteilung der Fähigkeiten auf die beiden Hirnhälften (rechts)

Das **Zwischenhirn** ist in die Abschnitte **Thalamus** und **Hypothalamus** gegliedert. Der **Thalamus** ist eine Umschaltstelle zwischen Sinnesorganen und Großhirn. Er filtert einen Großteil der Sinneseindrücke und beantwortet sie unbewusst. Nur ein geringer Prozentsatz der Sinnesmeldungen erreicht letztendlich das Großhirn. Dort werden sie bewusst wahrgenommen und verarbeitet. In den Thalamus gehen auch Erregungen von Zentren ein, die z. B. Emotionen steuern. Hier werden sie mit den Sinneseindrücken verknüpft. Vereinfacht könnte man sagen, dass im Thalamus die Informationen mit Gefühlen versehen werden. Der **Hypothalamus** liegt unterhalb des Thalamus (altgriech. *hypo* unter). An ihm befindet sich die **Hirnanhangsdrüse (Hypophyse)**, mit deren Hilfe das innere Gleichgewicht gesteuert wird. Der Hypothalamus kontrolliert das vegetative Nervensystem und zusammen mit der Hypophyse das Hormonsystem.

Im **Mittelhirn** werden optische und akustische Signale der Sinnesnerven verschaltet und über das Zwischenhirn zum Großhirn geleitet. Des Weiteren werden vom Mittelhirn ausgehend viele Muskeln zur Augenbewegung gesteuert.

Das **Kleinhirn** ist ebenso wie das Großhirn in zwei Hälften unterteilt. Es erhält Informationen über die Stellung von Gelenken, die Dehnung von Muskeln und die Lage im Raum. Mittels dieser Informationen koordiniert es die Körperbewegungen und hält das Gleichgewicht. Auch bewusste Bewegungen werden durch die Koordination des Kleinhirns zu fließenden, harmonischen Bewegungen. Ein häufiges Wiederholen von Bewegungsmustern führt dazu, dass diese im Kleinhirn gespeichert werden. Sie können dann ohne Beteiligung des Großhirns und somit unbewusst ablaufen.

Das **Nachhirn** setzt sich aus der **Brücke (Pons)** und dem **verlängerten Rückenmark (Medulla oblongata)** zusammen. Da fast alle sensorischen und motorischen Fasern durch das Nachhirn führen, besteht eine Aufgabe dieses Gehirnteils in der Datenübertragung. Außerdem sitzen hier die Zentren vieler lebenswichtiger Reflexe. Dazu zählen beispielsweise der Schluck-, der Würge- und der Hustenreflex. Zudem befinden sich hier Zentren zur Kontrolle der Atmung und des Blutkreislaufs. Im Nachhirn kreuzen die meisten motorischen Nervenbahnen von der rechten Hälfte des Nervensystems in die linke und umgekehrt.

Zusammenfassung

Mittels eines **Reiz-Reaktions-Schemas** lässt sich die Reizleitung und -verarbeitung nachvollziehen:

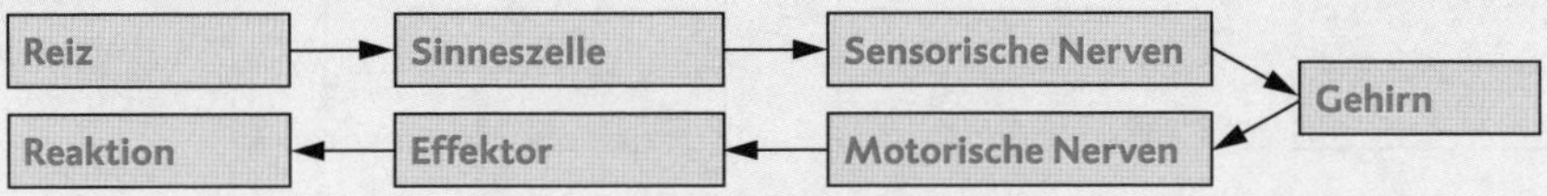

Die **Dendriten** einer Nervenzelle nehmen Reize auf und leiten sie zum **Soma** weiter, wo sie verrechnet werden. Ist die Erregung groß genug, so wird am **Axonhügel** ein elektrischer Impuls (Aktionspotenzial) erzeugt, der über die **Nervenfaser** (Axon mit Hüllzellen) bis zum **synaptischen Endknöpfchen** geleitet wird.
Ist der elektrische Impuls an einer **Synapse** (Kontaktstelle zwischen einer Nervenzelle und ihrer Zielzelle) angekommen, wandern im synaptischen Endknöpfchen **Vesikel** zur **präsynaptischen Membran** und verschmelzen mit ihr. Hierdurch gelangen **Transmitter** in den synaptischen Spalt, wo sie an **Rezeptoren** der postsynaptischen Membran andocken, wodurch in der Zielzelle ein Signal ausgelöst wird.

Das menschliche Nervensystem wird in das **zentrale** (ZNS) und das **periphere Nervensystem** (PNS) unterteilt:

ZNS	PNS
• Gehirn • Rückenmark	• Sinnesnerven • Befehlsnerven

Sympathikus und **Parasympathikus** sind Teil des peripheren Nervensystems und werden als vegetatives Nervensystem bezeichnet, da sie als **Gegenspieler** das innere Gleichgewicht im Körper regulieren.
Reaktionen, die vom Rückenmark gesteuert werden, werden als **Reflexe** bezeichnet. Sie dienen dem Schutz des Körpers.

Eine Tendenz in der Entwicklung von Nervensystemen liegt in der **Zentralisation** zur Verarbeitung von komplexeren Informationen. Das **menschliche Gehirn** ist in verschiedene Bereiche mit unterschiedlichen Funktionen gegliedert:

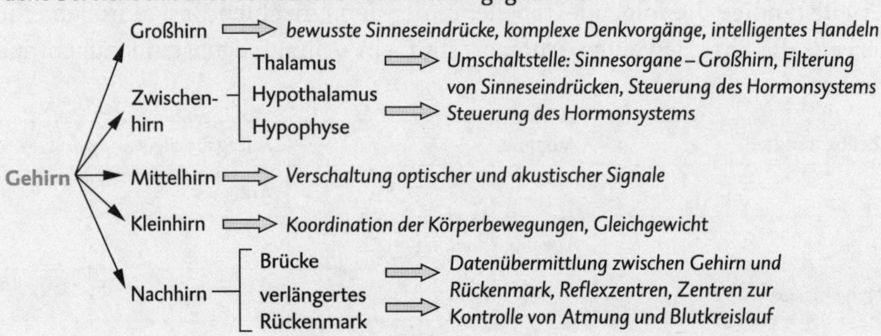

1 Vervollständige die folgende Skizze eines Reiz-Reaktions-Schemas für das Zurückschlagen eines Tennisballs.

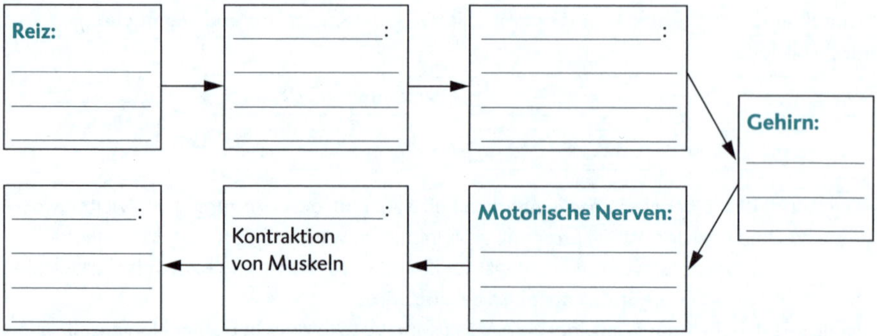

2 Fertige eine Skizze eines Neurons an und beschrifte diese.

3 Die folgende Abbildung ist eine mikroskopische Aufnahme eines Neurons. Benenne die erkennbaren Bestandteile der Nervenzelle.

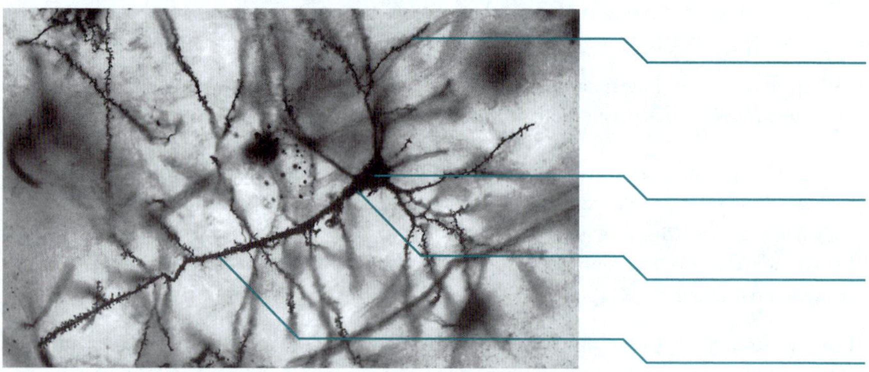

4 Vervollständige die folgende Tabelle, in der den einzelnen Bestandteilen einer Nervenzelle ihre jeweilige Aufgabe und ein Alltagsgegenstand zugeordnet werden.

Zellbestandteil	Aufgabe	Alltagsbezug
		Antenne
	Signalverarbeitung	
Nervenfaser		
	Signalübertragung	

5 Erstelle ein Fließdiagramm, aus dem die Erregungsleitung an einer Nervenzelle hervorgeht.

6 Fertige eine beschriftete Skizze einer Synapse an.

7 In der folgenden Abbildung siehst du die mikroskopische Aufnahme einer Synapse. Benenne die erkennbaren Bestandteile.

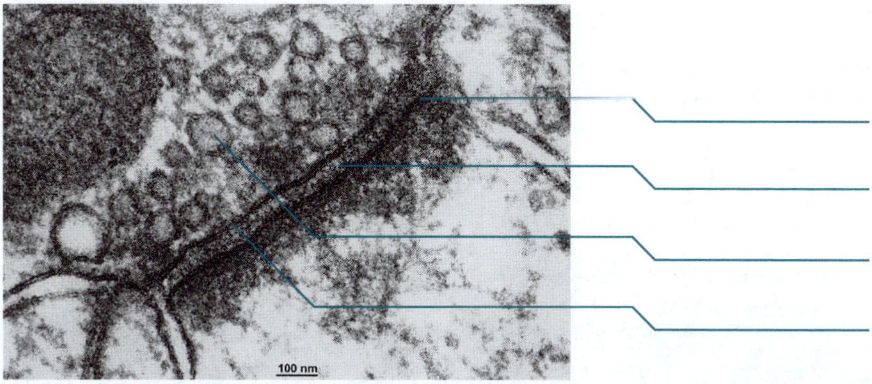

8 Fertige ein Fließdiagramm an, aus dem die Prozesse hervorgehen, die bei der Signalübertragung an einer Synapse ablaufen.

9 Erkläre anhand von geeigneten Beispielen die Funktionen von Sympathikus und Parasympathikus. Nimm dafür die Abbildung 5 zu Hilfe.

10 In der folgenden Abbildung ist der Schmerzreflex in der Hand dargestellt.

a Kategorisiere den Reflex und begründe deine Entscheidung.

b Fertige einen Reflexbogen an.

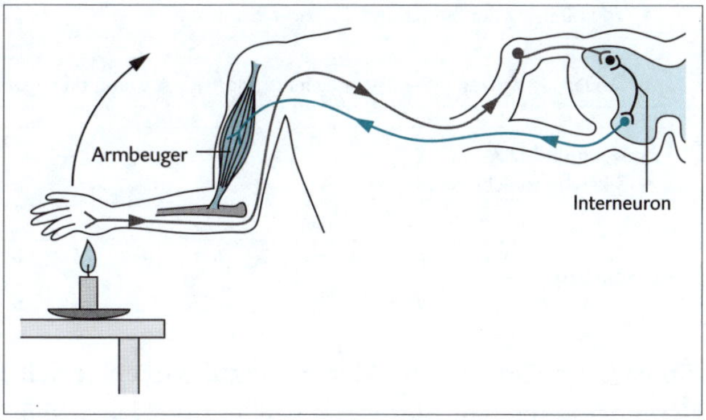

11 Löse das folgende Kreuzworträtsel, indem du in die Felder diejenigen Hirnteile einträgst, deren Funktion jeweils beschrieben ist. Hast du alles richtig notiert, erhältst du ein Lösungswort. *Hinweis:* Bitte schreibe „ß“ als „ss“.

A	5		6					1				
B		10							7			
C					3							
D			9				2					
E										8		
F			4									

A
- Koordination der Körperbewegungen
- Stabilisierung des Gleichgewichts
- Speicherung von sich wiederholenden Bewegungsmustern

B
- Wahrnehmung und Verarbeitung der Sinneseindrücke
- Komplexes Denkvermögen, intelligentes Handeln, Gedächtnis- und Erinnerungsvermögen
- Steuerung von Muskelbewegungen

C
- Verschaltung von optischen und akustischen Signalen und Weiterleitung übers Zwischen- zum Großhirn

D
- Umschaltstelle zwischen Sinnesorganen und Großhirn
- Filtert Sinneseindrücke
- Verknüpfung der Sinneseindrücke mit Emotionen

E
- Steuerung des inneren Gleichgewichts (Hormonsystem und vegetatives Nervensystem)

F
- Datenübertragung
- Sitz lebenswichtiger Reflexe

Lösungswort:

1	2	3	4	5	6	7	8	9	10	5

12 Einige Gifte, Drogen und Medikamente wirken gezielt auf bestimmte Teile des Nervensystems bzw. der Nervenzellen und Synapsen. In den folgenden Infotexten wird die Wirkung der jeweiligen Substanzen kurz erklärt. Erläutere jeweils die für den Organismus daraus resultierenden Folgen.

a

Dopamin ist ein Transmitter, der oft als „Glückshormon“ bezeichnet wird. In geringen Mengen wird Dopamin kontinuierlich ausgeschüttet. Gelingt uns etwas Erfreuliches, so wird vom Belohnungszentrum des Gehirns eine vermehrte Freisetzung von Dopamin veranlasst und wir fühlen uns euphorisch.
Kokain wirkt im synaptischen Spalt und verhindert einen Rücktransport von Dopamin in die synaptischen Endknöpfchen.

b

Endorphine sind Botenstoffe, die sowohl Glücksgefühle hervorrufen als auch die Weiterleitung von Schmerzsignalen verhindern. Letztere wird unterbrochen, da Endorphine die Rezeptoren an den Synapsen blockieren, die für die Schmerzweiterleitung verantwortlich sind. Somit wird kein Signal an die Zielzelle übermittelt.
Morphium, das in **Heroin** enthalten ist, ähnelt den Endorphinen in ihrer Struktur und ihrer Wirkung.

c

Amphetamine sind synthetische Drogen, deren Einnahme eine vermehrte Freisetzung von Dopamin nach sich zieht.

13 Leite die Wirkungsorte und Wirkungsweisen bzw. die Folgen der Einnahme der angegebenen Substanzen ab. Ergänze anschließend die Tabelle.

Substanz	Wirkungsort und Wirkungsweise	Folgen
Nikotin		lagert sich an die Rezeptoren der Zielzelle an ⇒ die Ionenkanäle werden geöffnet ⇒ Dauersignal an der Zielzelle
Pfeilgift (Curare)	synaptischer Spalt; gleicht dem Transmitter in der Struktur, aber nicht in der Wirkung	
Botulismustoxin (Botox)	Endknöpfchen; verhindert ein Verschmelzen der Vesikel mit der präsynaptischen Membran	
Insektengift E605		Transmitter wird nicht mehr abgebaut ⇒ sammelt sich im synaptischen Spalt an und bindet dauernd an die Rezeptoren ⇒ Dauersignal an der Zielzelle

2 Sinne

2.1 Überblick über die Sinnesorgane

Häufig wird davon gesprochen, dass der Mensch über fünf Sinne verfügt. Betrachtet man Abbildung 11, so stellt man fest, dass der Mensch zwar fünf Sinnesorgane hat, jedoch deutlich mehr Sinne besitzt.

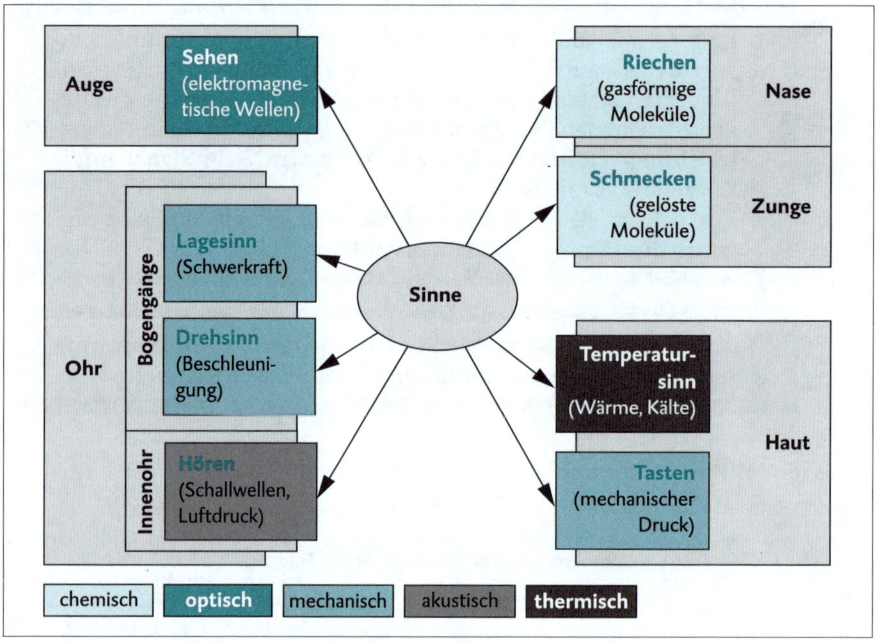

Abb. 11: Überblick über die Sinnesorgane und Sinne des Menschen

In den fünf Sinnesorganen sind also deutlich mehr als fünf Sinne angesiedelt. Der „Fühlsinn" der Haut besteht beispielsweise aus Sinnen für Wärme und Kälte (Temperatursinn) und für das Ertasten von Gegenständen.
Der Geruchs- und der Geschmackssinn in Mund bzw. Nase hängen eng zusammen. Dies merkt man besonders bei einer Erkältung: Häufig schmeckt das Essen dann nicht mehr wie üblich, da die Aromastoffe aufgrund der geschwollenen Nasenschleimhäute nicht in die Nase gelangen können.
Die meisten Informationen aus unserer Umwelt beziehen wir über die Augen und die Ohren, auf die im Folgenden näher eingegangen wird.

2.2 Das Auge

Schutz des Auges

Der Sehsinn liefert dem menschlichen Gehirn einen Großteil der Sinnesinformationen. Unsere Augen sind daher in der Regel unser wichtigstes Sinnesorgan. Aus diesem Grund liegen sie besonders gut geschützt in der **knöchernen Augenhöhle**, die von Jochbein, Nasenbein und Stirnbein gebildet wird. Die **Augenbrauen** schützen die Augen vor von der Stirn herablaufendem Schweiß, während die **Wimpern** Staub und Schmutzpartikel zurückhalten. Auch das **Augenlid** schützt vor mechanischen Einflüssen. Mittels der **Tränenflüssigkeit**, die in den Tränendrüsen produziert wird, werden Fremdkörper aus dem Auge gespült. Zusätzlich sind in der Tränenflüssigkeit Bakterien abtötende Enzyme vorhanden (siehe auch S. 72).

Anatomie des Auges

Betrachtet man einen Längsschnitt durch ein Auge (siehe Abb. 12), erkennt man dessen einzelne Bestandteile.

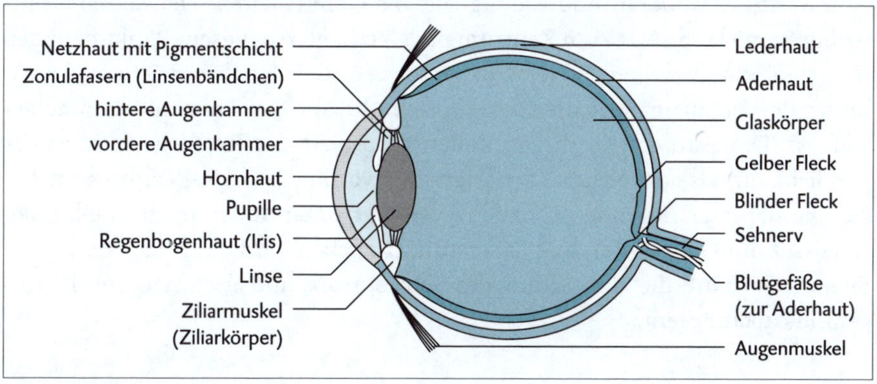

Abb. 12: Längsschnitt durch ein Auge

Folgt man dem Licht auf seinem Weg in das Auge, so durchdringt es zuerst die Hornhaut, die vordere Augenkammer, die Pupille, die hintere Augenkammer, die Linse sowie den Glaskörper und trifft dann auf die Netzhaut.

Die stabile, durchsichtige **Hornhaut**, die einen ungetrübten Teil der Lederhaut darstellt, dient zum Schutz vor Verletzungen und trägt bereits zur Brechung des ins Auge einfallenden Lichts bei. Die **vordere** und die **hintere Augenkammer** sind mit Kammerwasser gefüllt, das unter anderem die Versorgung der Zellen der Linse mit Nährstoffen übernimmt. Die **Iris (Regenbogenhaut)** umschließt die **Pupille**, die das Licht ins Innere des Auges hineinlässt. Bei der Iris handelt es sich um eine verstellbare Blende: Trifft viel Licht auf das Auge, wird die Pupille verengt. Ist der Lichteinfall dagegen gering, wird die Pupille erweitert.

Der Vorgang der Vergrößerung oder Verkleinerung der Pupille mithilfe der Iris zur Regulation des Lichteinfalls wird als **Adaptation** bezeichnet.

Die **Linse** bricht das Licht, sodass Objekte scharf auf der Netzhaut abgebildet werden. Die **Zonulafasern (Linsenbändchen)** verbinden die Linse mit dem **Ziliarkörper (Ziliarmuskel)**. Bei diesem handelt es sich um einen Ringmuskel, der die Wölbung der Linse und somit ihre Brechkraft verändern kann (siehe S. 23 f.). Der **Glaskörper** nimmt einen Großteil des Auges ein. Er stabilisiert die Form des Sinnesorgans und leitet das Licht auf die **Netzhaut**. In dieser befinden sich die Sehsinneszellen (siehe S. 24 f.). Der **Gelbe Fleck** stellt den Punkt des schärfsten Sehens dar, da hier die Dichte an Sinneszellen am höchsten ist. Von den Sinneszellen gehen Nervenzellen ab, deren Nervenbahnen sich zum **Sehnerv** bündeln und die Signale ans Gehirn leiten. Der Sehnerv entspringt seitlich versetzt zum Zentrum der Netzhaut. An diesem Punkt befinden sich keine Sinneszellen. Er wird daher als **Blinder Fleck** bezeichnet. Direkt hinter der Netzhaut liegt die **Pigmentschicht**, die aus Pigmentzellen aufgebaut ist. Der Farbstoff in diesen Zellen absorbiert das Restlicht (nimmt das Restlicht auf), das die Netzhaut passiert, und verhindert so Reflexionen im Auge. Die dahinter liegende **Aderhaut** versorgt unter anderem die Zellen der Netzhaut mit Nährstoffen und Sauerstoff. Umgeben wird das Auge vonder stabilen **Lederhaut**, die zum Schutz des Sinnesorgans und als Ansatz für die Augenmuskulatur dient.

Strahlengang

Anhand eines Strahlengangs (siehe Abb. 13) kann man nachvollziehen, wie Objekte auf der Netzhaut abgebildet werden. Um einen Strahlengang zu konstruieren, muss man wissen, dass Lichtstrahlen, die durch die Mitte einer Linse gehen, nicht abgelenkt werden. Alle anderen Lichtstrahlen werden je nach Wölbung der Linse unterschiedlich stark gebrochen.
Zur Konstruktion des Strahlengangs zeichnet man den Mittelstrahl (a) ausgehend von der Netzhaut durch die Mitte der Linse bis zum betrachteten Objekt. Anschließend zeichnet man durch den Mittelpunkt der Linse laufende Geraden von den Enden des betrachteten Objekts zur Netzhaut (b). Nun skizziert

man parallel zum Mittelstrahl Geraden (c), die von den Enden des Objekts auf die Linse treffen – für den Fall, dass sich ein Ende des Objekts direkt auf dem Mittelstrahl befindet, muss nur eine Gerade gezeichnet werden (siehe z. B. Abb. 14). Als Letztes ermittelt man die Brechung der parallelen Strahlen, indem man jeweils eine Gerade von den Schnittpunkten der Parallelstrahlen mit der Linse zu den Schnittpunkten der Geraden b mit der Netzhaut zeichnet.
Betrachtet man das auf der Netzhaut abgebildete Objekt, so stellt man fest, dass es auf dem Kopf stehend und spiegelverkehrt dargestellt wird. Die Informationen werden im Gehirn aber so verrechnet, dass das gesehene Objekt wieder richtig herum wahrgenommen wird. Als Säuglinge nehmen wir jedoch in den ersten Lebenswochen die Welt auf dem Kopf stehend wahr. Erst nach einiger Zeit ist das Gehirn zu der Leistung fähig, alles richtig herum abzubilden.

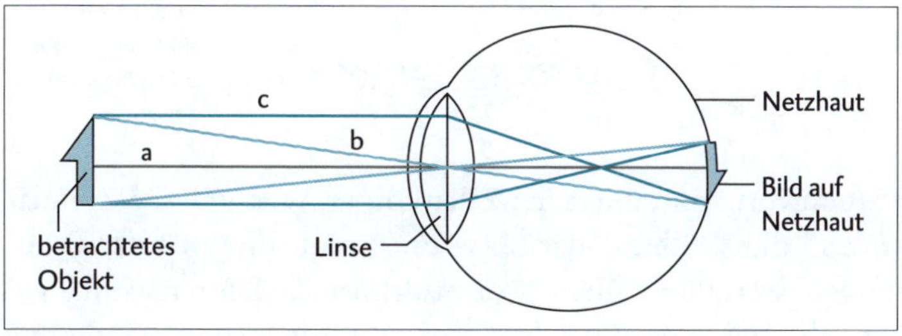

Abb. 13: Strahlengang

Akkommodation

Das menschliche Auge ist in der Regel problemlos in der Lage, Gegenstände scharf wahrzunehmen, die sich in unterschiedlich großer Entfernung zum Betrachter befinden, da die Wölbung der Linse veränderbar ist. In der Abbildung 14 sind vereinfachte Längsschnitte durch ein Auge bei Fern- und bei Nahsicht und die entsprechenden Strahlengänge dargestellt.
Um die **Akkommodation** zu verstehen, muss man den **Ziliarkörper** näher betrachten. Hierbei handelt es sich um einen Ringmuskel. Kontrahiert er (zieht er sich zusammen), so verkleinert sich die Öffnung in seinem Inneren. Wird er gedehnt, so weitet sie sich.
Bei der **Fernakkommodation** ist der Ziliarköper entspannt. Somit ist die Öffnung in seinem Inneren groß. Die Zonulafasern, die den Ziliarkörper mit der Linse verbinden, stehen damit unter einem leichten Zug, wodurch die Linse gestreckt wird. Infolgedessen wird die Wölbung der Linse und somit ihre Brechkraft geringer.

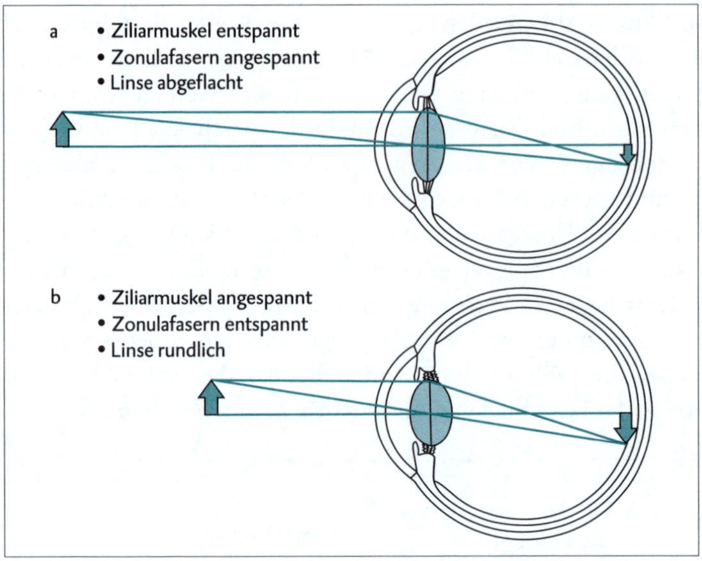

Abb. 14: a: Fernakkommodation; b: Nahakkommodation

Zur **Nahakkommodation** kontrahiert der Ziliarkörper, wodurch die Zonulafasern erschlaffen und die Wölbung der Linse und somit ihre Brechkraft zunimmt. Ab einem gewissen Punkt, dem **Nahpunkt**, ist die Linse maximal gewölbt. Ein weiteres Kontrahieren des Ziliarkörpers würde keine Veränderung ergeben. Wird ein Gegenstand noch näher ans Auge gehalten, so kann er nicht mehr scharf auf der Netzhaut abgebildet werden.

Der Vorgang der Veränderung der Linsenwölbung wird als **Akkommodation** bezeichnet. Demnach spricht man von **Nah- bzw. Fernakkommodation**, wenn man nahe bzw. entfernt gelegene Gegenstände betrachtet.

Anatomie der Netzhaut und Farbsehen

Betrachtet man die Netzhaut unter dem Mikroskop, so stellt man fest, dass sie aus mehreren Schichten aufgebaut ist (siehe Abb. 15).
Bevor das Licht auf die eigentlichen **Sinneszellen** trifft, passiert es die **Nervenzellen**, die hier als **Ganglienzellen** bezeichnet werden, und die **Schaltzellen (Interneurone)**. Hinter den Sinneszellen schließt sich die **Pigmentschicht** an, die das Restlicht absorbiert. In der Netzhaut finden sich zwei Typen von Lichtsinneszellen: Die **Stäbchen** nehmen nur Helligkeitsunterschiede wahr, während die **Zapfen** für das Farbsehen verantwortlich sind. Es gibt Rot-,

Grün- und Blauzapfen, die je nach Farbe des Lichts unterschiedlich stark gereizt werden. Aus den ankommenden Signalen berechnet das Gehirn dann die Farbe des betrachteten Objekts.
Die Stäbchen sind wesentlich lichtempfindlicher als die Zapfen, weshalb bei wenig Licht Farben nur schlecht oder gar nicht, Helligkeitsunterschiede und Kontraste dagegen noch relativ gut wahrgenommen werden können.

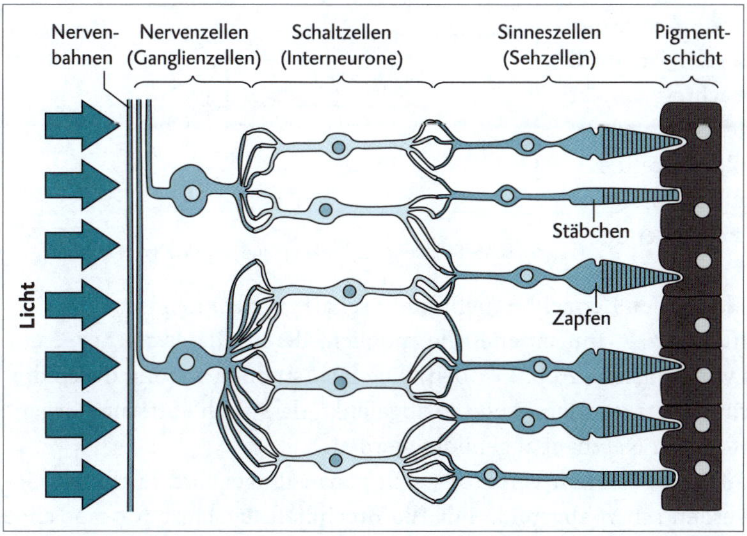

Abb. 15: Zellschichten der Netzhaut

Die Lichtsinneszellen sind mit den **Schaltzellen** verbunden. Wird eine Sinneszelle gereizt, so geht ein Signal an eine Schaltzelle. Diese wiederum erregt eine **Nervenzelle**, die einen elektrischen Impuls generiert und an das Gehirn leitet. Teilweise sind mehrere Sinneszellen mit einer Schaltzelle verbunden, wodurch das Signal verstärkt wird und schwache Reize besser wahrgenommen werden können. Dies geht aber zulasten der Schärfe des abgebildeten Objekts. Am Gelben Fleck, dem Punkt des schärfsten Sehens, befinden sich Zapfen in extrem hoher Dichte, die jeweils über eine eigene Schaltzelle mit einer Nervenzelle in Kontakt stehen. Hierdurch werden die Objekte an diesem Ort auf der Netzhaut besonders scharf abgebildet.

Beeinträchtigungen des Sehvermögens

Viele Menschen können weit entfernte oder nahe Gegenstände nicht scharf sehen. Sie sind **kurz-** bzw. **weitsichtig** (siehe Abb. 16).
Betrachtet eine **kurzsichtige** Person einen nahen Gegenstand, so ist die Brechkraft ihrer Linse passend, damit dieser auf der Netzhaut scharf abgebildet wird.

Ab einer gewissen Entfernung wird ein Gegenstand für den kurzsichtigen Betrachter aber zunehmend unscharf, da die Brechkraft der Linse auch bei vollständiger Entspannung des Ziliarmuskels für die Länge des Augapfels zu stark ist. Somit wird das betrachtete Objekt bereits vor der Netzhaut scharf abgebildet. Treffen die Lichtstrahlen auf die Netzhaut, sind sie bereits wieder leicht aufgefächert, sodass das Bild für den Betrachter nicht mehr scharf zu erkennen ist.

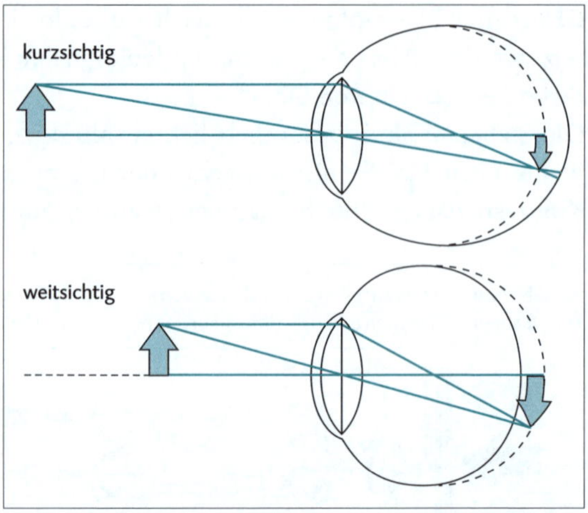

Abb. 16: Strahlengang bei kurz- und weitsichtigen Personen

Eine Korrektur ist z. B. mit einer Brille möglich, deren Gläser als **Zerstreuungslinsen** wirken (siehe Abb. 17 oben). Die Lichtstrahlen werden durch diese Linsenform bereits vor dem Auge so abgelenkt, dass auch entfernte Gegenstände scharf auf der Netzhaut abgebildet werden.

Bei **weitsichtigen** Personen verhält es sich genau umgekehrt. Entfernte Gegenstände werden scharf abgebildet, da die Brechkraft der Linse für die Länge des Augapfels ausreichend ist. Nahe Objekte können aber nicht mehr scharf auf der Netzhaut abgebildet werden, da die Brechkraft der Linse dafür nicht ausreicht. Die Lichtstrahlen des betrachteten Gegenstands sind auf der Netzhaut noch nicht ausreichend gebündelt, sodass dort nur ein unscharfes Bild entsteht. Erst hinter der Netzhaut würde das Objekt scharf abgebildet werden. Korrigiert wird dies häufig mit Brillen, deren

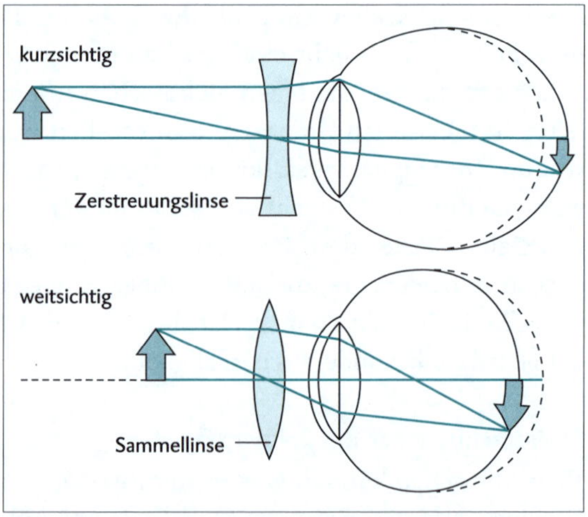

Abb. 17: Korrekturen bei Kurz- und Weitsichtigkeit

Gläser **Sammellinsen** sind (siehe Abb. 17 unten). Die Brillengläser unterstützen die Brechkraft der Linse, sodass das Objekt scharf auf der Netzhaut abgebildet wird.

Bei **kurzsichtigen** Menschen ist der Augapfel im Verhältnis zur Brechkraft der Linse zu lang. Hierdurch werden weit entfernte Gegenstände schon vor der Netzhaut scharf abgebildet. Bei **weitsichtigen** Personen ist der Augapfel im Verhältnis zur Brechkraft der Linse zu kurz. Somit würden nahe gelegene Gegenstände theoretisch erst hinter der Netzhaut scharf abgebildet werden.

Mit zunehmendem Alter steigt die Wahrscheinlichkeit, dass man eine Brille benötigt. Die Ursache für die **Altersweitsichtigkeit** ist, dass sich die Flexibilität der Linse verringert. Hierdurch kann sie sich nicht mehr so stark wölben, wodurch ihre Brechkraft sinkt. Ab einem gewissen Zeitpunkt reicht die Brechkraft dann nicht mehr aus, um nahe Gegenstände scharf auf der Netzhaut abzubilden. Eine Korrektur wird meist mit einer Brille durchgeführt, deren Gläser Sammellinsen sind.

Beim **Grauen Star** verlieren die Betroffenen nach und nach ihre Sehfähigkeit. Durch Einlagerungen in der Linse trübt sich diese zunehmend ein und erscheint gräulich. Die Sehschärfe nimmt ab und die Patienten sehen die Welt wie durch einen „Grauschleier". Zunächst kann diese Fehlsichtigkeit durch eine Brille korrigiert werden. Schreitet der Graue Star weiter voran, so ist es möglich, die trübe Linse zu entfernen und durch eine Kunststofflinse zu ersetzen.

Personen, die am **Grünen Star** leiden, können im Extremfall ebenfalls erblinden. Ursache für diese Erkrankung ist meist ein zu hoher Augeninnendruck. Dieser steigt an, da in den Augenkammern der Betroffenen zu viel Kammerwasser produziert wird. Durch den erhöhten Druck kommt es zu einer Schädigung des Sehnervs, wodurch immer größere Bereiche des Gesichtsfelds ausfallen. Weltweit ist der Grüne Star die häufigste Erblindungsursache, da er gerade in Entwicklungsländern oft unbehandelt bleibt. Bei vielen Betroffenen reicht die Behandlung mit Augentropfen aus, die den Augeninnendruck senken.

Bei einer **Hornhautverkrümmung** weicht die Wölbung und somit die Brechkraft der Hornhaut vom Normalzustand ab. Dies führt z. B. dazu, dass Punkte als kurze Linien dargestellt werden. Somit entsteht ein unscharfes Bild auf der Netzhaut. In der Regel erfolgt eine Korrektur mittels einer Brille, deren Gläser so geschliffen sind, dass sie die Fehlsichtigkeit ausgleichen. Bis zu einem gewissen Grad kann auch eine Hornhautverkrümmung mit Kontaktlinsen korrigiert werden.

Wahrnehmung im Gehirn

Die Sinneszellen der Netzhaut werden durch Lichtstrahlen gereizt und erzeugen zusammen mit den Schaltzellen ein elektrisches Signal, das über die Nerven an das Gehirn geleitet wird. Aus sämtlichen ankommenden Informationen errechnet das Gehirn das betrachtete Gesamtbild. Demnach findet im Sehzentrum (siehe Abb. 10, S. 13) die eigentliche Wahrnehmung statt. Diese ist aber deutlich mehr, als ein bloßes Abbild der einzelnen Objekte. Gemachte Erfahrungen beeinflussen die Auswertung der gesehenen Informationen und somit unsere Wahrnehmung ganz erheblich. Beispielsweise wird eine Person, die auf einem Bild größer dargestellt ist als ein Kirchturm, nicht als tatsächlich größer empfunden. Aus Erfahrung wissen wir, dass der Kirchturm größer ist, und unser Gehirn interpretiert die Situation dahingehend, dass das Gebäude weiter entfernt sein muss. Dies liegt daran, dass das Gehirn immer nach bekannten Mustern sucht, um die eingehenden Informationen besser verarbeiten zu können. Widersprechen Bilder unseren Erfahrungen, so verwirren sie uns häufig und werden als **optische Täuschungen** empfunden (siehe Abb. 18).

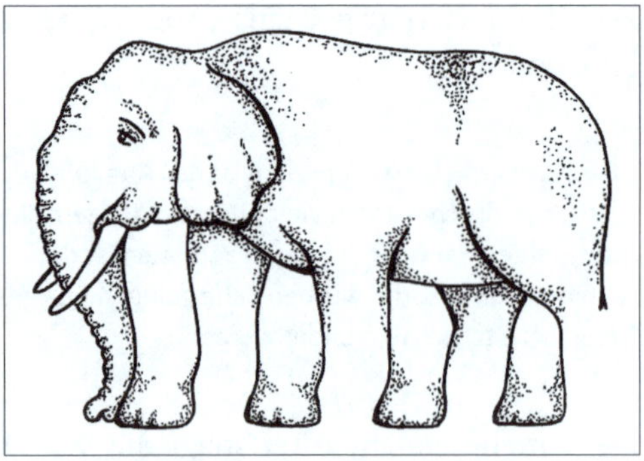

Abb. 18: Beispiel für eine optische Täuschung

Entscheidend für unsere Wahrnehmung ist, dass wir unsere Umgebung mit zwei Augen betrachten. Jeder Gegenstand wird aus zwei Blickwinkeln gesehen. Diese leicht unterschiedlichen Darstellungen werden an unser Gehirn übermittelt und dort zu einem Gesamtbild verrechnet. Aus den leicht unterschiedlichen Informationen kann das Gehirn die Position des betrachteten Gegenstands im Raum ermitteln. Wir sehen also nicht ständig zwei unterschiedliche Bilder, sondern ein **räumliches**.

2.3 Das Ohr

Wie aus Abb. 11 (S. 20) hervorgeht, befinden sich im Ohr neben dem **Hör-** auch der **Dreh-** und der **Lagesinn**. Dreh- und Lagesinn werden häufig als **Gleichgewichtssinn** zusammengefasst. Um die einzelnen Sinne und ihre Funktionsweise verstehen zu können, ist zunächst ein Blick auf die Anatomie des Ohres wichtig.

Anatomie des Ohres

Betrachtet man das Ohr von außen, sind lediglich die **Ohrmuschel** und der **äußere Gehörgang** zu erkennen (siehe Abb. 19). Am Ende dieses Gangs befindet sich das **Trommelfell**, das das **Außenohr** vom **Mittelohr** trennt. Das Mittelohr wird im Wesentlichen von einer Höhle gebildet, der sogenannten **Paukenhöhle**. In ihr befinden sich die drei **Gehörknöchelchen Hammer, Amboss und Steigbügel**. Der Hammer ist mit dem Trommelfell und der Steigbügel mit dem **ovalen Fenster** verwachsen. Der Amboss stellt eine Verbindung zwischen den anderen beiden Knöchelchen her. Die Paukenhöhle ist mit dem Rachenraum über die **Ohrtrompete (Eustachische Röhre)** verbunden, sodass Änderungen des Umgebungsdrucks ausgeglichen werden können. Kommt es zu raschen Druckveränderungen, beispielsweise beim Bergauffahren in einem Auto, ist ein Druckausgleich z. B. durch Gähnen möglich, um Schmerzen in den Ohren zu vermeiden. Das ovale Fenster markiert den Beginn des **Innenohrs**. Hinter dieser Membran befindet sich die **Gehörschnecke**, in der sich mit Lymphflüssigkeit gefüllte Gänge befinden. Das Ende der Schnecke bildet das **runde Fenster**, das wieder zum Mittelohr hin gerichtet ist. Im Innenohr befinden sich neben der Gehörschnecke auch die drei **Bogengänge** und die beiden **Vorhofsäckchen**, die Organe des Dreh- und des Lagesinns. Von der Gehörschnecke bzw. den Organen des Gleichgewichtssinns führen der **Hörnerv** bzw. der **Gleichgewichtsnerv** zum Gehirn.

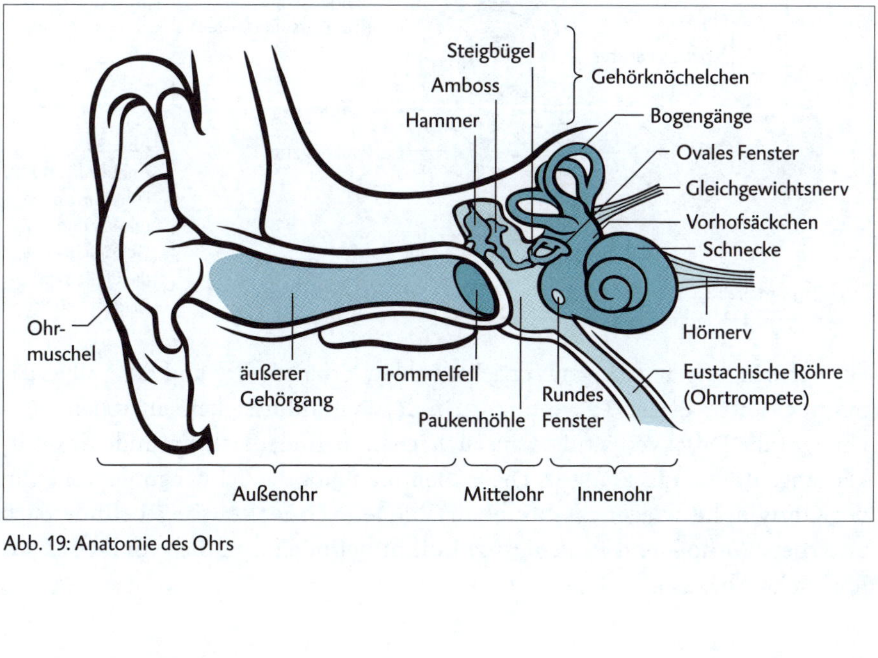

Abb. 19: Anatomie des Ohrs

Das **Außenohr** wird von der Ohrmuschel und dem äußeren Gehörgang gebildet. Das **Mittelohr** befindet sich zwischen dem Trommelfell und dem ovalen Fenster. Das **Innenohr** ist umgeben von Knochen und besteht aus der Gehörschnecke und den Organen des Lage- und des Drehsinns.

Hörvorgang

Wenn wir Geräusche, Klänge und Töne hören, nehmen wir Schall wahr. Wird Schall erzeugt, geraten die Moleküle der Luft oder auch anderer Medien wie beispielsweise Wasser in Schwingungen. Diese Schwingungen breiten sich als **Schallwellen** in alle Richtungen aus.

Gelangen Schallwellen zum menschlichen Ohr, so bündelt die Ohrmuschel diese ähnlich wie ein Trichter und leitet sie in den äußeren Gehörgang. Dort treffen sie auf das Trommelfell und versetzen es in Schwingung. Die Schwingungen werden über die Gehörknöchelchen auf das ovale Fenster übertragen und hierbei erheblich verstärkt. Die Ursache der Verstärkung liegt zum einen in der deutlich kleineren Fläche des ovalen Fensters im Verhältnis zu der des Trommelfells begründet. Zum anderen wirken die Hebelverhältnisse an den Gehörknöchelchen verstärkend. Das ovale Fenster überträgt die Schwingungen in die mit Ohrlymphe gefüllten Gänge der Gehörschnecke (siehe Abb. 20).

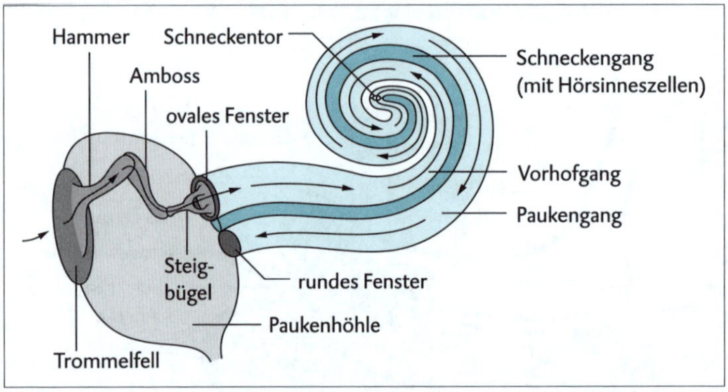

Abb. 20: Anatomie und Funktion des Mittelohrs und der Gehörschnecke; die Pfeile symbolisieren den Schall

Die Schwingungen gelangen zunächst in den **Vorhofgang** und dann über das **Schneckentor** in den **Paukengang**. In der Lymphflüssigkeit entstehen Wellen. Um die Druckverhältnisse auszugleichen, befindet sich am Ende des Paukengangs das **runde Fenster**. Diese Membran gibt die Schwingungswellen in der Ohrlymphe wieder ins Mittelohr ab. Der **Schneckengang** befindet sich zwischen Vorhof- und Paukengang. In ihm befinden sich die **Hörsinneszellen** (siehe Abb. 21).

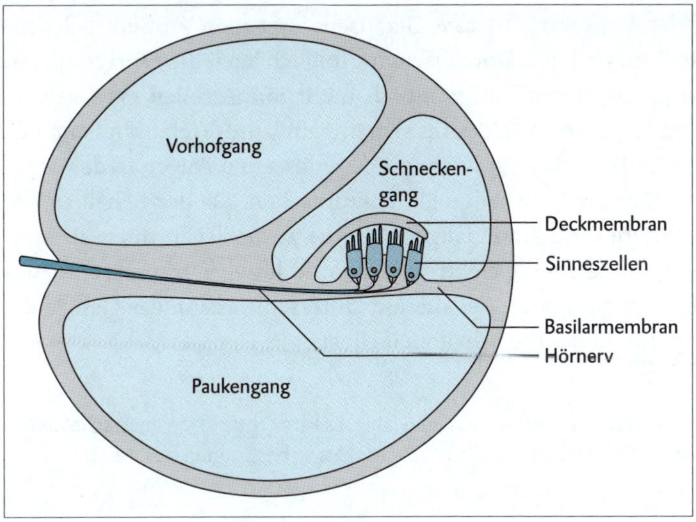

Abb. 21: Querschnitt durch die Gehörschnecke

Breiten sich im Vorhof- bzw. im Paukengang die durch den Schall erzeugten Wellen aus, so bewirken diese, dass sich die **Basilar-** und die **Deckmembran** gegeneinander verschieben. Hierdurch werden die Härchen abgeknickt, die von den Sinneszellen an die Deckmembran reichen. Dieser mechanische Reiz führt dazu, dass die Sinneszellen ein Signal an die angeschlossenen Nervenzellen leiten, die wiederum einen elektrischen Impuls erzeugen, der über den Hörnerv ins Gehirn geleitet wird.

Leistungen des Gehörs

- Bestimmung der **Tonhöhe:** Das menschliche Gehör ist in der Lage, Tonhöhen zwischen etwa 20 Hertz (Hz) und 20 Kilohertz (kHz) wahrzunehmen, wobei mit zunehmendem Alter die hohen Töne schlechter registriert werden. So können die meisten 50-Jährigen nur noch Töne bis ca. 12 kHz hören.
  Ermöglicht wird das Erkennen verschiedener Tonhöhen durch den Bau der Basilarmembran. Diese wird mit zunehmender Entfernung vom ovalen Fenster dicker, wodurch sich ihre Elastizität verändert. Schallwellen mit unterschiedlichen Tonhöhen führen dadurch an unterschiedlichen Stellen entlang der Hörschnecke zu einer Verschiebung der Basilar- und der Deckmembran zueinander. Hohe Töne werden in der Nähe des ovalen Fensters registriert, tiefe nahe beim Schneckentor. Das Gehirn erkennt, an welchem Punkt die Sinneshärchen im Schneckengang abgeknickt werden, und errechnet daraus die Tonhöhe.

- Bestimmung der **Lautstärke:** Laute Geräusche erzeugen größere Schwingungen im Medium als leise. Durch sie wird folglich auch die Ohrlymphe in stärkere Schwingungen versetzt, wodurch mehr Sinneszellen gereizt werden. Das Gehirn folgert daraus, dass es sich um ein lautes Geräusch handelt.
- **Richtungshören:** Für uns ist es auch mit geschlossenen Augen in der Regel problemlos möglich, eine Schallquelle auszumachen. Da der Schall in der Regel zu einem Ohr eine etwas längere Strecke zurücklegen muss als zum anderen, erreicht der erzeugte elektrische Impuls des entfernteren Ohrs das Gehirn ein klein wenig später. Aus diesem Unterschied kann das Gehirn die Richtung ermitteln, in der die Schallquelle liegt.

> Unser Gehör ist zu unterschiedlichen Leistungen fähig. Es kann **Tonhöhen** unterscheiden, die **Lautstärke** eines Tons erkennen und auch die **Richtung** bestimmen, aus der der Schall kommt.

Schäden am Gehör

Die meisten Schäden am Gehör werden durch **Lärm** hervorgerufen. Als Lärm werden im Allgemeinen Geräusche bezeichnet, die als störend oder belastend empfunden werden. Die Lautstärke ist nicht zwangsläufig ausschlaggebend dafür, ob ein Geräusch als Lärm empfunden wird. So können beispielsweise beim Lernen durchaus auch leise Geräusche, wie vor dem Haus spielende Kinder oder Musik, als störend empfunden werden. Auch das Summen einer Mücke ist nicht wirklich laut, kann aber beim Einschlafen erheblich lärmen.

Die Folgen von Lärm können sehr unterschiedlich sein. So können beispielsweise **Schlafstörungen, Nervosität, Konzentrationsstörungen** oder **Stress** auftreten. Tritt Lärm großer Lautstärke als Dauerbelastung z. B. am Arbeitsplatz, durch häufige Disko- oder Konzertbesuche oder durch laute Musik in Kopfhörern auf, so kann er zur **Schwerhörigkeit** führen. Werden die Hörsinneszellen über längere Zeit stark gereizt, kann dies bei ihnen zu Durchblutungsstörungen führen. Hierdurch sterben die Zellen im Extremfall ab. Da sie nicht ersetzt werden können, gehen bei dauerhaftem Lärm, dem man sich ohne Schutz aussetzt, mehr und mehr Sinneszellen zugrunde und eine Schwerhörigkeit entwickelt sich.

Häufig hat man nach dem Besuch von Diskotheken oder Konzerten mit lauter Musik einen längere Zeit anhaltenden Pfeifton im Ohr. Dies wird als **Tinnitus** bezeichnet. Ein solches Pfeifen verschwindet meist nach einigen Minuten bis Stunden wieder, kann aber auch dauerhaft bleiben. Ein Tinnitus lässt sich häufig auch auf andere Ereignisse wie Stress, Entzündungen im Ohr oder Probleme mit der Wirbelsäule zurückführen. Lärm gehört jedoch zu den Hauptauslösern. Findet ein Arzt keine Behandlungsmethode, die den dauerhaften Tinnitus wirksam beseitigt, so muss man lernen, mit dem Pfeifgeräusch zu leben.

Die gleichen Ereignisse, die zu einem Tinnitus führen, können auch einen **Hörsturz** verursachen. Dabei handelt es sich um einen plötzlichen teilweisen oder vollständigen Verlust des Hörvermögens auf einem Ohr.

Kommt es schlagartig zu sehr lauten Geräuschen, wie z. B. bei einer Explosion, so kann ein **Riss im Trommelfell** entstehen. Je nach Lage und Größe des Risses kann das Hörvermögen hierdurch unterschiedlich stark beeinträchtigt werden. Durch die Öffnung im Trommelfell können Krankheitserreger in das Mittelohr gelangen und zu einer Mittelohrentzündung führen. In der Regel verheilt der Riss von alleine. Geschieht dies nicht, kann das Trommelfell genäht werden.

Die **Mittelohrentzündung** ist die häufigste Erkrankung des Ohrs. Meist wird sie durch Bakterien verursacht, die über den Rachen und die Ohrtrompete ins Mittelohr gelangen und dort zu einer Entzündungsreaktion mit Eiterbildung führen. Dabei können Symptome wie Fieber, Ohrenschmerzen, Übelkeit und Hörminderung auftreten. Meist werden bei einer Mittelohrentzündung Antibiotika verabreicht, da es ansonsten zu einem Durchbruch des Trommelfells mit einem Eiteraustritt kommen kann.

Lagesinn

In jedem Innenohr befinden sich zwei **Vorhofsäckchen** mit den **Lagesinnesorganen**, von denen je eines waagerecht und eines senkrecht angeordnet ist. Die Sinneszellen dieser Lagesinnesorgane besitzen haarförmige Fortsätze, die in eine **Gallerthaube** reichen, auf der sich wiederum kleine **Kristalle** befinden (siehe Abb. 22). Neigt man den Kopf in eine bestimmte Richtung, kippt die mit Kristallen beschwerte Gallerthaube und knickt so die Haarfortsätze ab. Diesen mechanischen Reiz registrieren die Sinneszellen und wandeln ihn in einen elektrischen Impuls um, der über die Nervenbahnen zum Gehirn geleitet wird. Dort werden die Informationen mit denen der anderen Sinnesorgane abgeglichen und verrechnet.

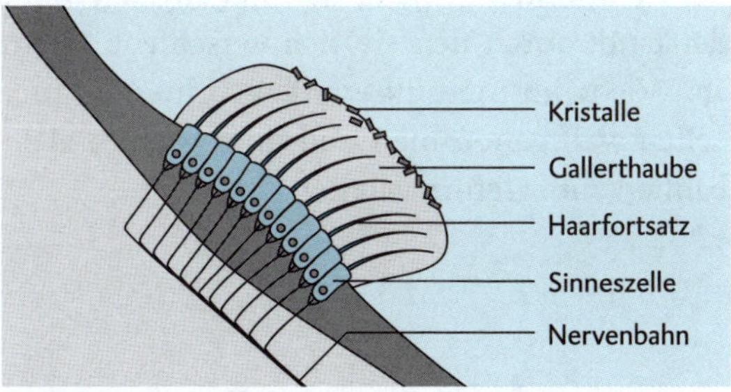

Abb. 22: Bau und Funktion des Lagesinnesorgans

Drehsinn

Wie das Lagesinnesorgan findet sich auch das **Drehsinnesorgan** im Innenohr. Die drei **Bogengänge**, die das Organ bilden, liegen in den drei Ebenen des Raumes, vergleichbar mit einem Koordinatensystem (siehe Abb. 19, S. 29).
An der Basis jedes Bogengangs ist eine Verdickung, die sogenannte **Ampulle**, erkennbar. In ihr befinden sich Sinneszellen mit Haarfortsätzen, die in eine Gallerthaube reichen. Die Bogengänge sind mit einer Lymphflüssigkeit gefüllt (siehe Abb. 23).

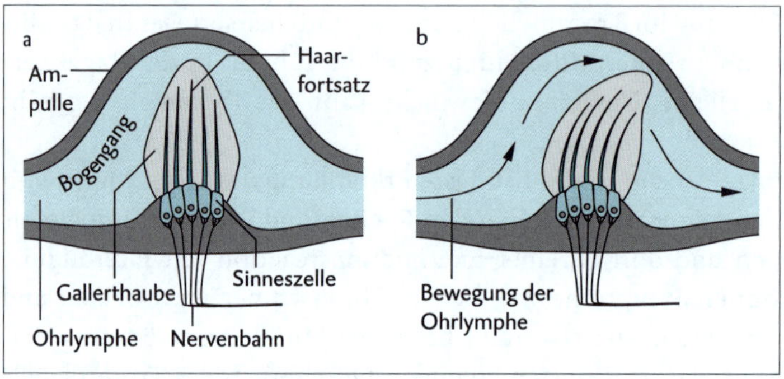

Abb. 23: Funktionsweise des Drehsinnesorgans; a: in Ruhe; b: bei einer Bewegung

Dreht man den Kopf, so bewegen sich auch die Bogengänge und die Gallerthaube, die an ihrer Basis mit dem Bogengang verwachsen ist, mit. Die Trägheit der Lymphflüssigkeit in den Bogengängen bietet der Gallerthaube einen Widerstand, durch den sie sich verschiebt. Hierdurch knicken die Haarfortsätze ab. Wie beim Lagesinn wird auch hier der mechanische Reiz von den Sinneszellen wahrgenommen und mittels eines elektrischen Impulses über Nervenbahnen zum Gehirn geleitet.

Zusammenfassung

Menschen besitzen fünf **Sinnesorgane**, die aber für mehr als fünf **Sinne** zuständig sind.

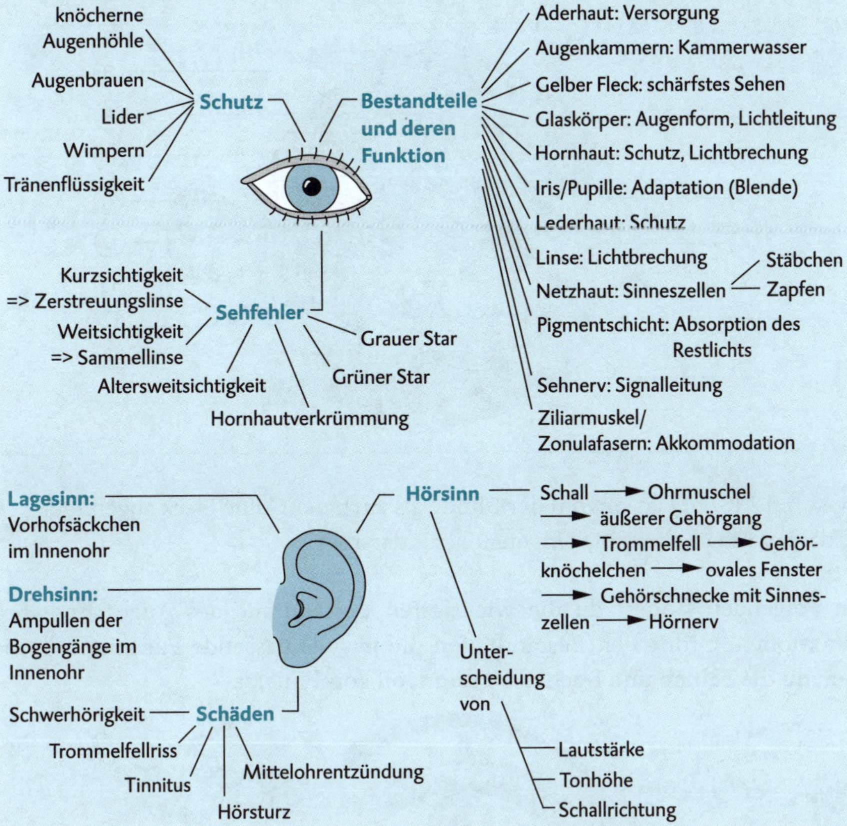

14 Fertige eine Tabelle an, in der die Schutzeinrichtungen des Auges und deren Funktionen aufgelistet sind.

15 Beschrifte die folgende Skizze eines Schnitts durch das Auge vollständig.

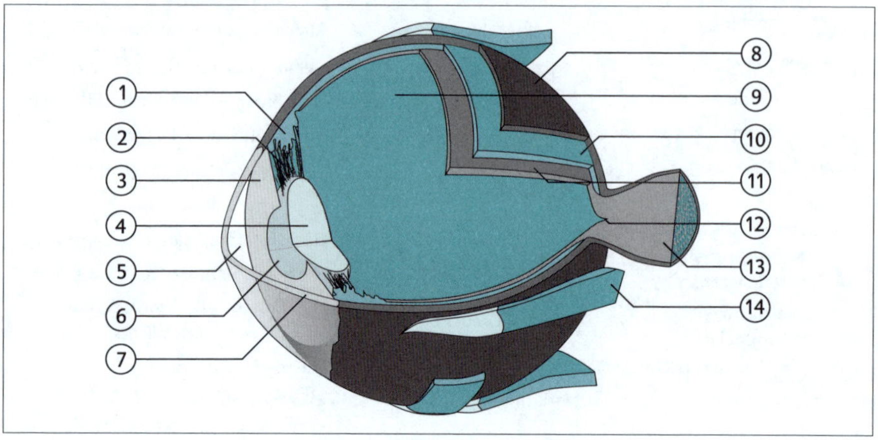

16 In Abb. 12 (S. 21) ist sowohl der Blinde als auch der Gelbe Fleck abgebildet. Erkläre, weshalb dies eine Ungenauigkeit darstellt.

17 Im Folgenden findest du die wichtigsten Bestandteile des Auges und ihre Funktionen. Ordne den Bestandteilen die jeweils passende Funktion zu, indem du die Zahlen und Buchstaben sinnvoll kombinierst.

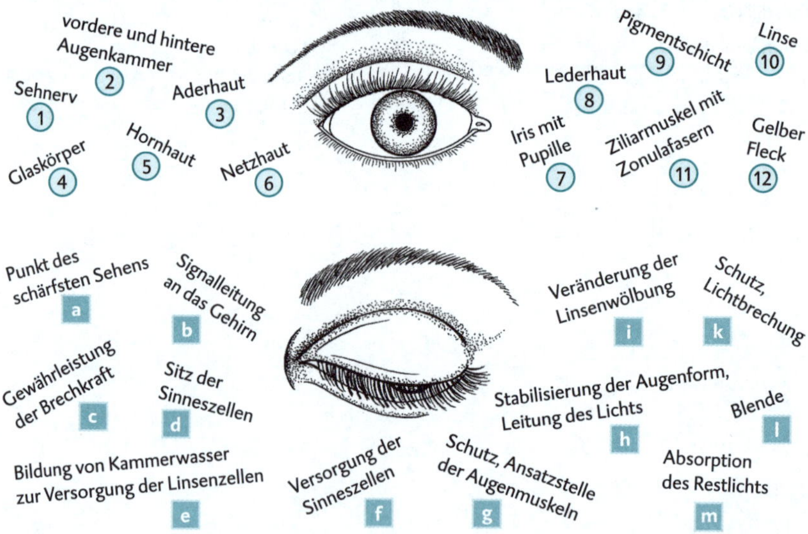

18 Konstruiere den Strahlengang in der folgenden Abbildung.

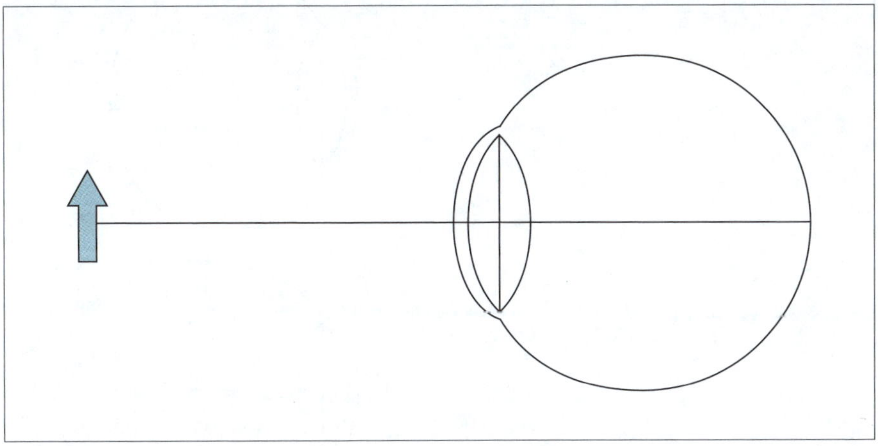

19 Erkläre die Vorgänge im Auge, die beim Betrachten eines sich entfernenden Autos ablaufen.

20 Stelle eine Vermutung auf, weshalb es unangenehm oder sogar schmerzhaft sein kann, wenn man versucht, einen Gegenstand zu fokussieren, der sich dichter als der Nahpunkt am Auge befindet.

21 Nenne die Zellschichten der Netzhaut und erläutere ihre jeweiligen Funktionen.

22 Betrachtet man Sterne am Nachthimmel, so kann es passieren, dass man einen schwach leuchtenden Himmelskörper nicht wahrnimmt, wenn man ihn direkt ansieht, während man ihn erkennt, wenn man leicht neben ihn schaut.
Erkläre dieses Phänomen.

23 In der folgenden Abbildung sind verschiedene Fehlsichtigkeiten dargestellt. Benenne sie und ergänze jeweils eine Linse, die die Fehlsichtigkeit ausgleichen kann. Zeichne dann den veränderten Strahlengang ein.

a: ____________________

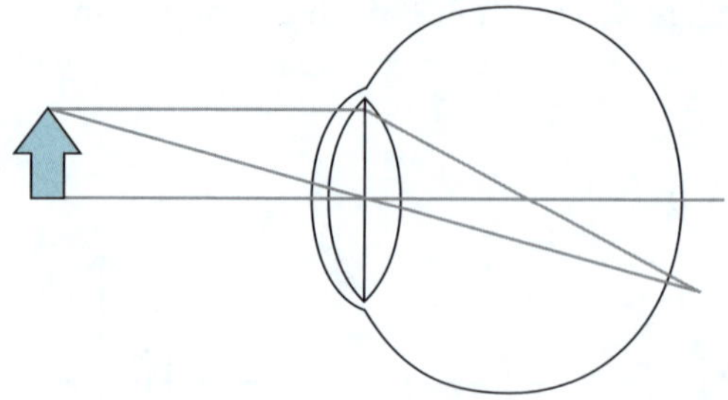

b: ____________________

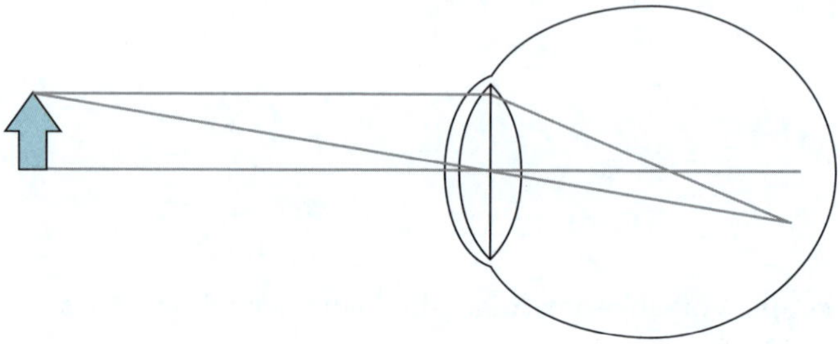

24 Ergänze die folgende Tabelle, in der Beeinträchtigungen des Sehvermögens zusammengefasst werden.

Beeinträchtigung	Phänomen	Ursache
		zu hoher Augeninnendruck ⇒ Schädigung des Sehnervs
		Zu geringe Flexibilität der Linse
	unscharfes Sehen; Punkte werden als kurze Linien wahrgenommen	
		Augapfel ist im Verhältnis zur Brechkraft der Linse zu lang
	nahe Objekte werden unscharf gesehen	
Grauer Star		

25 Entwickle eine Hypothese, weshalb sich Kurzsichtigkeit und Altersweitsichtigkeit nicht gegenseitig aufheben.

26 Erkläre, weshalb sich bei kurzsichtigen Personen der Nahpunkt dichter am Auge befindet.

27 Die Anatomie eines Hundeohres ist der des menschlichen Ohres recht ähnlich. Beschrifte die folgende Abbildung.

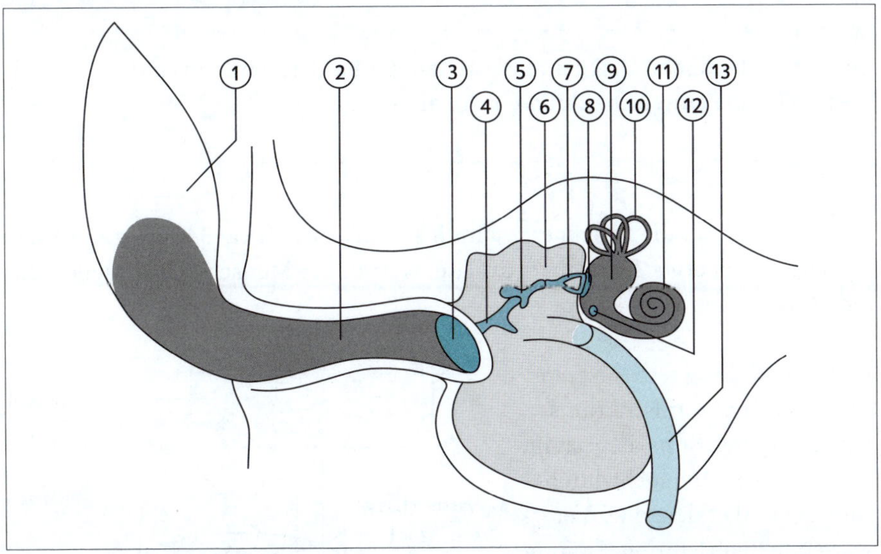

28 Erstelle ein Fließdiagramm, in dem der Hörvorgang beschrieben wird.

29 Im Folgenden sind einige Aussagen zu den Leistungen des Gehörs formuliert. Kreuze die richtigen Behauptungen an und verbessere die falschen.

Laute Töne verursachen stärkere Schwingungen, wodurch mehr Sinneszellen gereizt werden. ☐

____

Geräusche mit unterschiedlichen Tonhöhen reizen die Sinneszellen im Paukengang an unterschiedlichen Punkten. ☐

____

Richtungshören funktioniert, weil der Schall mit zunehmender Entfernung von der Schallquelle schwächer wird. Der Reiz, der am weiter entfernten Ohr ankommt, ist dadurch etwas schwächer. So kann das Gehirn die Richtung ermitteln, in der die Schallquelle liegt. ☐

____

Hohe Töne werden in der Nähe des Schneckentors wahrgenommen, tiefe beim ovalen Fenster. ☐

Die unterschiedliche Dicke und Elastizität der Basilarmembran sind wichtig für die Unterscheidung von Tonhöhen. ☐

30 Bei 20 °C beträgt die Schallgeschwindigkeit in der Luft ca. 340 m/s. Im Wasser liegt sie bei etwa 1 480 m/s. Erkläre, warum der Mensch Schallquellen unter Wasser nicht orten kann.

31 In der Abbildung rechts ist ein Modellversuch zur Funktionsweise des Drehsinns dargestellt. Beschreibe die Versuchsdurchführung und erkläre die zu erwartende Beobachtung. Erläutere die Zusammenhänge mit dem Drehsinnesorgan.

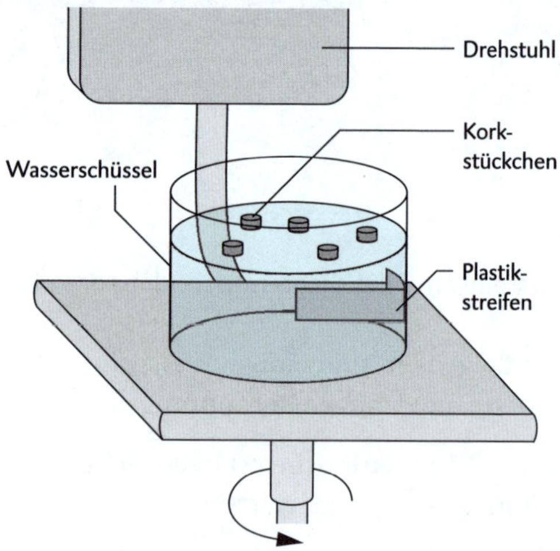

32 Wenn man sich oft im Kreis dreht, wird einem schwindelig. Erkläre diesen Zustand.

3 Hormonsystem

Bei Tieren und auch beim Menschen bietet neben dem Nervensystem auch das **Hormonsystem** die Möglichkeit, Informationen innerhalb des Körpers zu übermitteln. Informationsträger sind hierbei die **Hormone**. Bei diesen handelt es sich um chemische Botenstoffe, die von **Hormondrüsen** gebildet und durch das **Blut** zu den jeweiligen **Zielzellen** transportiert werden.

3.1 Hormone als Informationsträger bei Tieren und Pflanzen

Abb. 24: Larve des Tagpfauenauges (links) und voll entwickeltes Tagpfauenauge (rechts)

In Abbildung 24 (links) ist die Larve (Raupe) eines Tagpfauenauges abgebildet. Damit sie sich zu einem prächtigen Schmetterling entwickeln kann (siehe Abb. 24, rechts), müssen verschiedene Hormone in bestimmten Konzentrationen vorliegen. Nur wenn das Zusammenspiel der einzelnen Hormone genau aufeinander abgestimmt ist, kommt es zu einer Verpuppung, an deren Ende der vollkommen ausgebildete Schmetterling steht. Viele Vorgänge und Verhaltensweisen im Tierreich werden durch Hormone gesteuert oder beeinflusst. Auch beim Menschen gibt es zahlreiche Beispiele

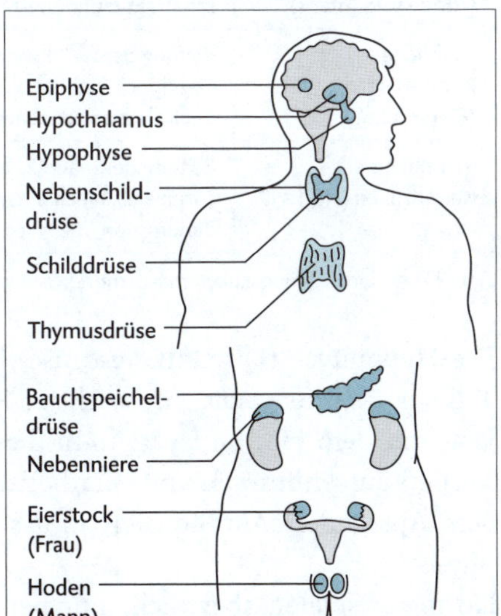

Abb. 25: Menschliche Hormondrüsen

für hormonelle Steuerungen oder Reifungsprozesse. Die Abbildung 25 liefert eine Übersicht über die menschlichen Hormondrüsen. In Tabelle 1 sind die Funktionen der einzelnen Hormondrüsen auszugsweise dargestellt.

Hormondrüsen	Funktionen der produzierten Hormone (Beispiele)	Hormone (Beispiele)
Epiphyse (Zirbeldrüse)	Beteiligung an der Entwicklung der Keimdrüsen; Regelung des Tag-Nacht-Rhythmus	Melatonin
Hypothalamus	Regelung der Hormonausschüttung anderer Hormondrüsen	Thyreotropin-Releasing-Hormon (TRH)
Hypophyse (Hirnanhangsdrüse)	Regelung der Hormonausschüttung anderer Hormondrüsen	z. B. Luteinisierendes Hormon (LH), Follikel stimulierendes Hormon (FSH), Oxytocin
Schilddrüse mit Nebenschilddrüse	Stimulation des Energiestoffwechsels; Beeinflussung des Calciumspiegels im Blut	Thyroxin, Calcitonin, Parathormon
Thymusdrüse	Beteiligung an der Reifung von weißen Blutkörperchen (T-Zellen)	Thymosin
Bauchspeicheldrüse (Pankreas)	Beeinflussung des Blutzuckerspiegels	Insulin, Glucagon
Nebennieren (-rinde und -mark)	Steigerung der Leistungsbereitschaft; Entzündungshemmung	Adrenalin, Noradrenalin, Glucocorticoide
weibliche Keimdrüsen (Eierstöcke)	Reifung der weiblichen sekundären Geschlechtsmerkmale; Beeinflussung der Menstruation	Östradiol, Progesteron
männliche Keimdrüsen (Hoden)	Reifung der männlichen sekundären Geschlechtsmerkmale; Bildung von Spermien	Testosteron

Tab. 1: Funktion der menschlichen Hormondrüsen und Beispiele für ausgeschüttete Hormone

Die Hypophyse (Hirnanhangsdrüse) befindet sich am Hypothalamus. Dieser Teil des Gehirns spielt eine wichtige Rolle für das Zusammenwirken des Nerven- mit dem Hormonsystem. In dieser Hirnregion werden viele Signale des Körpers aufgenommen und verarbeitet. Hierauf reagiert der Hypothalamus mit dem Aussenden von Signalen an das Hormonsystem, häufig über die Hypophyse.

Hormone spielen aber nicht nur bei Mensch und Tier eine Rolle. Auch bei **Pflanzen** konnten einige hormonell gesteuerte Prozesse beobachtet werden.

Die Hormone werden hier von bestimmten Zellen gebildet und in den Pflanzensaft abgegeben. In manchen Fällen werden die Wirkstoffe dann mittels des Leitbündelsystems schnell verteilt. Ein Großteil der Verbreitung findet aber durch **Diffusion** (siehe S. 117 f.) zwischen den einzelnen Zellen statt. Beispiele für hormonell gesteuerte Prozesse sind das Pflanzenwachstum, die Blütenbildung und die Reifung der Früchte.

3.2 Zelluläre Wirkungsweise der Hormone

Hormone können an den sogenannten **Erfolgsorganen**, den Wirkungsorten, prinzipiell zwei Effekte zeigen: Entweder werden die **Zielzellen** am Erfolgsorgan **aktiviert** oder **gehemmt**. Viele Größen im Körper, wie z. B. die Konzentration von Stoffen im Blut, werden hormonell gesteuert. Dies lässt sich in **Regelkreisläufen** darstellen (siehe Abb. 26). Beispielsweise wird Thyroxin von der Schilddrüse ausgeschüttet, wenn die Umgebungstemperatur dauerhaft sinkt. Diese Ausschüttung wird von Hypothalamus und Hypophyse veranlasst. Durch die erhöhte Thyroxinkonzentration im Blut wird in den Zielzellen der Energiestoffwechsel erhöht, damit mehr Wärme produziert wird. Um nicht unnötig viel Wärme zu verschwenden, wirkt das Thyroxin gleichzeitig hemmend auf den Hypothalamus und die Hypophyse, wodurch diese der Schilddrüse signalisieren, die Thyroxinausschüttung zu vermindern. Da eine hohe Thyroxinkonzentration im Blut zu einer Verringerung der Thyroxinkonzentration führt, handelt es sich um eine **negative Rückkopplung**. Bei einer umgekehrten Reaktion spricht man von einer **positiven Rückkopplung**. In Abb. 26 ist ein vereinfachter Regelkreis zur Steuerung der Thyroxinkonzentration im Blut dargestellt. Ein ⊕ steht hierbei immer für aktivierend/fördernd oder für „je mehr, desto mehr“ bzw. „je weniger, desto weniger“. Ein ⊖ steht für hemmend oder für „je mehr, desto weniger“ bzw. „je weniger, desto mehr“.

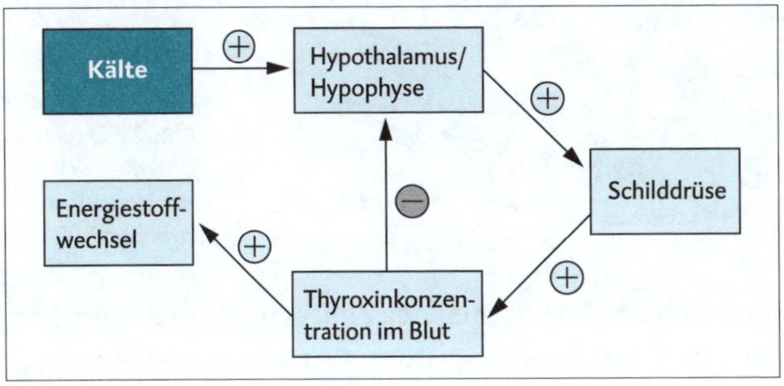

Abb. 26: Vereinfachter Regelkreislauf zur Steuerung der Thyroxinkonzentration im Blut

Hormone werden von den Hormondrüsen ins Blut abgegeben und über den Blutstrom zum Wirkungsort transportiert. Es stellt sich die Frage, weshalb Hormone nur an diesen Orten im Körper ihre Wirkung entfalten. Dies liegt an speziellen **Zielzellen** der Erfolgsorgane, die **Rezeptoren** besitzen, an die die Hormone nach dem **Schlüssel-Schloss-Prinzip** binden. Die spezifische Struktur der Hormone erlaubt es ihnen somit, nur an bestimmten Organen im Körper ihre Wirkung zu entfalten.

Hormone wirken auf die Zielzellen der Erfolgsorgane aktivierend oder hemmend. An den Zielzellen befinden sich Rezeptoren, an die die Hormone nach dem **Schlüssel-Schloss-Prinzip** binden.

Je nach Hormontyp befinden sich die Rezeptoren der Zielzellen an unterschiedlichen Orten. Einige Hormone wie beispielsweise Cortisol können die Zellmembran passieren, während andere Hormone wie z. B. Adrenalin dazu nicht in der Lage sind. Daher wird je nach zellulärem Wirkungsort der Hormone eine **direkte** von einer **indirekten Wirkung** unterschieden.

Direkte Wirkung

Von einer **direkten Wirkung** spricht man, wenn die Hormone in der Lage sind, die **Zellmembran zu passieren** und an Rezeptoren im Inneren der Zielzelle anzudocken.

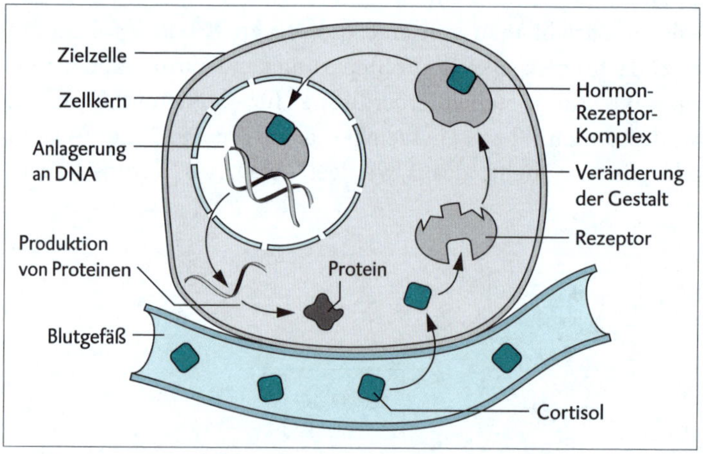

Abb. 27: Direkte Wirkungsweise von Hormonen (z. B. Cortisol)

Diese Rezeptoren befinden sich im Zytoplasma der Zelle. Gelangt ein Hormon in die Zelle, bindet es nach dem **Schlüssel-Schloss-Prinzip** an den Rezeptor und es entsteht ein **Hormon-Rezeptor-Komplex**. Dieser dringt in den **Zellkern** ein und **bindet** an eine **spezifische Region der DNA**, wodurch die Synthese von bestimmten Proteinen in Gang gesetzt wird (siehe Abb. 27).

Indirekte Wirkung

Hormone, die eine **indirekte Wirkung** aufweisen, können die **Zellmembran nicht passieren**. Sie binden an einen **Rezeptor auf der Zelloberfläche**. Bildet sich ein **Hormon-Rezeptor-Komplex**, so wird an der gegenüberliegenden Seite der Zellmembran, also im Inneren der Zelle, von diesem Komplex ein zweiter Botenstoff aktiviert. Diesen bezeichnet man als **sekundären Botenstoff**. Als **primärer Botenstoff** wird das Hormon bezeichnet, das an den Rezeptor bindet. Die sekundären Botenstoffe können in der Zielzelle je nach Hormon unterschiedliche Wirkungen zeigen. Beispielsweise aktivieren sie Enzyme oder bringen die Zelle dazu, Stoffe aufzunehmen oder auszuschütten. Ein Hormon mit indirekter Wirkungsweise ist z. B. das Adrenalin. Es bindet an einen Rezeptor in der Zellmembran, wodurch ein zweiter Botenstoff ein Enzym aktiviert, das Glycogen in Glucose abbaut (siehe Abb. 28).

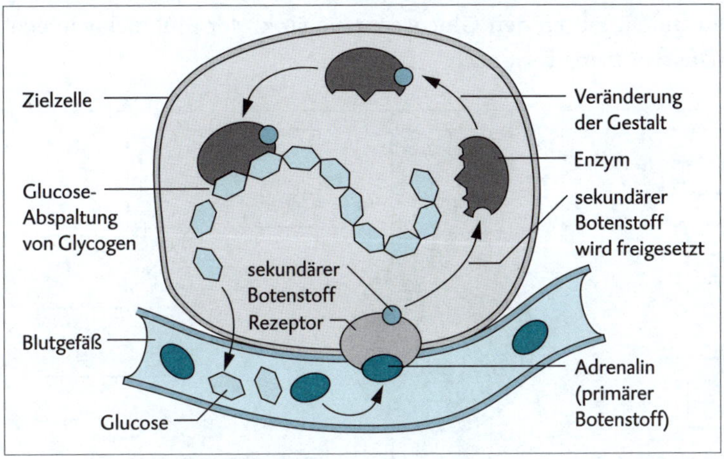

Abb. 28: Indirekte Wirkungsweise von Hormonen (z. B. Adrenalin bei Muskelzellen)

3.3 Hormonelle Regelung des Blutzuckerspiegels

Hauptenergielieferant für unseren Körper ist die Glucose (Traubenzucker). Mit Sauerstoff reagiert sie in der Zellatmung (siehe S. 135 ff.) zu Kohlenstoffdioxid und Wasser. Dabei wird Energie freigesetzt. Die Glucose gelangt mit dem Blutstrom zu den Zellen, wo sie benötigt wird. Damit alle Zellen des Körpers laufend mit Glucose und damit mit Energie versorgt werden können, muss ständig eine bestimmte Glucosekonzentration im Blut vorhanden sein. Der **Blutzuckerspiegel (Blutglucosespiegel)** darf aber auch nicht zu hoch sein, da dies ansonsten negative Auswirkungen auf die Gesundheit hätte (Diabetes, S. 47). Da die Glucose ständig vom Körper verbraucht wird, muss in regelmäßigen Abständen Nahrung aufgenommen werden. Mit der aus dem Darm ins Blut gelangenden Glucose wird ein Vorrat aufgefüllt, aus dem der Traubenzucker bei Bedarf nach und nach wieder ins Blut freigesetzt werden kann.

Regulation des Blutzuckerspiegels durch Insulin und Glucagon

Der Blutzuckerspiegel schwankt, je nach Anstrengung bzw. Zeitpunkt der letzten Nahrungsaufnahme. Bei gesunden Personen beträgt er im nüchternen Zustand ca. 0,6–1,1 g/ℓ. Wird Nahrung aufgenommen und verdaut, so gelangt viel Glucose ins Blut. In den sogenannten **Langerhans'schen Inseln (Inselzellen)** der **Bauchspeicheldrüse (Pankreas)** wird das Hormon **Insulin** produziert, das bei einem erhöhten Blutzuckerspiegel ausgeschüttet wird. Es bewirkt, dass die Körperzellen Glucose aufnehmen. In der Leber und den Muskeln wird der Traubenzucker hauptsächlich in **Glycogen**, die Speicherform der Glucose, umgewandelt. Durch den Glucoseentzug sinkt der Blutzuckerspiegel und die Insulinausschüttung lässt nach.

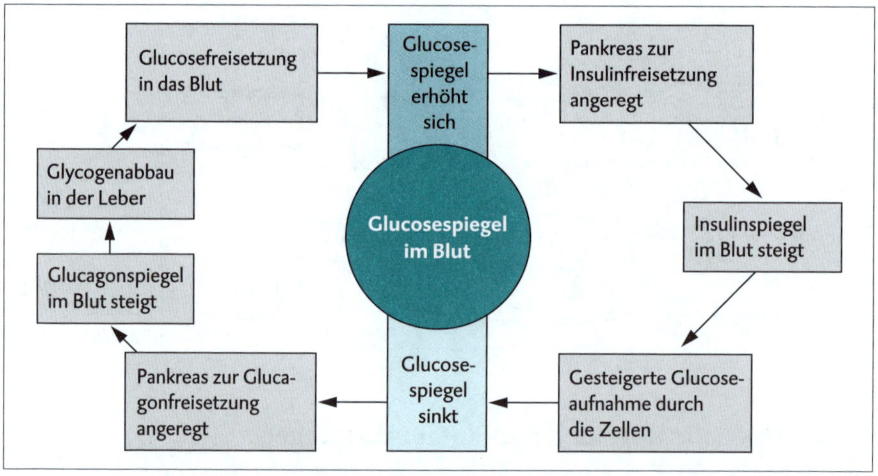

Abb. 29: Regulation des Blutzuckerspiegels durch Insulin und Glucagon

Sinkt die Konzentration von Glucose im Blut z. B. durch körperliche Anstrengung weiter, schüttet die **Bauchspeicheldrüse** das Hormon **Glucagon** aus, das ebenfalls in den Langerhans'schen Inseln produziert wird. Das Hormon bewirkt, dass das gespeicherte Glycogen vor allem in der Leber zu Glucose abgebaut wird. Diese wird im Anschluss in das Blut abgegeben, wodurch der Blutzuckerspiegel wieder ansteigt.

Insulin und Glucagon wirken als **Antagonisten** auf den Blutzuckerspiegel.

Der Blutzuckerspiegel unterliegt noch vielen weiteren Einflüssen. So kann beispielsweise die Freisetzung von Adrenalin zu einem Anstieg der Blutzuckerkonzentration führen (siehe S. 49).

Diabetes mellitus

Personen, die an **Diabetes mellitus (Zuckerkrankheit)** leiden, produzieren entweder nicht genug Insulin oder das Insulin entfaltet nicht seine volle Wirksamkeit. Beide Ursachen führen dazu, dass von den Körperzellen nicht genug Glucose aufgenommen wird. Die Folge ist ein erhöhter Blutzuckerspiegel. Da die Glucose nicht aufgenommen werden kann, wird sie über die Nieren aus dem Blut gefiltert und mit dem Urin ausgeschieden. Aufgrund der hohen Glucosekonzentration strömt viel Wasser in den Harn (siehe S. 181 ff.), weshalb Personen mit unbehandeltem Diabetes häufig Wasser lassen müssen und gleichzeitig starken Durst verspüren, da der Wasserverlust ausgeglichen werden muss. Diabetes mellitus kann in zwei Formen auftreten:

- Der **juvenile Diabetes (Diabetes Typ I)** tritt meist schon in jungen Jahren auf. Ursache der Erkrankung ist eine Zerstörung der Langerhans'schen Inseln, die für die Insulinproduktion verantwortlich sind. Der entstehende Mangel wird durch das Spritzen von Insulin ausgeglichen. Wodurch der Diabetes Typ I genau entsteht, ist noch nicht endgültig geklärt (siehe Autoimmunerkrankungen, S. 92 f.).
- Der **Altersdiabetes (Diabetes Typ II)** tritt überwiegend im höheren Alter auf. Das Insulin kann hierbei seine Wirksamkeit an den Zielzellen nicht mehr voll entfalten. In der Regel müssen Betroffene streng auf ihre Ernährung achten, damit die Glucosekonzentration nicht gefährlich ansteigt. Wie bei Diabetes Typ I sind auch bei Typ II nicht alle Erkrankungsursachen geklärt. Als gesichert gilt jedoch, dass Fehlernährung ein wesentlicher Faktor ist.

3.4 Stress: Zusammenwirken von Nerven- und Hormonsystem

Um die Reaktion des menschlichen Körpers auf Beanspruchungen und Belastungen von außen verstehen zu können, muss man die ursprüngliche Lebensweise des Menschen beispielsweise in der Steinzeit betrachten. Traf ein Mensch damals auf ein gefährliches Tier, so hatte er die Möglichkeit, zu kämpfen oder zu fliehen. Dies wird häufig als *Fight-or-flight*-Situation bezeichnet. Der Körper des Betroffenen musste dazu schlagartig in eine erhöhte Handlungsbereitschaft versetzt werden. Die dazu ablaufenden körperlichen und psychischen Reaktionen werden als **Stressreaktionen** bezeichnet.

Als **Stress** bezeichnet man die körperlichen und geistigen Reaktionen eines Lebewesens auf bestimmte äußere Reize, die als **Stressoren** bezeichnet werden. Diese Reaktionen ermöglichen es dem Lebewesen, bestimmte Anforderungen zu erledigen, stellen aber auch eine Belastung dar.

Auslöser von Stressreaktionen

Heutzutage gerät man selten in eine Gefahrensituation, in der man kämpfen oder fliehen muss. Dennoch treten auch bei weniger bedrohlichen Ereignissen ähnliche körperliche Reaktionen auf. Es gibt viele Situationen, die von uns als „gefährlich" empfunden werden können: ein Vortrag in der Schule, eine Klassenarbeit oder ein Gegenstand, den man verloren hat.

In der Tabelle 2, die von den Psychiatern Holmes und Rahe entwickelt wurde, sind einige Stressoren aufgelistet, die uns unterschiedlich stark belasten. Den Ereignissen wurden von den Wissenschaftlern Zahlenwerte zwischen 0 und 100 zugewiesen, wobei die besonders belastenden Stressoren die höchsten Bewertungszahlen aufweisen. Auffällig ist dabei, dass auch positive Ereignisse als Stress empfunden werden können.

Stressoren	Bewertungszahl
Tod des Ehepartners	100
Scheidung vom Ehepartner	65
Haftstrafe	63
Tod eines Familienangehörigen	63
Verlust des Arbeitsplatzes	47
Erhebliche Einkommensveränderung	38
Kinder verlassen das Elternhaus	29
Großer persönlicher Erfolg	28
Schulbeginn oder -abschluss	26
Änderung der Schlafgewohnheiten	16
Weihnachten	12

Tab. 2: Liste unterschiedlicher Stressoren

Ablauf der Stressreaktion

Auch wenn sich die Stressoren erheblich unterscheiden und oft individuell als positiv oder negativ empfunden werden können, sind die körperlichen Reaktionen weitgehend die gleichen. Registriert das Gehirn einen Stressfaktor, so aktiviert der **Hypothalamus** über das **sympathische Nervensystem** (siehe S. 7 f.) das **Nebennierenmark** zur Ausschüttung der Stresshormone **Adrenalin und Noradrenalin**. Parallel dazu veranlasst der **Hypothalamus** die **Hypophyse** zur Freisetzung des **Adrenocorticotropen Hormons (ACTH)**. Das ACTH regt die Nebennierenrinde zur Ausschüttung von **Cortisol** an.

Aufgrund von Stressoren werden von den Hormondrüsen die **Stresshormone** Adrenalin, Noradrenalin und Cortisol ausgeschüttet.

Adrenalin und **Noradrenalin** führen zusammen mit den Signalen des **Sympathikus** zu einer Erhöhung der Herzfrequenz und zum Anstieg des Blutdrucks. Außerdem veranlassen sie eine Weitung der Bronchiolen in der Lunge, wodurch mehr Sauerstoff aufgenommen werden kann, und fördern den Abbau von Glycogen zu Glucose in den Muskeln und in der Leber. Aus Fettzellen werden Fettsäuren freigesetzt, die genau wie die Glucose für die Deckung des steigenden Energiebedarfs zur Verfügung stehen sollen. Adrenalin und Noradrenalin bewirken zudem eine Lenkung des Blutstroms hin zum Gehirn, zu den Muskeln sowie zum Herz und weg vom Verdauungstrakt. **Cortisol** ist ebenfalls an der Erhöhung des Blutzuckerspiegels beteiligt. Zudem wirkt es entzündungshemmend und fördert die Blutgerinnung. Durch das Hormon kommt es zu einer Verminderung der Immunabwehr.

All diese Reaktionen führen dazu, dass die in Gefahrensituationen benötigten Organe optimal mit Nährstoffen und Sauerstoff versorgt sind und der Körper bestmöglich geschützt und auf eine drohende Konfrontation vorbereitet ist.

Ist die Stresssituation überstanden, fallen die Konzentrationen der Stresshormone im Blut wieder ab. Unter dem Einfluss des **Parasympathikus** werden die Organe aktiviert, die der körperlichen Erholung dienen. Der Glucosespiegel wird wieder weitgehend allein von Insulin und Glucagon reguliert. Die Fettsäuren verbleiben aber im Blut und werden nur bei körperlicher Anstrengung abgebaut.

Eustress und Disstress

Je nach Dauer und Art des Stresses wird zwischen Eustress und Disstress unterschieden.

- **Eustress** wird als positiv empfunden. Der Betroffene hat das Gefühl, eine Herausforderung zu meistern. Nach jeder Stressphase folgt eine ausreichend lange Erholungsphase, in der sich die körperlichen Ressourcen wieder regenerieren können.
- **Disstress** wird als belastend empfunden. Man fühlt sich überfordert, da die Stressoren als unüberwindbar angesehen werden oder weil der Stress zu häufig und ohne ausreichend lange Erholungsphasen auftritt.

Dauerstress ohne ausreichende Regeneration kann weitreichende gesundheitliche Konsequenzen nach sich ziehen. Zunächst kommt es in der Regel zu einer erhöhten Anspannung und einer verminderten Leistungsfähigkeit. Hält der Stress weiterhin an, können Folgeerkrankungen wie Migräne, Magengeschwüre oder Depressionen auftreten. Betätigt sich die gestresste Person körperlich wenig, so werden die ins Blut freigesetzten Fettsäuren nicht verbraucht. Sammeln sich diese an, kann es unter Umständen zur Arteriosklerose, einer Verengung der Blutgefäße, kommen. Dies führt zu einem erhöhten Risiko für Herzinfarkte, Schlaganfälle, Embolien und Thrombosen (siehe S. 159 ff.).

Stress ist eine wichtige körperliche Reaktion, die uns in erhöhte Leistungsbereitschaft versetzt. Es ist allerdings darauf zu achten, dass zwischen einzelnen Stressphasen ausreichend **Regeneration** und körperliche Betätigung liegen, um gesundheitliche Konsequenzen zu vermeiden.

Zusammenfassung

Hormone sind chemische Botenstoffe, die von **Hormondrüsen** gebildet werden und **durch das Blut** zu den **Zielzellen** der Erfolgsorgane transportiert werden. Dort können sie hemmend oder aktivierend wirken.
Der Mensch besitzt eine Vielzahl von Hormondrüsen. Die Kontrolle des inneren Gleichgewichts und damit die Steuerung der meisten Hormondrüsen liegt bei **Hypothalamus** und **Hypophyse**.
An bzw. in den Zielzellen befinden sich **Rezeptoren**, an denen bestimmte Hormone nach dem **Schlüssel-Schloss-Prinzip** binden und so ihre Wirkung entfalten können.
Man unterscheidet zwei verschiedene Wirkungsweisen:

direkte Wirkung	indirekte Wirkung
• Hormone sind in der Lage, die Zellmembran zu passieren • Binden an Rezeptor im Zellinneren • Hormon-Rezeptor-Komplex veranlasst die Synthese bestimmter Proteine	• Hormone sind nicht in der Lage, die Zellmembran zu passieren • Binden an Rezeptor auf Zellmembranoberfläche • Dadurch Aktivierung von sekundärem Botenstoff im Zellinneren, durch den der Stoffwechsel beeinflusst wird

Der **Blutzuckerspiegel** wird im Wesentlichen von den Hormonen Insulin und Glucagon geregelt:

- Anstieg der Blutzuckerkonzentration $\Rightarrow$ Ausschüttung von Insulin $\Rightarrow$ Glucoseaufnahme in die Zielzellen
- Sinkende Blutzuckerkonzentration $\Rightarrow$ Ausschüttung von Glucagon $\Rightarrow$ Freisetzung der Glucosereserven ins Blut durch Abbau von Glycogen

Personen mit **Diabetes mellitus** produzieren zu wenig Insulin bzw. die Wirkung des Hormons kann sich nicht voll entfalten. Dadurch kann der Blutzuckerspiegel nicht reguliert werden.

Bei der **Stressreaktion** aktiviert der Hypothalamus die Hypophyse und den Sympathikus. Hierdurch kommt es zur Ausschüttung der Stresshormone Adrenalin, Noradrenalin und Cortisol, durch die die Leistungsfähigkeit gesteigert wird.
Als **Eustress** wird positiv empfundener Stress bezeichnet. **Disstress** wird als Belastung empfunden und kann gesundheitliche Konsequenzen nach sich ziehen.

33 Vergleiche das Nerven- und das Hormonsystem der Tiere anhand der folgenden Kriterien miteinander:

- Art der Informationsübertragung
- Weg der Übertragung
- Geschwindigkeit der Übertragung
- Wirkungsdauer

Nutze dazu die Begriffe rechts.

34 Ordne den im Folgenden schematisch dargestellten Hormondrüsen des Menschen die passenden Namen und die jeweiligen Funktionen der produzierten Hormone zu, indem du die Elemente mit Strichen verbindest.

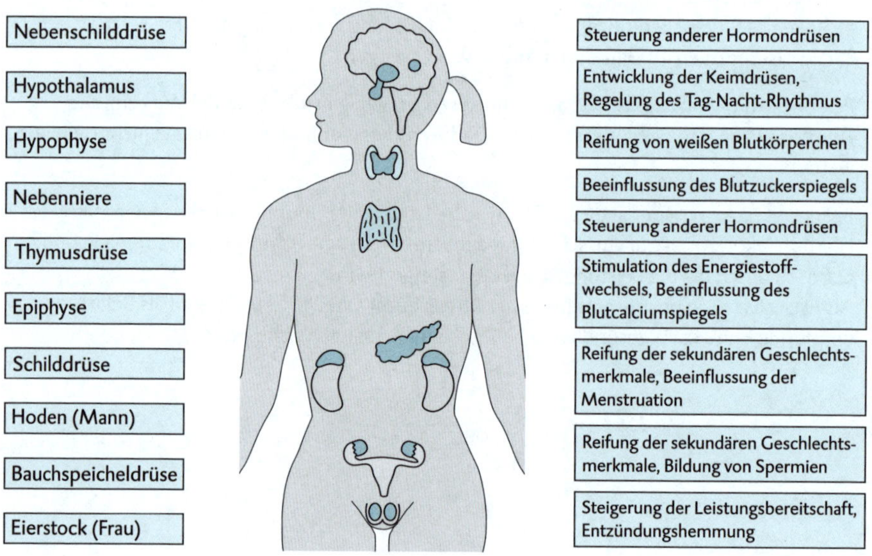

35 Die Häutung wird beim Monarchfalter und bei allen anderen Insekten im Wesentlichen durch die Hormone **Ecdyson** und **Juvenilhormon** gesteuert. Steigt die Ecdyson-Konzentration an, so kommt es zur Häutung der Larve. Solange die Juvenilhormon-Konzentration hierbei hoch ist, geht das Insekt aus den Häutungen jeweils wieder als Larve hervor. Insgesamt vollzieht die Larve vier Häutungen. Nach der fünften Häutung ist das Puppenstadium erreicht. Aus der Sechsten geht dann der vollständig entwickelte Monarchfalter hervor. Skizziere ein Diagramm, aus dem die relativen Hormonkonzentrationen im Laufe der Entwicklung eines Monarchfalters hervorgehen.

36

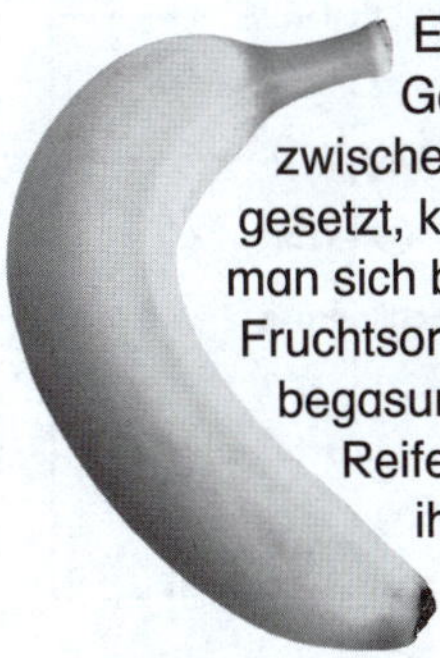

Ethen ist ein pflanzliches Hormon. Es handelt sich um ein Gas, weshalb es bei Pflanzen hauptsächlich in den Zellzwischenräumen (Interzellularen) vorkommt. Wird Ethen freigesetzt, kommt es unter anderem zur Fruchtreifung. Dies macht man sich bei der Obstproduktion zunutze: Häufig werden bestimmte Fruchtsorten in unreifem Zustand gepflückt und mittels Ethenbegasung nachträglich zur Reife gebracht.
Reife Früchte setzen Ethen frei, wodurch unreife Früchte in ihrer Umgebung ebenfalls reifen.

Erkläre anhand der im Text enthaltenen Informationen, weshalb es in der Regel nicht sinnvoll ist, Obst in einer Schale aufzubewahren.

37 In einem Versuch mit Pflanzenkeimlingen wurde festgestellt, dass diese zum Licht hin wachsen. Wenn das Licht anfangs oben und anschließend seitlich positioniert wurde, dann krümmten sich die Keimlinge zum Licht hin. Man fand auch heraus, dass das Wachstum der Keimlinge von ihrer Basis und nicht von ihrer Spitze ausgeht. In einer weiteren Versuchsreihe (siehe Abb. nächste Seite) wurde das Wachstum zum Licht genauer erforscht. Es zeigte sich, dass das Pflanzenhormon **Auxin** ein Streckungswachstum des Keimlings in Richtung Licht hervorruft.

Beschreibe die in der folgenden Abbildung dargestellten Versuche und erkläre die Beobachtungen.

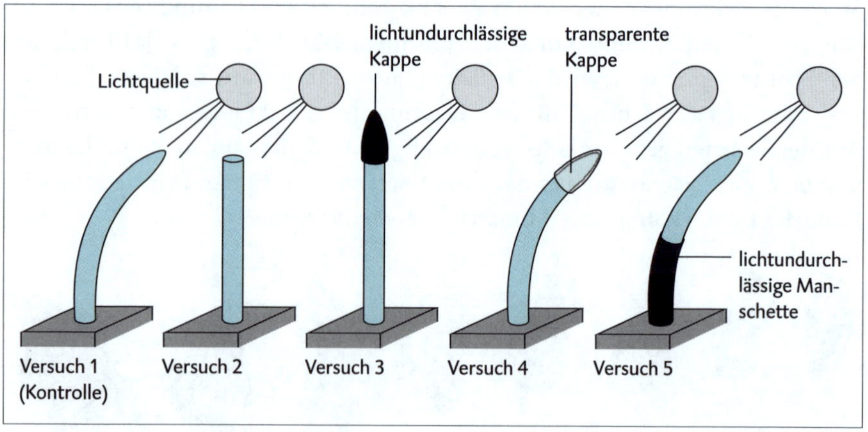

38 Im folgenden Schaubild ist die Regelung des Thyroxinspiegels im Blut dargestellt. Erkläre, wie die Konzentration des Hormons im Blut geregelt wird.

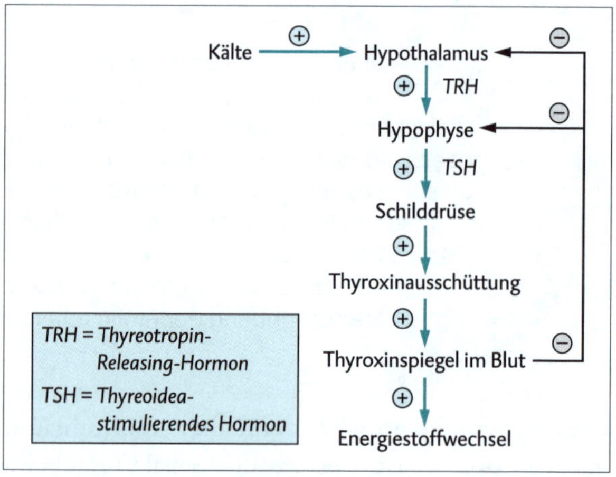

39 Bei **cAMP (cyclisches Adenosinmonophosphat)** handelt es sich um einen sekundären Botenstoff, der durch verschiedene Hormone aktiviert werden kann. Die Wirkungen von cAMP sind sehr vielseitig. Unter anderem kann es spezielle Proteine, sogenannte Transkriptionsfaktoren, aktivieren, die im Zellkern an die DNA binden und die Bildung bestimmter Enzyme in Gang setzen. Fertige eine beschriftete Skizze zum beschriebenen Beispiel an, die die Wirkungsweise von cAMP schildert.

40 Fertige eine Tabelle an, aus der die Funktion der Hormone bei der Blutzuckerregulation hervorgeht. Gib auch die Ursache für die jeweilige Hormonausschüttung an.

41

> *Der Kalziumspiegel im Blut wird über das Hormon Calcitonin und das Parathormon reguliert. Steigt die Kalziumionenkonzentration im Blut, so schüttet die Schilddrüse Calcitonin aus. Das Hormon hemmt die Freisetzung von Kalziumionen aus den Knochen. Es reduziert zudem die Resorption von Calciumionen aus dem Darm und fördert deren Ausscheidung über die Nieren. Sinkt der Kalziumspiegel, dann schüttet die Nebenschilddrüse Parathormon aus. Es fördert die Freisetzung von Kalziumionen aus dem Knochengewebe und hemmt deren Ausscheidung über die Nieren. Zudem fördert es die Kalziumresorption im Darm.*

Fertige anhand des Infotextes ein Schema zur Regulation des Calciumspiegels im Blut an.

42 Erstelle ein Fließdiagramm, aus dem die Abläufe der Stressreaktion hervorgehen.

43 Erkläre, weshalb chronischer Stress häufig zu einem Gewichtsverlust führt.

Immunsystem und Abwehr von Krankheitserregern

Virale Infektionskrankheiten wie die Grippe oder der grippale Infekt verbreiten sich vor allem während der nasskalten Jahreszeit sehr rasch durch Tröpfchen- oder durch Schmierinfektionen von Mensch zu Mensch.

1 Bakterien und Viren als Krankheitserreger

Mensch und Tier müssen sich ständig gegen teilweise gefährliche Eindringlinge verteidigen, die in ihren Körper gelangen wollen. Dies ist keine leichte Aufgabe, denn in unserem täglichen Leben sind wir laufend einer großen Menge verschiedenster Keime in der Atemluft, im Trinkwasser und in Nahrungsmitteln ausgesetzt. Keime, wie etwa Bakterien, Viren, Pilze, Einzeller und mehrzellige Tiere, die beim Eindringen in den Körper Krankheiten auslösen können, bezeichnet man als **pathogen**.

Pathogene Keime wie Bakterien und Viren lösen Krankheiten aus.

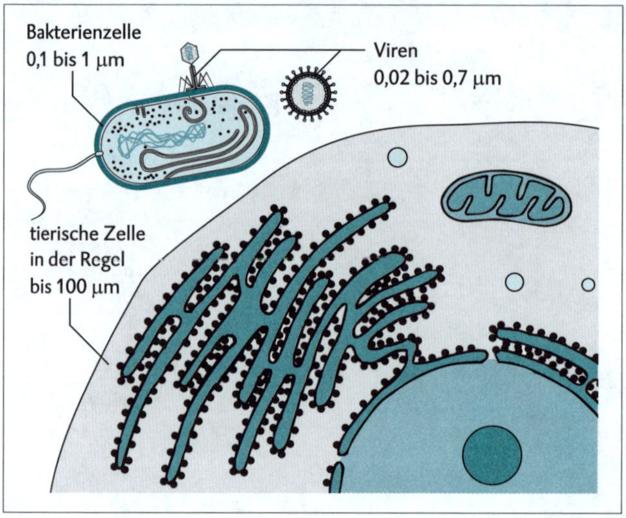

Abb. 30: Größenvergleich zwischen Viren, einer bakteriellen Zelle und einer tierischen Zelle

1.1 Verlauf von Infektionskrankheiten

Infektion

Dringen Krankheitserreger in den menschlichen Körper ein, dann spricht man davon, dass sich die betroffene Person **infiziert** hat. Das Eindringen in den Organismus (siehe Abb. 31) kann an den unterschiedlichsten Stellen, z. B. über Körperöffnungen wie Mund, Nase und Augen sowie über den Harn- und Geschlechtsapparat oder über Verletzungen der Haut erfolgen. Grundsätzlich unterscheidet man zwei unterschiedliche Infektionsmöglichkeiten:

- Infektionen auf **direktem** Weg:
  - durch **Tröpfcheninfektion**, das heißt durch das Einatmen von Krankheitserregern mit der Luft
  - durch **Schmierinfektion** über die Berührung eines mit Krankheitserregern kontaminierten Gegenstandes oder eines infizierten Lebewesens
- Infektionen auf **indirektem** Weg:
  - durch die Nahrung oder durch Trinkwasser
  - durch Instrumente wie Spritzen
  - durch Tiere wie Fliegen oder Mücken

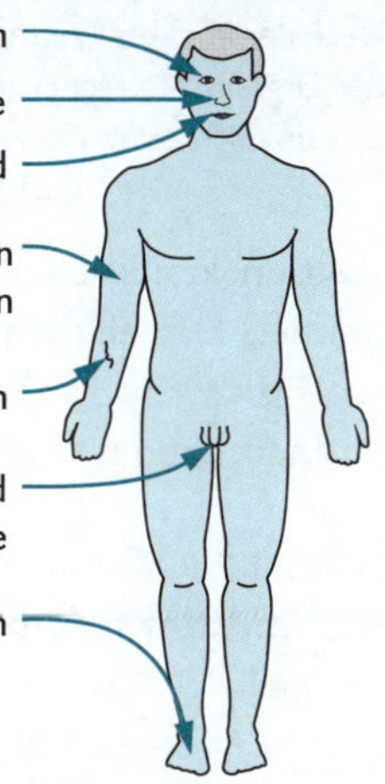

Abb. 31: Übersicht über verschiedene Infektionswege

Der menschliche Körper kann entweder auf **direktem** oder auf **indirektem** Weg mit einem pathogenen Erreger infiziert werden.

Inkubationszeit und Ausbruch

Nach dem Eindringen vermehren sich die Krankheitserreger im befallenen Organismus. Während dieser Zeit, der sogenannten **Inkubationszeit**, ist der Körper also bereits mit den pathogenen Erregern infiziert, die Krankheit ist jedoch noch nicht ausgebrochen. Durch ihren Stoffwechsel produzieren die eingedrungenen Organismen, wie beispielsweise Bakterien und Pilze, Substanzen, die häufig als **Giftstoffe**, sogenannte **Toxine**, den Körper schädigen. Viren, die keinen eigenen Stoffwechsel aufweisen, beeinträchtigen die Zellen des Organismus durch die Art ihrer Vermehrung (siehe S. 64 ff.). Die Schädigungen und ihre Auswirkungen auf die Infizierten sind je nach Erreger zumeist sehr typisch und dienen deshalb als **Symptome** (Anzeichen) für eine ausgebrochene **Infektionskrankheit**.

Schon während der Inkubationszeit produziert der Körper jedoch unterschiedlichste **Abwehrstoffe**, um die Keime zu vernichten (siehe S. 72 ff.). Dadurch gelingt es häufig, zu vermeiden, dass eine Krankheit tatsächlich **ausbricht**.

Nach der Infektion vermehren sich viele Krankheitserreger im Körper und lösen, wenn es der Organismus nicht rechtzeitig schafft, sich zu wehren, durch die von ihnen produzierten **Giftstoffe (Toxine)** oder durch ihre Vermehrung eine **Infektionskrankheit** aus.

Infektionskrankheiten, die sich sehr rasch verbreiten, werden als **Seuchen** bezeichnet. Das zeitlich und örtlich gehäufte Auftreten einer Krankheit nennt man **Epidemie**, während man unter einer **Pandemie** die länder- oder sogar kontinentübergreifende Ausbreitung einer Krankheit versteht.

Verhalten zum Schutz vor Infektionskrankheiten

Viele Infektionskrankheiten kommen bei einem funktionierenden Immunsystem (siehe S. 72 ff.) gar nicht erst zum Ausbruch. Dieses kann durch eine **gesunde Lebensführung**, wie beispielsweise möglichst regelmäßige Bewegung an der frischen Luft, gesunde und vitaminreiche Ernährung, Verzicht auf Alkohol und Tabak bzw. andere Drogen, Vermeidung von Stress und ausreichend Schlaf, unterstützt werden. **Grundlegende Hygienemaßnahmen** wie sorgfältiges und regelmäßiges Händewaschen oder das Abkochen von Lebensmitteln und Trinkwasser bei Fernreisen können das Infektionsrisiko stark senken.

1.2 Bakterielle Infektionskrankheiten

Merkmale der Bakterien

Die **prokaryotischen** Bakterienzellen sind mit einer Größe von 0,1 bis 1 µm deutlich kleiner und einfacher gebaut als die eukaryotischen Zellen des Menschen (siehe Abb. 30, S. 58 und Band 1, S. 3 ff.). Wie es für Prokaryoten kennzeichnend ist, besitzen diese einzelligen Organismen keinen echten Zellkern. Die Erbsubstanz liegt als ringförmige DNA frei im Zytoplasma vor. Dieses ist von einer flexiblen Zellmembran umgeben, auf der eine festigende Zellwand, bestehend aus speziellen Kohlenhydraten, dem Murein, aufgelagert ist. Manchmal ist die Zelle zusätzlich noch von einer Schleimschicht umgeben. Neben den Ribosomen und eventuell vorhandenen Geißeln zur Fortbewegung gibt es zwar zahlreiche Zellmembraneinfaltungen als Orte für Stoffwechselreaktionen, aber keine weiteren Zellorganellen.
Bakterien leben als **Stoffwechselspezialisten** fast überall in unserer Umwelt, beispielsweise spielen sie als Mineralisierer (Destruenten) im Boden eine wichtige Rolle im Stoffkreislauf der Natur und kommen als Symbionten z. B. im Darm und auf der Haut von Menschen und Tieren sowie in Pflanzen vor (siehe Band 1, S. 27 f.).

Bakterien als Krankheitserreger

Einige Bakterien sind auf bestimmte Tiere und Pflanzen spezialisiert und können bei diesen Infektionskrankheiten auslösen. Andere Bakterien sind dagegen pathogen, wenn sie in den menschlichen Körper eindringen, wie etwa die Tetanusbakterien als Erreger des Wundstarrkrampfes, oder wenn sie von ihrem ursprünglichen Besiedelungsort an eine andere Stelle im Körper verschleppt werden, wie Darmbakterien, die eine Blasen- oder Nierenentzündung auslösen können.

Krankheit	Erreger	Übertragungsweg	Symptome
Lyme-Borreliose	*Borrelia burgdorferi*	Zeckenbiss	ringförmige Hautrötung der Bissstelle, Fieber, Nackensteifigkeit, Gelenkentzündungen, Muskellähmungen
Cholera	*Vibrio cholerae*	mit Fäkalien verunreinigte Getränke und Nahrungsmittel oder Schmierinfektion	Brechdurchfall mit Flüssigkeitsverlusten von bis zu 20 Litern pro Tag, Koma
Diphtherie	*Corynebakterium diphteriae*	Tröpfchen- oder Schmierinfektion	Fieber, starke Rötung des Rachens mit grauweißen Belägen, Anschwellen des Rachens mit Erstickungsgefahr, Nervenlähmung und Schädigung des Herzmuskels
Keuchhusten	*Bordetella pertussis*	Tröpfcheninfektion	grippeartige Symptome, keuchender und krampfartiger Husten, Entzündung der Atemwege mit Erstickungsgefahr
Scharlach	verschiedene Streptokokken, z. B. *Streptococcus pyogenes*	Tröpfcheninfektion	Hautausschlag mit feinen roten Flecken, feuerroter Rachen, rot entzündete Zunge, Halsschmerzen, geschwollene Mandeln, Fieber und Schüttelfrost
Tetanus	*Clostridium tetani*	verschmutzte Wunden	Mattigkeit, krampfhafte Erstarrung der Muskulatur, Lähmung der Atemmuskulatur mit Tod durch Ersticken
Typhus	spezielle Salmonellen-Art *Salmonella typhi*	mit Fäkalien verunreinigte Getränke und Nahrungsmittel oder Schmierinfektion	hohes Fieber, Kopf- und Gliederschmerzen, breiartiger und blutiger Durchfall

Tab. 3: Übersicht über einige wichtige bakterielle Infektionskrankheiten des Menschen

Eines der bekanntesten Beispiele für eine bakterielle Infektionskrankheit ist die **Pest**. Der Pesterreger, das Bakterium *Yersinia pestis*, befällt Kleinnager, insbesondere Ratten und Eichhörnchen, aber auch Haustiere wie Hunde und Katzen. Flöhe, die Blut aus infizierten Tieren saugen, können anschließend auf Menschen überspringen und bei einem Stich die Krankheitserreger auf diese übertragen. Aus den Flohbissen, die sich in der Regel an Armen oder Beinen befinden, dringen die Erreger häufig in die Lymphknoten ein, die schmerzhaft anschwellen. Bei dieser Form der Pest, der sogenannten **Beulenpest**, dauert die Inkubationszeit zwei bis zehn Tage. Danach zeigen die Betroffenen als Symptome hohes Fieber, rasenden Puls und Kopfschmerzen. Wenn die Beulen platzen, gehen die Bakterien auch ins Blut über und geben Giftstoffe ab. Durch diese wird die Blutgerinnung gestört und es drohen innere Blutungen. Ohne medizinische Hilfe stirbt die Hälfte der Kranken innerhalb von zwei Wochen. Noch bedrohlicher wird es, wenn bei der **Lungenpest** die Lunge von den Pestbakterien angegriffen wird und es zum Bluthusten kommt: Über Schleim- und Speicheltröpfchen können die Erreger auf andere Menschen übertragen werden. Zwischen der Ansteckung mit der Lungenpest und dem Ausbruch der Krankheit liegen meist nur ein bis zwei Tage.

Obwohl die Pest auch heute noch nicht vollkommen besiegt ist, treten aufgrund der **verbesserten Hygienebedingungen** und der zur Verfügung stehenden **Schutzimpfung** (siehe S. 78 f.) gegen die Beulenpest weltweit nur noch selten Pestfälle auf. Wird die Krankheit frühzeitig erkannt und mithilfe von **Antibiotika** behandelt, besteht für die Erkrankten außerdem eine gute Chance auf Heilung.

Medikamente zur Bekämpfung von bakteriellen Infektionen

Zur Bekämpfung bakterieller Infektionskrankheiten werden vor allem Medikamente mit Wirkstoffen eingesetzt, die die Erreger abtöten bzw. ihre Vermehrung hemmen. Diese Substanzen werden als **Antibiotika** bezeichnet und aus Pflanzen, Pilzen oder Mikroorganismen gewonnen. Durch einen Zufall entdeckte 1928 der englische Bakteriologe Alexander Fleming mit dem **Penicillin** den ersten entsprechenden Wirkstoff. Penicillin ist ein Hemmstoff, der von dem Schimmelpilz *Penicillium notatum* produziert wird.

Der bedeutendste Vorteil der Antibiotika ist, dass sie ausschließlich Bakterienzellen, nicht jedoch die eukaryotischen menschlichen Zellen schädigen. Manche von ihnen verhindern beispielsweise, dass Bakterien bei der Vermehrung durch Teilungsvorgänge neue Zellwände produzieren. Dadurch wird die Hülle instabil und die Zellen platzen. Trotzdem sind Antibiotika nicht frei von **Ne-**

benwirkungen, da sie z. B. auch die nützlichen Bakterien etwa im Darm zerstören und damit Verdauungsstörungen auslösen können. Manche Menschen reagieren außerdem gegenüber bestimmten Antibiotika allergisch (siehe S. 90), das heißt überempfindlich. Deshalb sollten die Medikamente nur durch Ärzte und nur zielgerichtet eingesetzt werden. Bei leichteren Krankheitsverläufen sollte man in der Regel komplett auf deren Einsatz verzichten.
Wird jedoch ein Antibiotikum ärztlich angeordnet, muss die Einnahme des Medikaments streng nach den Vorgaben des Arztes bzw. des Beipackzettels erfolgen. Unsachgemäße oder zu kurze Einnahmezeiten begünstigen, dass Bakterien gegen die Wirkstoffe **Resistenzen entwickeln** und dass das betreffende Antibiotikum dadurch unwirksam wird. Wie bei allen Organismen treten bei der Vermehrung der Bakterien zufällige Veränderungen in der Erbinformation, sogenannte Mutationen, auf. Diese Mutationen kommen jedoch bei Bakterien sehr häufig vor, sodass es mit hoher Wahrscheinlichkeit dazu kommt, dass ein Bakterium durch eine zufällige Mutation gegen das verwendete Antibiotikum widerstandsfähig (resistent) ist. Da alle anderen nicht resistenten Bakterien beim Einsatz des Antibiotikums absterben, kann sich das mutierte Bakterium sehr rasch und erfolgreich vermehren und an alle seine Nachkommen das Resistenzmerkmal weitervererben. Dadurch entsteht ein resistenter Bakterienstamm.
Heute müssen zur Bekämpfung vieler Bakterienstämme bereits Gemische verschiedener Antibiotika eingesetzt werden, da bei diesen Multiresistenzen vorliegen, also Resistenzen gegen mehrere Wirkstoffe gleichzeitig.

> **Antibiotika** töten bakterielle Erreger ab oder hemmen ihre Vermehrung. Allerdings besteht die Möglichkeit, dass sich **resistente** Bakterienstämme bilden.

Gegen den Ausbruch zahlreicher bakterieller Krankheiten kann man sich mithilfe von Schutzimpfungen (siehe S. 78 f.) schützen. Durch Heilimpfungen (siehe S. 79 f.) ist auch die Behandlung einiger Krankheiten möglich.

1.3 Virale Infektionskrankheiten

Merkmale der Viren

Mit einer Größe von 0,02 µm bis 0,7 µm sind **Viren** noch einmal deutlich kleiner als Bakterien. Außerdem sind sie wesentlich einfacher gebaut (siehe Abb. 32).

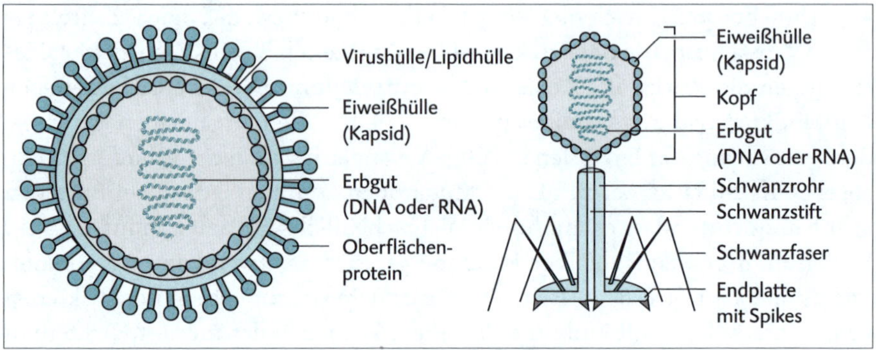

Abb. 32: Zwei Beispiele für die unterschiedliche Bauweise von Viren

Viren besitzen eine Eiweißhülle, das **Kapsid**, welche zumeist aus lauter gleichartigen Eiweißpartikeln (Proteinen) besteht. Diese sind zu einem regelmäßigen geometrischen Hohlkörper, häufig einer Kugel, angeordnet. Manchmal ist das Kapsid zusätzlich von einer Virushülle umgeben, die mit Oberflächenproteinen versehen ist, die auch als Stacheln oder Noppen bezeichnet werden. Viren besitzen **keinen zellulären Aufbau**. Sie verfügen weder über ein Zytoplasma noch über Zellorganellen wie Ribosomen oder Mitochondrien, sie haben keine Möglichkeit zur eigenständigen Fortbewegung und wachsen nicht. In ihrem Inneren befindet sich ausschließlich ihre **Erbsubstanz** mit nur sehr wenigen Genen. Bei dem Erbgut handelt es sich zumeist um eine doppelsträngige DNA, manchmal jedoch auch um eine einzelsträngige RNA (siehe Band 1, S. 228 f.). Viren besitzen im Gegensatz zu Bakterien keinen eigenen Stoffwechsel und können sich nicht eigenständig vermehren. Zur Fortpflanzung sind Viren deshalb auf lebende pflanzliche, tierische oder auch bakterielle Zellen angewiesen.

Viren als Krankheitserreger

Der Vermehrungszyklus eines Virus beginnt damit, dass es an spezifischen Oberflächenstrukturen, den **Rezeptoren**, auf der Zellmembran der sogenannten **Wirtszelle** andockt (siehe Abb. 33). Nach dem Eindringen des Virus bzw.

der Virus-Erbsubstanz in die Wirtszelle werden die Stoffwechselleistungen der befallenen Zelle auf die Bedürfnisse des Virus umgestellt. Die Wirtszelle wird zur Produktion ...

- großer Mengen an Virus-Proteinen und
- vielfacher Kopien der Virus-Erbsubstanz gezwungen.

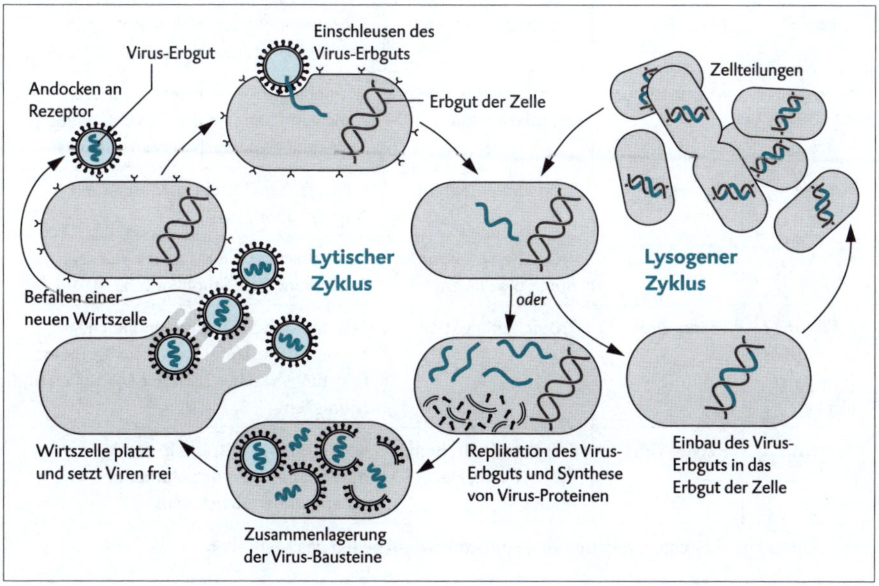

Abb. 33: Vermehrungszyklen eines Virus

Die Einzelbestandteile lagern sich spontan und selbstständig innerhalb der Wirtszelle zu vielen neuen Viren zusammen und können nach der Freisetzung sofort neue Zellen infizieren. Bei der Freisetzung der Viren platzt die Wirtszelle und löst sich anschließend auf. Diese Vermehrungsform wird **lytisch** genannt.

Einige Viren, wie etwa das HI-Virus (siehe S. 85 ff.), zwingen die Wirtszelle jedoch nicht sofort nach dem Eindringen zur Produktion von Virenbestandteilen, sondern bauen ihre Erbsubstanz in die DNA der Wirtszelle ein. Wenn sich nun diese Wirtszelle durch Teilung vermehrt, wird dabei auch die Virus-Erbsubstanz vervielfältigt. Diese Vermehrungsform wird **lysogen** genannt. Irgendwann jedoch veranlasst die Virus-Erbsubstanz die Wirtszellen zur Produktion von Virenbestandteilen, wodurch der Übergang in den lytischen Lebenszyklus vollzogen wird.

Krankheit	Erreger	Übertragungswege	Symptome
Herpes	*Herpes simplex*	Speichelkontakt und Schmierinfektion	Bläschen an den Lippen oder im Mundwinkel, seltener an anderen Körperregionen
Kinderlähmung	Poliomyelitis-Viren	Tröpfcheninfektion	Rücken- und Gliederschmerzen, Fieber, Lähmungserscheinungen, Lähmung der Atemmuskulatur und Tod durch Ersticken
Masern	Masern-Virus	Tröpfcheninfektion	Schnupfen, Husten, Fieber, Rötung des Rachens, Hautausschlag mit roten Flecken
Mumps	Mumps-Virus	Tröpfcheninfektion, Schmierinfektion	schmerzhaftes Anschwellen der Ohrspeicheldrüsen und des Gesichts, Fieber, Kopf- und Gliederschmerzen
Pocken	Orthopox-Virus	Tröpfcheninfektion	hohes Fieber, Pusteln im Gesicht mit Narbenbildung
Röteln	Röteln-Virus	Tröpfcheninfektion, durch die Plazenta	Hautausschlag mit rosaroten Flecken, Schwellung der Lymphknoten
Erkältung/ Schnupfen (grippaler Infekt)	Rhino-Virus	Tröpfcheninfektion	Anschwellen der Nasen- und Rachenschleimhäute, laufende Nase, allgemeine Erkältungsbeschwerden mit Mattigkeit und Müdigkeit
Tollwut	Rabies-Virus	Tierbisse (z. B. Hund, Fuchs, Katze, Fledermaus)	Kopfschmerzen, Krämpfe der Atemmuskulatur, Atemnot, starker und schäumender Speichelfluss

Tab. 4: Übersicht über einige wichtige virale Infektionskrankheiten des Menschen

Während der nasskalten Jahreszeit verbreiten sich viele virale Infektionskrankheiten wie etwa die **Grippe (Influenza)** besonders rasch. Die unterschiedlichen Grippeviren werden beim Niesen, Husten oder Sprechen in der Luft verbreitet und von anderen Menschen eingeatmet. Neben dieser Tröpfcheninfektion ist auch eine Schmierinfektion möglich. Der Erreger **infiziert** nun die Schleimhautzellen der Atemwege (Nase, Mund, Rachen, Luftröhre oder Bronchien) und vermehrt sich unbemerkt in den Körperzellen. Erst nach etwa 4 Tagen **Inkubationszeit** treten mit Husten, Schnupfen, Mattigkeit, Appetitlosigkeit, Fieber, Schüttelfrost sowie Kopf- und Gliederschmerzen die typischen **Symptome** der Grippe auf. Bereits während der Inkubationszeit produziert der Körper in der Regel unterschiedlichste **Abwehrstoffe**, um die Viren bzw. die von den Viren befallenen Zellen zu vernichten (Genaueres dazu siehe S. 77 f.). Nach etwa 7 Tagen, bei schwereren Infektionen auch erst nach mehreren Wochen, sind die Krankheitserreger vernichtet und die Beschwerden lassen nach. Normalerweise fühlt man sich jedoch auch nach überstandener Infektion noch einige Tage schwach und müde. Durch die Gabe von Medikamenten wird während der Erkrankung versucht, die Krankheitssymptome zu lindern. Antibiotika sind gegen Viren unwirksam, werden jedoch oft zusätzlich verabreicht, da sie den Körper vor Lungenerkrankungen oder Herzmuskelentzündungen durch bakterielle Sekundärinfektionen schützen sollen.

Unter dem Begriff **Hepatitis** werden insgesamt fünf Krankheitsbilder zusammengefasst. Ihnen allen ist gemeinsam, dass sie eine Entzündung der Leber verursachen und damit zu einer Gelbsucht, also zu einer Gelbfärbung von Haut, Schleimhäuten und Augen führen können. Die drei am häufigsten vorkommenden Hepatitis-Formen sind:

- **Hepatitis A:** Die Hepatitis A wird durch verunreinigtes Wasser oder Lebensmittel wie z. B. Muscheln übertragen. Das Hepatitis-A-Virus verursacht dabei Symptome wie Übelkeit, Erbrechen, Bauchschmerzen, Fieber, Durchfall und Abgeschlagenheit. Eine Gelbsucht kann in seltenen Fällen auftreten, ist jedoch nicht typisch.
- **Hepatitis B:** Die Erreger der Hepatitis B (Hepatitis-B-Viren) werden durch Körperflüssigkeiten, also durch Speichel, Tränen, Blut oder beim Geschlechtsverkehr durch Spermien- und Scheidensekret übertragen. Zu den Symptomen der durch sie hervorgerufenen Krankheit gehören Appetitlosigkeit, Unwohlsein, Fieber, Gelenkschmerzen und Gelbsucht. Leberschäden wie eine Leberzirrhose (Zerstörung des Lebergewebes und Ersatz durch funktionsloses Narbengewebe) und Leberkrebs können die Folgen dieser Infektionskrankheit sein.
- **Hepatitis C:** Die durch das Hepatitis-C-Virus ausgelöste Hepatitis-C-Erkrankung wird über Blut übertragen. Zu Infektionen kommt es beispielsweise durch den Gebrauch infizierter Spritzen, durch unzureichend gereinigte Tätowier- und Piercing-Instrumente oder durch Wundversorgung ohne Schutzhandschuhe. Eine Übertragung durch Geschlechtsverkehr ist selten. Als Symptome zeigen sich typischerweise Müdigkeit, Abgeschlagenheit, Appetitlosigkeit, Gelenkschmerzen, ein Druck- bzw. Spannungsgefühl im rechten Oberbauch und unter Umständen ein Gewichtsverlust sowie eine Gelbsucht. Wie bei der Hepatitis B kann es auch hier zu einer Leberzirrhose und zu Leberkrebs kommen.

Gegen zahlreiche virale Krankheiten kann man sich wirksam mithilfe von Schutzimpfungen (siehe S. 78 f.) schützen. Auch die Behandlung einiger Krankheiten durch Heilimpfungen ist (siehe S. 79 f.) möglich. Allerdings verändern die meisten Viren sehr rasch ihre Oberflächenstruktur und erschweren damit den Immunzellen das Erkennen und die erfolgreiche Bekämpfung.

Zusammenfassung

Infektionskrankheiten sind ansteckende Erkrankungen, die durch pathogene Erreger wie Viren und Bakterien ausgelöst werden und einen typischen Krankheitsverlauf zeigen:

Infektion: Eindringen des Krankheitserregers in den Körper

↓

Inkubationszeit: Zeit zwischen der Infektion und dem Ausbruch der Krankheit (Krankheitserreger vermehren sich, der Körper produziert Abwehrstoffe)

↙ ↘

Ausbruch der Krankheit zeigt sich durch typische **Symptome**

Krankheit bricht nicht aus

Bakterien nutzen dabei die befallenen Organismen als Nahrungslieferanten und schädigen diese durch die entstehenden, manchmal giftigen Stoffwechselendprodukte, die Toxine.

Viren dagegen befallen Wirtszellen und programmieren deren Stoffwechsel so um, dass von ihnen Virus-Proteine und Virus-Erbsubstanz (DNA oder RNA) hergestellt werden. Bei der Freisetzung der Viren wird die Wirtszelle zerstört.

Antibiotika dienen als Medikamente zur Behandlung bakterieller Infektionskrankheiten, da sie die Erreger abtöten oder deren Vermehrung hemmen.

44 Für pathogene Krankheitserreger stehen verschiedene Infektionswege zur Verfügung.

a Erläutere die Begriffe „pathogen“ und „Infektion“.

b Beschrifte in der Abbildung mögliche Infektionswege in den menschlichen Körper.

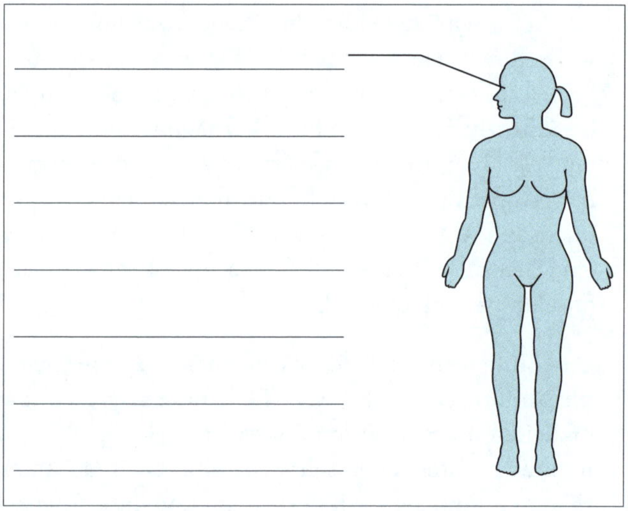

45 Infektionskrankheiten beim Menschen zeigen die unterschiedlichsten zeitlichen Verläufe und Symptome. Manche Krankheiten entwickeln sich akut innerhalb weniger Tage, andere entstehen über Wochen bis Jahre hinweg sehr langsam. Sie sind entweder auf konkrete Körperregionen beschränkt, also **lokalisiert**, oder verbreiten sich im gesamten Organismus. In diesen Fällen spricht man von **generalisierten** Infektionskrankheiten.

a Nenne mögliche Auslöser von Infektionskrankheiten.

b Beschreibe und erläutere den allgemeinen Verlauf von bakteriellen Infektionskrankheiten beim Menschen.

c Vergleiche bakterielle und virale Infektionskrankheiten hinsichtlich der Prophylaxe- und der Behandlungsmöglichkeiten.

46 Die Bezeichnung Virus leitet sich vom lateinischen Wort *virus* ab, das übersetzt Gift, Saft oder Schleim bedeutet.

a Sind Viren Lebewesen? Begründe deine Meinung.

b Viren werden nach dem Spektrum der Wirte eingeteilt, die sie befallen. Es gibt insgesamt vier Gruppen und zwar Viren, die …

- Bakterien,
- Algen, Pilze und Einzeller,
- Pflanzen und
- Tiere befallen.

Da die meisten Viren demnach nur bestimmte Organismen infizieren, spricht man von Wirtsspezifität.

Stelle zwei Hypothesen auf, wie diese Beobachtung zu erklären sein könnte.

47 Zur Bekämpfung bakterieller Infektionskrankheiten werden Antibiotika wie Penicillin eingesetzt. Diese sollten jedoch nur auf ärztliche Anordnung und streng nach Vorschrift eingenommen werden.
Begründe, warum dies wichtig ist.

48 Die meisten Infektionskrankheiten werden durch Bakterien oder Viren hervorgerufen. Viele Gesundheitsämter informieren die Bevölkerung regelmäßig mithilfe von Online-Broschüren über die Gefahren von Erkrankungen und mögliche Schutzmaßnahmen.

Salmonellen: Die Bakterien lauern in unserem Essen

Einige Lebensmittelvergiftungen werden von stäbchenförmigen Salmonella-Bakterien hervorgerufen. Diese anspruchslosen und robusten Bakterien kommen mit ausreichend Wasser und einigen Nährstoffen aus, die in allen organischen Abfällen vorhanden sind. Deswegen besteht gerade durch die Verwendung infizierter Küchengeräte oder Arbeitsflächen in Schlachthöfen, Lebensmittelbetrieben, Restaurants oder in der heimischen Küche ein erhöhtes Infektionsrisiko. Eine sorgfältige und gründliche Hygiene ist deshalb absolute Pflicht. Gefährdete Lebensmittel sollten, wenn möglich, immer durchgegart werden. Ist diese Möglichkeit nicht gegeben, ist auf ausreichende Kühlung der Speisen zu achten.
Wenn viele Erreger in den Körper eingedrungen sind, können sich schon nach sechs Stunden die ersten Symptome einer Salmonellen-Infektion zeigen: Übelkeit, Erbrechen, Durchfall, Fieber, Blutdruckabfall, Schwindel und allgemeine Schwäche. Wenn bestimmte Salmonella-Arten in Blut, Leber oder Milz vorgedrungen sind, kann die Situation sogar lebensbedrohlich werden.

Ebola – Das Virus aus dem Regenwald

Das Ebola-Fieber wird durch das tropische Ebola-Virus ausgelöst, das sich durch Körperkontakt, Tröpfcheninfektion oder durch Schmierinfektion beim Kontakt mit infizierten Körperausscheidungen direkt von Mensch zu Mensch überträgt. Zwischen Ansteckung und Ausbruch der Krankheit vergehen bis zu 21 Tage. Der Erreger treibt sein Opfer in der Regel innerhalb weniger Tage in den Tod. Kopfschmerzen, Durchfall, Ausschlag, Fieber und Erbrechen sind die fatalen Signale einer Infektion. Danach folgt eine kurze Agonie (Todeskampf): Die Organe des Patienten zersetzen sich. Aus Mund, Nase und allen Poren tritt Blut aus.
Da das Virus bisher wenig erforscht und sein natürlicher Wirt noch nicht bekannt ist, gibt es außer der Meidung von Risikogebieten und des Kontakts mit Infizierten keine weiteren konkreten Empfehlungen zu Prophylaxemaßnahmen.

a Markiere in den Texten Aussagen, die Hinweise auf den Übertragungsweg, die Symptome und vorbeugende Maßnahmen geben, jeweils mit unterschiedlichen Farben.

b Vergleiche Bakterien und Viren tabellarisch anhand von mindestens fünf selbst gewählten Kriterien.

c Die Abbildungen rechts zeigen die Vermehrungskurven von Bakterien und Viren. Ordne die beiden Abbildungen jeweils begründet zu.

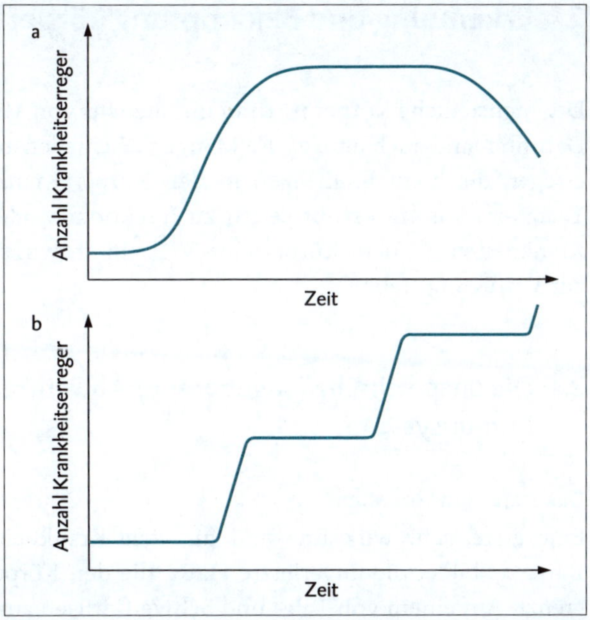

2 Erkennung und Bekämpfung körperfremder Stoffe

Der menschliche Körper ist rund um die Uhr von Mikroorganismen umgeben. Darunter sind auch eine große Menge verschiedenster pathogener Krankheitserreger, die beim Eindringen in den Körper Krankheiten auslösen können. Trotzdem kommt es nur selten zu Infektionen oder gar zum Ausbruch von Krankheiten, da dem Körper eine Vielzahl an wirksamen **Abwehrsystemen** zur Verfügung steht.

2.1 Die unspezifische (angeborene) Abwehrreaktion des Immunsystems

Das erste Abwehrsystem

Eine erste, sehr wirksame und für viele Krankheitserreger unüberwindbare **Barriere** bildet die unverletzte **Haut**, die den Körper zur Außenwelt hin abgrenzt. Auf einem von Talg- und Schweißdrüsen ausgeschiedenen natürlichen Schutzmantel wachsen harmlose Mikroorganismen (z. B. bestimmte Bakterien), deren Stoffwechselendprodukte einen **Säurefilm** erzeugen. Durch diesen werden viele Krankheitserreger abgetötet bzw. am Eindringen gehindert. Auch das **Milieu** vieler anderer Organe, wie Mundhöhle, Magen, Darm oder Scheide, ist häufig sehr sauer oder sehr basisch und tötet damit Krankheitserreger ab. Die **Schleimhäute** der Atemorgane (Nase, Luftröhre, Bronchien) sondern einen zähflüssigen Schleim ab, der Krankheitserreger und andere Fremdkörper einhüllt. Flimmerhärchen befördern den Schleim ständig in Richtung Rachen. Von dort wird er entweder geschluckt und im Magen samt Fremdkörpern bzw. Krankheitserregern mithilfe von **Verdauungsenzymen** (siehe S. 115 f.) abgebaut oder durch **Husten** bzw. **Niesen** aus dem Körper befördert. Auch die Tränenflüssigkeit, der Speichel, das Nasen- und das Ohrensekret enthalten mit den **Lysozymen** Enzyme, die die Zellwände von Krankheitserregern wie Bakterien auflösen und diese dadurch abtöten.

> Barrieren wie die unverletzte **Haut**, zähflüssiger Schleim auf den **Schleimhäuten, enzymhaltige Körperflüssigkeiten** und das **spezifische Milieu** verschiedener Organe erschweren das Eindringen von Krankheitserregern.
> Dieses erste Abwehrsystem des Körpers wirkt unspezifisch, das heißt, es unterscheidet nicht zwischen den Krankheitserregern.

Das zweite Abwehrsystem

Trotz dieser sehr wirksamen Barrieren können Krankheitserreger in manchen Fällen durch verschiedene Eintrittspforten wie kleinste Hautverletzungen oder Körperöffnungen in den Körper gelangen und zu Infektionen führen. Ein gut funktionierendes **Immunsystem** kann den Körper jedoch immer noch vor der Erkrankung schützen, wenn es die Eindringlinge als körperfremd erkennt und bekämpft.

> Aufgabe der **Immunreaktion** ist es, körperfremde Strukturen wie Fremdkörper oder Krankheitserreger zu erkennen und zu vernichten.

Die Schlüsselrolle bei der Abwehr von unerwünschten Eindringlingen spielt das sogenannte **Lymphatische System** des menschlichen Körpers, das aus den Lymphgefäßen und den Lymphatischen Organen besteht. Zu diesen zählen die Lymphknoten, das Knochenmark, die Thymusdrüse, die Milz, die Mandeln und der Wurmfortsatz (siehe Abb. 34). Alle Zellen des Immunsystems, die **weißen Blutkörperchen (Leukozyten)**, bilden sich aus Stammzellen im Knochenmark. Die übrigen lymphatischen Organe dienen zur Spezialisierung oder Speicherung der Abwehrzellen. Das weit verzweigte Lymphgefäßsystem ist unter anderem für den Rücktransport von Gewebeflüssigkeit in den Blutkreislauf verantwortlich. Die in den Gefäßen transportierte Flüssigkeit, für deren Reinigung die Lymphknoten zuständig sind, wird als **Lymphe** bezeichnet. In dieser Lymphe werden die Abwehrzellen durch den Körper befördert.

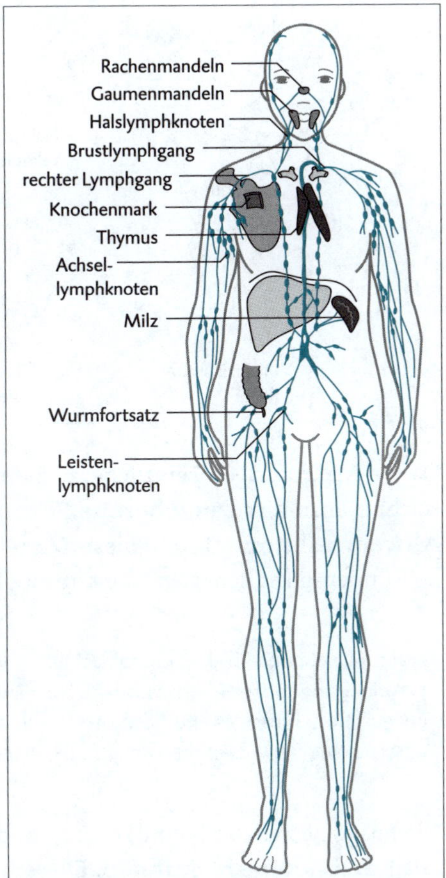

Abb. 34: Übersicht über das Lymphatische System des Menschen

Die Zellen des Immunsystems unterscheiden körpereigene Zellen und körperfremde Strukturen anhand deren Oberflächenstrukturen auf den Zellmembranen oder Zellwänden. Diese spezifischen **Antigene** werden in der Regel durch Protein-, Fett- oder Kohlenhydratmoleküle auf der Zelloberfläche gebildet. Gelangen körperfremde Strukturen, egal ob Krankheitserreger oder andere Fremdkörper, trotz der Barrieren des ersten Abwehrsystems in den Körper, werden sie von beweglichen weißen Blutzellen, den sogenannten **Makrophagen (Riesenfresszellen)** anhand ihrer Oberflächenstruktur als fremd erkannt, umflossen und verdaut (siehe Abb. 35). Diesen Vorgang des Umfließens, Aufnehmens und Verdauens bezeichnet man als **Phagozytose**.

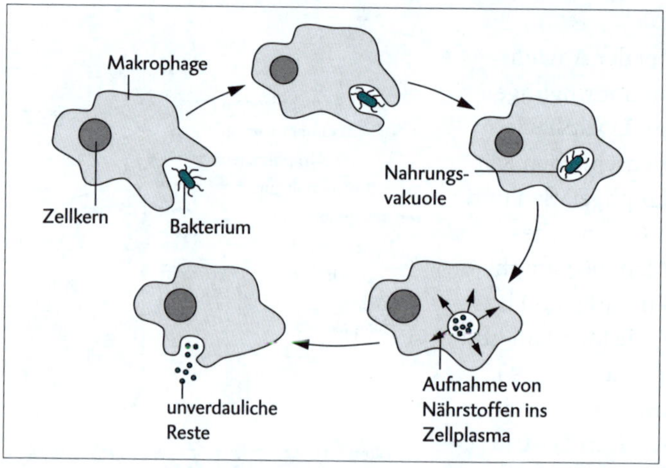

Abb. 35: Phagozytose eines Krankheitserregers (Bakterium) durch einen Makrophagen

Da die Makrophagen sämtliche körperfremden Eindringlinge vernichten, bezeichnet man diese **angeborene Form** des Immunsystems als **unspezifische Abwehrreaktion**. Durch diese Verteidigung ist der Mensch **immun**, das heißt unempfindlich, gegen bestimmte Krankheitserreger.

> Makrophagen sind für die unspezifischen Abwehrreaktionen verantwortlich, man spricht von einer **angeborenen Immunität**. Dabei werden Krankheitserreger oder Fremdkörper phagozytiert. Dieses zweite Abwehrsystem wirkt wie das erste unspezifisch und unterscheidet nicht zwischen den Krankheitserregern.

Die Phagozytose von Fremdkörpern und Krankheitserregern ist eng verbunden mit **Entzündungsreaktionen**. Diese werden durch Krankheitserreger ausgelöst, die beispielsweise bei Gewebeschäden durch Verletzungen wie Schnittwunden in den Körper eindringen können.

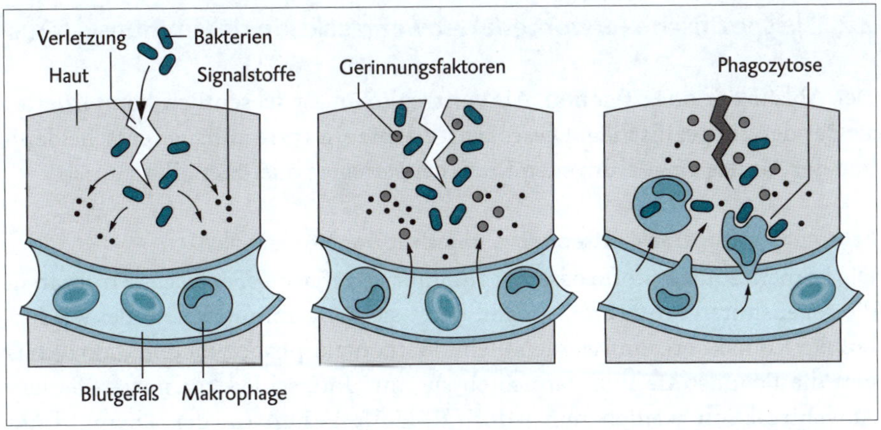

Abb. 36: Vereinfachter Verlauf einer Entzündungsreaktion; Gerinnungsfaktoren spielen eine wichtige Rolle bei der Blutstillung und dem Wundverschluss (siehe S. 158 f.)

Dringen durch Verletzungen körperfremde Stoffe ein, so schütten die **Mastzellen** (spezielle Immunzellen, die sich im Bindegewebe befinden) große Mengen des Botenstoffs Histamin und anderer entzündungsfördernder Signalstoffe wie Heparin aus. Diese bewirken eine Erweiterung der Blutgefäße in der verletzten Region, was die typischen Entzündungssymptome Rötung und Wärmeentwicklung verursacht. Außerdem machen die Botenstoffe die Gefäßwände durchlässig für die Immunzellen. Ebenso werden die Wände der Lymphgefäße durchlässiger für die Lymphflüssigkeit, wodurch die für eine Entzündungsreaktion typischen Schwellungen (Ödeme) entstehen.
Von einigen Krankheitserregern werden Giftstoffe produziert, die im Körper **Fieber** auslösen. Solange es nur zu einer mäßigen Erhöhung der Körpertemperatur kommt, werden dadurch die Abwehrmechanismen des Körpers unterstützt: Stoffwechselreaktionen wie die Produktion von Immunzellen oder die Reparatur des verletzten Gewebes laufen deutlich schneller ab und die Vermehrung der Eindringlinge wird gehemmt. Sehr hohes Fieber mit einer Steigerung von etwa 4 °C über den Normalwert von ca. 37 °C kann jedoch gefährlich werden.

Entzündungsreaktionen infolge einer Infektion unterstützen die unspezifische Abwehr.

2.2 Die spezifische (erworbene) Abwehrreaktion des Immunsystems

Der Ablauf der **spezifischen Abwehrreaktion** ist wesentlich komplizierter als der der unspezifischen. Dieses **dritte Abwehrsystem** hängt entscheidend von der Art des eingedrungenen Krankheitserregers oder Fremdkörpers ab.

Bekämpfung von Krankheitserregern außerhalb von Körperzellen

Die körperfremden Stoffe besitzen auf ihrer Oberfläche spezifische Strukturen, die sogenannten **Antigene**, anhand derer sie vom Immunsystem bei wiederholtem Kontakt erkannt werden. Beim Erstkontakt phagozytieren **Makrophagen** die Fremdstoffe und vernichten sie. Im Unterschied zur unspezifischen Abwehrreaktion werden nun jedoch **T-Helferzellen** (in der **T**hymusdrüse hergestellte Lymphozyten) aktiviert (siehe Abb. 37). Diese wiederum aktivieren **B-Lymphozyten** (im Knochenmark, engl. *bone marrow*, gebildet), die sich daraufhin in **Plasmazellen** und **B-Gedächtniszellen** umwandeln. Aus einem Teil der T-Helferzellen entstehen **T-Gedächtniszellen**.

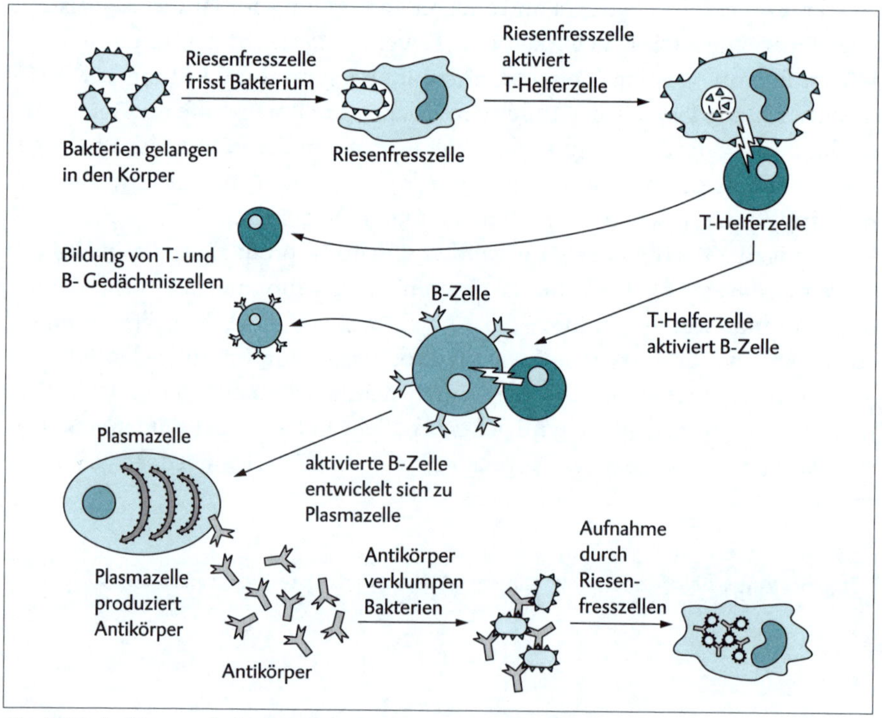

Abb. 37: Verlauf der spezifischen Abwehrreaktion bei einer bakteriellen Infektion

Die entstandenen **Plasmazellen** stellen speziell abgestimmte Abwehrstoffe her, die **Antikörper**. Diese binden nach dem Schlüssel-Schloss-Prinzip ganz spezifisch an die Antigene des Fremdstoffs. Bei dieser **Antigen-Antikörper-Reaktion** passt also der produzierte Antikörper, der Schlüssel, erregerspezifisch an das Antigen, das Schloss. Dadurch entstehen große Antigen-Antikörper-Komplexe. Diese Komplexe verklumpen untereinander weiter und werden von **Makrophagen** dadurch sehr leicht gefunden, aufgenommen und vernichtet.
Beim Erstkontakt dauert die Bildung von Antikörpern und damit die spezifische Abwehr des eingedrungenen Fremdstoffs einige Tage bis Wochen. Danach werden die Antikörper wieder abgebaut.

> Bei der **spezifischen Abwehrreaktion** werden eingedrungene Fremdstoffe in einer **Antigen-Antikörper-Reaktion** zielgerichtet durch die von Plasmazellen gebildeten **Antikörper** bekämpft. Erst dieses dritte Abwehrsystem unterscheidet zwischen verschiedenen Krankheitserregern und reagiert spezifisch auf den jeweiligen Eindringling.

Bekämpfung von Krankheitserregern innerhalb von Körperzellen

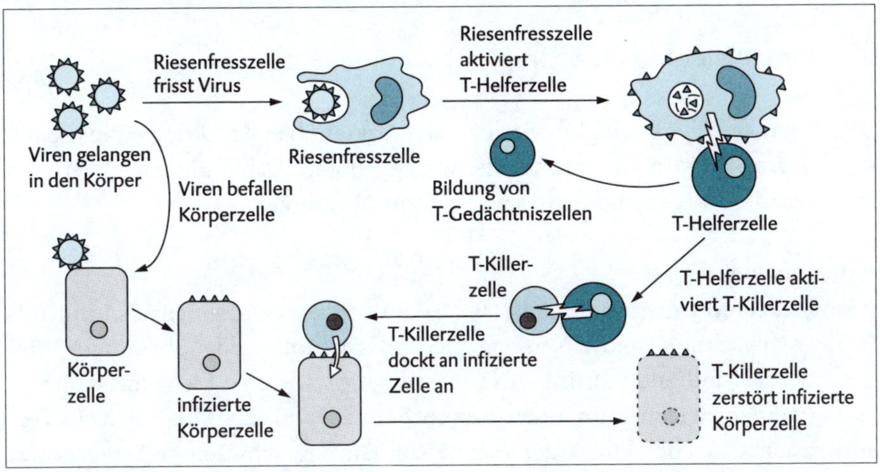

Abb. 38: Verlauf der spezifischen Abwehrreaktion bei einer viralen Infektion

Die Antikörper werden durch das Blut in alle Körperbereiche transportiert, können aber nur außerhalb von Zellen wirken. Handelt es sich bei den eingedrungenen Krankheitserregern jedoch um Viren, so sind die Antikörper häufig nur eingeschränkt wirksam: Viren bzw. ihre Erbsubstanz dringen in die Zellen ein, sind damit für die Antikörper unerreichbar und könnten sich so theoretisch ungehindert mithilfe der Wirtszelle vermehren (siehe S. 65). Deshalb aktivieren die **T-Helferzellen** bei viralen Infektionen **T-Killerzellen**, die von Viren befallene Wirtszellen erkennen und diese vernichten. Dadurch werden auch die in den Zellen vorhandenen Viren zerstört.

Das Immungedächtnis

Die aus B-Lymphozyten gebildeten **B-Gedächtniszellen** und auch die aus T-Helferzellen hervorgegangenen **T-Gedächtniszellen** bleiben im Körper für längere Zeit erhalten, bei manchen Krankheitserregern sogar lebenslang. Sie erkennen bei einem nochmaligen Kontakt mit demselben Erregertyp sofort dessen Antigene. Daraufhin reagiert das Immunsystem schnellstmöglich mit der Bildung von Antikörpern oder T-Killerzellen und kann einen nochmaligen Ausbruch der Krankheit verhindern. Der Körper hat sich dadurch eine **Immunität erworben**.

> Durch die **Gedächtniszellen** ist der Körper in der Lage, für bestimmte Krankheitserreger eine **Immunität** zu **erwerben**.

2.3 Immunisierung durch Impfung

Bei vielen weit verbreiteten viralen oder bakteriellen Infektionskrankheiten werden **Impfungen** zur Immunisierung angeboten. Dabei unterscheidet man zwischen der aktiven und der passiven Immunisierung.

Aktive Immunisierung

Bei der **aktiven Immunisierung** (siehe Abb. 39) verwendet man als Impfstoffe abgeschwächte Krankheitserreger (Lebendimpfstoffe) oder abgetötete Erreger bzw. Bestandteile von ihnen (Totimpfstoffe). Geringe Mengen des Impfstoffs werden der zu impfenden Person entweder in das Muskelgewebe gespritzt oder als Schluckimpfung verabreicht. Die abgeschwächten Erreger bzw. ihre Bruchstücke können sich im Körper nicht vermehren. Die im Impfstoff enthaltenen Antigene reichen aber aus, um die spezifische Immunabwehr und damit die aktive Bildung von Antikörpern in Gang zu setzen. Da gleichzeitig auch die Gedächtniszellen gebildet werden, wirkt diese Form der Immunisierung sehr lange und wird daher auch als **Schutzimpfung** bezeichnet. Der durch die Impfung erworbene Schutz reicht manchmal lebenslang, muss jedoch bei vielen Krankheitserregern regelmäßig nach einigen Jahren aufgefrischt werden. Abstände zwischen den Impfungen, Impfalter und regelmäßige Auffrischungen werden im sogenannten **Impfkalender** veröffentlicht und finden sich auch im **Impfausweis (Impfpass)**.

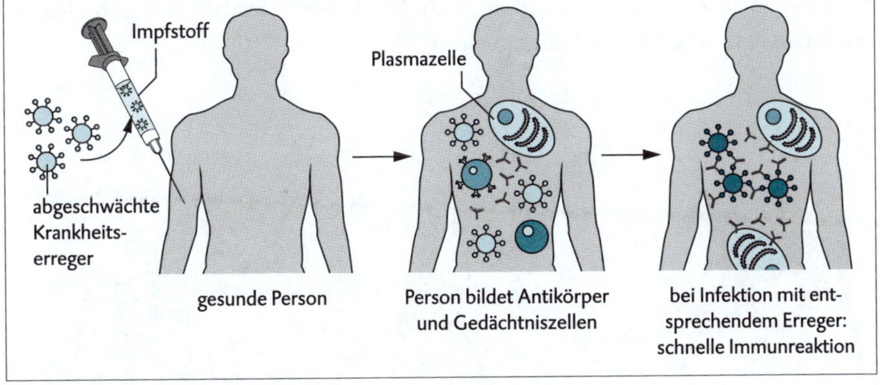

Abb. 39: Ablauf der aktiven Immunisierung

Die aktive Immunisierung wird von der ständigen Impfkommission (STIKO) der Bundesrepublik Deutschland derzeit unter anderem für die Virusgrippe, Masern, Mumps, Röteln und Wundstarrkrampf (Tetanus) empfohlen. Bei Frauen bzw. Mädchen raten die Experten zusätzlich zur Impfung gegen das Humane Papillomavirus. Die Kosten für alle diese Impfungen werden deshalb von sämtlichen Krankenkassen übernommen.

> Die **aktive Immunisierung** dient als **Schutzimpfung** vor Infektionskrankheiten, da der Körper aktiv Antikörper und Gedächtniszellen gegen den jeweiligen Krankheitserreger bildet.

Passive Immunisierung

Die **passive Immunisierung** (siehe Abb. 40) dient in der Regel dazu, den Heilungsprozess bei bereits erkrankten Personen zu ermöglichen oder zu beschleunigen. Zur Impfung verwendet man ein Heilserum, das z. B. aus Tieren, häufig aus Pferden, Schafen oder Kaninchen, gewonnen wird. Um den Wirkstoff für das Heilserum zu erhalten, wird den Tieren der entsprechende Krankheitserreger gespritzt, woraufhin sie gegen diesen spezifische Antikörper bilden, die im Blut transportiert werden. Über eine Blutabnahme werden die Antikörper gewonnen. Dazu wird das Blut gereinigt, die zellfreie Flüssigkeit abgetrennt und als Heilserum aufbereitet dem infizierten Menschen gespritzt. Der menschliche Organismus bildet die Antikörper also nicht selbst, sondern sie werden ihm von außen, also passiv, zugeführt. Die Wirkung tritt zwar sofort nach der **Heilimpfung** ein, da jedoch keine vollständige Immunreaktion des Körpers ausgelöst wurde, werden auch keine Gedächtniszellen gebildet. Es wird also kein dauerhafter Schutz erreicht.

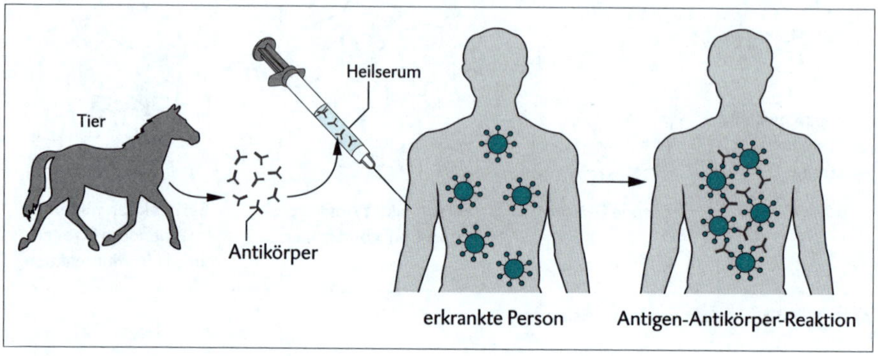

Abb. 40: Ablauf der passiven Immunisierung

Die **passive Immunisierung** dient als **Heilimpfung** bei Infektionskrankheiten, da dem Körper passiv Antikörper gegen den jeweiligen Krankheitserreger gespritzt werden. Da dies nicht die Bildung von Gedächtniszellen auslöst, wird keine bleibende Immunität erworben.

Eine passive Immunisierung ist derzeit unter anderem gegen Tollwut und Kinderlähmung möglich.

Impfmüdigkeit

Zur Haltbarmachung und Steigerung der Infektionsfähigkeit werden die Impfstoffe häufig mit **Zusatzstoffen** versetzt. Diese können in manchen Fällen zu allergischen Reaktionen (siehe S. 90 f.) führen. Heute kaum noch verwendete **Lebendimpfstoffe** können trotz vorheriger Behandlung bei immungeschwächten Personen in seltenen Fällen zum Ausbruch der Krankheit führen. **Impfschäden** wie Entzündungen des Nervensystems treten nur extrem selten auf. Die Angst vor Nebenwirkungen und das als gering empfundene Infektionsrisiko, das aufgrund der noch sehr hohen Durchimpfungsraten in vielen Ländern besteht, führen jedoch bei manchen Personen zu einer gefährlichen **Impfmüdigkeit**, also zu einem Nachlassen der Impfbereitschaft.

Zusammenfassung

Tierische Lebewesen besitzen drei miteinander kooperierende **Abwehrsysteme** gegen die zahlreichen möglicherweise gefährlichen Eindringlinge wie Viren, Bakterien, Einzeller oder Pilze:

- Das **1. Abwehrsystem** besteht aus den Schutzbarrieren, die von der unverletzten Haut, dem zähflüssigen Schleim auf den Schleimhäuten, den enzymhaltigen Körperflüssigkeiten und dem spezifischen Milieu verschiedener Organe gebildet werden. Es unterscheidet nicht zwischen den Krankheitserregern, wirkt also unspezifisch.
- Beim ebenfalls unspezifisch wirkenden **2. Abwehrsystem** rufen Makrophagen die angeborenen unspezifischen Abwehrreaktionen hervor, die durch Entzündungsreaktionen unterstützend beeinflusst werden.
- Erst das **3. Abwehrsystem** unterscheidet zwischen den Krankheitserregern und reagiert mithilfe der von den Plasmazellen gebildeten Antikörper spezifisch auf den jeweiligen Eindringling. Bei der erworbenen spezifischen Abwehrreaktion werden die eingedrungenen Fremdstoffe spezifisch in einer Antigen-Antikörper-Reaktion bekämpft.

Unter **Immunität** versteht man die auf dem Vorhandensein von Antikörpern beruhende Widerstandsfähigkeit eines Körpers gegenüber Krankheitserregern. Auf künstlichem Weg kann eine **Immunisierung** auf zwei Arten erreicht werden:

Aktiv (Schutzimpfung):
durch Spritzen kleiner Mengen abgeschwächter Krankheitserreger
⇒ Antikörper vom Organismus aktiv gebildet
⇒ Gedächtniszellen werden gebildet
⇒ Antigen-Antikörper-Reaktion bei Infektion

Passiv (Heilimpfung):
durch Spritzen von Antikörpern eines anderen Individuums
Organismus erhält Antikörper passiv durch Heilserum
⇒ Antigen-Antikörper-Reaktion
⇒ Gedächtniszellen werden nicht gebildet

49 Dem menschlichen Körper steht eine Vielzahl an wirksamen Schutzmechanismen gegen pathogene Krankheitserreger zur Verfügung.

a Nenne drei Schutzbarrieren des menschlichen Körpers, die das Eindringen von Krankheitserregern erschweren.

b Kennzeichne alle folgenden Strukturen, die zu den Barrieren des 1. Abwehrsystems gehören, mit einem **A**, mit einem **B** diejenigen, die bei der unspezifischen Immunantwort eine Rolle spielen, und mit einem **C** alle die, die zur spezifischen Immunantwort führen. Kennzeichne zusätzlich alle Strukturen mit einem **V**, die nur bei einer viralen Infektion aktiviert werden.

Schleimhautzellen	☐	☐	Makrophagen	☐	☐
T-Killerzellen	☐	☐	Hautzellen	☐	☐
B-Lymphozyten	☐	☐	T-Helferzellen	☐	☐
T-Gedächtniszellen	☐	☐	Magensäure	☐	☐

c Welche der folgenden Begriffe stehen nicht in einer direkten Beziehung zueinander? Kreuze an.

- ☐ Enzyme – Tränen
- ☐ Antigen – Zellmembranoberflächen
- ☐ Antikörper – B-Lymphozyten
- ☐ Plasmazellen – B-Lymphozyten
- ☐ T-Helferzellen – B-Lymphozyten
- ☐ T-Helferzellen – T-Gedächtniszellen

50 Als Grippe oder Influenza wird eine durch Influenza-Viren ausgelöste Infektionskrankheit beim Menschen bezeichnet.

a Stelle die spezifische Immunabwehr nach einer Neuinfektion mit einem Grippeerreger schematisch dar.

b Trotz des viralen Erregers wird von Ärzten bei einer Grippe häufig ein Antibiotikum verschrieben. Erkläre dieses Vorgehen.

c Erläutere, warum die Grippeimpfung jedes Jahr zu Beginn der Grippesaison im Oktober bzw. November aufgefrischt werden muss.

51 Die Entdeckung der unterschiedlichen Immunisierungsmöglichkeiten gehört zu den bedeutendsten Fortschritten in der medizinischen Forschung.
Ordne den beiden nachfolgend beschriebenen Forschungsarbeiten begründet die konkrete Immunisierungsform zu.

Die Forschungen von Edward Jenner (1749 - 1823) mit Pocken-Viren

Anhand der Erzählungen einiger Bauern seiner Heimatstadt Berkeley erkannte der englische Landarzt Edward Jenner, dass diese gegen die gefürchteten, oft tödlich verlaufenden Pocken, auch Blattern genannt, immun sind, da sie bereits eine Kuhpocken-Erkrankung durchgemacht hatten. Die Kuhpocken verliefen bei Kühen und auch bei Menschen, die sich meist an den Pockenpusteln am Euter infizierten, harmlos. Nach langer Forschung wagte Jenner 1796 das entscheidende Experiment: Er entnahm Flüssigkeit aus den Pusteln einer Melkerin, die an Kuhpocken erkrankt war, und injizierte diese einem achtjährigen Jungen. Das Kind entwickelte wie erwartet kleine Pusteln, die sehr schnell verheilten. Eineinhalb Monate später impfte er dem Jungen Pockenviren. Er erkrankte nicht, das hieß, er war immun gegen die gefährliche Infektionskrankheit.

Die Forschungen von Emil von Behring (1854 -1917) mit Diphtherie-Bakterien

Der deutsche Bakteriologe und Arzt Emil von Behring forschte am Preußischen Institut für Infektionskrankheiten, dem Vorläufer des heutigen Robert-Koch-Instituts, an der Diphtherie. Durch diese bakterielle Infektionskrankheit starben damals jedes Jahr Tausende Menschen, vor allem Kinder, einen grausamen Erstickungstod. Zu Forschungszwecken infizierte er Pferde und Schafe mit dem abgeschwächten Krankheitserreger *(Corynebacterium diphtheriae)* und untersuchte das von den Bakterien produzierte Toxin. Die Versuchstiere produzierten Abwehrstoffe, um die Toxine zu neutralisieren. Von Behring nannte diese Stoffe Antitoxine und gewann sie aus dem Blut der Pferde und Schafe. Das Serum mit den Antitoxinen wollte er als Heilmittel einsetzen. Die Wirksamkeit seiner Therapie konnte von Behring zuerst in zahlreichen Labortests und anschließend auch an infizierten Patienten erproben.

52 Bei einer Impfung wird der menschliche Körper künstlich immunisiert, damit er vor einer Infektionskrankheit geschützt ist.

a Vergleiche tabellarisch die aktive und die passive Immunisierung.

	Aktive Immunisierung	Passive Immunisierung
Gesundheitszustand der zu impfenden Person		
Inhalt des Impfstoffs		
Einsetzen der Antigen-Antikörper-Reaktion		
Bildung von Gedächtniszellen		

b Ordne die folgenden Aussagen richtig zu, indem du sie mit Strichen verbindest.

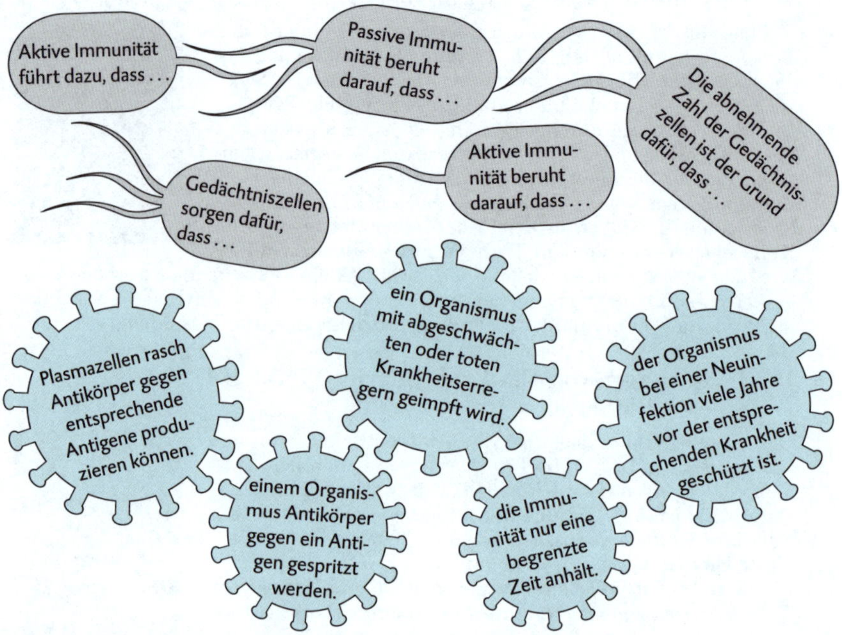

53 Um die Dauer des immunologischen Gedächtnisses, also die Langlebigkeit von Gedächtniszellen zu untersuchen, wurde der folgende Versuch mit dem bakteriellen Antigen A durchgeführt.

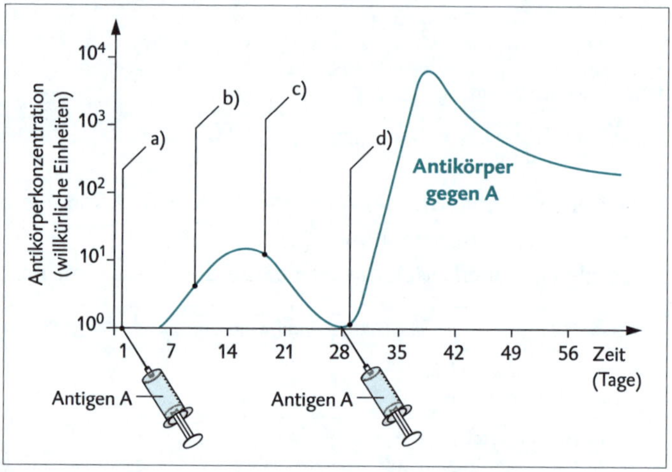

a Beschreibe den experimentellen Ansatz des dargestellten Versuchs.

b Erkläre die Vorgänge, die zu den Zeitpunkten a–d im Körper ablaufen.

c Skizziere in der obigen Grafik den Kurvenverlauf, der ohne die Bildung von Gedächtniszellen zu erwarten wäre.

3 Angewandte Immunbiologie

Die **Immunbiologie**, auch **Immunologie** genannt, beschäftigt sich als Teildisziplin der Biologie mit den Grundlagen der körperlichen Abwehr von Bakterien, Viren, Pilzen, Einzellern sowie körperfremden Stoffen wie Allergenen und Umweltgiften. Weitere wichtige Forschungsgebiete der Immunbiologie sind die Bekämpfung von entarteten körpereigenen Zellen (Krebszellen) sowie Störungen und Fehlfunktionen der Immunabwehr.

3.1 AIDS – der Eingriff eines Virus in das Immunsystem

Dringt der HI-Virus (engl. *Human Immunodeficiency Virus* = Humanes-Immundefizienz-Virus/Menschliches Immunschwäche-Virus) in den menschlichen Körper ein, dann kann sich im Verlauf von Monaten bis Jahrzehnten das Krankheitsbild AIDS (engl. *Acquired Immunodeficiency Syndrome* = erworbenes Immunschwäche-Syndrom/erworbenes Immundefekt-Syndrom) entwickeln.

Übertragung der HI-Viren

Das kugelförmige und im Durchmesser etwa 100 nm große HI-Virus (siehe Abb. 41) kann ausschließlich über Blut, Spermien- bzw. Scheidenflüssigkeit oder über die Muttermilch von Mensch zu Mensch weitergegeben werden. Gelangen entsprechende Flüssigkeiten einer erkrankten Person in Haut- oder Schleimhautwunden einer gesunden Person, so kommt es zu einer Infektion. Ein hohes Risiko für eine **HIV-Infektion** besteht deshalb beim ungeschützten Geschlechtsverkehr vor allem mit häufig wechselnden Partnern, beim Kontakt mit Blut beispielsweise durch infizierte Drogenspritzen oder bei der Wundversorgung ohne Schutzhandschuhe. Auch während der Schwangerschaft und in der Folgezeit besteht für das Kind einer infizierten Mutter durch eine Übertragung über die Plazenta, während des Geburtsvorgangs und durch das Stillen ein relativ hohes Infektionsrisiko. Durch die Gabe von Medikamenten und Maßnahmen wie einen Kaiserschnitt kann dieses Risiko jedoch erheblich gesenkt werden. Obwohl die HI-Viren, wenn auch nur in geringen Mengen, auch in anderen Körperflüssigkeiten wie Schweiß, Speichel, Tränenflüssigkeit und Lymphe nachgewiesen werden können, ist eine Übertragung auf diesem Weg bisher nicht bestätigt. An der Luft verliert das Virus sehr schnell seine Funktionsfähigkeit.

Wirkung des HI-Virus im Körper

In den Körper eingedrungene HI-Viren (siehe Abb. 41) binden mithilfe ihrer Oberflächenproteine an Zellen mit speziellen Rezeptoren, die als **CD4-Moleküle** (auch **CD4-Rezeptoren**) bezeichnet werden. Weiße Blutkörperchen wie die Makrophagen und die für die spezifische Immunabwehr (siehe S. 76 ff.) wichtigen T-Helferzellen besitzen diese Art von Rezeptoren und werden deshalb von den HI-Viren befallen. Die HI-infizierten T-Helferzellen erkennen keine körperfremden Stoffe mehr und aktivieren deshalb auch keine weiteren Immunzellen mehr, sodass die Immunreaktion stoppt. Die Makrophagen und die T-Helferzellen dienen als Wirtszellen der Vermehrung der HI-Viren, wobei die Erreger lange Zeit unbemerkt in einem Ruhezustand in ihnen verbringen können (lytischer Zyklus; siehe S. 65). Nachdem sie in die Zelle eingeschleust wurde, wird die in doppelter Kopie vorhandene RNA-Erbsubstanz des Virus mithilfe eines speziellen Virus-Enzyms, der sogenannten **reversen Transkriptase**, in eine DNA umgeschrieben und anschließend in die Wirtszellen-DNA eingebaut. Bei Zellteilungsvorgängen wird dann auch die Virus-Erbsubstanz auf die neu gebildeten Zellen vererbt.

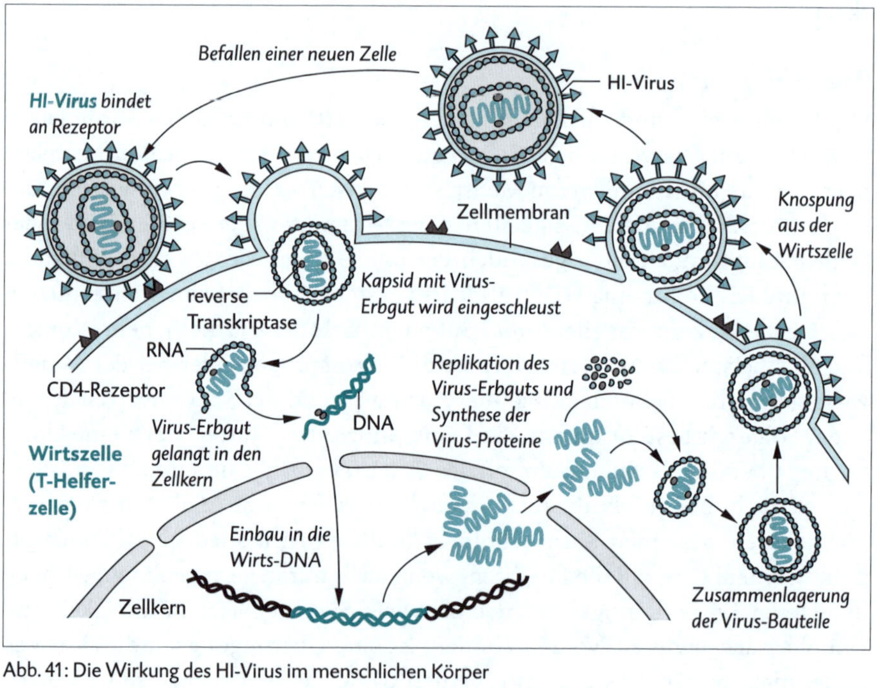

Abb. 41: Die Wirkung des HI-Virus im menschlichen Körper

Während der langen **Inkubationszeit** von der Infektion bis zum Ausbruch der Krankheit sind die infizierten Personen häufig nahezu beschwerdefrei, können aber bereits HI-Viren weitergeben und damit andere Personen anstecken.
Durch die allmähliche, oft jahrelang andauernde Schwächung des Immunsystems durch die HI-Viren kann dieses seine Abwehrfunktion nicht mehr erfüllen und der infizierte Mensch erkrankt im Endstadium an **AIDS**. Diese Immunschwächekrankheit ist gekennzeichnet durch viele, zum Teil sehr unterschiedliche **Symptome**, die durch schwere Schäden in den verschiedensten Organsystemen (Lunge, Nervensystem, Magen-Darm-System) und die Bildung von Tumoren hervorgerufen werden. Häufig sind vor allem die **Sekundärinfektionen** durch Bakterien, Einzeller oder Pilze lebensgefährlich, die z. B. Lungen- oder Herzmuskelentzündungen hervorrufen können.

> **AIDS** ist eine Immunschwächekrankheit, die durch in den Körper eingedrungene **HI-Viren** ausgelöst wird, da diese die Makrophagen und die T-Helferzellen zerstören und damit die Immunreaktion zum Erliegen bringen.

Nachweis und Behandlung einer HIV-Infektion

Mithilfe eines **HIV-Tests** wird das Blut auf die Anwesenheit von HIV-Antikörpern untersucht. Etwa 3 Monate nach einer Infektion treten diese in genügend großer Menge auf, um einen sicheren Nachweis zu liefern. Sind Antikörper vorhanden, beweist dies, dass die untersuchte Person infiziert und damit **HIV-positiv** ist.
Trotz der in den letzten Jahren entwickelten **Medikamente** ist AIDS bis heute noch nicht heilbar. Bislang können nur der Verlauf verzögert und die Symptome gelindert werden. Auch die Bekämpfung der sogenannten opportunistischen Krankheiten, die durch Sekundärinfektionen des bereits geschwächten Immunsystems ausgelöst werden, ist medikamentös möglich. Nachdem es auch keine Schutzimpfung gibt, ist der Schutz vor Ansteckung durch andere **Vorsichtsmaßnahmen** entscheidend. Dazu zählen z. B.:

- Benutzung von Kondomen beim Geschlechtsverkehr
- Tragen von Schutzhandschuhen bei der Wundversorgung
- Nutzung steriler Spritzen
- HIV-Tests für Blutkonserven (in Deutschland gesetzlich vorgeschrieben)

Seit den 1960er-Jahren breitet sich das Virus ausgehend von Afrika in allen Teilen der Welt aus und hat seitdem schätzungsweise 65 Millionen Menschen infiziert. Über 37 Millionen sind bisher an den Folgen der Krankheit gestorben.

3.2 Malaria – ein Einzeller als Krankheitserreger

Symptome und Schutzmaßnahmen

Der Name **Malaria** (auch Sumpf- oder Wechselfieber genannt) leitet sich vom italienischen *mala aria* ab, was übersetzt „schlechte Luft" bedeutet. Seit im Jahr 1880 der **Erreger** der Infektionskrankheit entdeckt wurde, weiß man jedoch, dass das Leiden nicht durch schlechte Luft hervorgerufen wird, sondern durch einzellige Parasiten. Mehrere Arten der Gattung **Plasmodium** rufen drei verschiedene Formen der Malaria mit unterschiedlichem Verlauf hervor. Allen Formen sind jedoch die typischen **Symptome** wie hohes, wiederkehrendes Fieber, starker Schüttelfrost, Beschwerden des Magen-Darm-Trakts, Störungen des Gehirns, Verringerung der Anzahl an roten Blutkörperchen und Krämpfe gemeinsam, die im Extremfall zum Koma und schließlich zum Tod führen können. Nach Schätzungen der Weltgesundheitsorganisation (WHO) leben in den Tropen und Subtropen etwa 250 Millionen infizierte Personen. Etwa 1 Million Menschen sterben jährlich an der Krankheit. Trotz vieler zugelassener **Medikamente** zur Heilung und auch zur Prophylaxe bei geplanten Aufenthalten in Risikogebieten ist es noch nicht gelungen, den Erreger auszurotten. Dies liegt daran, dass die Plasmodien innerhalb kürzester Zeit Resistenzen gegen die Wirkstoffe der eingesetzten Medikamente entwickeln. Da es bislang noch keine Schutzimpfung gegen die Krankheit gibt, sind in Risikogebieten das Tragen langer Kleidung in den Abendstunden, die Verwendung eines Antimückenmittels und das Schlafen unter Moskitonetzen wichtige vorbeugende **Schutzmaßnahmen** vor Mückenstichen und damit vor Malaria.

Übertragung und Lebenszyklus des Malaria-Erregers

Die Krankheitserreger werden hauptsächlich durch über 60 Stechmücken-Arten (Moskitos) **übertragen**, die der Gattung **Anopheles** angehören. Die Plasmodien zeigen einen relativ komplexen **Lebenszyklus**. Bei ihrer Entwicklung sind sie auf Wirbeltiere und die Moskitos als Wirte angewiesen.

Durch den Stich einer infizierten Mücke gelangt ein bestimmtes Entwicklungsstadium der Plasmodien, die sogenannten Sichelkeime (Sporozoiten), mit dem Speichel des Insekts in den Blutkreislauf des menschlichen Körpers. Da sich die Antigene auf der Zelloberfläche der Erreger immer wieder verändern, sind diese für die Immunzellen nicht wiederzuerkennen. Durch das Blut werden die Sichelkeime im gesamten Körper des menschlichen Wirtes verteilt und dringen schließlich in Leberzellen ein. In diesen vermehren sie sich ungeschlechtlich durch Zellteilung. Die dabei entstehenden Spaltkeime (Merozoiten) befallen rote Blutkörperchen, in denen sich entweder weibliche und männliche Geschlechtszellen (Keimzellen) oder durch ungeschlechtliche Vermehrung weitere Spaltkeime entwickeln. Bei der Freisetzung werden die Blutkörperchen zerstört und die von den Plasmodien produzierten Stoffwechselgifte freigesetzt.

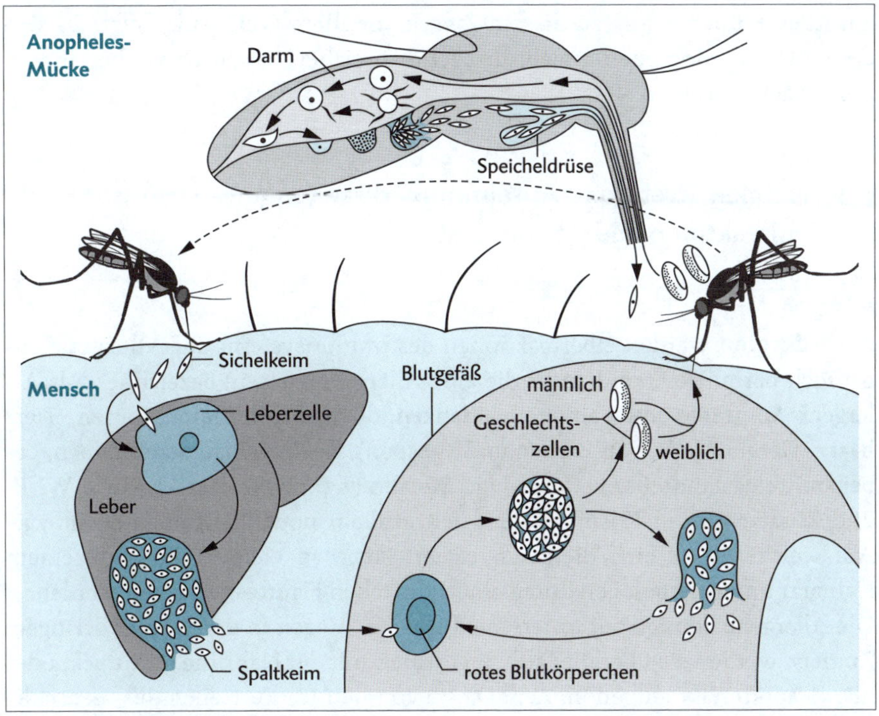

Abb. 42: Der Entwicklungszyklus des Einzellers Plasmodium

Für den nächsten Entwicklungsschritt sind die Einzeller auf die Anopheles-Mücken als Wirte angewiesen, da nur in deren Darm die Befruchtung der männlichen und weiblichen Keimzellen erfolgen kann. Dazu muss eine weibliche Mücke das Blut einer infizierten Person aufsaugen. Sticht eine solche Mücke anschließend wieder einen Menschen, werden die durch die Befruchtung in dem Insekt entstandenen Sichelkeime auf ihn übertragen und der Lebenszyklus setzt sich fort.

Als **Malaria** wird eine Infektionskrankheit bezeichnet, die durch den Einzeller **Plasmodium** ausgelöst und durch den Stich der **Anopheles-Mücke** übertragen wird. Der einzellige Parasit befällt im menschlichen Körper Leberzellen und rote Blutkörperchen.

Die Anopheles-Mücken sind auf warme Gewässer angewiesen, die langsam fließen oder stehen, da sich ihre Larven nur unter diesen Bedingungen entwickeln können. Zur **Bekämpfung** der Malaria werden deshalb vielerorts entsprechende Wasserstellen trockengelegt. Auch durch das Versprühen von Insektiziden wird in einigen betroffenen Gebieten versucht, die Malaria auszurotten. Früher wurde zu diesem Zweck vor allem **DDT** eingesetzt. Da sich der Giftstoff jedoch in der Nahrungskette anreichert, ist er inzwischen in vielen Ländern verboten.

3.3 Allergien, Krebs und Autoimmunerkrankungen – Fehlreaktionen des Immunsystems

Allergien

Als **Allergien** werden Überreaktionen des Immunsystems auf **Allergene**, eigentlich harmlose Fremdstoffe, die eine Allergie auslösen, bezeichnet. Als Allergene kommen unter anderem Pflanzenpollen, Schimmelpilzsporen, Tierhaare, Tiergifte (z. B. von Bienen und Wespen), Kot von Hausstaubmilben, Lebensmittelbestandteile, verschiedene Metalle (z. B. in Schmuck) sowie Wirk- und Zusatzstoffe in Kosmetika, Hygieneartikeln und Medikamenten infrage. Auf welche Stoffe ein Allergiker reagiert, kann in vielen Fällen von einem Hautarzt und Allergologen durch einen einfachen Hauttest ermittelt werden.

Die Allergene können auf unterschiedlichsten Wegen in den Körper gelangen. Zumeist werden sie über die Luft eingeatmet, mit der Nahrung geschluckt oder über Hautkontakt aufgenommen. Da sie von den Immunzellen des menschlichen Körpers als körperfremde Stoffe erkannt werden, lösen sie eine oft heftige Abwehrreaktion aus (siehe Abb. 43).

Beim **Erstkontakt** mit dem Allergen, beispielsweise Pollen, werden trotz der eigentlichen Harmlosigkeit des Fremdstoffs von Plasmazellen Antikörper gebildet und es läuft eine Antigen-Antikörper-Reaktion ab. Außerdem koppeln sich die Antikörper beim Allergiker auch noch an spezielle Immunzellen, die **Mastzellen**, an. Diese befinden sich in großer Zahl vor allem in den Schleimhäuten der Atemwege. Den Ankopplungsvorgang bezeichnet man als **Sensibilisierung**. Beim **nächsten Kontakt (Zweitkontakt)** mit dem betreffenden Allergen werden nun massenhaft Antikörper gebildet und Mastzellen schütten große Mengen des Botenstoffs **Histamin** und andere **entzündungsfördernde Stoffe** wie Heparin aus. Diese bewirken eine Erweiterung der Blutgefäße und machen die Gefäßwände durchlässig für die Immunzellen.

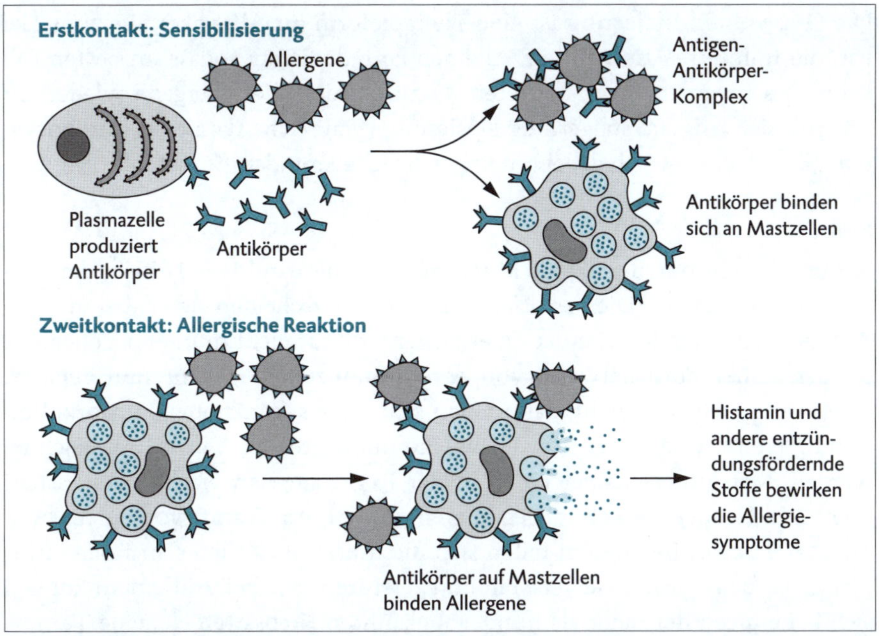

Abb. 43: Entwicklung einer Allergie

Durch die hohe Histaminkonzentration treten die typischen **Allergie-Symptome** wie Hautausschlag, Rötungen und Schwellungen auf, oft verbunden mit einem Juckreiz. In Extremfällen können die Erweiterung der Blutgefäße und ihre erhöhte Durchlässigkeit zu einem starken und raschen Absinken des Blutdrucks führen und dadurch einen lebensbedrohlichen Kreislaufzusammenbruch, den **allergischen Schock**, auslösen.

Die Ursachen für die Entwicklung von Allergien sind noch nicht vollständig erforscht. Fest steht jedoch, dass sie sich auch plötzlich gegen Stoffe entwickeln können, die jahrelang vertragen wurden. Für viele Allergien gibt es mittlerweile **Medikamente** mit Wirkstoffen wie Cortison, die die Entzündungsreaktionen hemmen und damit die Symptome behandeln, oder Antihistaminika, die die Freisetzung von Histamin verhindern bzw. freigesetztes Histamin binden. Im Notfall bietet sich das Hormon Adrenalin als Medikament an, um die allergische Reaktion zu neutralisieren. Viele Menschen, die an schweren Allergieformen leiden, führen den Wirkstoff in einer Notfallspritze mit sich.

Bei **Allergien** reagiert das Immunsystem des menschlichen Körpers sehr heftig auf zwar körperfremde, aber eigentlich unschädliche Stoffe, die **Allergene**.

Die **Hyposensibilisierung** ist eine Therapieform für Allergiker, die zum Ziel hat, die Immunreaktion auf ein Allergen zu reduzieren, sodass im besten Fall keine Beschwerden mehr auftreten. Dazu werden die Allergene wiederholt und mit sich langsam steigernder Dosierung verabreicht, damit das Immunsystem „lernt", dass es sich dabei um ungefährliche Fremdstoffe handelt.

Krebs

Krebs entsteht durch zufällige Mutationen (siehe Band 1, S. 163) in der Erbsubstanz von Zellen. Die betroffenen Zellen unterscheiden sich dabei in ihren Antigenen geringfügig von der Oberflächenstruktur nicht mutierter Zellen. Sie werden daher normalerweise von den Immunzellen erkannt und zerstört. Wenn dies nicht geschieht, dann teilen sich diese sogenannten **Tumorzellen** ständig weiter und bilden Gewebewucherungen, die als **Tumore** bezeichnet werden. Man unterscheidet einen in der Regel langsam wachsenden, scharf vom umliegenden Gewebe abgegrenzten **gutartigen Tumor** von einem **bösartigen Tumor**. Bei diesem teilen sich die mutierten Zellen sehr rasch, dringen in das benachbarte Gewebe ein und zerstören es dabei. Außerdem können sich bei einigen der mehr als hundert bekannten Krebsarten einzelne Tumorzellen aus dem Tumor herauslösen, sich über Blut oder Lymphe im Körper verteilen und an anderer Stelle Tochtertumore, die **Metastasen**, bilden.
Das Mutationsrisiko steigt mit zunehmendem Alter sowie durch die Einwirkung mancher Chemikalien (z. B. Nikotin) und den Einfluss von UV- und Röntgenstrahlung. Auch manche Viren können Tumore auslösen.

Gemeinsames Merkmal aller **Krebserkrankungen** ist die unkontrollierte Zellteilung und damit die Bildung eines **Tumors**. Zur Entstehung eines Tumors kommt es, wenn Tumorzellen nicht von den Immunzellen erkannt und zerstört werden.

Autoimmunerkrankungen

Unter dem Sammelbegriff **Autoimmunerkrankungen** werden verschiedene Krankheiten zusammengefasst, bei denen Immunzellen eigene Körperzellen oder sogar ganze Organe bekämpfen. Die genauen Ursachen dafür, warum etwa bei der Multiplen Sklerose oder der Diabetes Typ I bestimmte Zellen des eigenen Körpers als körperfremd angesehen werden, sind noch nicht vollständig erforscht.

Bei den **Autoimmunerkrankungen** bekämpft das Immunsystem irrtümlicherweise körpereigene Zellen.

Bei der **Multiplen Sklerose** greifen Immunzellen die körpereigenen Hüllzellen (siehe S. 4 f.) der Nervenzellen des zentralen Nervensystems an und zerstören diese. Dadurch geht zunehmend die Bewegungskoordination verloren und es prägen sich die unterschiedlichsten neurologischen Symptome wie etwa Seh- und Sensibilitätsstörungen aus. Die Zerstörung der Nervenhüllzellen erfolgt jedoch nicht kontinuierlich, sondern in Schüben. Körperliche oder psychische Belastungen wie Stress (siehe S. 48 ff.) erhöhen die Wahrscheinlichkeit für solche Schübe. Bislang ist die Krankheit nicht heilbar. Es stehen jedoch verschiedene Therapieformen zur Verfügung, die alle das Ziel haben, den Krankheitsverlauf zu verzögern und bestehende Beschwerden zu lindern.
Diabetiker (Zuckerkranke) leiden an einem erhöhten Blutzuckerspiegel. Dieser ist erhöht, da im Körper der Betroffenen beispielsweise zu wenig Insulin vorhanden ist, als dass der Zuckerspiegel auf normale Werte abgesenkt werden könnte (siehe S. 45 ff.). Beim **Diabetes mellitus Typ I** zerstören Immunzellen häufig schon in jungen Jahren die insulinproduzierenden Inselzellen der Bauchspeicheldrüse. Der niedrige Insulinspiegel führt zu einer Unterversorgung der Zellen mit Glucose, zu einem Wasser- und Nährstoffverlust sowie zur Übersäuerung des Blutes. Im Extremfall können diese Faktoren zu einem gefährlichen Koma führen. Durch die lebenslange Gabe von Insulin über Spritzen oder Pumpen kann der Blutzuckerspiegel jedoch reguliert werden.

3.4 Abstoßungs- und Unverträglichkeitsreaktionen bei körperfremden Zellen

Die grundlegende Aufgabe der Immunzellen, körperfremde von körpereigenen Zellen zu unterscheiden, führt zu Abstoßungs- und Unverträglichkeitsreaktionen bei der Übertragung von Blut, Geweben oder Organen von einem Spender auf einen Empfänger.

Blutgruppenunverträglichkeit

Ein großer Blutverlust, etwa durch eine Verletzung bei einem Unfall oder eine Operation, ist lebensgefährlich und muss durch die Transfusion von **Blutkonserven** ausgeglichen werden. Dazu ist es nötig, dass sich möglichst viele Personen über 18 Jahren zur regelmäßigen **Blutspende** bereit erklären. Darunter versteht man die etwa vier- bis sechsmal jährlich mögliche, freiwillige Abgabe von 0,5 Litern Blut. Diese ist jedoch nur dann möglich, wenn keine gesundheitlichen Bedenken vorliegen. Innerhalb von etwa 10 Tagen hat der Körper die gespendete Blutmenge in der Regel vollständig nachgebildet.

Eine **Bluttransfusion**, also die Blutübertragung von Mensch zu Mensch, gelingt nur unter Berücksichtigung der medizinisch bedeutendsten Blutgruppenmerkmale: des **AB0-** und des **Rhesus-Systems** (zur Vererbung, siehe Band 1 S. 263 f.). 1901 entdeckte der Wiener Arzt Karl LANDSTEINER, dass die roten Blutkörperchen (Erythrozyten), genauer gesagt die in deren Zellmembran enthaltenen Oberflächenstrukturen, die Antigene, entscheidend für die Blutgruppenmerkmale sind. Auf den roten Blutkörperchen kommen das **Antigen A** und das **Antigen B** vor (siehe Tab. 5). Erblich festgelegt ist, ob die Zellmembran der Erythrozyten eines Menschen A-Antigene, B-Antigene, keine Antigene oder beide Antigene aufweist. In der Blutflüssigkeit, dem Blutplasma, befinden sich Antikörper. Auch hier unterscheidet man mit den Anti-A-Antikörpern und den Anti-B-Antikörpern zwei Typen. Falls die Spender- und die Empfängerblutgruppe bei einer Bluttransfusion nicht übereinstimmen, führen die körpereigenen Antikörper zu einer **Antigen-Antikörper-Reaktion** und damit zum Verklumpen der roten Blutkörperchen. Da die Verklumpungen, die zur Verstopfung der Blutgefäße führen, in der Regel tödlich sind, wird für eine Transfusion immer nur Spenderblut von Personen verwendet, die die gleiche Blutgruppe haben wie der Empfänger.

Blutgruppe	A	B	AB	0
Antigene auf den roten Blutzellen	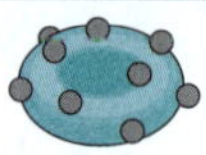 A-Antigene	 B-Antigene	 A- und B-Antigene	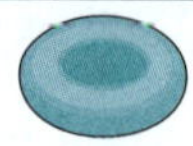 keine Antigene
Antikörper im Serum	 Anti-B	 Anti-A	keine Antikörper	 Anti-A und -B
Verklumpung mit	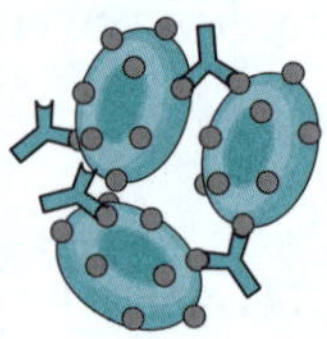 Anti-A	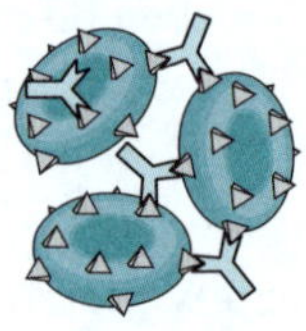 Anti-B	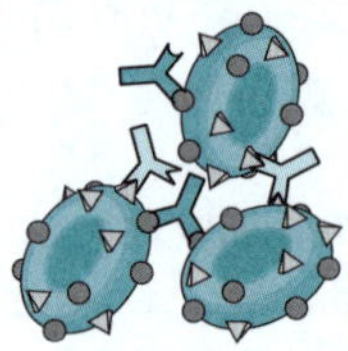 Anti-A und -B	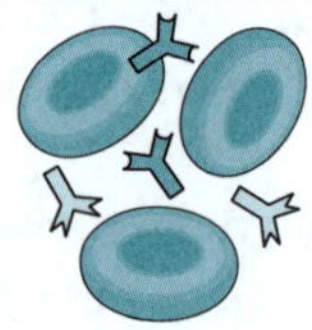 keine Verklumpung

Tab. 5: Das AB0-System im Überblick; Serum: Blutplasma ohne Gerinnungsfaktoren (siehe S. 157)

Falls Spender- und Empfängerblutgruppe bei einer Bluttransfusion nicht übereinstimmen, verklumpen die körpereigenen Antikörper mit den Antigenen der roten Blutkörperchen durch eine **Antigen-Antikörper-Reaktion**.

Neben den Antigenen des AB0-Systems gibt es auf der Oberfläche der roten Blutkörperchen weitere Antigene, z. B. den ebenfalls von LANDSTEINER entdeckten **Rhesusfaktor**. Ist dieser vorhanden, bezeichnet man das Blut als **rhesuspositiv (auch: Rh^+, Rh)**. Im Blutplasma von rhesuspositiven Personen sind keine Antikörper gegen den Rhesusfaktor vorhanden. Fehlt das Antigen, wird das Blut als **rhesusnegativ (auch: Rh^-, rh)** bezeichnet. Blutplasma von rhesusnegativen Menschen enthält Antikörper gegen den Rhesusfaktor, die sogenannten Anti-D-Antikörper.

Bei Bluttransfusionen müssen die Blutgruppen sowohl nach dem AB0-System als auch nach dem Rhesussystem übereinstimmen. Eine Besonderheit beim Rhesussystem ergibt sich in der Schwangerschaft: Da die Anti-A- und die Anti-B-Antikörper nicht durch die Plazenta gelangen können, treten auch dann keine Unverträglichkeiten auf, wenn Mutter und ungeborenes Kind unterschiedliche AB0-Blutgruppen haben. Die Rhesus-Antikörper können jedoch die Plazenta passieren. Ist eine rhesusnegative Mutter mit einem rhesuspositiven Kind schwanger, so kann es bei der Geburt unter Umständen zu einem Blutaustausch zwischen ihnen kommen. Ist dies der Fall, bildet das Immunsystem der Mutter Anti-D-Antikörper und entsprechende Gedächtniszellen. Bei einer zweiten Schwangerschaft mit einem rhesuspositiven Kind können Anti-D-Antikörper über die Plazenta in den Blutkreislauf des Kindes gelangen und dort dessen rote Blutzellen verklumpen (siehe Abb. 44). In diesen Fällen spricht man von einer **Rhesusunverträglichkeit**.

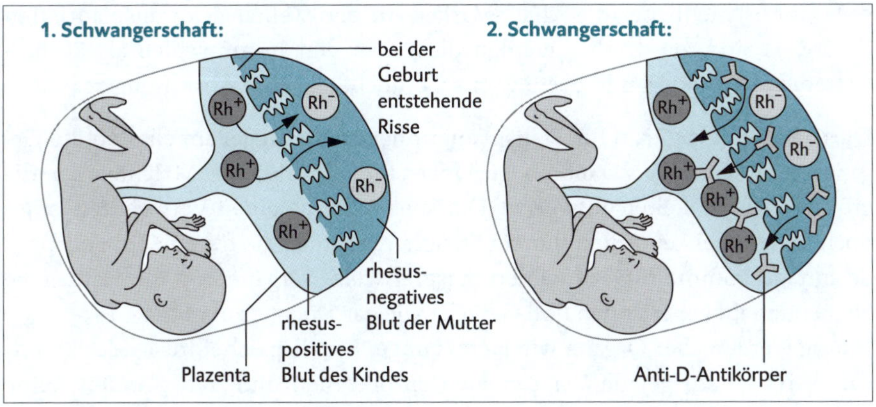

Abb. 44: Entstehung einer Rhesusunverträglichkeit

Vorbeugend werden deshalb einer rhesusnegativen Mutter zur Verhinderung der Sensibilisierung während oder nach der ersten Schwangerschaft Anti-D-Antikörper gespritzt. Diese verklumpen mit eventuell vorhandenen roten

Blutkörperchen des Kindes, ohne dass eine Immunreaktion anläuft. Die verabreichten Antikörper werden nach einiger Zeit vom mütterlichen Körper abgebaut, sodass bei einer erneuten Schwangerschaft keine Anti-D-Antikörper mehr im Blut vorhanden sind.

Die **Rhesusunverträglichkeit** kann als Komplikation bei einer 2. Schwangerschaft auftreten, wenn das Immunsystem einer rhesusnegativen Mutter während der 1. Schwangerschaft durch Kontakt mit rhesuspositivem Blut sensibilisiert wurde.

Organtransplantationen

Die Übertragung von Organen, Geweben oder auch einzelnen Zellen von einem Spenderorganismus auf einen Empfänger bezeichnet man als **Transplantation**. Dabei kann es zu **Abstoßungsreaktionen** kommen, da der Körper des Empfängers das Transplantat als körperfremd erkennt. Ist dies der Fall, bekämpfen seine Immunzellen das transplantierte Organ.
Jeder Organismus hat auf den Membranen seiner Zellen spezifische Proteine des **Hauptgewebeverträglichkeitskomplexes** (engl. *Major Histocompatibility Complex*), die sogenannten **MHC-Marker**, an denen die körpereigenen Zellen erkannt werden. Diese MHC-Marker unterscheiden sich von Mensch zu Mensch. Bei einer Transplantation gilt:

- Je ähnlicher die MHC-Marker sind, desto unwahrscheinlicher ist es, dass die körperfremden Zellen als solche erkannt und damit bekämpft werden.
- Je unterschiedlicher die MHC-Marker auf den Zellen des transplantierten Organs sind, desto eher werden diese von den Immunzellen als körperfremd identifiziert und desto wahrscheinlicher ist eine Abstoßungsreaktion.

Dies hat zur Folge, dass für Transplantationen in der Regel am ehesten die Organe eines nahen Verwandten geeignet sind, da hier die MHC-Marker die größten Ähnlichkeiten aufweisen. Die Spende durch einen Verwandten ist jedoch in den meisten Fällen nur bei Organen möglich, die für eine Lebendspende infrage kommen. Dazu zählen beispielsweise Organe wie die Haut, eine Niere oder ein Leberlappen und Gewebe wie das Knochenmark.
Häufig werden aber Organe wie Herz, Lunge, Bauchspeicheldrüse oder Dünndarm von einem gerade Verstorbenen entnommen und transplantiert, ohne dass die MHC-Marker von Spender und Empfänger ideal übereinstimmen. Deshalb muss das Immunsystem des Empfängers durch die lebenslange Gabe von speziellen Medikamenten, sogenannten **Immunsuppressiva**, unterdrückt werden. Dies hat jedoch als Nebenwirkung zur Folge, dass die Anfälligkeit für Infektionskrankheiten und auch das Risiko für die Entstehung von Krebs steigt.

Bei der **Transplantation** von Organen kommt es zu **Abstoßungsreaktionen**, wenn die **MHC-Marker** des Spenders und des Empfängers nicht übereinstimmen. Die körpereigene Immunabwehr bekämpft in diesen Fällen das als körperfremd erkannte Organ.

Nach den derzeit geltenden Gesetzen ist in der Bundesrepublik Deutschland für eine **Organspende** ein Organspendeausweis, der ab einem Alter von 16 Jahren ausgefüllt werden kann, bzw. die Zustimmung der nächsten Angehörigen des gerade Verstorbenen Voraussetzung. Zuvor muss der Hirntod zweifelsfrei festgestellt worden sein.

Zusammenfassung

AIDS ist eine erworbene Immunschwächekrankheit, die durch **HI-Viren** übertragen wird. Diese befallen Makrophagen und die für die spezifische Immunantwort wesentlichen T-Helferzellen. Sie bewirken dadurch den Zusammenbruch des Immunsystems.

Der Einzeller **Plasmodium** wird durch den Stich der Anopheles-Mücke übertragen und löst die als **Malaria** bezeichnete Infektionskrankheit aus.

Fehlleistungen des Immunsystems können zu unterschiedlichen Krankheitsbildern führen:

- Bei **Allergien** reagiert das Immunsystem überempfindlich auf eigentlich harmlose Allergene.
- **Krebserkrankungen** entstehen dadurch, dass das Immunsystem unkontrolliert wuchernde Zellen nicht als defekt erkennt und somit nicht zerstört.
- **Autoimmunerkrankungen** treten auf, wenn das Immunsystem fälschlicherweise körpereigene Zellen angreift und zerstört.

Bei fehlerhaften **Bluttransfusionen** oder nicht passenden **Organ- bzw. Gewebetransplantationen** werden die körperfremden Zellen vom Immunsystem als solche erkannt. Die daraufhin ablaufenden Antigen-Antikörper-Reaktionen führen zu Unverträglichkeits- oder Abstoßungsreaktionen mit zum Teil lebensgefährlichen Folgen für die betroffenen Personen.

54 Das Krankheitsbild AIDS (erworbenes Immunschwäche-Syndrom) entwickelt sich nach einer Infektion mit dem HI-Virus und ist derzeit nicht heilbar.

a Beschreibe, wie das Virus übertragen wird, und beurteile die folgenden Situationen hinsichtlich des Ansteckungsrisikos mit HIV. Dabei steht ein „**+**“ für ein großes, ein „**o**“ für ein mögliches bzw. fragliches und ein „**–**“ für ein geringes Risiko.

Küsse auf Wangen und Lippen	☐
Zungenküsse	☐
Begrüßung eines Infizierten durch Handschlag	☐
Nutzung von Geschirr und Toiletten zusammen mit einem Infizierten	☐
Ungeschützter Geschlechtsverkehr mit einem Infizierten	☐
Häufig wechselnde Geschlechtspartner	☐
Geschlechtspraktiken wie Analverkehr	☐
Oralverkehr	☐
Insektenstiche	☐
Hundebiss	☐
Kratzwunde durch die Hauskatze	☐

b Nenne Schutzmöglichkeiten vor einer Ansteckung mit dem HI-Virus und erläutere die derzeitigen Behandlungsmöglichkeiten.

55 Eine Ansteckung mit dem HI-Virus führt nach einer sehr unterschiedlich langen Inkubationszeit zur Immunschwächekrankheit AIDS.

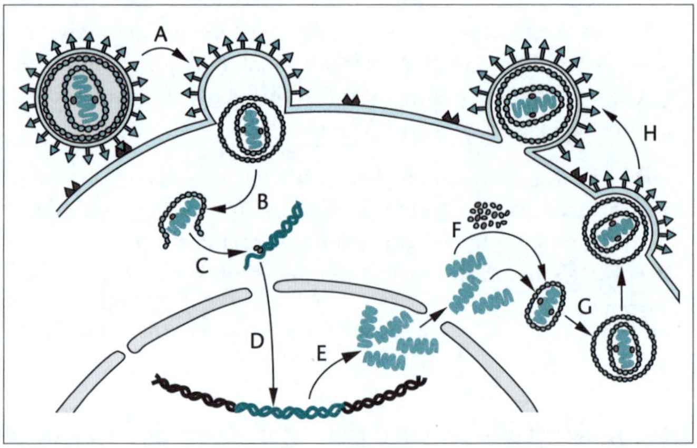

a Erläutere anhand der Abbildung rechts die Auswirkungen einer HIV-Infektion im Körper.

b Begründe, warum ein HIV-Test erst etwa 3 Monate nach einer eventuellen Infektion aussagekräftige Ergebnisse liefert.

c Bei den ersten Wirkstoffen, die zur Behandlung von Infektionen mit HIV zugelassen wurden, handelte es sich um Reverse-Transkriptase-Hemmer. Erläutere die Wirkungsweise dieser Medikamente.

d Überprüfe nachfolgende Behauptungen über HIV und entscheide, ob diese richtig oder falsch sind.
Korrigiere alle falschen Aussagen in der Zeile darunter.

	richtig	falsch
HIV kann eine Zelle nur dann infizieren, wenn an deren Membranoberfläche spezielle Rezeptoren, die sogenannten CD4-Rezeptoren, vorhanden sind.	☐	☐
____		
T-Helferzellen gehören zu den Zielzellen des HI-Virus.	☐	☐
____		
Bei einer HIV-Infektion werden die T-Killerzellen von den Makrophagen aktiviert.	☐	☐
____		
Die von den B-Plasmazellen hergestellten Antikörper verklumpen die freien HI-Viren.	☐	☐
____		
Alle von HIV infizierten Zellen werden von den T-Killerzellen bekämpft.	☐	☐
____		

56 Viele Erreger von Infektionskrankheiten wie Pest, Malaria und Borreliose werden nicht direkt von Mensch zu Mensch, sondern durch Insekten übertragen.

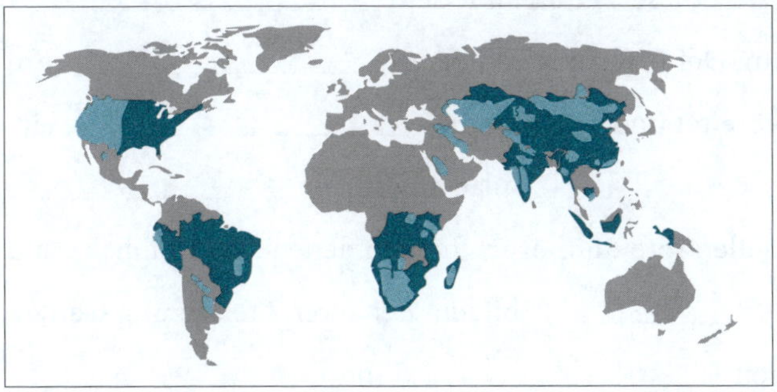

Pest-Risikogebiete; hell gefärbt: Pestmeldungen 1970 bis 1998; dunkel gefärbt: Vorkommen in Tieren

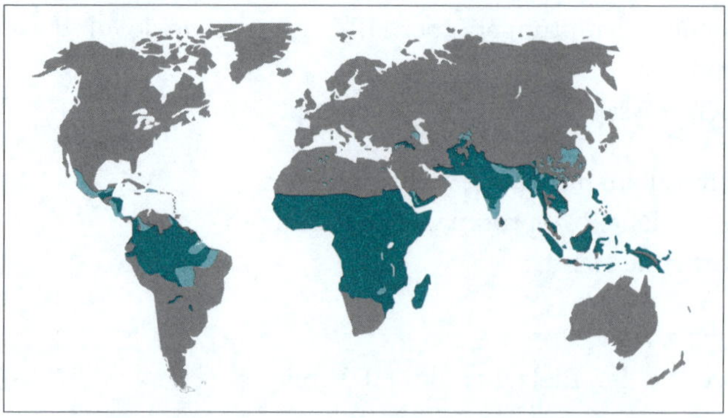

Malaria-Risikogebiete; hell gefärbt: geringes Risiko; dunkel gefärbt: hohes Risiko

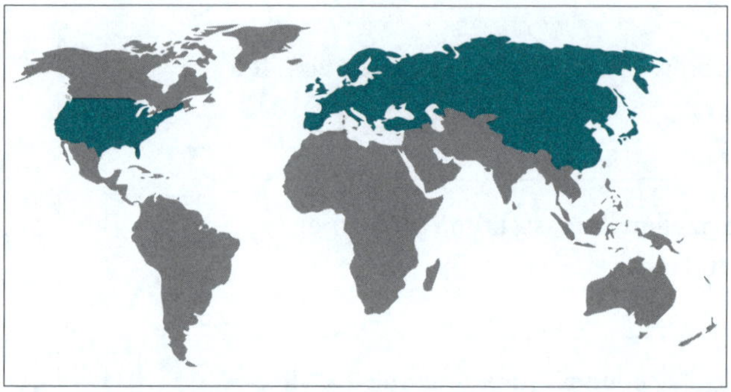

Borreliose-Risikogebiete

a Vergleiche die drei Krankheiten hinsichtlich der folgenden Merkmale:
Erreger – geographische Verbreitung – Überträger – Symptome

b Ergänze den folgenden Lückentext zum Thema Malaria.

Eine infizierte ______________ ______________-Stechmücke sticht eine Person und infiziert diese dadurch mit dem ______________ Parasiten Plasmodium. Der Erreger wird über die ______________ im gesamten Körper verbreitet und dringt in die ______________ ein. Nach mehreren ______________ platzen die ______________ und die Parasiten befallen rote Blutkörperchen, in denen sich weibliche und männliche ______________ bilden. Bei deren Freisetzung werden auch diese Wirtszellen ______________. Eine ______________ kann nur im ______________ einer Anopheles-Mücke stattfinden.

57 In den letzten Jahrzehnten haben Allergien stark zugenommen.

a Beschreibe die Bedeutung von Histamin bei einer allergischen Reaktion.

b Erläutere, warum erst beim Zweitkontakt mit einem Allergen eine allergische Reaktion auftritt.

58 Vergleiche die drei folgenden Krankheitsbilder hinsichtlich Ursachen, Symptomen und Behandlungsmöglichkeiten.

Neurodermitis

Bei der Neurodermitis handelt es sich um eine Hautkrankheit, die medizinisch korrekter als atopisches Ekzem bezeichnet wird. Bei diesem chronischen, aber nicht ansteckenden Leiden treten auf der Haut bereits im Kindes- und Jugendalter rote, schuppende, manchmal auch nässende und vor allem stark juckende Ekzeme auf. Diese Ekzeme bilden sich bevorzugt in den Kniekehlen, den Ellenbeugen sowie auf den Unterarmen und den Unterschenkeln. Die Erkrankung verläuft schubweise und ist nicht heilbar. Eine symptomatische Therapie ist jedoch möglich und besteht hauptsächlich aus der Behandlung der charakteristischen Hauttrockenheit. Durch äußerliche Anwendung von entzündungshemmenden Wirkstoffen werden der Juckreiz und die Ekzeme therapiert. Durch die Gabe von Antihistaminika kann die Freisetzung von Histaminen verhindert bzw. freigesetztes Histamin gebunden werden. Dadurch werden die typischen Allergiesymptome abgeschwächt.

Die Ursachen für das atopische Ekzem sind bislang nicht vollständig geklärt. Experten gehen jedoch davon aus, dass das Immunsystem der Betroffenen aufgrund genetischer Veranlagung überempfindlich auf bestimmte Umwelteinflüsse oder auch psychisch belastende Situationen reagiert.

Hausstauballergie

Als Hausstauballergie bezeichnet man eine Sensibilisierung des Immunsystems und eine dadurch ausgelöste allergische Reaktion. Die Allergie wird allerdings nicht direkt durch den Hausstaub, sondern durch den darin enthaltenen Kot der Hausstaubmilben verursacht. Da sich diese Spinnentiere von Hautschuppen ernähren, von denen jeder Mensch ca. 1,5 g pro Tag verliert, leben die Milben bevorzugt in Decken und Kissen von Betten, in Teppichen, Polstermöbeln oder auch Plüschtieren. Die Symptome der Hausstauballergie sind häufig angeschwollene, tränende und juckende Augenschleimhäute, Dauerschnupfen, Niesanfälle, Jucken oder Anschwellen der Nasen- oder Rachenschleimhaut und in einigen Fällen auch chronisches Asthma.

Neben häufigem Staubsaugen und Reinigen der betroffenen Einrichtungsgegenstände, um die Anzahl der Milben bzw. deren Kotmenge zu reduzieren, sowie weiteren Maßnahmen, wie beispielsweise dem Verzicht auf Plüschtiere, wird von vielen Allergologen eine frühzeitige Hyposensibilisierung empfohlen. Auch die Verabreichung von Antihistaminika ist möglich.

Heuschnupfen

Der Heuschnupfen bezeichnet allergische Entzündungen, die zumeist bereits im frühen Kindesalter beginnen und durch ganz bestimmte Pollen bedingt werden. Die Krankheit betrifft vor allem die oberen Luftwege: Die Schleimhäute schwellen stark an und sondern vermehrt Schleim ab. Oft entstehen sich chronisch entwickelnde Begleiterkrankungen wie Asthma oder Entzündung der Nasennebenhöhlen. Neben Hautrötungen und starkem Juckreiz kommt es außerdem zu anhaltendem Tränenfluss.
Die Veranlagung für Heuschnupfen wird vererbt. Die in den letzten Jahren stark gestiegene Zahl der Erkrankungen wird auf die Zunahme der Aggressivität von Allergenen durch Schadstoffe und durch veränderte Lebensgewohnheiten, wie etwa verbesserte und zum Teil übertriebene Hygienemaßnahmen, zurückgeführt. Zur Behandlung des Heuschnupfens wird vor allem die Meidung des Allergens empfohlen. Darüber hinaus erfolgt in der Regel eine medikamentöse Therapie der akuten Symptome mit Antihistaminika. Langfristig ist es in manchen Fällen möglich, durch eine spezifische Immuntherapie, die Hyposensibilisierung, die allergische Reaktion auszuschalten.

59 1930 erhielt der österreichische Arzt Karl LANDSTEINER für die Entdeckung des AB0-Systems der Blutgruppen den Nobelpreis für Medizin.

a Bereits im Jahr 1900 entdeckte LANDSTEINER, dass das Blut zweier Menschen bei Kontakt oft verklumpt. Anschließend untersuchte er systematisch die roten Blutkörperchen und das Blutserum von sich und von fünf seiner Mitarbeiter.

Blutzellen von / Serum von	Dr. Störk	Dr. Pletsch.	Dr. Sturli	Dr. Erdheim	Zaritsch	Dr. Landsteiner
Dr. Störk	●	⊙	⊙	⊙	⊙	●
Dr. Pletschnig	●	●	⊙	⊙	●	●
Dr. Sturli	●	⊙	●	●	⊙	●
Dr. Erdheim	●	⊙	●	●	⊙	●
Zaritsch	●	●	⊙	⊙	●	●
Dr. Landsteiner	●	⊙	⊙	⊙	⊙	●

Ergebnis des Versuchs von LANDSTEINER; ⊙ : Verklumpung, ●: keine Verklumpung

Leite aus den Versuchsergebnissen begründet die Blutgruppen der jeweiligen Personen ab.

b Zehn Jahre nach der Nobelpreisverleihung, also 1940, veröffentlichte LANDSTEINER Forschungsergebnisse, die besagten, dass sich bei Kaninchen nach der Übertragung von roten Blutkörperchen von Rhesusaffen ein Antikörper gebildet hatte, der auch bei einigen Menschen eine Verklumpung der roten Blutkörperchen hervorruft.
Erläutere das Problem, das bei der 2. Schwangerschaft einer rhesusnegativen Mutter auftreten kann, und beschreibe eine Möglichkeit, dieses Problem zu verhindern.

60 Die Blutgruppe beschreibt die individuelle Zusammensetzung der Antigene auf der Oberfläche der roten Blutkörperchen.

a Blut der Blutgruppe B weist zwar Antikörper gegen das Antigen A auf, aber keine Anti-B-Antikörper. Begründe diese Tatsache.

b Erläutere, ob das Serum der Blutgruppe B mit Blut der Blutgruppe AB zur Verklumpung führt.

c Die genaue Bestimmung der Blutgruppenmerkmale ist die Grundlage für eine Bluttransfusion. Für die AB0-Blutgruppen-Bestimmung stehen heute drei Test-Reagenzien zur Verfügung.
Ordne den in der Abbildung dargestellten Resultaten begründet die jeweiligen Blutgruppen zu.

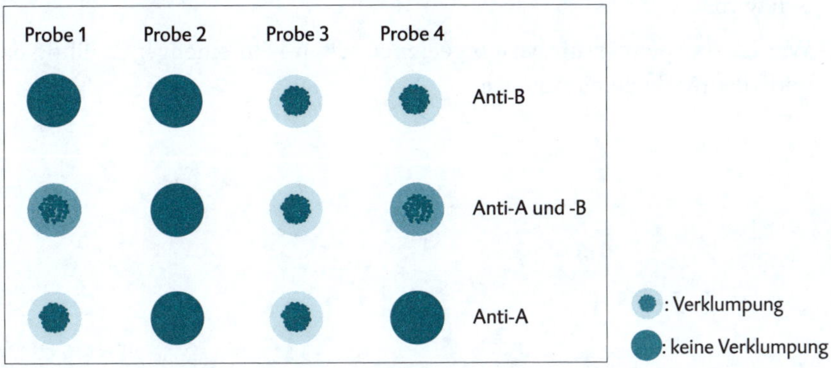

61 Bei einer Organtransplantation werden in einer Operation gesunde Organe eines Spenders oder Teile davon auf einen schwer kranken oder verunfallten Menschen übertragen. Ziel der Transplantation ist es, dem Empfänger dadurch die lebenswichtigen Funktionen seiner nicht mehr funktionstüchtigen Organe wiederzugeben.

Schematische Darstellung einer Zelle des betreffenden Organs

a Entscheide begründet, welcher Spender im rechts schematisch dargestellten Fall am besten für eine Organtransplantation infrage kommt.

b Erläutere, ob das von einem eineiigen Zwilling gespendete Organ abgestoßen wird.

c Wer ist als Spender am besten geeignet, wenn kein eineiiger Zwilling existiert? Begründe deine Aussage.

Stoffwechsel des Menschen

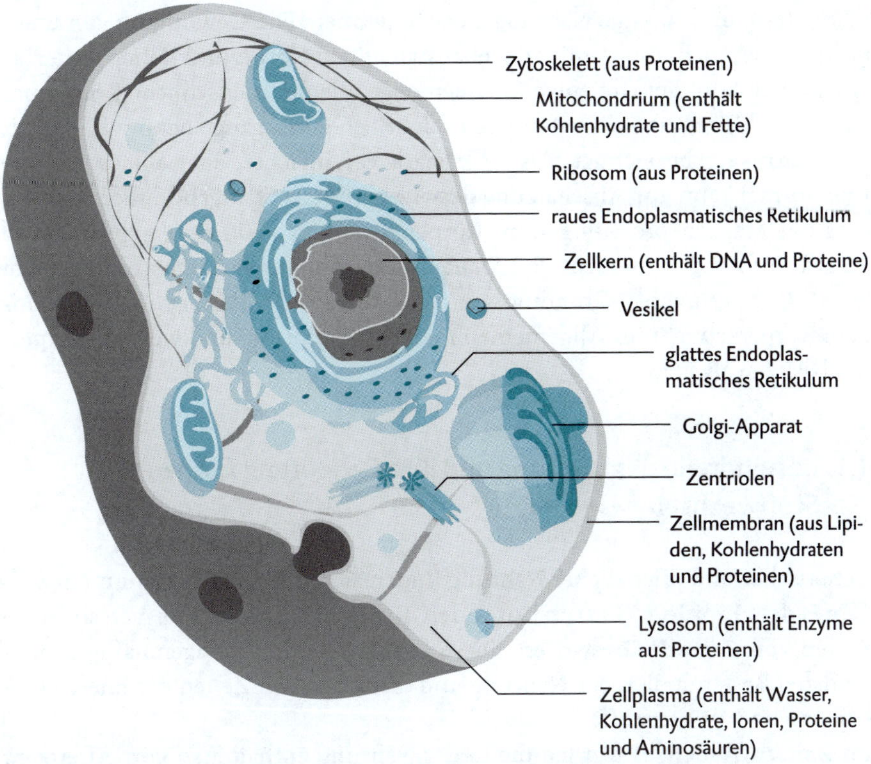

Alle Lebewesen müssen ständig Stoffe aufnehmen, die von ihnen verändert bzw. genutzt werden. Die bei der Verwertung entstehenden Abfallstoffe werden wieder an die Umwelt abgegeben.
Die Nutzung der aufgenommenen Stoffe findet im kleinsten Baustein eines Lebewesens, der Zelle, statt. Zellen bestehen aus einer Vielzahl von Zellorganellen und Zellstrukturen, die wiederum aus den unterschiedlichsten Biomolekülen aufgebaut sind.

1 Ernährung und Verdauung

Um den Bedarf an **Energie** und **körperfremden Stoffen** (z. B. Baustoffen) zu decken, muss der Mensch als sich heterotroph ernährendes Lebewesen regelmäßig feste und flüssige Nahrung zu sich nehmen. Die Gewinnung von Energie ist wesentlich, um damit alle lebenswichtigen Körperfunktionen aufrechterhalten zu können. Diejenige Energiemenge, die der menschliche Körper pro Tag bei völliger Ruhe zum Betreiben seiner Lebensvorgänge benötigt, wird als **Grundumsatz** bezeichnet. Als zwar stark vereinfachte, aber alltagstaugliche Faustformel kann zur Abschätzung des eigenen Bedarfs angenommen werden, dass der Mensch pro Kilogramm Körpergewicht ca. 100 kJ (entspricht etwa 25 kcal) pro Tag verbraucht. Bei Frauen wird von einem durchschnittlich um etwa 10 % geringeren Grundumsatz ausgegangen, da Männer im Verhältnis zum Körpergewicht im Allgemeinen mehr Muskelmasse und weniger Körperfett besitzen als Frauen.

1.1 Bestandteile der Nahrung und ihre Bedeutung für den Stoffwechsel

In tierischer und pflanzlicher Nahrung finden sich mit den **Proteinen (Eiweißen)**, den **Lipiden (Fetten)** und den **Kohlenhydraten** drei verschiedene Sorten von **Grundnährstoffen**. Diese gehören zu den mengenmäßig bedeutendsten Bestandteilen der Nahrung und dienen in den Zellen der Energieversorgung und als Baustoffe.
Im **Baustoffwechsel** werden die in der Nahrung enthaltenen körperfremden Stoffe genutzt, um damit körpereigene Stoffe aufzubauen.
Für die Bereitstellung von Energie, die z. B. für Muskelbewegungen sowie für die Aufrechterhaltung der Lebensprozesse und einer konstanten Körpertemperatur von 37 °C benötigt wird, ist der **Betriebsstoffwechsel** zuständig. Dabei werden hauptsächlich das Kohlenhydrat Glucose und Fette genutzt (siehe S. 107 ff.). Die Verbrennung der Stoffe erfolgt unter Sauerstoffverbrauch in den Zellen. Bei der Verbrennung wird Energie freigesetzt und es entstehen Kohlenstoffdioxid und Wasser.

> Unter dem Begriff **Stoffwechsel** wird die Aufnahme von Stoffen, ihre Umwandlung zum Aufbau des Körpers **(Baustoffwechsel)** und für die Energiefreisetzung **(Betriebsstoffwechsel)** sowie die Ausscheidung von Abfallstoffen zusammengefasst.

Proteine (Eiweiße)

Proteine (altgriechisch *proteios* erstrangig) finden sich in den vielfältigsten Lebensmitteln wie Fisch und Fleisch, aber auch in pflanzlichen Produkten wie Hülsenfrüchten (Erbsen, Bohnen, Linsen, Sojabohnen) und Nüssen.

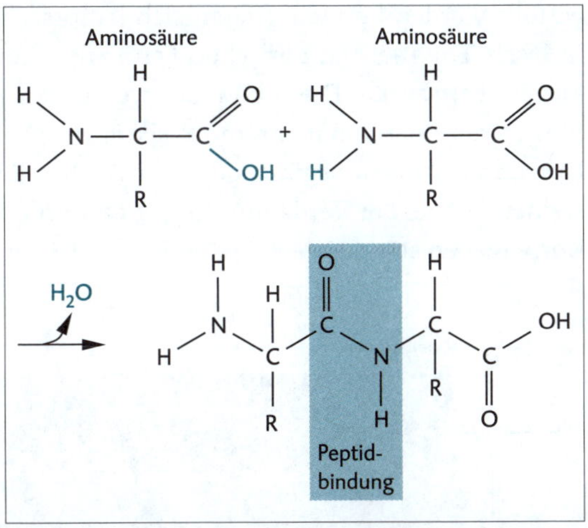

Abb. 45: Zwei Aminosäuren werden unter Wasserabspaltung über eine Peptid-Bindung zu einem Dipeptid verknüpft

In der Regel bestehen die verschiedenen Proteine als **Makromoleküle** aus mehreren Hundert Grundbausteinen. Bei diesen Bausteinen handelt es sich um 20 verschiedene Aminosäuren (siehe Band 1, S. 224 ff.), von denen 8, die sogenannten **essenziellen** Aminosäuren, mit der Nahrung aufgenommen werden müssen. Die restlichen 12 können vom menschlichen Körper selbst hergestellt werden. Kurzkettige Aminosäure-Moleküle, mit weniger als 100 Bausteinen, bezeichnet man als **Peptide**.

Im Zuge der Verdauung (siehe S. 114 ff.) werden die Eiweiße in ihre Aminosäuren zerlegt. Durch die Proteinbiosynthese (siehe Band 1, S. 230 ff.) baut der Körper im **Baustoffwechsel** aus diesen Aminosäuren körpereigene Proteine auf. Unter anderem entstehen dadurch Eiweiße zur Beschleunigung chemischer Reaktionen (Enzyme, siehe S. 112 ff.), zur Abwehr körperfremder Stoffe (Antikörper, siehe S. 77) sowie für den Aufbau von Zellen in Geweben und Organen wie Muskeln, Haaren, Knochen oder Zähnen. Proteine sind deshalb unentbehrlich, spielen aber im Betriebsstoffwechsel nur eine untergeordnete Rolle.

Lipide (Fette)

Tierische Fette finden sich hauptsächlich in Lebensmitteln wie Butter, Fleisch, Wurstwaren und Käse. Ergiebige Quellen für pflanzliche Fette sind beispielsweise Pflanzenöle wie Oliven-, Raps- und Sonnenblumenöl.

Glycerin und drei Fettsäuren sind die Grundbausteine der Lipide (altgr. *lípos* Fett). Man unterscheidet Fettsäuremoleküle mit Doppelbindungen zwischen den Kohlenstoff-Atomen (C), die **ungesättigten** Fettsäuren, von den **gesät-**

tigten Fettsäuren ohne Doppelbindungen (siehe Abb. 46). Vorteilhaft für die menschliche Ernährung sind vor allem die ungesättigten Fettsäuren und hierbei besonders die mehrfach ungesättigten Varianten mit mehreren Doppelbindungen. **Essenzielle** Fettsäuren, also solche, die vom Körper nicht selbst hergestellt werden können, finden sich hauptsächlich in pflanzlichen Fetten und in Fisch. Die meisten tierischen Fette enthalten jedoch fast ausschließlich gesättigte Fettsäuren. Diese können, wenn man sie in größeren Mengen zu sich nimmt, als einer von mehreren Risikofaktoren die Entstehung von Herz-Kreislauf-Erkrankungen begünstigen. Der Aufbau körpereigener Fette aus den Bausteinen der bei der Verdauung zerlegten körperfremden Nährstoffe läuft in den Körperzellen ständig ab.

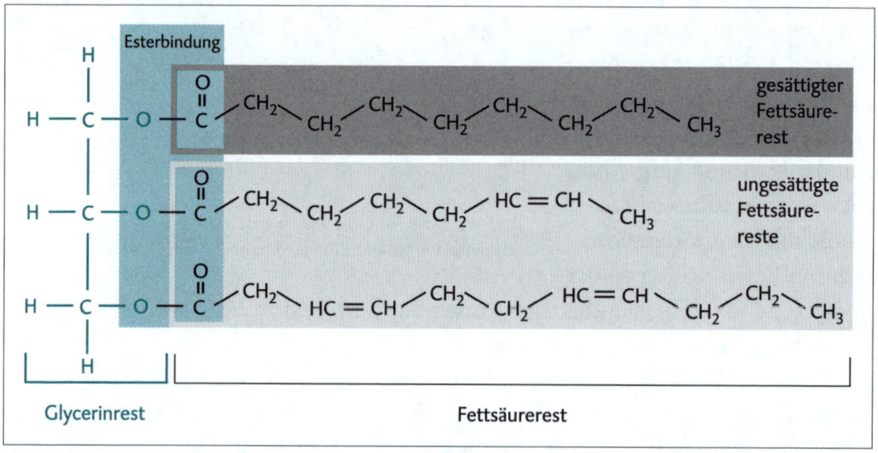

Abb. 46: Aufbau eines Fettmoleküls: Glycerin und Fettsäuremoleküle werden unter Wasserabspaltung über eine Esterbindung verknüpft (Veresterung). Der umgekehrte Prozess wird als Esterspaltung bezeichnet.

Körperfett hat im **Baustoffwechsel** eine wesentliche Bedeutung. Es dient zur Wärmeisolierung des Körpers und besitzt eine Stütz- bzw. Polsterfunktion. Daneben sind Fettmoleküle vor allem ein wichtiger Baustoff zum Aufbau von Biomembranen (siehe S. 117 ff.).

Bei einer zu fettreichen Ernährung wird die überschüssige Energie in Form von Depotfetten gespeichert. Wird Energie benötigt, werden die eingelagerten Fettmoleküle gespalten und für den **Betriebsstoffwechsel** (siehe S. 106) genutzt. Fette spielen also auch eine wesentliche Rolle als **Energiespeicher**.

Kohlenhydrate (Saccharide, Zucker)

Kohlenhydrate werden vor allem über pflanzliche Kost wie Kartoffeln, Reis, Obst und Getreide sowie über die daraus hergestellten Nahrungsmittel wie Brot und Nudeln aufgenommen.

Die in der Nahrung enthaltenen Kohlenhydrate werden vom Körper in ihre Grundbausteine, die **Einfachzucker** (siehe Abb. 47), zerlegt. Neben der **Glucose** (Traubenzucker) ist auch die **Fructose** (Fruchtzucker) ein wesentlicher und häufig vorkommender Grundbaustein der Kohlenhydrate. Ein großer Teil der im Körper enthaltenen Glucose ist als sogenannter Blutzucker im Blut gelöst und wird zu den Zellen transportiert (siehe Zellatmung, S. 135 ff.). Neben den **Zweifachzuckern** wie Maltose oder Saccharose sind vor allem auch die **Vielfachzucker Stärke** und **Glykogen** im **Betriebsstoffwechsel** von entscheidender Bedeutung. Glykogen, häufig auch als tierische Stärke bezeichnet, dient als Speicherform der Glucose in der Leber und in den Muskeln und kann bei Bedarf wieder in Glucose umgewandelt werden.

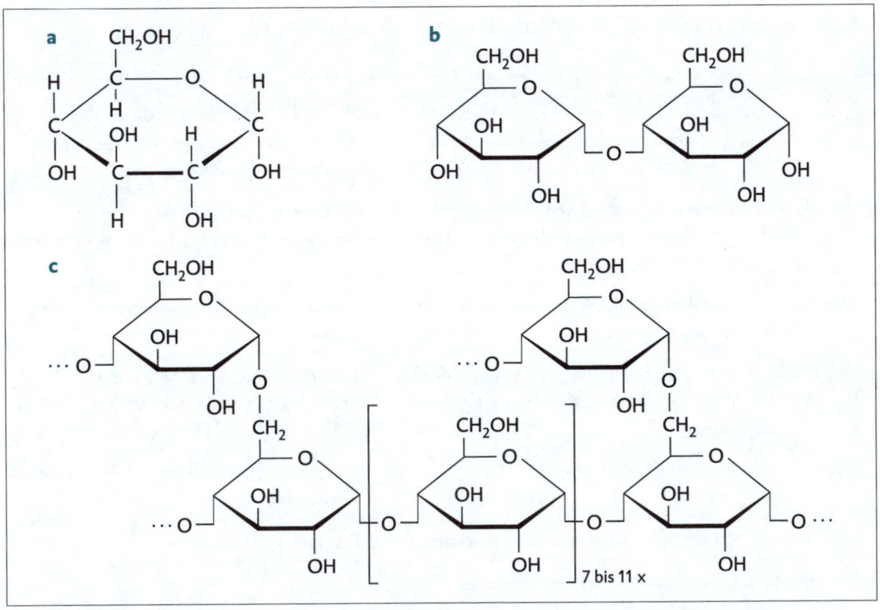

Abb. 47: Kohlenhydrate kommen entweder als Einfachzucker (a: Glucose), Zweifachzucker (b: Maltose; aus zwei Glucose-Molekülen) oder Vielfachzucker (c: Glykogen; aus vielen Glucose-Molekülen) vor

Werden durch die Nahrung mehr energiereiche Kohlenhydrate aufgenommen, als vom Körper für den Bau- und Betriebsstoffwechsel benötigt, dann werden diese in Fette umgewandelt und in den Fettdepots des Körpers gelagert.

Weitere Nahrungsbestandteile

Auch die Zellulose gehört zu den Kohlenhydraten und steckt als faseriger Stoff in allen pflanzlichen Zellwänden. Obwohl der menschliche Verdauungstrakt die Zellulose nicht verwerten kann, dient sie neben den ebenfalls in Pflanzenzellwänden vorkommenden Stoffen Pektin und Lignin als wichtiger **Ballaststoff** der Gesunderhaltung des Darms. Die Ballaststoffe regen zum guten und langsamen Kauen an, fördern die Darmperistaltik (siehe auch S. 115) und sorgen für eine ausreichende Füllung des Darms und damit für ein Sättigungsgefühl. Damit sind sie weder Energie- noch Baustofflieferanten, beugen jedoch Verstopfungen und Darmträgheit vor.
Jeder Mensch muss im Normalfall täglich 2,5 bis 3 ℓ **Wasser** aufnehmen, das ein wesentlicher Zellbestandteil ist und als Transport- und Lösungsmittel sowie als wichtiger Reaktionspartner bei vielen Stoffwechselreaktionen dient. Etwa 50 % des Wasserbedarfs werden durch die feste Nahrung gedeckt, sodass pro Tag zusätzlich etwa 1,5 ℓ Flüssigkeit getrunken werden sollten.
Des Weiteren müssen durch die Nahrung auch noch lebenswichtige **Vitamine und Mineralstoffe** aufgenommen werden (siehe Tab. 6).

Stoff	Vor allem wichtig für …	Quellen
Vitamin A	die Sehkraft und die Gesundheit von Nervenzellen, Haut, Haaren und Knochen	Milchprodukte, Lebertran und Leber, grünes und gelboranges Gemüse
Vitamin B_1	das Nervensystem und die Leistungsfähigkeit des Körpers als Kofaktor (siehe S. 112) vieler Enzyme	Vollkorngetreide, Schweinefleisch, Sonnenblumenkerne, Backhefe, Bohnen
Vitamin C	den Aufbau des Bindegewebes und die Infektionsabwehr	Obst (vor allem Zitrusfrüchte), Gemüse, Sauerkraut
Vitamin D	die Gesundheit von Zähnen und Knochen (reguliert die Aufnahme von Calcium-Ionen)	Lebertran und Leber, Milch und Milchprodukte, Eier, Meeresfisch
Vitamin E	Blut und Stoffwechsel	Blattgemüse, Kraut, Blumenkohl, Fleisch, Pflanzenöle
Vitamin K	die Blutgerinnung und das Zellwachstum	Gemüse und Leber

Tab. 6: Überblick über einige ausgewählte Vitamine

Stoff	Vor allem wichtig für …	Quellen
Natrium-Ionen	den Wassergehalt im Extrazellularraum, die Signalleitung an Nerven und Muskeln	Kochsalz, Trinkwasser
Kalium-Ionen	die Signalleitung an Nerven und Muskeln	Gemüse, Obst, Fleisch
Calcium-Ionen	die Signalleitung an Nerven und Muskeln sowie den Aufbau von Zähnen und Knochen	Milch und Milchprodukte
Fluorid-Ionen	den Aufbau von Zahnschmelz und Knochen	Meeresfisch, Milch und Milchprodukte, Trinkwasser
Phosphat-Ionen	den Aufbau der Knochen und die Aktivierung des Betriebsstoffwechsels	Milch und Milchprodukte, Fleisch
Magnesium-Ionen	die Aktivierung des Betriebsstoffwechsels	Gemüse und Nüsse
Eisen-Ionen	den Aufbau des Blutfarbstoffs Hämoglobin und vieler Proteine	Hülsenfrüchte, grünes Gemüse, Fleisch
Iodid-Ionen	den Aufbau des Schilddrüsenhormons Thyroxin	Iodsalz, Eier, Meerestiere

Tab. 7: Überblick über einige ausgewählte Mineralstoffe

Vitamine werden als Wirkstoffe für den Ablauf wesentlicher Körperfunktionen genauso wie die Mineralstoffe, die wichtige Funktionen als Wirk- bzw. Baustoffe erfüllen, nur in relativ geringen Mengen benötigt. Für viele Auf- und Umbauarbeiten im Baustoffwechsel durch Enzyme sind sie aber lebensnotwendig und damit **essenziell**. Werden diese Nahrungsbestandteile dem menschlichen Organismus über längere Zeit nicht in ausreichender Menge zur Verfügung gestellt, kann dies zu **Vitaminmangelerkrankungen** bzw. zu Störungen im Mineralsalzhaushalt führen.

Neben den **Grundnährstoffen** (Proteine, Fette, Kohlenhydrate) erfüllen die **Vitamine** und die **Mineralstoffe** wichtige Funktionen als Bau- und Wirkstoffe im Bau- und Betriebsstoffwechsel. Weitere unverzichtbare Nahrungsbestandteile sind die **Ballaststoffe** (Förderung der Verdauung und des Sättigungsgefühls) und das **Wasser** mit seinen vielfältigen Funktionen als Transport- und Lösungsmittel sowie als Baustoff und Reaktionspartner.

1.2 Enzyme als Biokatalysatoren

Die Aufgabe unseres Verdauungssystems besteht darin, die Nahrung aufzunehmen und in wasserlösliche Bestandteile zu zerlegen. Diese Zerlegung muss jedoch **katalysiert** (beschleunigt) werden, da die Abbauvorgänge sonst zu lange dauern würden. Lebewesen setzen für die Beschleunigung von chemischen Reaktionen Biokatalysatoren ein, die **Enzyme** (altgr. *énzymon* Sauerteig). Diejenigen Verbindungen, die von einem Enzym umgewandelt werden, bezeichnet man als **Substrate**. Bei der Umwandlung eines Substrats wird durch das Enzym die Aktivierungsenergie vermindert und damit die Reaktion bei Körpertemperatur erheblich beschleunigt bzw. erst ermöglicht (siehe Abb. 48). Die Enzyme selbst gehen aus den Reaktionen unverändert hervor.

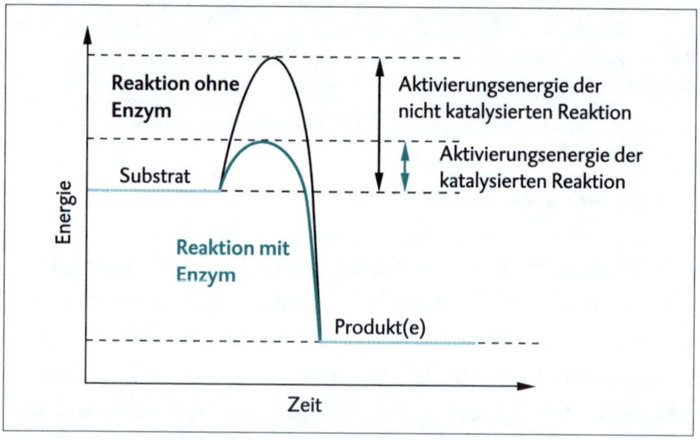

Abb. 48: Kurvenverlauf einer katalysierten und einer nicht katalysierten Reaktion

Enzyme beschleunigen als Biokatalysatoren die biochemische Umsetzung eines Substrats (= chemische Verbindung, die vom Enzym umgewandelt wird) und stehen anschließend wieder unverändert zur Verfügung.

Enzyme sind entweder vollständig aus einem oder mehreren Proteinen aufgebaut oder sie bestehen aus einem Proteinanteil und einem sogenannten **Kofaktor**, bei dem es sich z. B. um Vitamine oder um Metallionen handeln kann. Die Aktivität der Enzyme wird durch die Temperatur beeinflusst und folgt der **RGT-Regel** (siehe, S. 202). Die Enzymaktivität im menschlichen

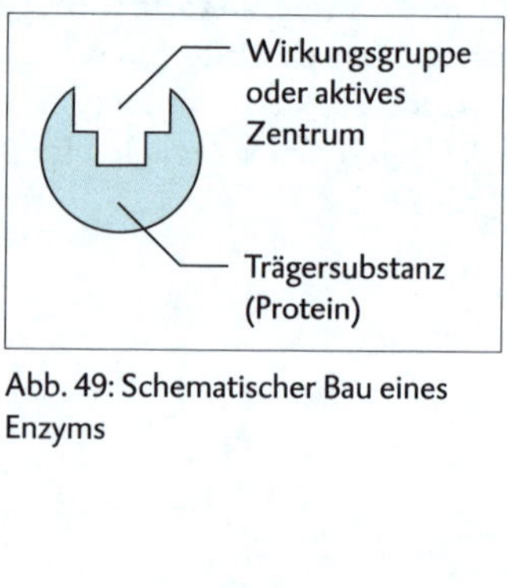

Abb. 49: Schematischer Bau eines Enzyms

Körper ist bei Temperaturen unterhalb von 33 °C so stark verringert, dass viele Stoffwechselschritte nicht mehr in der lebensnotwendigen Geschwindigkeit ablaufen. Steigt die Körpertemperatur über 40 °C, werden Eiweißstoffe und damit auch Enzyme geschädigt. Über 42 °C kommt es zur **Denaturierung** des Eiweißanteils der Enzyme und somit zum Funktionsverlust.
Jedes Enzym besitzt einen anderen Aufbau. Vor allem unterscheiden sie sich in der räumlichen Struktur des sogenannten **aktiven Zentrums** (siehe Abb. 50), also der Region des Enzyms, an der die katalysierte Reaktion stattfindet. Aufgrund der spezifischen Struktur des aktiven Zentrums können Enzyme nur dasjenige Substrat darin aufnehmen, das von seinem räumlichen Bau her genau in das aktive Zentrum passt. Daraus ergibt sich, dass jedes Enzym an eine ganz bestimmte Reaktion angepasst ist.

> Enzyme sind **wirkungsspezifisch**, da sie nur eine bestimmte Reaktion katalysieren. Außerdem sind Enzyme **substratspezifisch**, da sie nur ein bestimmtes Substrat umwandeln.

Voraussetzung für eine enzymatische Katalyse ist die Bildung eines **Enzym-Substrat-Komplexes** (siehe Abb. 50). Dazu kommt es nach dem **Schlüssel-Schloss-Prinzip** zur Bindung zwischen einem Substratmolekül (= Schlüssel) und dem exakt passenden aktiven Zentrum (= Schloss) eines Enzyms. Durch diese Anlagerung wird die Struktur des Enzyms so verändert, dass es noch besser mit dem Substrat zusammenpasst und es umsetzt. Dabei werden bestehende chemische Bindungen im Substrat gespalten und neue Bindungen in den Produkten gebildet. Diese Produkte werden anschließend freigesetzt. Das Enzym liegt nach der Rückbildung der ursprünglichen Form des aktiven Zentrums wieder unverändert vor und kann weitere Reaktionen katalysieren.

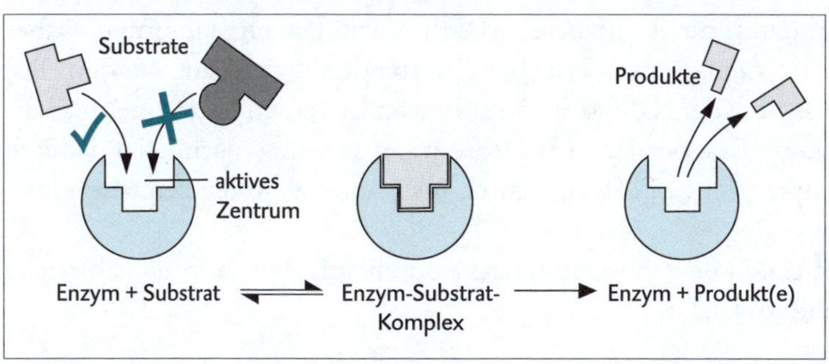

Abb. 50: Schematischer Ablauf der Enzymkatalyse

Im Verdauungstrakt kommen beim Abbau der Nährstoffe viele unterschiedliche Enzyme zum Einsatz (siehe Tab. 8). Dadurch wird bei der Verarbeitung der Nahrung die Zerlegung der Makromoleküle um das Millionenfache beschleunigt. Ohne die Wirkung dieser Enzyme müssten wir deshalb mit vollem Magen verhungern.

Enzym	Produktionsdrüsen	Substrat	Produkt(e)
Amylase	Mund- und Ohrspeicheldrüsen, Bauchspeicheldrüse	Vielfachzucker Stärke	Doppelzucker Maltose
Maltase	Dünndarm	Doppelzucker Maltose	Einfachzucker Glucose
Saccharase	Dünndarm	Doppelzucker Saccharose	Einfachzucker Glucose und Fructose
Lactase	Dünndarm	Doppelzucker Lactose	Einfachzucker Glucose und Galactose
Pepsin (Protease)	Magen	Proteine	Peptide
Trypsin (Protease)	Dünndarm	Peptide	Aminosäuremoleküle
Lipase	Bauchspeicheldrüse	Fettmoleküle	Fettsäuren und Glycerin

Tab. 8: Einige typische Verdauungsenzyme und ihre Substratspezifität

Aber auch im aufbauenden Stoffwechsel werden viele der körpereigenen Stoffe durch enzymatisch katalysierte Prozesse hergestellt.

1.3 Organe und Vorgänge der Verdauung

In der Regel werden Nährstoffe mit der Nahrung in Form von für den Körper zu großen und damit nicht nutzbaren Makromolekülen aufgenommen. Daher müssen diese in kleinere, wasserlösliche Bestandteile abgebaut werden. Die chemische Zerlegung der Nährstoffe mithilfe von Enzymen bezeichnet man als **Verdauung**. Die wasserlöslichen Spaltprodukte werden anschließend durch die Darmschranke (siehe S. 116) hindurch ins Blut bzw. in die Lymphe aufgenommen.

Auf dem Weg durch den Verdauungstrakt durchläuft die Nahrung zahlreiche Stationen (siehe Abb. 51):

- **Mundhöhle:** Im Mund wird die Nahrung mit den Zähnen zerkleinert und vom Speichel, der aus den Mund- und Ohrspeicheldrüsen abgesondert wird, gleitfähig gemacht. Der Speichel enthält neben dem antibakteriell wirkenden Enzym Lysozym auch **Amylase**. Dieses Enzym sorgt für die Vorverdauung der Kohlenhydrate Stärke und Glykogen: Es katalysiert die Umsetzung von Vielfachzuckern in den Doppelzucker Maltose.

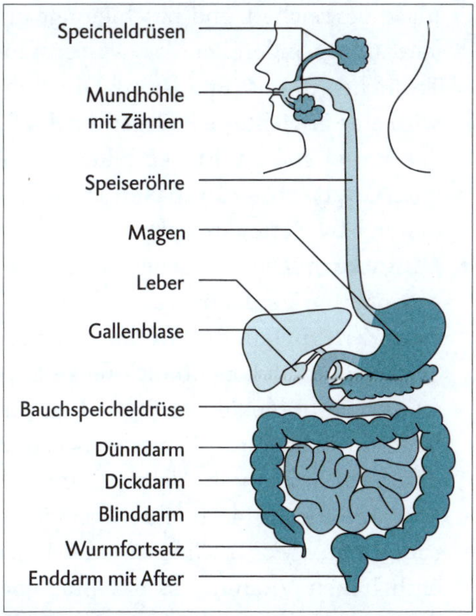

Abb. 51: Überblick über den Verdauungstrakt

- **Speiseröhre:** Der eingespeichelte und von der Zunge durchmischte Nahrungsbrei wird durch **peristaltische** Muskelbewegungen (wellenförmige, sich in eine Richtung fortsetzende Bewegungen infolge regelmäßiger Entspannung und Kontraktion der beteiligten Muskeln) der Speiseröhre, am **Kehldeckel** vorbei in den Magen transportiert. Beim Schlucken verschließt der Kehldeckel die Luftröhre, um zu verhindern, dass Fremdstoffe in diese hineingeraten.
- **Magen:** Der dehnbare, muskulöse Magen sammelt den Nahrungsbrei. Die **Belegzellen** der **Magenschleimhaut** produzieren Salzsäure, durch die der Magensaft sauer wird. Dies hat zum einen den Effekt, dass Krankheitserreger abgetötet werden und die Amylase unwirksam wird. Zum anderen unterstützt das saure Milieu die enzymatische Zerlegung der langkettigen Proteine durch das zu den **Proteasen (Peptidasen)** gehörende **Pepsin** in kurzkettige Peptide Die Vorstufe des Pepsins wird durch die **Hauptzellen** der Magenschleimhaut produziert. Die **Nebenzellen** bilden den **Magenschleim**, der die Magenwand vor der Salzsäure und dem Pepsin schützt.
  Als Hohlmuskel ist auch der Magen zu **peristaltischen** Bewegungen fähig. Er durchmischt dabei den Speisebrei und schiebt ihn in Richtung **Pförtner**. Dieser verschließbare Magenausgang gibt den Nahrungsbrei in kleinen Portionen an den Dünndarm ab.
- **Anhangsdrüsen:** Die **Leber** (siehe S. 174 ff.) erzeugt den gelbgrün gefärbten bitteren **Gallensaft**, der Gallensäure enthält. Dieser wird in der **Gallen-**

blase gespeichert und beschleunigt in den Dünndarm abgegeben die Fettverdauung, indem er das wasserunlösliche Fett in kleine, fein verteilte Tröpfchen trennt (Emulsion). Durch die somit stark vergrößerte Oberfläche wird eine erleichterte Anlagerung der fettspaltenden Enzyme bewirkt.
Die **Bauchspeicheldrüse** bildet den **Bauchspeichel**. Darin sind Enzyme wie **Amylasen** und **Lipasen** enthalten, die der Verdauung von Kohlenhydraten bzw. Fetten dienen.

- **Dünndarm:** Die von Leber und Bauchspeicheldrüse in den Dünndarm abgesonderten Verdauungssäfte dienen der Endverdauung der Nährstoffe, also ihrer Zerlegung in die Grundbausteine. **Amylasen** bauen noch vorhandene Stärke- und Glykogenmoleküle zu Maltose ab. **Lipasen** zerlegen die emulgierten Fettmoleküle in Fettsäuren und Glycerin. Die Dünndarmschleimhäute produzieren mit weiteren **Proteasen** wie **Trypsin** sowie **Maltasen** und **Saccharasen** ebenfalls Enzyme. Diese zerlegen die noch vorhandenen Makromoleküle bis in ihre Grundbausteine. Die wasserlöslichen Grundbausteine, wie z. B. Glucose oder Fructose, treten wie die in der Nahrung enthaltenen Vitamine in das Blut über, sie werden **resorbiert**. Mit dem Blutstrom gelangen die Stoffe zu den Zellen. Glycerine und Fettsäuren werden dagegen wieder zu Fettmolekülen verbunden, über die Lymphe abtransportiert und gelangen erst über große Lymphkanäle in den Blutkreislauf.
  Um einen raschen Durchtritt der Teilchen zu ermöglichen, ist die innere Oberfläche des Dünndarms durch Ausstülpungen, die als **Dünndarmzotten** bezeichnet werden, stark vergrößert. Hierbei ist das biologische Bauprinzip der **Oberflächenvergrößerung** verwirklicht.
- **Dickdarm:** Hier werden dem Nahrungsbrei Mineralstoffe entzogen und für den Menschen unverdauliche Stoffe durch etwa 400 verschiedene Arten von **Darmbakterien** wie *Escherichia coli* zersetzt. Außerdem wird ein Großteil des mit der Nahrung aufgenommenen sowie des durch die Verdauungssäfte zugeführten Wassers resorbiert.
  Aus den unverdaulichen Nahrungsresten wird **Kot** gebildet. Dieser wird im **Enddarm** gespeichert und durch den **After** ausgeschieden.

Bei der **Verdauung** zerlegen die in den Verdauungssäften enthaltenen Enzyme die Makromoleküle der Nahrung in kleine, wasserlösliche Bausteine. Die Aufnahme der Grundnährstoffe sowie der Vitamine, der Mineralstoffe und des Wassers durch die Darmwand hindurch ins Blut bzw. in die Lymphe bezeichnet man als **Resorption**.
Die durch die **Zotten** stark vergrößerte Dünndarmoberfläche ermöglicht einen raschen Teilchendurchtritt und somit einen schnellen Stoffaustausch (biologisches Bauprinzip der **Oberflächenvergrößerung**).

1.4 Stofftransport durch die Biomembran

Wie bereits bekannt, sind Zellen nach außen hin durch eine Zellmembran, eine sogenannte **Biomembran**, abgegrenzt. Auch die verschiedenen Zellkompartimente, also die unterschiedlichen Funktionsräume (Organellen) innerhalb einer Zelle, sind von ihnen umgeben. Damit fällt den Biomembranen die Aufgabe zu, den Stoffaustausch zwischen der Umwelt und der Zelle bzw. zwischen dem Zellplasma und den Zellorganellen zu regulieren.
Biomembranen (siehe Abb. 52) sind aus einer Doppelschicht fettähnlicher Moleküle, den **Phospholipiden**, aufgebaut. Man spricht von einer **Lipiddoppelschicht**. Die Phospholipid-Moleküle bestehen aus einem hydrophoben (altgriech. *hýdor* Wasser, *phóbos* Furcht), also wasserabweisenden, und einem hydrophilen (altgriech. *phílos* liebend), also wasserliebenden, Molekülteil.

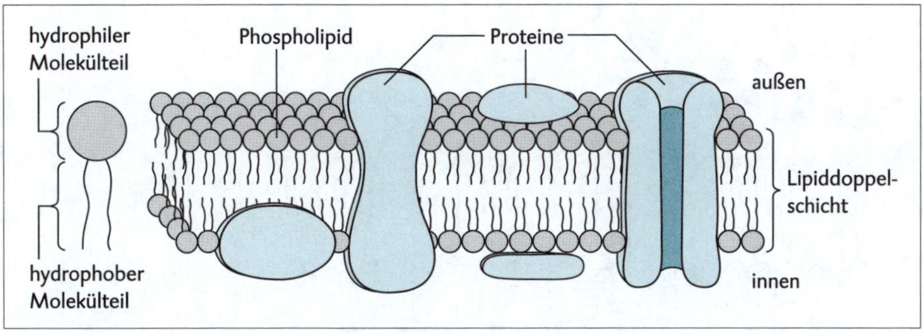

Abb. 52: Schematischer Bau eines Phospholipids (links) und einer Biomembran (rechts)

Die Phospholipide ordnen sich in der Doppelschicht so an, dass die hydrophoben Molekülteile zur Schichtmitte zeigen und sich durch Wechselwirkungen gegenseitig anziehen. In Richtung Innen- und in Richtung Außenseite bilden nun die wasserliebenden Molekülteile eine hydrophile Schicht. Aufgrund dieses besonderen Baus können nur sehr kleine fettlösliche Moleküle oder Wassermoleküle entlang ihres Konzentrationsgefälles vom Ort der höheren Konzentration zum Ort der niedrigeren Konzentration durch die Biomembran hindurch **diffundieren** (siehe Abb. 53 a). Dabei handelt es sich um einen natürlich ablaufenden Vorgang, der zu den **passiven Transportvorgängen** gezählt wird.
Wird die freie Diffusion von größeren Teilchen durch eine wasserdurchlässige Biomembran verhindert bzw. behindert, so wird dieses Phänomen als **Osmose** bezeichnet. Während Wassermoleküle die Biomembran durchqueren kön-

nen, ist dies beispielsweise für darin gelöste größere Teilchen wie Zuckermoleküle oder Salze nicht möglich. Membranen mit dieser Eigenschaft werden als selektiv durchlässig (semipermeabel) bezeichnet.

Unter dem Begriff **Diffusion** versteht man die Eigenbewegung von Teilchen vom Ort höherer Konzentration entlang des **Konzentrationsgefälles** zum Ort niedrigerer Konzentration bis zur gleichmäßigen Verteilung der beteiligten Teilchen im gesamten zur Verfügung stehenden Raum.

In den Biomembranen sind jedoch auch **Proteine** eingelagert (siehe Abb. 53 b und c). Als **Tunnelproteine** können sie kleinen fettlöslichen Stoffen das Durchdringen der Biomembran erleichtern und es anderen Stoffen überhaupt erst ermöglichen (erleichterte Diffusion, Abb. 53 b).

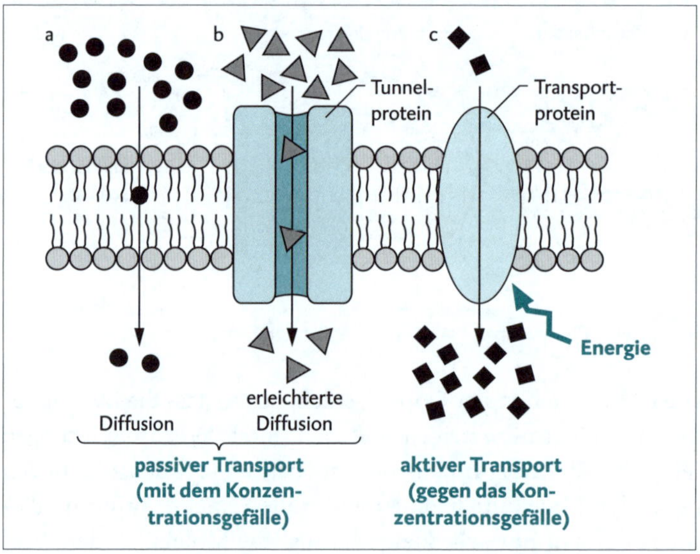

Abb. 53: Modellhafter Überblick über verschiedene Möglichkeiten des Stofftransportes

Viele Stoffe müssen von **Transportproteinen** entgegen ihrem Konzentrationsgefälle vom Ort niedrigerer Konzentration zum Ort höherer Konzentration transportiert werden (siehe Abb. 53 c). Da dieser Vorgang nicht freiwillig abläuft, ist für den sogenannten **aktiven Transport** Energie nötig.
Um die Diffusion möglichst vieler Moleküle in möglichst kurzer Zeit zu ermöglichen, ist die Oberfläche vieler Biomembranen durch Ausstülpungen oder Einfaltungen stark vergrößert (siehe Abb. 54). Dies entspricht dem Bauprinzip der **Oberflächenvergrößerung**.

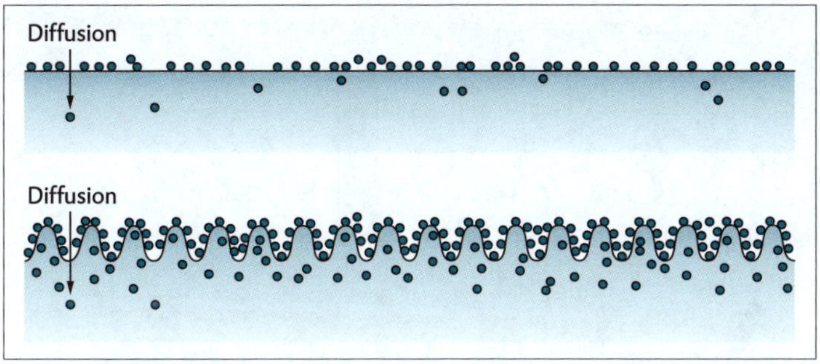

Abb. 54: Modellhafte Darstellung des Prinzips der Oberflächenvergrößerung

Durch **Oberflächenvergrößerungen** gelangen pro Zeiteinheit mehr Teilchen durch eine Biomembran, als dies normalerweise der Fall wäre.

Zusammenfassung

Lebewesen müssen **Nahrung** aufnehmen, sonst sind sie auf Dauer nicht lebensfähig. Die **Nährstoffe** (Grundnährstoffe), also die energiereichen Bestandteile der menschlichen Nahrung, sind Lipide (Fette), Kohlenhydrate und Proteine (Eiweiße):

- **Fette** bilden die energiereichste Nährstoffgruppe. Sie dienen hauptsächlich als Reservestoffe und zum Aufbau von Biomembranen. Fette sind aus den Bausteinen Glycerin und Fettsäuren aufgebaut.
- **Kohlenhydrate**, z. B. Einzelbausteine wie Glucose oder der Vielfachzucker Stärke, liefern als Betriebsstoffe einen großen Teil der Energie für sämtliche Lebensvorgänge.
- **Proteine** werden überwiegend als Baustoffe verwendet und sind aus Aminosäuren aufgebaut.

Eine ausgewogene Ernährung enthält neben den drei Grundnährstoffen auch ausreichend **Vitamine, Mineralstoffe, Ballaststoffe und Wasser**.

Der schrittweise stattfindende Abbau der durch die Nahrung aufgenommenen Makromoleküle in ihre Einzelbausteine wird als **Verdauung** bezeichnet. Dabei helfen **Enzyme**, die häufig aufgrund des spezifischen Baus ihres aktiven Zentrums nur eine bestimmte Umsetzung für ein bestimmtes Substrat katalysieren können.

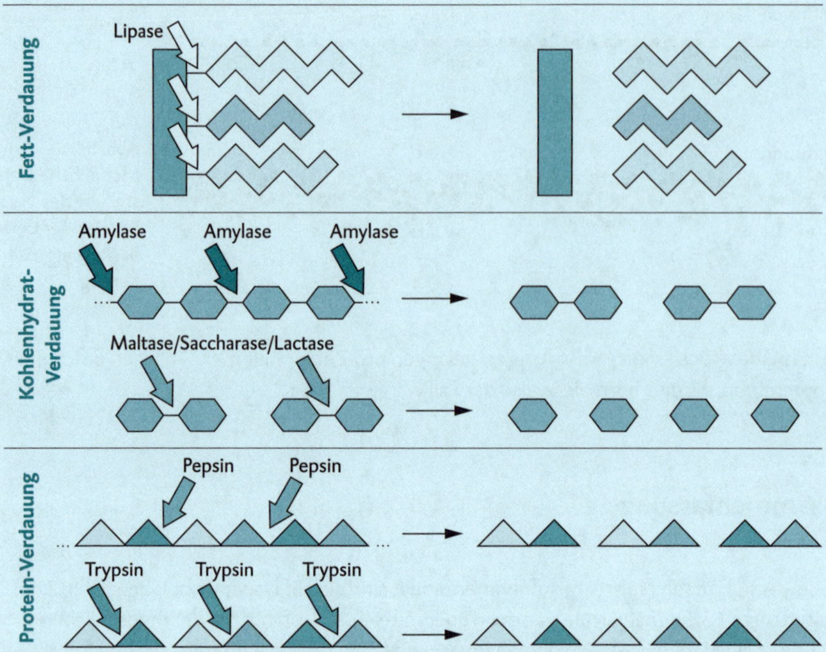

Die **Resorption** ist die Aufnahme der wasser- bzw. fettlöslichen Nährstoffbausteine wie Glucose, Aminosäuren, Glycerin und Fettsäuren sowie von Wasser, Mineralstoffen und Vitaminen in das Blut bzw. in die Lymphe.

Biomembranen sind aus einer Lipiddoppelschicht aufgebaut und erfüllen wichtige strukturelle (Abgrenzung der Zelle nach außen, Kompartimentierung) und funktionelle (Regulierung des Stoffaustauschs) Aufgaben.

Die Effizienz der Stoffaufnahmen (passiv oder aktiv) wird durch eine stark **vergrößerte Oberfläche** erhöht.

62 Als **Gesamtumsatz** wird diejenige Energiemenge definiert, die ein Organismus für den **Grundumsatz** und zusätzlich noch für den **Leistungsumsatz** (Arbeitstätigkeiten) benötigt. Dieser Energiebedarf ist nicht nur abhängig von der körperlichen Belastung, sondern auch vom Alter und vom Geschlecht.

Alter	Geschlecht	Gesamtumsatz in kJ/Tag
13 bis 15	weiblich	9 600
	männlich	10 500
16 bis 19	weiblich	10 000
	männlich	12 500

a Erkläre, was man unter dem Grundumsatz versteht. Schätze außerdem anhand einer Faustformel deine dafür täglich benötigte Energiemenge ab.

b Erläutere die Differenz zwischen deiner Abschätzung von Teilaufgabe a und den angegebenen Zahlenwerten.

c Viele der uns heute zur Verfügung stehenden Nahrungsmittel sind zu energiereich. Die überschüssige Energiemenge wird in Form von Depotfett gespeichert. Als Maßzahl für die Bewertung des Körpergewichts eines Menschen in Relation zu seiner Körpergröße wird sehr häufig der **Body-Mass-Index (BMI)** herangezogen.
Recherchiere, wie der BMI berechnet wird. Berechne deinen BMI und ziehe einen Vergleich nach der von der WHO aufgestellten Gewichtsklassifikation.

63 Bei den heute in Deutschland herrschenden guten Ernährungsbedingungen sind **Vitaminmangelkrankheiten (Hypovitaminosen)** sehr selten geworden. In historischen Aufzeichnungen finden sich jedoch viele Berichte über Krankheiten, die sich auf Vitaminmangel zurückführen lassen.

Rachitis

Erstmalig im 17. Jahrhundert beschrieben, begann im 19. Jahrhundert mit der industriellen Revolution das massenhafte Auftreten der Krankheit Rachitis in England. Viele Kinder begannen zu dieser Zeit bereits ab dem vierten Lebensjahr mit der täglich bis zu zwölf Stunden dauernden Arbeit in den Bergwerken. Die andauernde Dunkelheit, unhygienische Verhältnisse, ständige körperliche Überbelastung sowie eine unzureichende Ernährung führten zu vielen Missbildungen bzw. Knochenverformungen: Erweichen und Verbiegen der Knochen, Verdicken von Gelenken, X-Beine und Wirbelsäulenverkrümmungen.

Skorbut

Bereits seit dem 2. Jahrtausend v. Chr. war Skorbut in Ägypten als Krankheit bekannt. Schon der griechische Arzt Hippokrates beschrieb ausführlich die typischen Symptome wie starkes Zahnfleischbluten mit herausfallenden Zähnen, schlechte Wundheilung und Anfälligkeit für Infekte, hohes Fieber, starker Durchfall, Müdigkeit und Erschöpfung.

1747 führte der britische Schiffsarzt James Lind eine systematische Untersuchung über die Behandlung von Skorbut durch. Dazu teilte er zwölf an Skorbut erkrankte Matrosen in sechs Gruppen mit je zwei Personen ein. Alle erhielten dieselbe Diät:

Gruppe	Tägliche Zusatzportion	Auswirkungen nach 1 Woche
1	einen Liter Apfelwein	Anzeichen von Besserung
2	25 Tropfen Schwefelsäure	Verschlechterung des Zustands
3	sechs Löffel voll Essig	Verschlechterung des Zustands
4	ein Viertel Liter Seewasser	Verschlechterung des Zustands
5	zwei Apfelsinen und eine Zitrone	ein Matrose wieder dienstfähig, der andere beinahe erholt
6	Gewürzpaste und Gerstenwasser	Verschlechterung des Zustands

Nachtblindheit

Bereits auf einem etwa 3600 Jahre alten Papyrus findet man eine Anleitung zur Behandlung der Nachtblindheit, eine Sehbehinderung, die mit einer eingeschränkten Sehfähigkeit im Dämmerlicht einhergeht:

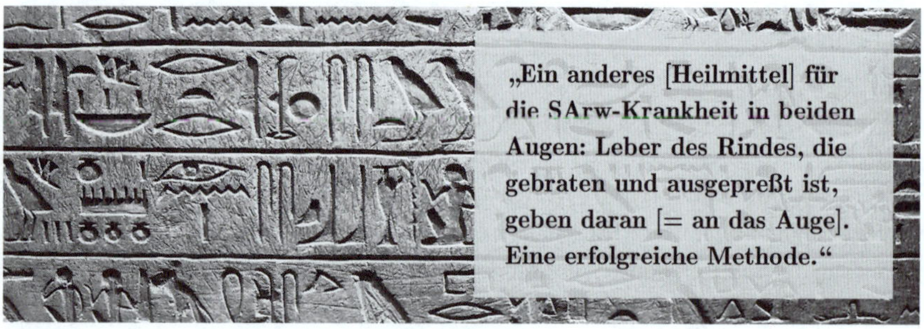

Beri-Beri

1884 führte Kaneshiro Takaki, ein Arzt der kaiserlich-japanischen Marine, eine Studie zur seit ca. 600 n. Chr. bekannten Erkrankung Beri-Beri durch. Zwei Kriegsschiffe mit je 376 Matrosen wurden auf eine neun Monate dauernde Reise über Neuseeland nach Südamerika und wieder zurück nach Japan geschickt:

→ Auf dem einen Schiff erhielten die Matrosen, wie es damals oft der Fall war, nur weißen Reis. 161 erkrankten an Beri-Beri (davon 25 tödlich) und zeigten die typischen Symptome wie Appetitmangel, Teilnahmslosigkeit bei gleichzeitig erhöhter Reizbarkeit und Nervenlähmungen.

→ Auf dem anderen Schiff wurde die Besatzung mit Fleisch, Fisch, Gerste, Reis und Bohnen verpflegt. Es erkrankten nur 14 Matrosen und diese hatten heimlich einige der zusätzlichen Nahrungsmittel verweigert.

a Erarbeite anhand der Berichte die Symptome der jeweiligen Krankheit und trage diese in die folgende Tabelle ein.

Mangelkrankheit	Symptome	fehlendes Vitamin	Nahrungsmittel, z. B.
Rachitis			
Skorbut			
Nachtblindheit			
Beri-Beri			

b Ergänze mithilfe von Tabelle 6 auf S. 110 das jeweils fehlende Vitamin.

c Gib jeweils einige mögliche Nahrungsmittel an, die vor der beschriebenen Krankheit schützen können.

64 Enzyme katalysieren biochemische Reaktionen.

a Erläutere die Wirkungsweise eines Enzyms nach dem Schlüssel-Schloss-Prinzip.

b Unterkühlungen oder hohes Fieber mit einer Körperkerntemperatur unter 34 bzw. über 42 °C sind lebensgefährlich. Begründe diese Tatsache.

65 Die folgenden Versuche dienen der experimentellen Untersuchung der Wirkungsweise von Urease. Urease katalysiert unter Anwesenheit von Wasser als Enzym den Abbau von Harnstoff ($NH_2-CO-NH_2$) zu Kohlenstoffdioxid und Ammoniak.

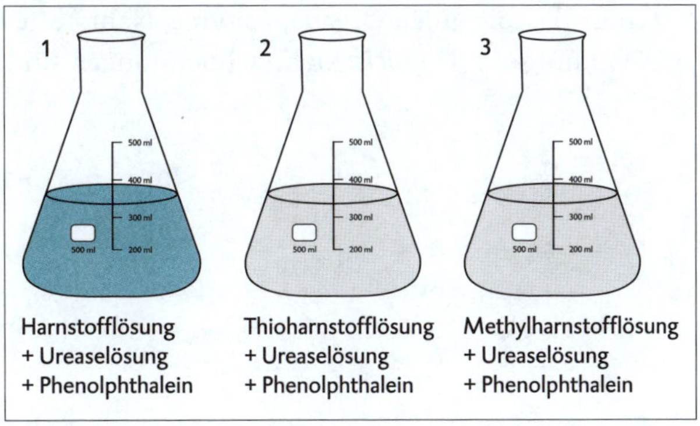

a Formuliere die Reaktionsgleichung für den Abbau von Harnstoff.

b Nur bei der ersten Probe tritt nach wenigen Minuten eine Rotfärbung des zu Versuchsbeginn farblosen Indikators Phenolphthalein auf. Erläutere die Funktion von Phenolphthalein bei dem Experiment.

c Vergleiche die Ergebnisse der drei Versuche und begründe die Unterschiede.

66 Unter dem Begriff Verdauungstrakt werden verschiedene Organe zusammengefasst, die der Verdauung der Nahrung dienen.

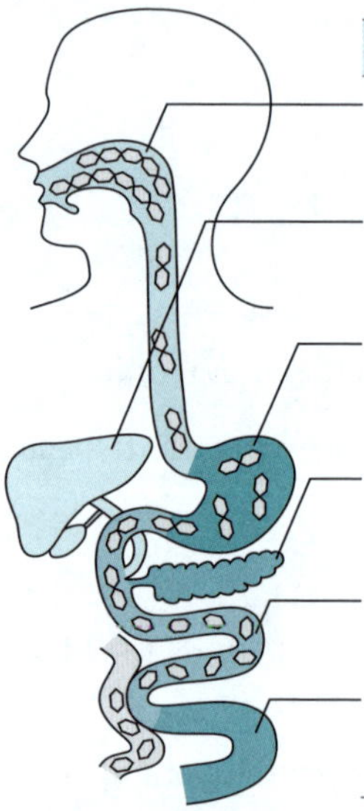

Organ	Enzyme/Wirkstoffe	Nährstoffe	Prozesse
Dickdarm			Resorption von Wasser und Mineralstoffen

a Grenze die Begriffe Verdauung und Resorption voneinander ab.

b Ordne die folgenden Organe, Enzyme, Nährstoffe und Prozesse in die obige Abbildung ein (*Hinweis:* Mehrfachnennungen sind möglich):

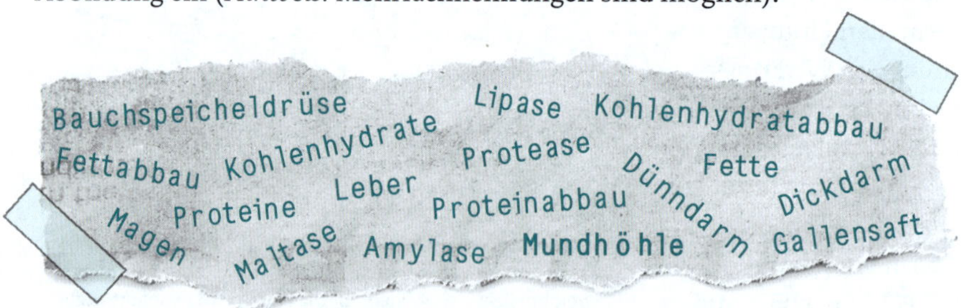

c Beschreibe den Weg eines Stärkemoleküls durch den Verdauungstrakt von der Nahrungsaufnahme bis zur Resorption.

67 Begründe die Tatsache, dass die Dünndarmwand Zotten ausbildet.

68 Biomembranen sind Trennschichten zwischen Zellen oder Zellorganellen. Im Bezug auf den Stofftransport werden sie häufig als selektiv permeabel beschrieben.

a Ergänze und beschrifte den folgenden schematischen Ausschnitt aus einer Biomembran.

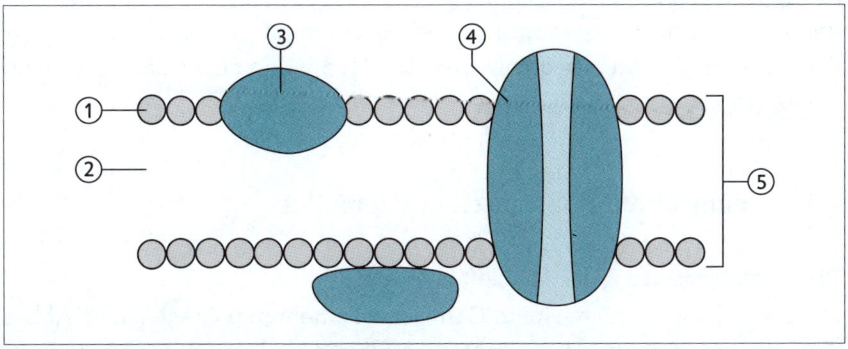

b Erläutere den Vorgang der Diffusion.

c Ordne die dir bekannten Transporttypen den in der Abbildung gezeigten Beispielen begründet zu.

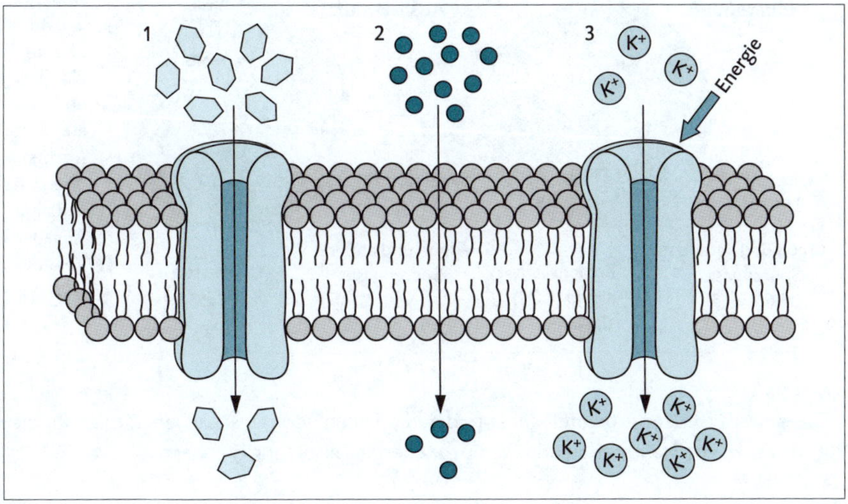

2 Atmung und Blutkreislauf

Der Mensch bezieht die für seine Lebensvorgänge notwendige Energie aus der **Oxidation der Grundnährstoffe**, wobei in diesem Zusammenhang die Kohlenhydrate und die Fette die größte Bedeutung haben. Die Energiefreisetzung findet in den Zellen statt, die für diesen Prozess **Sauerstoff** benötigen. Die **Atmung** ist daher lebensnotwendig.
Bei **körperlicher Anstrengung** werden aufgrund des erhöhten Energiebedarfs sowohl die Atemfrequenz und das Atemvolumen als auch die Herzfrequenz erhöht.

2.1 Atmung und Gasaustausch mit dem Blut

Die Zusammensetzung der Atemluft

Die **Luft**, die wir atmen, ist ein Gemisch aus mehreren Gasen (siehe Abb. 55). Sie enthält neben Stickstoff, Kohlenstoffdioxid und verschiedenen Spurengasen (in sehr geringen Mengen vorkommende Gase) auch den für die Energiegewinnung im Körper notwendigen Sauerstoff.

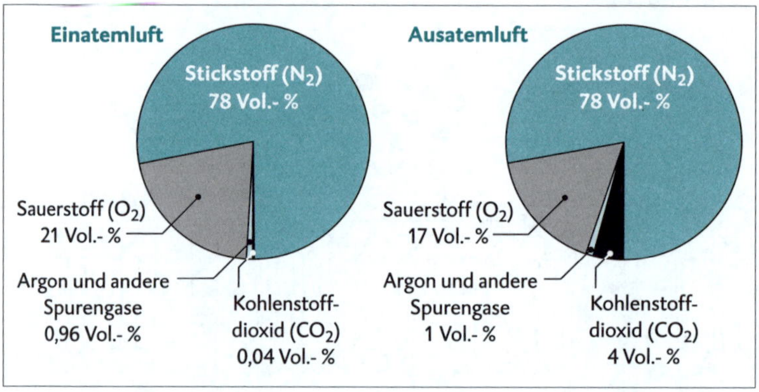

Abb. 55: Zusammensetzung von Ein- (links) und Ausatemluft (rechts), ohne Wasserdampf; Angaben in Volumenprozent (Vol.-%)

> **Sauerstoff** ist der Bestandteil der Luft, den die Zellen des menschlichen Körpers für die **Oxidation** von Nährstoffen und damit zur Energiefreisetzung brauchen.

Die Atmung – ein lebensnotwendiger Prozess

Die Atmung ist ein ständiges Aufnehmen von sauerstoffreicher Luft in den Körper und Abgeben von mit Kohlenstoffdioxid angereicherter Atemluft aus dem Körper in die Umgebung. Dazu dient das sogenannte **gasleitende System**, das aus Mund und Nase, Luftröhre, Bronchien, Bronchiolen und den kugelförmigen **Alveolen** (**Lungenbläschen**, siehe Abb. 56) besteht.

Durch Mund oder Nase gelangt im Zuge der sogenannten **äußeren Atmung** die eingeatmete Luft über die Luftröhre und das Bronchialsystem in die von feinen Blutgefäßen, den **Kapillaren**, umsponnenen Lungenbläschen. Durch die beiden hauchdünnen (zusammen nur etwa 1 µm dicken), feuchten Biomembranen der Alveolen und der Kapillaren diffundiert der Sauerstoff aus der Einatemluft in das Blut (siehe Abb. 57 und S. 131 f.). Je größer die Kontaktfläche zwischen den gasgefüllten Lungenbläschen und den Blutgefäßen ist, desto effektiver und schneller funktioniert der Gaswechsel. In der Lunge ist daher wie im Darm das Prinzip der **Oberflächenvergrößerung** (siehe S. 119) verwirklicht:

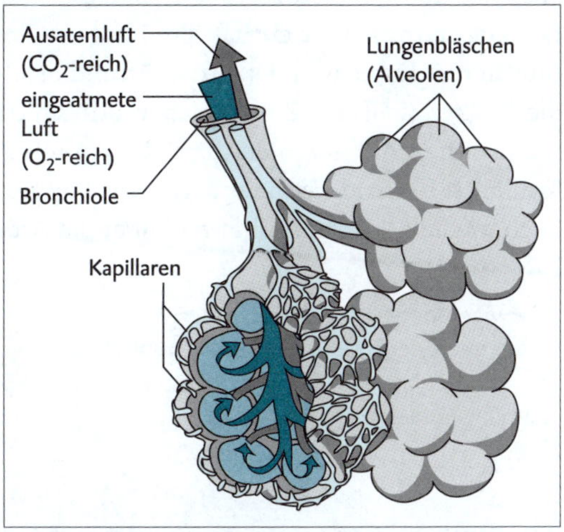

Abb. 56: Die Alveolen

Durch die etwa 300 bis 700 Millionen Alveolen mit einem durchschnittlichen Durchmesser von 0,1 bis 0,3 mm, die eine Lunge enthält, entsteht eine Oberfläche von 50 bis 100 m^2. Durch diese enorm große Oberfläche wird der Gasaustausch stark beschleunigt.

Das Blut transportiert den Sauerstoff aus der Lunge zu allen Körperzellen, in denen die sauerstoffabhängigen Vorgänge zur Gewinnung von Energie aus Nährstoffen, vor allem aus Glucose, stattfinden.

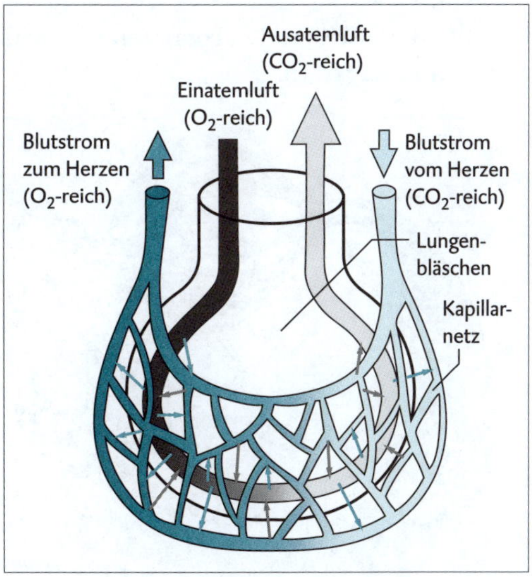

Abb. 57: Der Gasaustausch mit dem Blut

Diese Vorgänge werden als **innere Atmung** (**Zellatmung**, siehe S. 135 ff.) bezeichnet. Aus den Zellen tritt das bei der Energiegewinnung gebildete Gas **Kohlenstoffdioxid** ins Blut über und wird zu den Lungen transportiert, wo es ebenfalls durch die Biomembranen in die Alveolen diffundiert.
Die eingeatmete Luft enthält eine höhere Konzentration an Sauerstoff als das Blut in den Kapillaren. Dadurch diffundiert der Sauerstoff aus den Alveolen in die Blutgefäße. Nach dem gleichen Prinzip tritt das Kohlenstoffdioxid aus den Kapillaren in die Alveolen über, da sich im Blut eine höhere Konzentration an Kohlenstoffdioxid befindet als in der Lunge. Die mit Kohlenstoffdioxid angereicherte Luft wird anschließend über die Atemorgane nach außen abgegeben.

Der lebensnotwendige Vorgang der Atmung setzt sich aus mehreren **Teilprozessen** zusammen: der äußeren Atmung (Gaswechsel mit der Umgebung), dem Gasaustausch zwischen Lunge und Blut, dem Transport der Atemgase über das Blut und der inneren Atmung (Zellatmung).

2.2 Blutkreislauf und Gastransport

Das Blut (siehe S. 156 ff.) bildet zusammen mit den Blutgefäßen und dem Herz (siehe S. 146 ff.) ein wichtiges Transportsystem im menschlichen Körper.

Die Blutgefäße

Das Blut durchströmt den gesamten menschlichen Körper in einem **geschlossenen Gefäßsystem**.

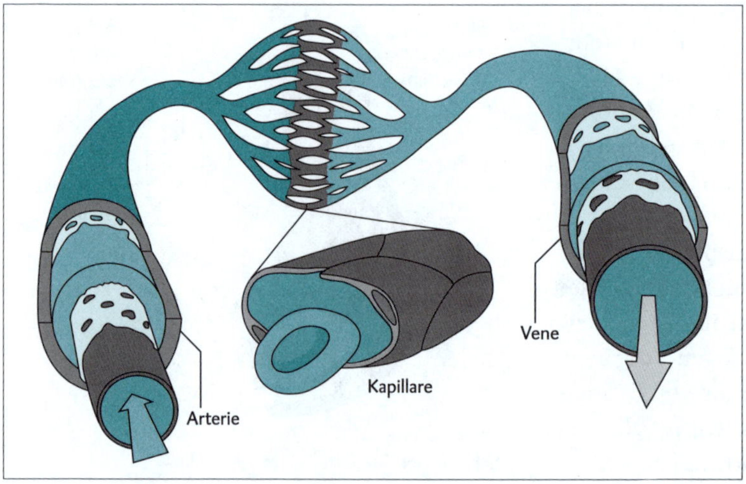

Abb. 58: Vergleich des Aufbaus von Arterien, Venen und Kapillaren

Dabei verzweigen sich die vom Herzen wegführenden dickwandigen Blutgefäße, die **Arterien**, zu immer dünnwandigeren und engeren. Die feinsten, haardünnen Verästelungen, die sogenannten **Kapillaren**, umspinnen alle Organe. Die Wände der Kapillaren bestehen oft aus nur einer einzigen Zellschicht und ermöglichen damit das Diffundieren von Nährstoffen und Sauerstoff aus dem Blut in das Gewebe und von Kohlenstoffdioxid und anderen Stoffen aus den Zellen in das Blut. Die Kapillaren gehen schließlich in die zum Herzen führenden Blutgefäße, die **Venen**, über.

> Blutgefäße, die das Blut vom Herzen wegführen, werden **Arterien** genannt. Blutgefäße, die es zum Herzen hinführen, bezeichnet man als **Venen**. Die dazwischen liegenden Haargefäße heißen **Kapillaren**.

Die Herztätigkeit bedingt den Blutdruck (siehe S. 149 f.): Die elastischen und von einer dicken, ringförmigen Muskelschicht umgebenen Arterien werden gedehnt, wenn das Blut durch den Herzschlag mit großem Druck in sie hineingepresst wird. Diese Druckwelle ist in allen großen Arterien, aber vor allem am Handgelenk und am Hals als **Puls** fühlbar. Durch die Reibung an den Innenwänden der Kapillaren nimmt der Blutdruck auf dem Weg durch den Körper ab und das Blut fließt dadurch langsamer. Der langsamere Blutstrom in den Kapillaren ermöglicht einen effektiven Stoffaustausch mit dem Gewebe.

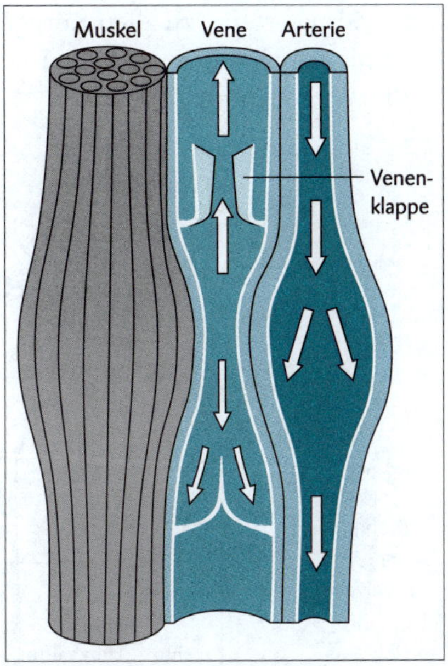

Abb. 59: Aufrechterhaltung des Blutstroms in den Venen

In den dünnwandigen, nur von einer dünnen Muskelschicht umgebenen Venen ist der Blutdruck also sehr gering. Das Blut muss deshalb mithilfe der umliegenden Skelettmuskulatur und der benachbarten Arterien befördert werden (siehe Abb. 59). **Venenklappen** verhindern zusätzlich das Zurückfließen des Blutes. Langes und häufiges Stehen oder Gewebeschwächen können im Laufe der Zeit dazu führen, dass die Klappen nicht mehr vollständig schließen. Das Blut in den Beinen fließt, der Schwerkraft folgend, rückwärts und es bilden sich **Krampfadern**.

Das Herz als Motor des Blutkreislaufs

Der **Blutkreislauf** (siehe Abb. 60) des Menschen wird vom **Herzen** (siehe auch S. 146 ff.) angetrieben. Dieser Hohlmuskel besteht aus zwei durch die Herzscheidewand getrennten Hälften. Jede dieser Hälften ist wiederum in einen kleineren **Vorhof** und eine große **Herzkammer** unterteilt. Im Blutkreislauf des Menschen lassen sich zwei Abschnitte unterscheiden:

- **Lungenkreislauf:** Die rechte Herzkammer pumpt das über den rechten Vorhof aus dem Körper kommende kohlenstoffdioxidreiche Blut über die Lungenarterien in die Lunge. Dort findet der Gasaustausch statt. Von der Lunge führen die Lungenvenen das nun sauerstoffreiche Blut zum linken Vorhof.
- **Körperkreislauf:** Die linke etwas muskulösere Herzkammer pumpt das aus dem linken Vorhof kommende sauerstoffreiche Blut über die Aorta, die große Körperarterie, zu allen Körperzellen. Nach dem Gasaustausch führen die Körpervenen (obere und untere Hohlvene) das nun kohlenstoffdioxidreiche Blut zum rechten Vorhof.

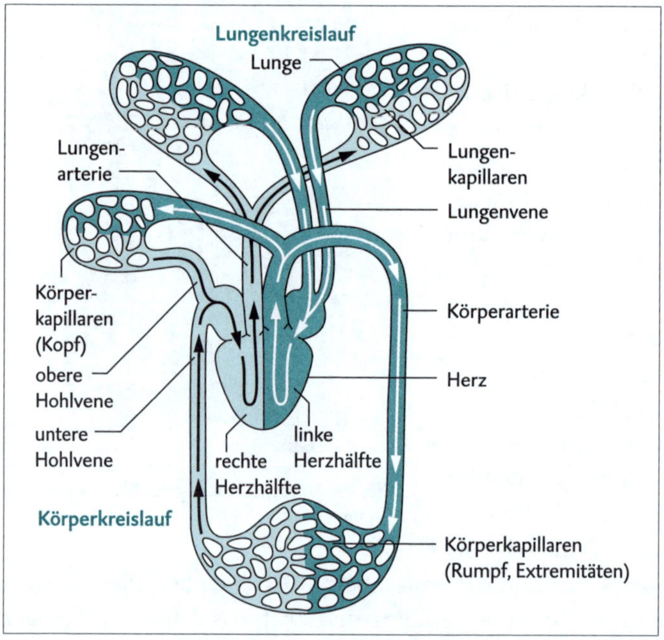

Abb. 60: Schematische Darstellung des menschlichen Blutkreislaufs (dunkel: sauerstoffreiches Blut; hell: sauerstoffarmes Blut)

Zusammen ergeben die beiden Kreisläufe einen **doppelten, geschlossenen Blutkreislauf**. Um den Blutkreislauf einmal ganz zu durchlaufen, benötigt das Blut etwa eine Minute.

Die etwas kleinere rechte Herzhälfte treibt den **Lungenkreislauf** an und die etwas größere linke den **Körperkreislauf**.

Gasaustausch und Gastransport

Bei der Einatmung gelangt die sauerstoffreiche, kohlenstoffdioxidarme Einatemluft in die Alveolen (siehe S. 127). Von dort diffundiert der **Sauerstoff** entlang des Konzentrationsgefälles durch die Biomembranen der Alveolen und Kapillaren in das Blutplasma und gelangt schließlich in die roten Blutkörperchen, die **Erythrozyten** (siehe Abb. 62 und S. 156 f.). Die Erythrozyten enthalten in ihrem Inneren mit dem **Hämoglobin** (Abkürzung: Hb), dem roten Blutfarbstoff, ein für die Atmung wichtiges Protein. Das Hämoglobin besteht aus vier Untereinheiten und besitzt die Fähigkeit, bis zu vier Moleküle Sauerstoff zu binden (siehe Abb. 61, links). Bei den Untereinheiten handelt es sich um Eiweißketten, in die jeweils eine ringförmige Häm-Gruppe mit einem zentralen Eisen(II)-Ion eingebettet ist.

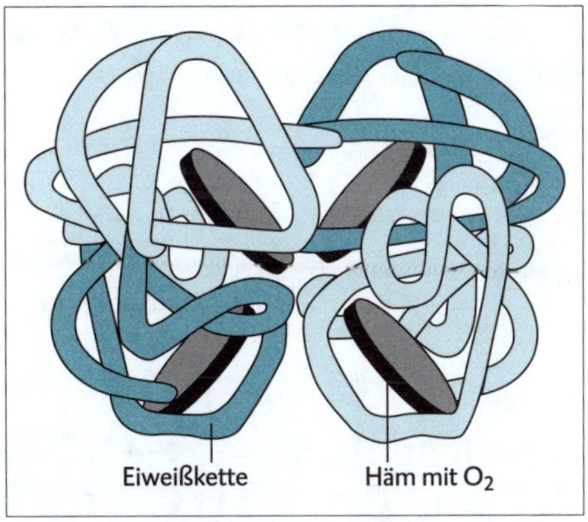

Abb. 61: Hämoglobin; hell: die beiden α-Ketten, dunkel: die beiden β-Ketten

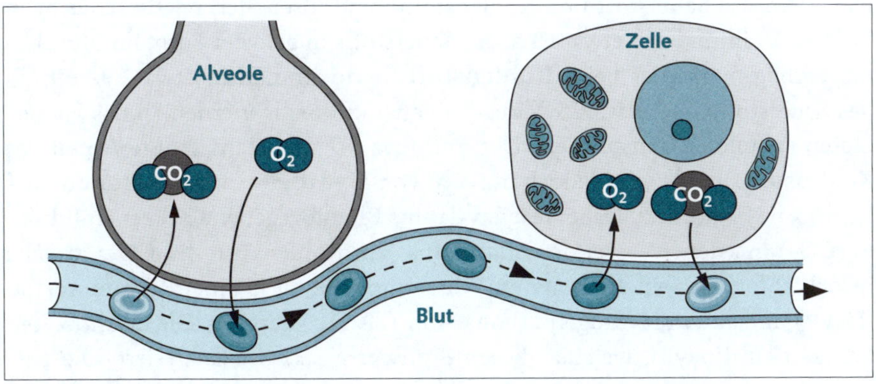

Abb. 62: Gasaustausch durch Diffusion: Alveole – Blut (links) und Blut – Zelle (rechts)

Durch den Blutstrom werden die mit Sauerstoff beladenen Erythrozyten zu den Zellen transportiert, wo sie ihn abgeben. Im Durchschnitt liegt die Sauerstoffsättigung des Blutes, die ein Maß dafür ist, wie viel Prozent der vorhandenen Hämoglobin-Moleküle mit Sauerstoff beladen sind, bei 97 %.

Gleichzeitig wird das zum Großteil im **Blutplasma** gelöste **Kohlenstoffdioxid** über den Blutstrom weg von den Zellen zu den Alveolen transportiert. Dort diffundiert es entlang des Konzentrationsgefälles in die mit kohlenstoffdioxidarmer Einatemluft gefüllten Alveolen. Beim Ausatmen wird das Kohlenstoffdioxid aus dem Körper entfernt.

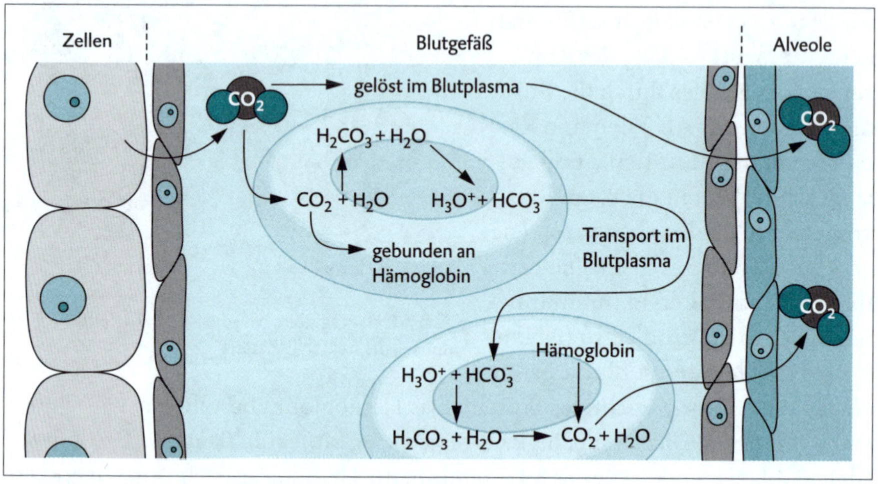

Abb. 63: Transport des Kohlenstoffdioxids im Blut; das Gas liegt zum überwiegenden Anteil in Form von Oxonium-Ionen (H_3O^+) und Hydrogencarbonat-Ionen (HCO_3^-) vor

Die Atemgase Sauerstoff und Kohlenstoffdioxid lösen sich relativ schlecht in Wasser. Während nur etwa 0,3 % des Sauerstoffs in gelöster Form im Blutplasma vorliegen, sind es beim **Kohlenstoffdioxid** immerhin etwa 7 %. 99,7 % des Sauerstoffs und etwa 23 % des Kohlenstoffdioxids werden an das Hämoglobin gebunden transportiert. Der mit etwa 70 % weitaus größte Anteil des Kohlenstoffdioxids wird jedoch in Form von **Hydrogencarbonat-Ionen** (siehe Abb. 63) befördert. Dabei reagiert das ins Blut abgegebene Kohlenstoffdioxid (CO_2) mit dem Wasser des Blutplasmas zur Kohlensäure (H_2CO_3), welche jedoch sofort mit einem weiteren Wassermolekül zu je einem Oxonium-Ion (H_3O^+) und einem Hydrogencarbonat-Ion (HCO_3^-) reagiert. Die Erythrozyten besitzen ein Enzym, welches diesen Stoffwechselschritt katalysiert. Die entstandenen Ionen werden nun ebenfalls am Hämoglobin gebunden oder im Blutplasma gelöst zu den Alveolen transportiert, wo der Vorgang in umgekehrter Richtung abläuft.

Zusammenfassung

Als **Atmung** werden die Aufnahme von Sauerstoff und die Abgabe von Kohlenstoffdioxid bezeichnet.
Der Gastransport findet durch das Blut statt, welches in einem **geschlossenen, doppelten Blutkreislauf**, der vom Herzen angetrieben wird, fließt:

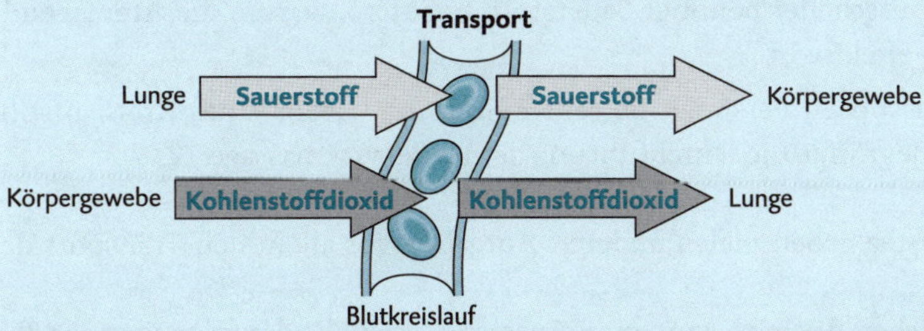

Der **Stoffaustausch** erfolgt durch **Diffusion**, also durch die Teilchenbewegung vom Ort höherer Konzentration zum Ort niedrigerer Konzentration, bis ein Ausgleich stattgefunden hat.

69 Bei der Lunge handelt es sich um ein Organ, das der Atmung dient.

- **a** Erkläre den Begriff Atmung. Grenze dabei die äußere von der inneren Atmung ab.
- **b** Erläutere den Ablauf des Gasaustauschs in der Lunge.

70 Alle Landwirbeltiere atmen mithilfe von Lungen.

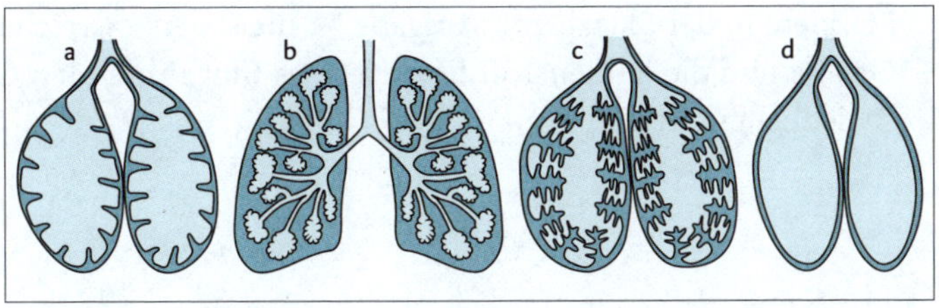

Ordne die dargestellten Lungen nach zunehmender Leistungsfähigkeit. Begründe knapp deine Entscheidung.

71 Fertige eine beschriftete Skizze von Lungen- und Körperkreislauf an.

72 Stellt man bei einer bewusstlosen Person durch Atemkontrolle (Sehen, Hören, Fühlen) fest, dass diese nicht atmet, beginnt man nach Absetzen des Notrufs sofort mit der **Herz-Lungen-Wiederbelebung (Reanimation)**. Dazu werden 30 **Herzdruckmassagen** und 2 **Atemspenden** im Wechsel so lange durchgeführt, bis der Rettungsdienst eintrifft oder die betroffene Person wieder normal zu atmen beginnt.

a Auch der Ersthelfer benötigt Sauerstoff. Erläutere, warum die Atemspende trotzdem effektiv ist.

b Bei bewusstlosen Personen besteht immer die Gefahr eines Kreislaufstillstandes. Begründe die Durchführung der Herzdruckmassage.

73 Das Blut leistet neben vielen anderen Aufgaben vor allem den Transport der Atemgase.

a In zahlreichen Büchern kann man Aussagen lesen, die der folgenden ähneln:

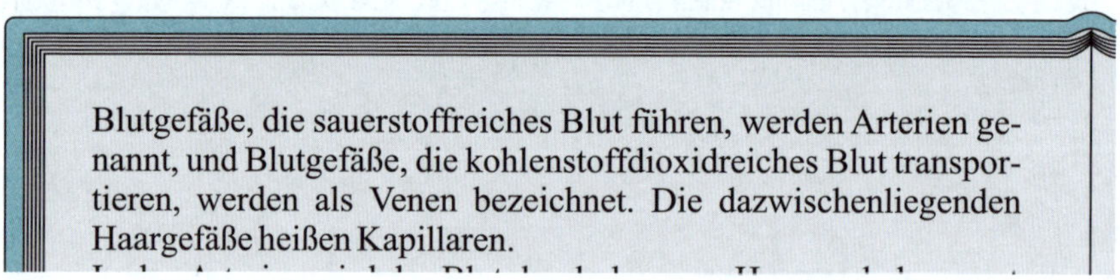
Blutgefäße, die sauerstoffreiches Blut führen, werden Arterien genannt, und Blutgefäße, die kohlenstoffdioxidreiches Blut transportieren, werden als Venen bezeichnet. Die dazwischenliegenden Haargefäße heißen Kapillaren.

Nimm zu dieser Aussage Stellung und korrigiere sie gegebenenfalls.

b Beschreibe den Weg eines Sauerstoffmoleküls von der Alveole zur Zelle. Gehe anschließend auf den Kohlenstoffdioxidtransport bis zur Ausatmung ein.

c Markiere in der Skizze von Aufgabe 71 die sauerstoffreiches Blut führenden Gefäße und die kohlenstoffdioxidreiches Blut führenden Gefäße mit unterschiedlichen Farben.

3 Zellatmung und Energieträger

Alle Hauptnährstoffe werden im Zuge der Verdauung (siehe S. 114 ff.) in ihre Grundbausteine zerlegt, also Vielfachzucker z. B. in Glucose oder Fructose, Lipide in Glycerine und Fettsäuren und Proteine in Aminosäuren. Durch das Blut bzw. die Lymphe werden die Stoffe anschließend zu den Zellen transportiert. Sofern die Moleküle nicht für den Aufbau körpereigener Substanzen benötigt werden, werden sie in den Zellen gespeichert oder **oxidiert**. Dazu wird Sauerstoff benötigt, den der Mensch über die äußere Atmung (siehe S. 127) in das Blut aufnimmt.

3.1 Zellatmung (innere Atmung)

Wie bereits besprochen, benötigen alle Lebewesen bzw. deren Zellen ständig Energie, um die energieaufwendigen Lebensprozesse betreiben zu können. Der Mensch, aber auch die Tiere und Pflanzen, müssen Sauerstoff aus ihrer Umgebung aufnehmen, um mit seiner Hilfe aerob Energie aus Nährstoffen (hauptsächlich Kohlenhydrate wie Glucose) zu gewinnen. Dieser chemische Prozess, der aus mehreren Teilschritten besteht, findet in den Zellen laufend statt und wird als **Zellatmung (innere Atmung)** bezeichnet. Die Zellen der Eukaryoten (siehe Band 1, S. 4 f.) besitzen mit den **Mitochondrien** (siehe Abb. 64) Zellorganellen, die auf wesentliche Teilschritte der Zellatmung spezialisiert sind. Mitochondrien sind nur wenige Tausendstel Millimeter groß und von einer Doppelmembran, bestehend aus zwei Biomembranen, umgeben. Ihre innere Membran ist stark gefaltet (Prinzip der Oberflächenvergrößerung) und enthält zahlreiche an der Zellatmung beteiligte Enzyme. Vergleicht man Zellen aus verschiedenen Geweben, so kann man feststellen, dass diejenigen mit höherem Energiebedarf wie etwa Muskelzellen wesentlich mehr Mitochondrien enthalten als die anderer Gewebe.

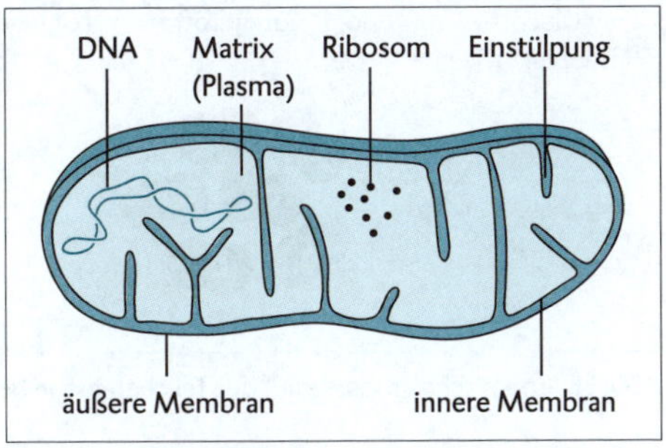

Abb. 64: Mitochondrium

In den **Mitochondrien** findet die **Zellatmung (innere Atmung)** statt.

Im Verlauf der Zellatmung wird die energiereiche organische Verbindung **Glucose (Traubenzucker)** mithilfe von **Sauerstoff** oxidiert und dabei zu den energiearmen anorganischen Verbindungen **Wasser** und **Kohlenstoffdioxid** abgebaut (siehe Abb. 65). Dabei wird die in der **Glucose** enthaltene chemische Energie frei und kann von der Zelle genutzt werden.

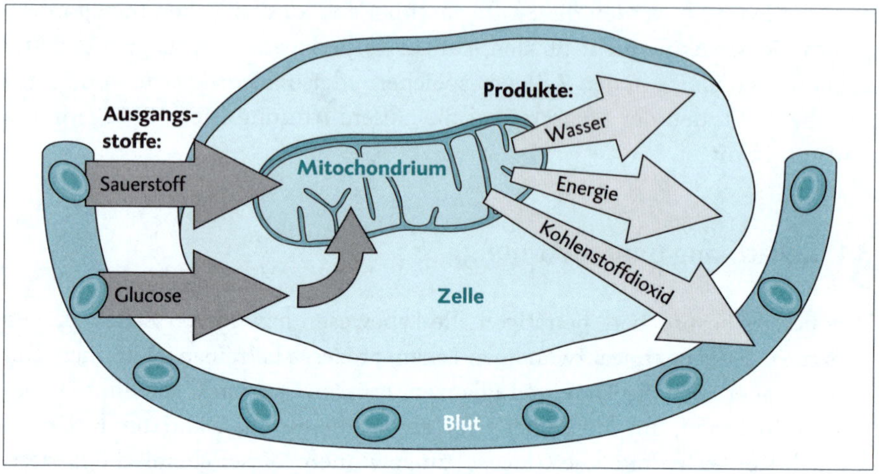

Abb. 65: Der Vorgang der Zellatmung in der Zelle

Die verschiedenen Teilschritte dieses Stoffwechselprozesses laufen sehr schnell hintereinander ab und die chemische Energie der Glucose wird schrittweise in für die Zelle nutzbare chemische Energie umgewandelt.

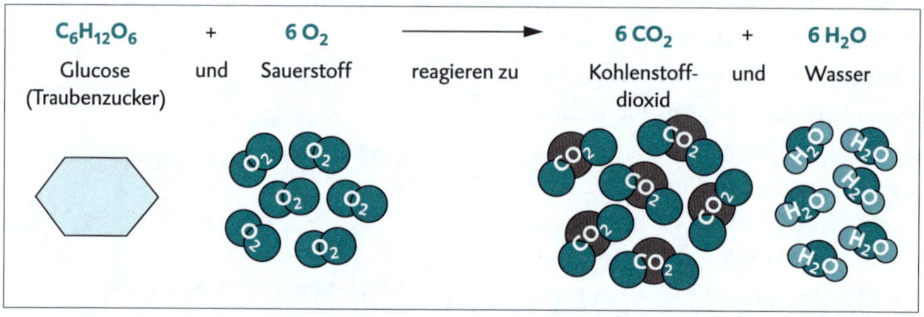

Abb. 66: Chemische Prozesse auf der Teilchenebene bei der Zellatmung

Der Begriff Zellatmung (innere Atmung) bezeichnet den Abbau von **Glucose** mit **Sauerstoff** (Oxidation) zu **Kohlenstoffdioxid** und **Wasser** unter **Energiefreisetzung**.

Die gewonnene Energie wird im Organismus für alle Lebensvorgänge wie die Kontraktion der Muskeln, die Leistungen des Gehirns, den Aufbau körpereigener Substanzen und den aktiven Transport von Molekülen durch die Zellmembranen benötigt. Ein Teil der chemischen Energie wird auch in Wärmeenergie umgewandelt und von der Zelle abgegeben. Diese wird unter anderem dazu genutzt, die Körpertemperatur bei den für den Menschen typischen 37 °C konstant zu halten.

3.2 Energieträger ATP

Die bei der Zellatmung freigesetzte Energie wird zum Teil als Wärme abgegeben, großteils aber in für die Zelle nutzbarer Form gespeichert. Diese Speicherung erfolgt hauptsächlich in Form eines energiereichen Moleküls, das **A**denosin**trip**hosphat oder kurz **ATP** genannt wird (siehe Abb. 67). Da alle Organismen, egal ob Bakterien, Pflanzen oder Tiere, das ATP als Energieträger nutzen, bezeichnet man das Molekül auch als **universellen Energieträger**.

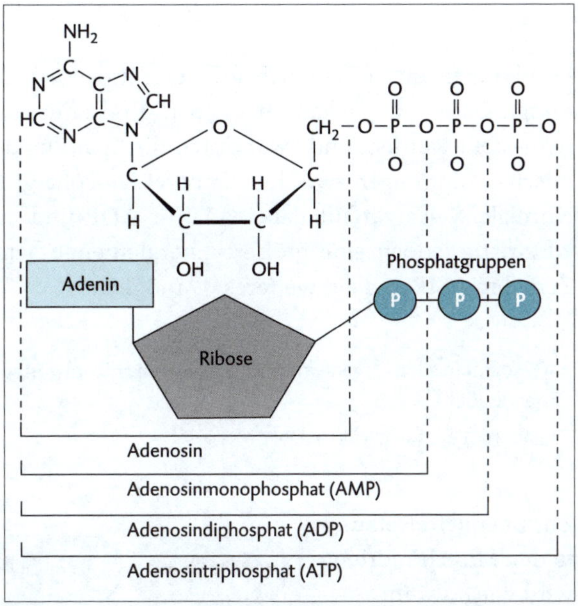

Abb. 67: Chemischer und schematischer Bau des Energieträgers ATP

ATP besteht aus Adenosin, welches sich aus Ribose und Adenin zusammensetzt, und drei daran gebundenen Phosphatgruppen Ⓟ. Je mehr Phosphatgruppen am Adenosin gebunden sind, desto energiereicher ist das Molekül. Die bei der Zellatmung in den Mitochondrien freigesetzte Energie wird zum Aufbau von ATP aus ADP und einer 3. Phosphatgruppe verwendet (siehe Abb. 68). Dadurch wird die aus der Glucose freigesetzte Energie in der sehr energiereichen Bindung zwischen den Phosphatgruppen gespeichert.

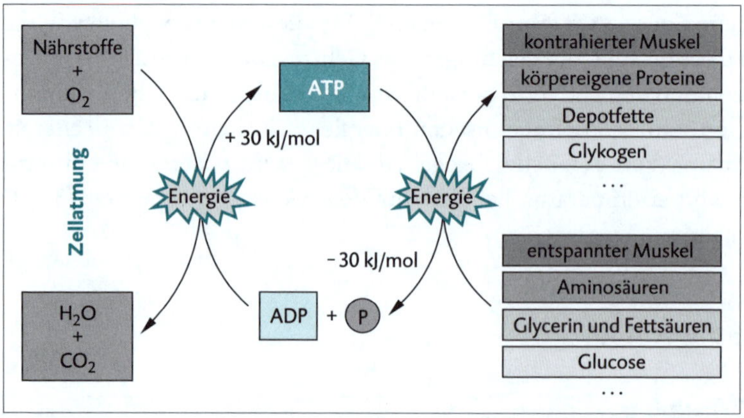

Abb. 68: Auf- und Abbau von ATP

Für die meisten in Zellen ablaufenden Prozesse wird sehr schnell Energie benötigt. Diese Energie kann bei Bedarf direkt nur aus ATP als Energiequelle bereitgestellt werden, und zwar durch die Spaltung der sehr energiereichen chemischen Bindungen zwischen den drei Phosphatgruppen.
Normalerweise zerfällt dabei ATP in ADP und eine Phosphatgruppe. Wird kurzfristig jedoch eine größere Energiemenge benötigt, ist auch der weitere Zerfall in AMP und ein weiteres Ⓟ möglich.

> **ATP** dient in allen Organismen als **universeller Energieträger** und als direkte Energiequelle:
> ADP + Ⓟ ⇌ ATP

Zur Energiefreisetzung in den Mitochondrien wird wie erwähnt hauptsächlich das Kohlenhydrat Glucose genutzt. Bei einem Mangel an diesem Nährstoff können jedoch auch die anderen Grundnährstoffe zum **Energiestoffwechsel** herangezogen werden (siehe Abb. 69).

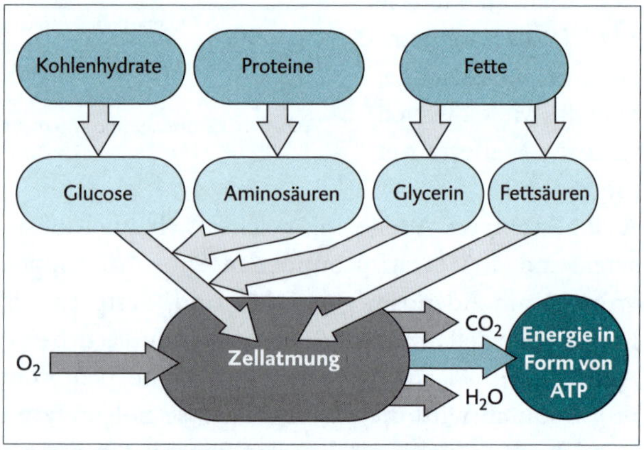

Abb. 69: Vereinfachte Darstellung des Energiestoffwechsels

Während die Aminosäuren und das Glycerin erst im Zellplasma in ein beim Glucoseabbau auftretendes Zwischenprodukt umgewandelt werden müssen, können die Fettsäuren in den Mitochondrien direkt zur Energiegewinnung genutzt werden. Die dabei freigesetzte Energie dient ebenfalls zum Aufbau von ATP aus ADP und Ⓟ.
Proteine werden nur unter extremen Bedingungen zur Erzeugung von ATP eingesetzt. Erst wenn bei nicht ausreichender Ernährung wie etwa im Fall einer Hungersnot oder bei lange andauernder Mangelernährung durch zwar proteinreiche, aber kohlenhydratarme Kost sämtlich Glykogen- und einige Fettreserven abgebaut sind, nutzen die Zellen verstärkt körpereigene Proteine als Energiequelle und bauen in größerem Umfang Muskelmasse ab.

3.3 Anpassungen an körperliche Anstrengung

Bei sportlichen Aktivitäten und anderen körperlichen Anstrengungen benötigt der Organismus mehr Energie als im Ruhezustand. Vor allem die Muskelzellen müssen durch eine verstärkte Zellatmung mehr chemische Energie für die Muskeltätigkeit zur Verfügung stellen. Dies bedeutet jedoch, dass diese Zellen auf eine erhöhte Versorgung mit energiereichen Nährstoffen und Sauerstoff angewiesen sind.

Kurzfristige Auswirkungen

Auf die Belastung und den daraus folgenden erhöhten Stoffbedarf reagiert der Körper kurzfristig mit einer Erhöhung der Atemfrequenz und des Atemvolumens (siehe S. 168). Dadurch kann pro Zeiteinheit deutlich mehr Sauerstoff in den Organismus aufgenommen werden. Über eine Steigerung der Herzschlagfrequenz (siehe S. 126) ist es möglich, ein größeres Blutvolumen durch den Körper zu pumpen, wodurch ein rascherer Transport sowohl von Sauerstoff als auch von Nährstoffen zu den Körperzellen erreicht wird.

Langfristige Anpassungen

Regelmäßiges und intensives körperliches **Training**, also das gezielte und planmäßige Üben, kann langfristige Anpassungen des Organismus an sportlichen Aktivitäten und körperliche Anstrengungen bewirken. Dazu zählen beispielsweise:

- Vergrößerung des **Herzmuskels:** Das Organ pumpt dadurch pro Herzschlag ein größeres Blutvolumen durch den Blutkreislauf und arbeitet auch im Ruhezustand ohne Belastung bei erheblich geringeren Herzfrequenzen deutlich effektiver.
- Erniedrigung der **Atemfrequenz:** Bei Belastung kann dadurch die Atmung deutlich schneller gesteigert werden.

Training im aeroben und im anaeroben Bereich

Die für sportliche Leistungen benötigte Energie wird durch Zellatmung zur Verfügung gestellt. Wird beim Training durch eine erhöhte Atemfrequenz und ein erhöhtes Atemvolumen mindestens so viel Sauerstoff aufgenommen, wie durch die Zellatmung verbraucht wird, dann findet es im sogenannten **aeroben** Bereich statt.
Bei sehr intensiven körperlichen Aktivitäten kann es vorkommen, dass der durch die Atmung aufgenommene Sauerstoff nicht mehr für die Zellatmung ausreicht. Somit kann über diesen Prozess nicht mehr genügend Glucose zur Energiefreisetzung oxidiert werden und die Muskelzellen stellen auf einen anderen Energie liefernden Stoffwechselweg um: die **Milchsäuregärung**. Dabei wird energiereiche Glucose ohne Sauerstoff, das heißt **anaerob**, zum Laktat (Anion der Milchsäure) abgebaut. Da diese Milchsäure deutlich energiereicher ist als die Endprodukte der Zellatmung, liefert der Prozess deutlich weniger ATP und dient nur zur kurzfristigen Überbrückung der Sauerstoffschuld. Durch die Anreicherung von Milchsäure übersäuert die Muskulatur und eine weitere dauerhafte Belastung ist aufgrund von Muskelerschöpfung und Müdigkeit nicht mehr möglich. Am Ende der Belastung im anaeroben Bereich muss der Körper die eingegangene **Sauerstoffschuld** durch vermehrte Sauerstoffzufuhr ausgleichen. Außerdem muss die angereicherte Milchsäure aus den Muskelzellen abtransportiert werden.

Bei **körperlicher Anstrengung** werden aufgrund des erhöhten Energiebedarfs sowohl die Atemfrequenz und das Atemvolumen als auch die Herzfrequenz erhöht, um die Körperzellen besser mit Sauerstoff und Nährstoffen zu versorgen.
Training, das heißt gezieltes und planmäßiges Üben, kann langfristige Anpassungen des Organismus an die geforderten sportlichen Aktivitäten bewirken.

Zusammenfassung

Ohne Verdauung und äußere Atmung ist keine **Zellatmung** (innere Atmung) möglich, da nur dadurch den Zellen die benötigten Stoffe in ausreichender Menge zur Verfügung stehen:

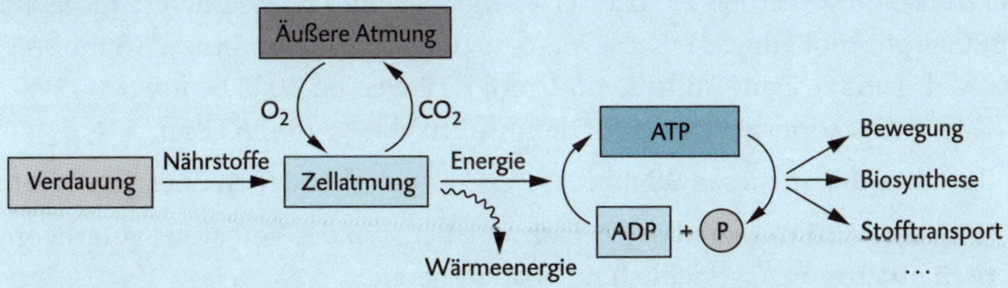

Bei der Zellatmung erfolgt in den **Mitochondrien** die Energiefreisetzung beim aeroben Stoffabbau in mehreren Schritten. Ein Großteil der frei werdenden Energie dient dem Aufbau des universellen Energieträges **ATP** aus ADP und Ⓟ. Die im ATP gespeicherte chemische Energie kann, sobald sie benötigt wird, durch den Zerfall von ATP in ADP und Ⓟ wieder freigesetzt und von der Zelle für die unterschiedlichsten Prozesse genutzt werden.

Training bewirkt langfristige Anpassungen des Körpers an den erhöhten Sauerstoff- und Nährstoffbedarf bei sportlichen Aktivitäten und anderen körperlichen Belastungen.

74 Bei der Zellatmung wird Glucose abgebaut.

a Ergänze das nachfolgende Schaubild zur Zellatmung.

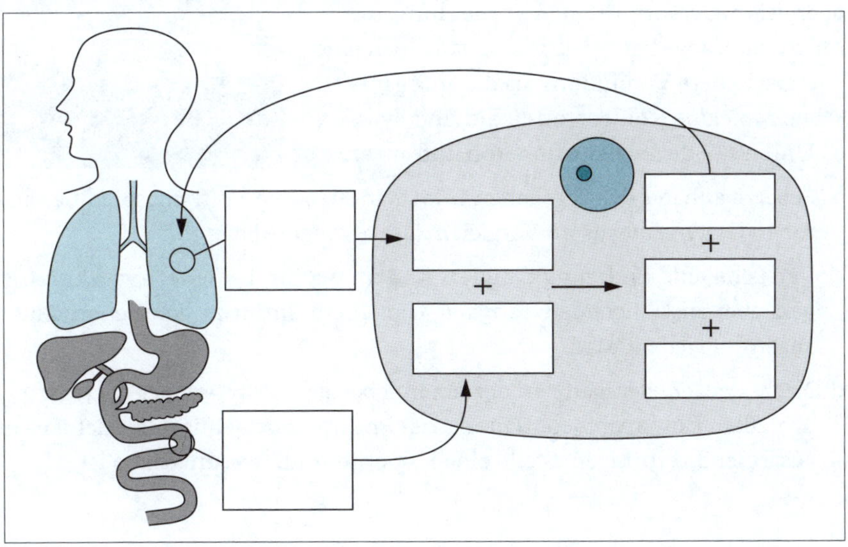

b Formuliere die Reaktionsgleichung für die Zellatmung.

c Fertige ein Energiediagramm für die Zellatmung an, das alle beteiligten Stoffe berücksichtigt.

75 Der vollständige aerobe Abbau der energiereichen Glucose liefert insgesamt 2 880 kJ pro mol Glucose. Diese werden zum Aufbau von bis zu 38 mol ATP aus ADP genutzt. Zum Aufbau von 1 mol ATP werden 30 kJ benötigt.

a Gib die Reaktionsgleichung für den Aufbau von 38 mol ATP an.

b Berechne den in diesen 38 mol ATP chemisch gebundenen Energiegehalt.

c Leite den Wirkungsgrad der Zellatmung her, also das Verhältnis von theoretisch nutzbarer zu tatsächlich nutzbarer Energie.

76 Die Menge an ATP, die täglich im Körper eines erwachsenen Menschen auf- und wieder abgebaut wird, entspricht in etwa seiner Körpermasse. Bei einem 80 kg schweren Mann sind allerdings zu jedem Zeitpunkt in allen Körperzellen zusammengerechnet nur etwa 200 Gramm ATP vorhanden.
Erkläre diesen Unterschied.

77 ATP kann in Zellen auch unter anaeroben Bedingungen aufgebaut werden. Bei großen, schnell zu leistenden körperlichen Anstrengungen wie beispielsweise einem Sprint wird die Glucose in einem einschrittigen Prozess zu einer energieärmeren organischen Verbindung, der Milchsäure, abgebaut. Milchsäure ist jedoch eine energiereichere Verbindung als die anorganischen Moleküle Kohlenstoffdioxid und Wasser.

a Unterscheide die Begriffe aerob und anaerob.

b Schätze anhand der gegebenen Informationen den Wirkungsgrad des anaeroben Glucoseabbaus im Vergleich zum aeroben Abbau ab.

c Versuche eine Erklärung dafür zu finden, warum bei einer zwar kurzfristigen, aber anstrengenden Tätigkeit wie einem Sprint in den Zellen Glucose anaerob abgebaut wird.

d Nach dem Zieleinlauf ist der Energiebedarf sofort wieder viel geringer. Trotzdem kann man beobachten, dass Sprinter noch einige Zeit tief ein- und ausatmend verbringen. Stelle eine Hypothese auf, warum das so ist.

78 Kreuze die richtigen Aussagen an und verbessere die falschen.

- ☐ Die Mitochondrien sind die Orte der Zellatmung.
- ☐ Die energiearme anorganische Verbindung Glucose wird unter anaeroben Bedingungen oxidiert und dabei zu den energiereichen organischen Verbindungen Wasser und Sauerstoff abgebaut.
- ☐ Die bei der Zellatmung durch die Oxidation von Glucose freigesetzte Energie wird zum Teil als Wärme abgegeben.
- ☐ Die bei der äußeren Atmung durch die Oxidation von Glucose freigesetzte Energie wird zum Teil als Wärme abgegeben.
- ☐ Die bei der inneren Atmung durch die Oxidation von Glucose freigesetzte Energie wird zum Teil zum Abbau von ADP abgegeben.
- ☐ Bei der Zellatmung in den Mitochondrien werden neben Glucose auch Glycerine und Aminosäuren oxidiert.

79 Eine mikroskopische Untersuchung des Herzmuskelgewebes zeigt, dass die Herzmuskelzellen sehr viele Mitochondrien enthalten.
Stelle eine Hypothese auf, die diesen Befund erklärt.

Bau, Funktionsweise und Schädigung von inneren Organen

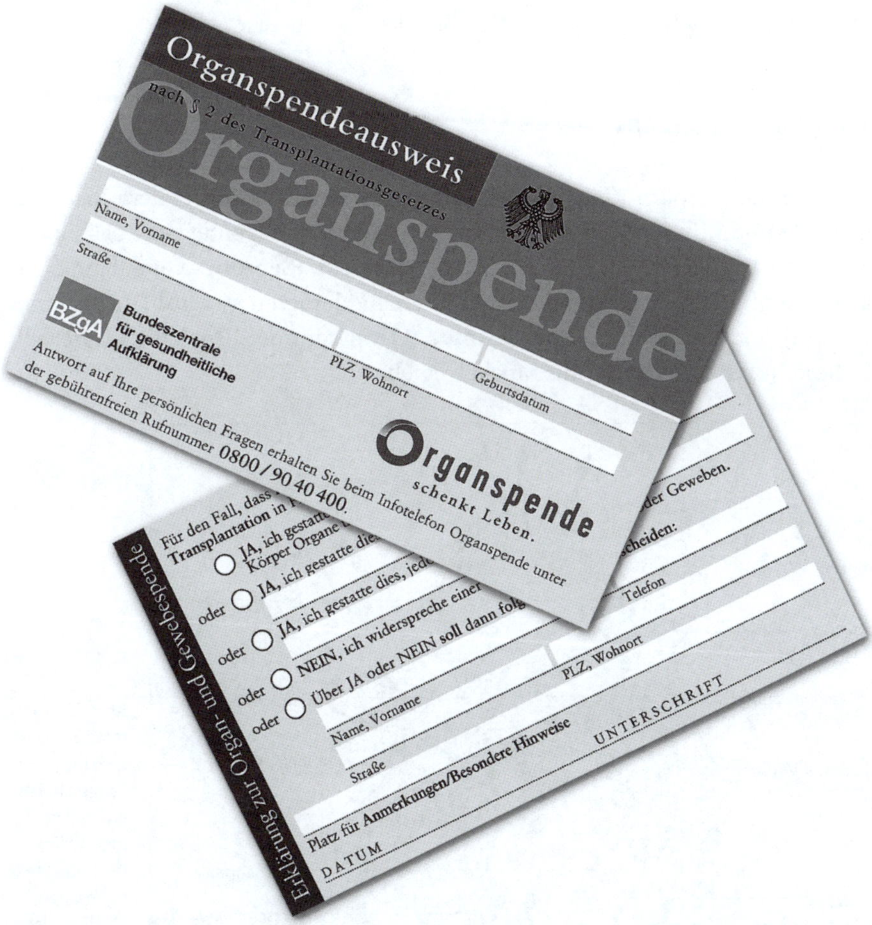

Als vielzelliger Organismus besteht der Mensch aus zahlreichen, auf die unterschiedlichsten Aufgaben spezialisierten Organen. Diese wiederum sind aus Geweben aufgebaut, das heißt aus Verbänden gleichartiger Zellen. Die einzelnen Gewebe erfüllen zwar unterschiedliche Aufgaben, arbeiten in den Organen aber zusammen.
Bei starken Erkrankungen und irreversiblen Schädigungen sind betroffene Personen häufig auf die Spende von Organen oder Geweben angewiesen.

1 Das Herz – der „Motor des Lebens“

Das **Herz** (siehe Abb. 70) ist ein etwa 250 bis 500 g schwerer, faustgroßer **Hohlmuskel**. Das kräftige, etwa 15 cm lange und nach unten spitz zulaufende Organ treibt den geschlossenen Blutkreislauf an. Von der rechten Herzhälfte wird der Lungenkreislauf versorgt, während die linke Herzhälfte den Körperkreislauf in Gang hält (siehe S. 130, Abb. 60).

1.1 Bau des Herzens

Das von der Körpermitte aus leicht nach links versetzte, unter dem Brustbein liegende und mit der Spitze in die linke Körperhälfte ragende Herz besteht aus zwei Hälften, die durch die **Herzscheidewand** (Septum) voneinander getrennt sind. Jede Hälfte ist wiederum in einen kleineren **Vorhof** (Vorkammer, Atrium) und eine große **Herzkammer** (Hauptkammer, Ventrikel) unterteilt. Es besteht fast vollständig aus Muskelgewebe.

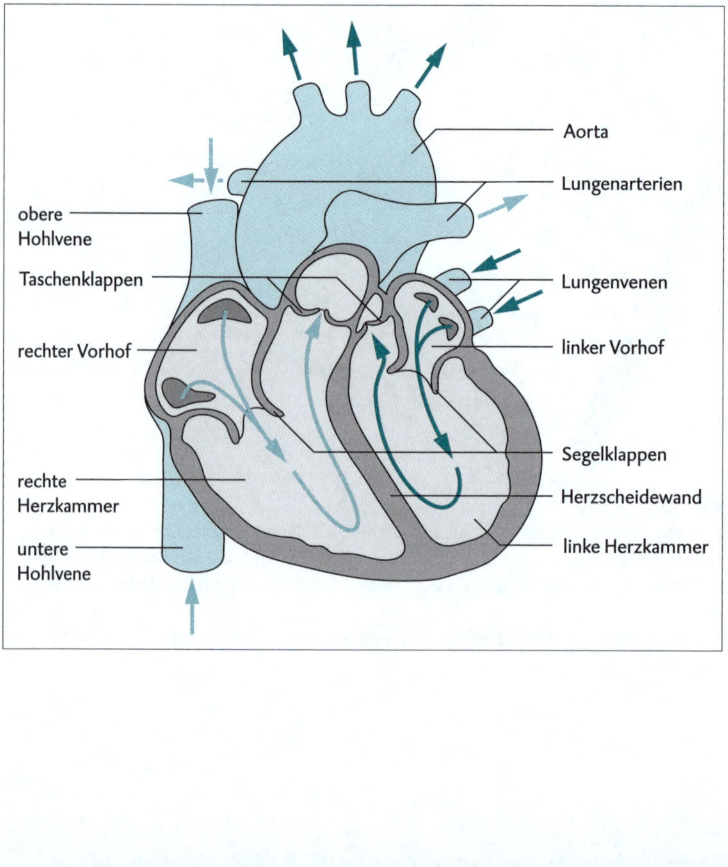

Abb. 70: Schematische Darstellung eines Längsschnitts durch das menschliche Herz; die Pfeile stellen den Blutfluss dar: dunkel: sauerstoffreiches Blut, hell: sauerstoffarmes Blut

Das **Herz** ist ein **Hohlmuskel**. Das Organ wird durch die **Herzscheidewand** in eine linke und eine etwas kleinere rechte Herzhälfte geteilt. Jede Herzhälfte besteht aus einem **Vorhof** und einer **Herzkammer**.

Das Herz ist vom **Herzbeutel** (Perikard), einer doppelten Hüllwand, umgeben. Durch eine Flüssigkeit, die sich zwischen diesen Hüllen befindet, ist es sehr gut geschützt.

1.2 Funktion und Arbeitsweise

Die Phasen der Herztätigkeit

Das Herz treibt als sich rhythmisch kontrahierender und wieder entspannender Hohlmuskel das Blut in unserem Körper an. Im Ruhezustand schlägt es durchschnittlich 70-mal pro Minute und pumpt bei jedem Schlag etwa 75 *ml* Blut in die Arterien des Blutkreislaufs. Durch den speziellen Bau der **Herzklappen**, die wie Ventile wirken, fließt das Blut nur in eine vorgegebene Richtung. Die **Segelklappen** trennen die Vorhöfe von den Kammern, die **Taschenklappen** die Kammern von den Arterien.

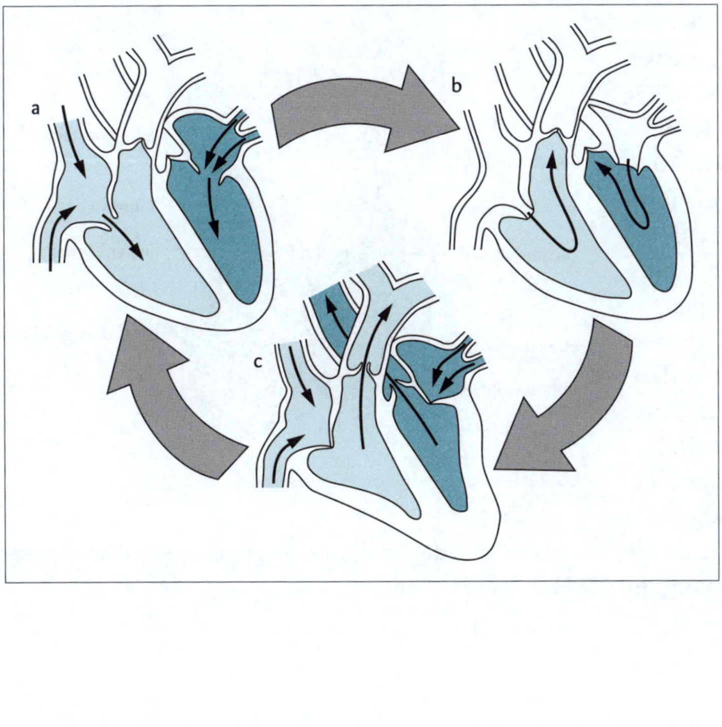

Abb. 71: Die drei Phasen eines Herzschlages

Die Herztätigkeit kann man bei jedem Herzschlag in drei Phasen unterteilen, die zusammen etwa eine Sekunde dauern:

- **Füllungsphase** (**Diastole** siehe Abb. 71 a): In dieser Phase entspannt sich das Herz und füllt sich mit Blut aus den Lungen- und Hohlvenen. Die Taschenklappen sind dabei geschlossen.
- **Anspannungsphase** (**Vorhof-Systole** siehe Abb. 71 b): Die Vorhöfe kontrahieren sich (ziehen sich zusammen) und drücken, bei immer noch geschlossenen Taschenklappen, weiteres Blut in die Kammern. Durch das darauffolgende Schließen der Segelklappen entsteht der 1. Herzton.
- **Austreibungsphase** (**Kammer-Systole** siehe Abb. 71 c): Die Kammern kontrahieren und pressen das in ihnen enthaltene Blut durch die sich öffnenden Taschenklappen in die Lungen- und die Körperarterie. Die geschlossenen Segelklappen verhindern ein Zurückfließen des Blutes in die Vorhöfe. Danach schließen sich die Taschenklappen wieder, wodurch der 2. Herzton entsteht.

Das Herz arbeitet als **Druck-Pumpe:** Durch abwechselndes, rhythmisches Ausdehnen und Zusammenziehen befördert es das Blut aus dem Körper **(Diastole)** bzw. pumpt es in ihn hinein **(Systole)**.

Versorgung des Herzmuskels

Der Herzmuskel arbeitet 24 Stunden am Tag und schlägt in Ruhe pro Minute etwa 70-mal, was als **Puls** fühlbar ist. Um die dafür benötigte Energie aufbringen zu können, muss er gut mit Sauerstoff und Nährstoffen versorgt werden. Dies geschieht über ein dichtes Netz von Blutgefä ßen, die sogenannten **Herzkranzgefäße**. Etwa 5 % des in die Aorta gepumpten Blutes werden für die Versorgung des Herzens verwendet.

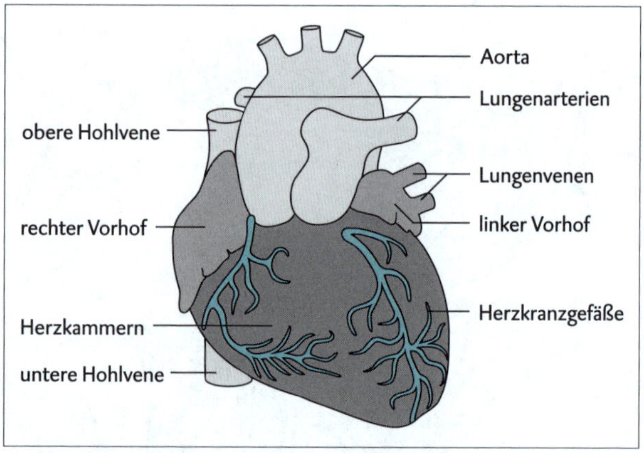

Abb. 72: Die äußere Anatomie des Herzens

Steuerung des Herzmuskels

Im Unterschied zu allen anderen Muskeln werden die Kontraktionen des Herzmuskels nicht über das Gehirn oder das Rückenmark gesteuert. Das Herz besitzt eigene Steuerzentren, den **Sinusknoten** und den **Atrioventrikularknoten (AV-Knoten)**, die direkt im Organ liegen und autonom (selbstständig) den gleichmäßigen Rhythmus des Herzschlages vorgeben (siehe Abb. 73). Der in der Wand des rechten Vorhofes liegende **Sinusknoten** erzeugt elektrische Impulse, die sich über das Herz ausbreiten und die gemeinsame Kontraktion der Vorhöfe auslösen. Zeitlich etwas verzögert erzeugt auch der **Atrioventrikularknoten** elektrische Impulse, die die gemeinsame Kontraktion der beiden Herzkammern hervorrufen.

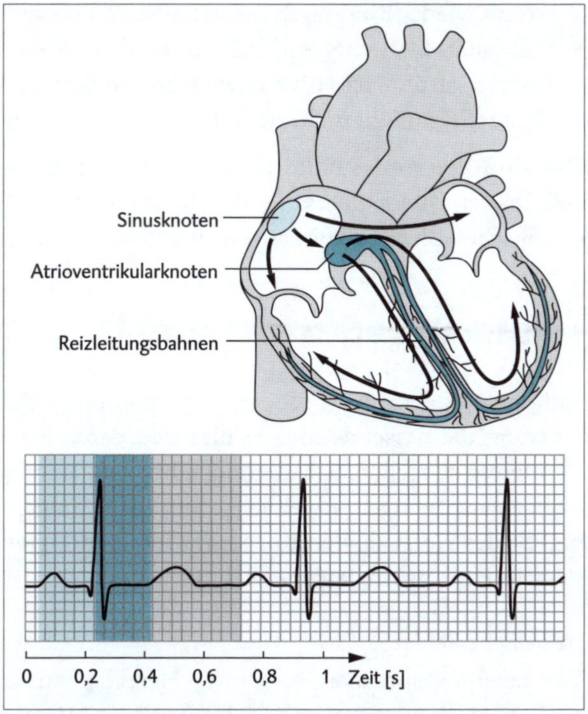

Abb. 73: Das Elektrokardiogramm (EKG) zeigt die elektrischen Ströme des Herzens. Messelektroden werden auf dem Brustkorb angebracht und die abgeleiteten Ströme werden aufgezeichnet: Vorhof-Systole (hellblau), Kammer-Systole (dunkelblau), Diastole (grau)

Der Blutdruck

Bei der medizinischen Diagnostik ist das Messen des **Blutdrucks** unverzichtbar. Dies geschieht mithilfe einer Druckmanschette mit Druckanzeige am Oberarm, durch die, wenn sie sich im aufgepumpten Zustand befindet, der Blutstrom in der Armarterie abgeschnürt wird. Anschließend wird das Ventil der Druckmanschette geöffnet und die Luft kann langsam entweichen. Durch Abhören des Blutflusses in der Armbeuge mit dem Stethoskop kann der Blutdruck erfasst werden:

- Sinkt der Manschettendruck unter den Wert des **systolischen Blutdrucks**, strömt wieder Blut durch die Arterie und erzeugt ein Geräusch.
- Sinkt der Manschettendruck unter den Wert des **diastolischen Blutdrucks**, strömt das Blut wieder kontinuierlich durch die Arterie und das Geräusch ist nicht mehr hörbar.

Die Normalwerte des Blutdrucks im Ruhezustand liegen unter 140/90 mm Hg (Millimeter Quecksilbersäule; Idealwert: 120/80), wobei die erste Zahl dem systolischen Blutdruckwert entspricht und die zweite Zahl dem diastolischen.

1.3 Schädigungen und Erkrankungen

Aufgabe des Herzens ist es, den Organen und Körperzellen je nach Bedarf und Situation die passende Menge Blut und damit Sauerstoff und Nährstoffe zur Verfügung zu stellen. Schädigungen und Erkrankungen des Herzens führen zu Mangelversorgungen, die lebensbedrohliche Folgen haben können. Die Unfähigkeit des Herzens, den Körper mit der benötigten Blutmenge zu versorgen, wird als Herzinsuffizienz bezeichnet.

Herzklappenfehler

Wie bereits besprochen, sorgen die Herzklappen dafür, dass das Blut im Herzen nur in die vorgegebene Richtung fließt. Wenn sich die Klappen aufgrund einer angeborenen oder mit der Zeit entstandenen Funktionsstörung nicht mehr richtig schließen, wird dies als **Herzklappeninsuffizienz** bezeichnet. Zum einen wird dadurch nicht mehr verhindert, dass das Blut in die falsche Richtung fließt, zum anderen ist durch eine solche Störung ein Füllen der Vorhöfe oder der Kammern nicht mehr vollständig möglich.
Von einer **Stenose** spricht man, wenn sich die Klappen aufgrund eines angeborenen Fehlers oder durch Defekt aufgrund von langjährigem Verschleiß bzw. von Entzündungsvorgängen, die auf dem Gewebe Narben hinterlassen haben, nicht mehr vollständig öffnen. Liegt ein solches Leiden vor, muss das Herz eine erhöhte Druckleistung aufbringen, um das Blut zu befördern. Aufgrund der dadurch auftretenden Dauerbelastung kommt es zu einer allmählichen Vergrößerung des Herzmuskels.
Typische Symptome für Herzklappenfehler treten vor allem bei erhöhter körperlicher Belastung auf und bestehen unter anderem in einem Engegefühl in der Brust (**Angina pectoris**, siehe S. 151), Atemnot oder Bewusstlosigkeit. Mithilfe eines Katheters, ein dünner Schlauch, der über ein Blutgefäß direkt ins Herz geschoben wird, können künstliche Herzklappen eingesetzt werden.

Bluthochdruck (Hypertonie)

Eine angeborene **Verengung der Blutgefäße**, vor allem der Aorta, bedingt häufig eine mangelhafte Versorgung der inneren Organe im Bauchraum mit Sauerstoff und Nährstoffen. Darüber hinaus besteht aufgrund der Verengung ein **Bluthochdruck (Hypertonie)** mit Werten von dauerhaft über 140 mmHg beim systolischen Blutdruckwert und 90 mmHg beim diastolischen Blutdruckwert. Dadurch werden vor allem das Herz und das Gefäßsystem sowie das Gehirn und die Nieren geschädigt. Nur eine baldige, möglichst sofort nach der Geburt erfolgende operative Entfernung der Verengungen sichert das Überleben.

Neben der Verengung der Blutgefäße können auch hormonelle Störungen oder Nierenerkrankungen zu Bluthochdruck führen. Genauso kann die Ursache in einem Zusammenwirken von verschiedenen **Risikofaktoren** wie falscher Ernährung, Bewegungsmangel, Übergewicht, Konsum von Alkohol und Nikotin sowie Stress liegen.

Bluthochdruck muss so früh wie möglich therapiert werden. Eine gesunde Lebensführung mit der Vermeidung der Risikofaktoren kann durch die Gabe blutdrucksenkender Medikamente unterstützt werden.

Auch die **Arteriosklerose** (siehe S. 159 f.) führt zu einer Herzinsuffizienz und verringert dadurch die Pumpleistung des Herzens. Tritt diese heftig und akut auf, kann sie ein plötzliches Herzversagen zur Folge haben.

Herzinfarkt

Der Herzmuskel wird über die Herzkranzgefäße mit sauerstoff- und nährstoffreichem Blut versorgt. Wird diese Versorgung durch Gefäßverengungen (siehe S. 159 f.) oder einen Gefäßverschluss unterbrochen, sterben Zellen der Herzmuskulatur ab und die Pumpleistung des Organs wird verringert. Dadurch wird nicht nur der Körper schlechter versorgt, sondern auch das Herz. Folglich gehen weitere Herzmuskelzellen zugrunde. Abgestorbenes Muskelgewebe wird zwar allmählich durch Bindegewebe ersetzt, das Herz verliert dadurch aber kontraktionsfähige Zellen. **Herzrhythmusstörungen** oder gar **Kammerflimmern**, das unkoordinierte Kontrahieren und Entspannen einzelner Herzmuskelzellen, sind die Folge. Kammerflimmern führt unbehandelt durch die ineffektive Pumpleistung zu einer verminderten Blutabgabe und dadurch zum Tod. Ein typischer Vorbote für eine Mangeldurchblutung des Herzens ist die **Angina pectoris**. Diese zeigt sich durch Blässe, Übelkeit, kalten Schweiß, drückende, vor allem auf die linke Körperseite und in den linken Arm ausstrahlende Schmerzen, Atemnot, Herzrasen und Todesangst.

Verschiedene Risikofaktoren wie mangelnde körperliche Bewegung, fettreiche Ernährung und Übergewicht, Diabetes mellitus, Bluthochdruck, Rauchen und dauerhafter Stress können die Wahrscheinlichkeit eines Herzinfarktes genauso erhöhen wie erblich bedingte Faktoren. Durch eine Umstellung der Lebensgewohnheiten auf einen gesunden Lebensstil und die medikamentöse Behandlung einiger Risikofaktoren kann die Gefahr für einen Herzinfarkt gering gehalten werden. Um die Herzmuskelzellen bei fortgeschrittenen Schäden wieder dauerhaft zu synchronisieren, wird häufig ein Herzschrittmacher implantiert. Bei einer Angina pectoris oder einem auftretenden Herzinfarkt muss möglichst ohne Zeitverlust der Rettungsdienst gerufen werden, da nur eine rasche Versorgung des Patienten die Folgeschäden gering halten kann.

Zusammenfassung

Das **Herz** treibt als **Druck-Pumpe** den **doppelten, geschlossenen Blutkreislauf** an. Dabei wird von der rechten Herzhälfte sauerstoffarmes Blut aus dem Körper zur Lunge und von der linken Herzhälfte sauerstoffreiches Blut aus der Lunge zu den Körperzellen transportiert.
Die **Systole (Austreibung)** und die **Diastole (Entspannung)**, das heißt die Phasen der Herztätigkeit, werden autonom vom **Sinusknoten** und vom **AV-Knoten** ausgelöst und ständig wiederholt.
Herzklappenfehler, Blutgefäßverengung und Bluthochdruck sowie Herzinfarkt sind häufige **Erkrankungen des Herz-Kreislauf-Systems**.

80 Im Ruhezustand schlägt das Herz durchschnittlich 70-mal pro Minute und pumpt dabei bei jedem Schlag etwa 75 $m\ell$ Blut in den Blutkreislauf.

a Berechne die Pumpleistung des Herzens pro Minute im Ruhezustand.

b Bei extremer körperlicher Anstrengung kann das Herz sogar bis zu 15 Liter Blut pro Minute transportieren. Leite daraus die ungefähre Anzahl der Herzschläge pro Minute bei Belastung ab.

81 Das menschliche Herz ist ein etwa faustgroßer Hohlmuskel und treibt als „Motor des Lebens“ den Blutkreislauf an.

a Beschrifte die folgende Skizze des menschlichen Herzens.

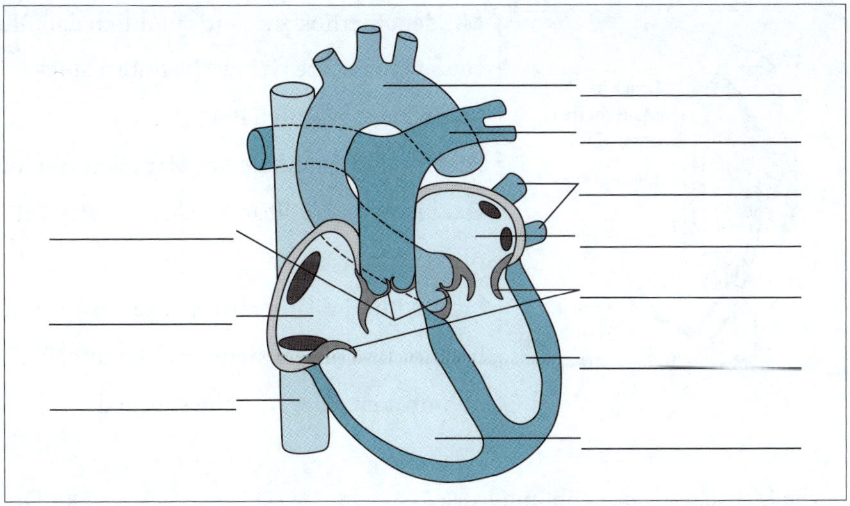

b Eine der beiden Herzhälften zeigt eine deutlich stärker ausgeprägte Kammermuskulatur. Gib begründet an, um welche Herzhälfte es sich handelt.

c Die Herzkammer befindet sich im Zustand der Diastole. Gib an, welche Klappen offen bzw. geschlossen sind.

82 Welche der folgenden Aussagen treffen nicht zu? Kreuze diese an.

- ☐ Ein Zurückfließen des Blutes bei der Kontraktion verhindern die im Herzen gelegenen Taschenklappen.
- ☐ Die Herztöne, die wir mit dem Stethoskop hören können, werden durch das heftige Schließen der Herzklappen verursacht.
- ☐ Aus der linken Herzhälfte leitet die Lungenvene das sauerstoffarme Blut zur Lunge.
- ☐ Der Herzmuskel wird über die Herzkranzgefäße mit Blut versorgt.

83 Manche Babys werden mit einem **Loch in der Herzscheidewand**, einem sogenannten **Atriumseptumdefekt** geboren. Stelle eine Hypothese über die Auswirkungen dieses Herzfehlers auf.

84 Zur Blutdruckmessung wird ein Sphygmomanometer – eine aufblasbare Manschette mit einem Druckmesser – und ein Stethoskop verwendet.

a Ergänze mithilfe der Abbildung den folgenden Lückentext.

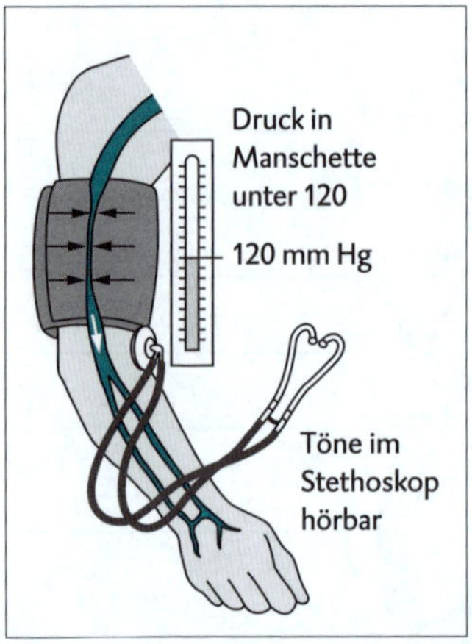

Mit dem Stethoskop wird auf durch den Blutfluss verursachte Geräusche unterhalb der Manschette geachtet. Bei ______________ Arterie sind unterhalb der Manschette keine Geräusche feststellbar. Die Manschette wird nun langsam ______________, bis das Blut im Unterarm wieder zu fließen beginnt und ein pulsierendes Geräusch wahrnehmbar ist. Dies tritt ein, sobald der ______________ den durch die Manschette ausgeübten Druck ______________. Der Druck an diesem Punkt ist der ______________ ______________.

b Vervollständige die Beschreibung des Vorgangs der Blutdruckmessung.

85 Der griechische Arzt und Anatom Galenos von Pergamon formulierte im 2. Jahrhundert n. Chr. seine Auffassung vom „Fluss des Blutes“:

> *In der Leber wird venöses Blut gebildet und fließt durch Blutgefäße zu allen Teilen des Körpers, wo es verbraucht wird. Venöses Blut ist wichtig für das Wachstum und die Versorgung mit Energie.*
> *Venöses Blut wird auch in das Herz gesaugt und sickert dort über feine Poren von der rechten in die linke Herzhälfte. Das nunmehr arterielle Blut wird durch die Pumpfunktion der Arterien ebenfalls zu allen Teilen des Körpers transportiert. Es bringt durch enthaltene Luft Vitalität, wobei es auch verbraucht wird.*

Verbessere die Fehlvorstellungen von Galenos.

86 Abweichungen im Kurvenverlauf eines EKG können Rückschlüsse auf die Funktionsfähigkeit bzw. auf Beeinträchtigungen des Herzens ermöglichen.

a Ordne den folgenden EKGs die jeweils zutreffenden ärztlichen Befunde zu, indem du sie mit Strichen verbindest.

EKG-Ableitung		Diagnose
1.	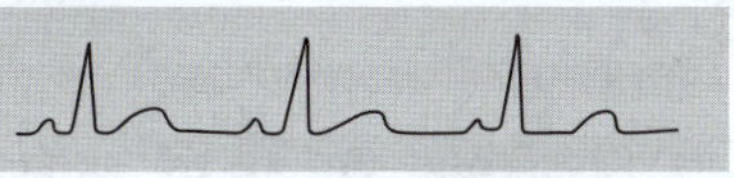	A Kammerflimmern
2.	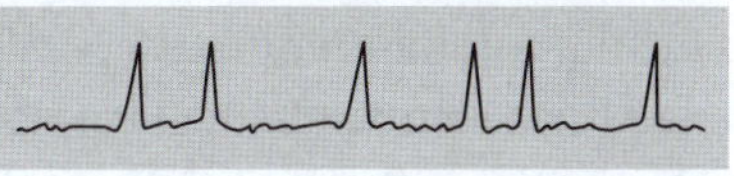	B Normales EKG
3.	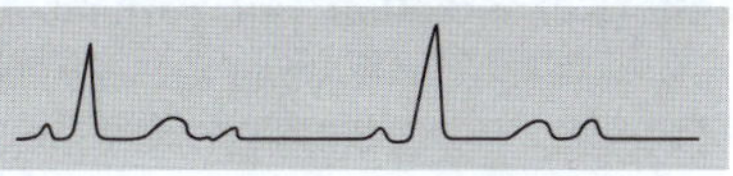	C Rhythmusstörung
4.	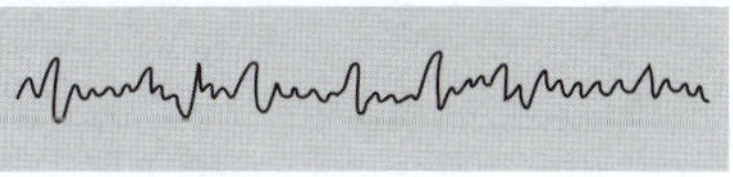	D AV-Block = Erregung vom Sinusknoten nicht auf AV-Knoten übergeleitet

b Bei einer EKG-Ableitung wie unter 4. dargestellt kann der rasche Einsatz eines **AEDs (Automatisierter Externer Defibrillator)** Leben retten. Informiere dich über die Verwendung eines AED und stelle deine Erkenntnisse in einem kurzen Text dar.

87 Herz-Kreislauf-Erkrankungen gehören zu den häufigsten Todesursachen in Deutschland. Welche der folgenden Aussagen treffen auf das Krankheitsbild Bluthochdruck zu? Kreuze an.

- ☐ Rauchen, erhöhte Blutfettwerte und Übergewicht zählen wie auch ausreichend Bewegung und eine gesunde Ernährung zu den Risikofaktoren.
- ☐ Ausreichend Bewegung und eine gesunde Ernährung zählen wie auch Stress und übermäßiger Alkoholkonsum zu den Risikofaktoren.
- ☐ Rauchen, erhöhte Blutfettwerte und Übergewicht zählen wie auch Stress und übermäßiger Alkoholkonsum zu den Risikofaktoren.
- ☐ Bluthochdruck ist kein Risikofaktor für Arteriosklerose.
- ☐ Bluthochdruck ist ein Risikofaktor für Arteriosklerose.
- ☐ Bluthochdruck ist ein Risikofaktor für Hämophilie.
- ☐ Bei Betroffenen lässt sich meist eine Vergrößerung der linken Herzhälfte feststellen.
- ☐ Bei Betroffenen lässt sich meist eine Vergrößerung der rechten Herzhälfte feststellen.

2 Das Blut – ein flüssiges Organ

Das Blutgefäßsystem enthält etwa 70 bis 80 *ml* Blut pro kg Körpergewicht. Somit besitzt ein erwachsener Mensch ein Blutvolumen von etwa 5 bis 6 Litern. Dieses wird vom Herzen in Ruhe jede Minute einmal in die Hauptschlagader, die Aorta, gepumpt und versorgt die Körperzellen mit Sauerstoff und Nährstoffen.

2.1 Zusammensetzung des Blutes

Blut (siehe Abb. 74) besteht zu etwa 45 % aus den festen Bestandteilen, den **Blutkörperchen**, die auf unterschiedliche Aufgaben spezialisiert sind:

- **Erythrozyten (rote Blutkörperchen):** Die scheibenförmigen etwa 7 bis 8 µm großen Zellen besitzen keinen Zellkern. Gebildet werden die Erythrozyten im blutbildenden Gewebe des roten Knochenmarks aus unspezialisierten Stammzellen. Pro *µl* (mm^3) Blut kommen zwischen 4,3 und 5,9 Millionen von ihnen vor. Nach einer Lebensdauer von etwa 120 Tagen werden die roten Blutkörperchen hauptsächlich in der Milz abgebaut. Die Antigene auf ihrer Zelloberfläche bestimmen die Blutgruppe (siehe S. 94 f. und Band 1, S. 263 ff.) eines Menschen.
- **Leukozyten (weiße Blutkörperchen):** Diese kernhaltigen Zellen sind zu einer amöboiden (siehe Band 1, S. 26 ff.) Fortbewegung fähig und etwa 6 bis 20 µm groß. Die sehr vielfältigen Zelltypen werden alle aus unspezialisierten Stammzellen im blutbildenden Gewebe des roten Knochenmarks gebildet und je nach Typ nach etwa 10 Tagen bis mehreren Jahren abgebaut. In einem *µl* Blut sind zwischen 4 000 und 10 000 von ihnen enthalten. Die Leukozyten bilden das Immunsystem des Körpers (siehe S. 73 ff.).
- **Thrombozyten (Blutplättchen):** Die kernlosen Thrombozyten besitzen sehr vielfältige Formen. Wie alle anderen Blutkörperchen werden auch diese etwa 2 bis 4 µm großen Zellen im blutbildenden Gewebe des roten Knochenmarks aus unspezialisierten Stammzellen gebildet. Zwischen 150 000 und 400 000 von ihnen finden sich in einem *µl* Blut. Etwa 4 bis 10 Tage nach ihrer Bildung werden sie von speziellen Leukozyten (Fresszellen) und der Milz abgebaut. Die Thrombozyten spielen eine wichtige Rolle bei der Blutgerinnung und dem Wundverschluss (siehe S. 158 f.).

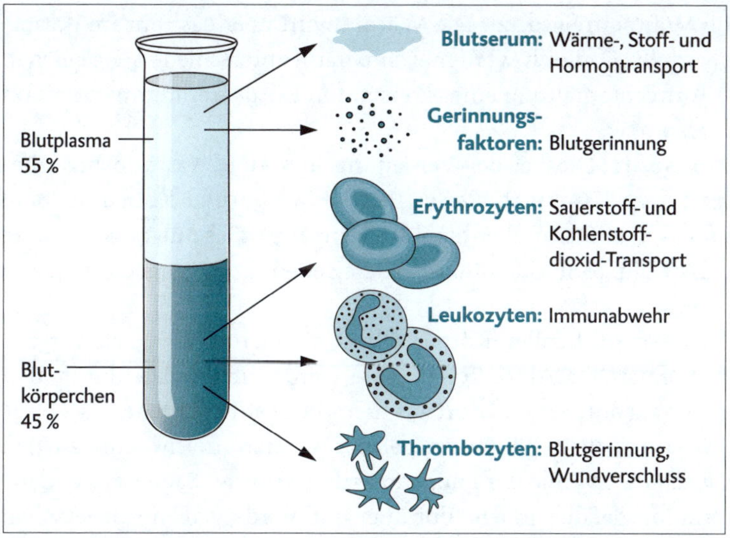

Abb. 74: Zusammensetzung des Blutes und Funktionen der Blutbestandteile

Das übrige Volumen nehmen die flüssigen Blutbestandteile ein, das **Blutplasma**. Im Blutplasma sind neben den Nähr- und Mineralstoffen auch Abfall- und Schadstoffe gelöst. Darüber hinaus sind darin die für die Blutstillung wichtigen **Gerinnungsfaktoren** (siehe S. 158) wie das Protein Fibrinogen enthalten. Werden die Gerinnungsfaktoren aus dem Blutplasma entfernt, bezeichnet man die Restflüssigkeit als **Blutserum**.

2.2 Aufgaben und Funktionen

Das Blut durchströmt, angetrieben vom Herz (siehe S. 146 ff.), als fließendes Organ den Menschen in einem geschlossenen Röhrensystem aus Arterien, Venen und Kapillaren. An den Stellen, an denen sie im Überschuss vorliegen, diffundieren die Stoffe entlang ihres Konzentrationsgefälles (Konzentrationsgradienten) ins Blut (siehe S. 117 f.). Dort wo sie benötigt werden, verlassen sie das Blut und diffundieren wieder entlang ihres Konzentrationsgefälles in die Zellen. In manchen Fällen verfügen die Zielzellen auch über Rezeptoren, die bestimmte der über das Blut transportierten Stoffe binden (siehe S. 45).

Die Hauptfunktionen des Blutes sind:

- **Hormontransport:** Das Blut befördert die Hormone (siehe S. 41 ff.) von den Hormondrüsen zum jeweiligen Zielorgan.
- **Wärmetransport:** Im Körperinneren, hauptsächlich in der Leber und in den Muskeln, wird bei der Verbrennung von Nährstoffen sehr viel Energie

in Form von Wärme freigesetzt. Die Wärme wird über das Blut im gesamten Körper verteilt. Dadurch werden Temperaturunterschiede ausgeglichen und für die Aufrechterhaltung einer konstanten Körperkerntemperatur von etwa 37 °C gesorgt.

- **Nährstofftransport:** Die bei der Verdauung in kleine, wasserlösliche Bestandteile zerlegten Grundnährstoffe (Fette, Eiweiße und Kohlenhydrate) diffundieren aus dem Darm über die Zotten ins Blut. Das nun angereicherte Blut bringt die Nährstoffbestandteile zu den Zellen, in denen sie gerade benötigt werden.
- **Abfallstofftransport:** In allen Körperzellen, in denen Stoffwechselvorgänge stattfinden, entstehen Abfallstoffe. Diese werden durch das Blut zu den beiden Nieren transportiert und dort aus dem Blut gefiltert (siehe S. 181 ff.).
- **Atemgastransport:** Beim Einatmen gelangt sauerstoffreiche Luft zu den Alveolen. Durch die Wände der Lungenbläschen tritt der Sauerstoff entlang des Konzentrationsgefälles in das Blut über und wird zu allen Körperzellen transportiert. Im Gegenzug diffundiert das bei der Zellatmung in den Zellen produzierte Gas Kohlenstoffdioxid ins Blut und wird zu den Lungen gebracht, wo es in die Alveolen diffundiert und ausgeatmet wird (siehe S. 131 f.).
- **Abwehrfunktion:** Als Bestandteile des Immunsystems (siehe S. 73 ff.) haben die Leukozyten wichtige Aufgaben beim Schutz vor Fremdkörpern und bei ihrer Abwehr sowie beim Abbau körpereigener Zellen.
- **Blutstillung** (siehe Abb. 75): Bei Verletzungen, die mit der Zerstörung der innersten Gewebeschicht von Blutgefäßen, dem Gefäßendothel, einhergehen, werden Signalstoffe ins Blut abgegeben. Diese lösen eine Vielzahl komplexer, genau aufeinander abgestimmter und nacheinander geschalteter Vorgänge aus. Als Erstes verengen sich die Blutgefäße in der betroffenen Region und es lagern sich Thrombozyten in der Wunde an. Diese verklumpen und aktivieren eine Vielzahl verschiedener **Gerinnungsfaktoren**, wie etwa Proteine, Enzyme und Calcium, und lösen dadurch eine Kettenreaktion aus. Dabei wird beispielsweise Prothrombin zu Thrombin umgewandelt, das wiederum an der Umwandlung von Fibrinogen in wasserlösliches Fibrin beteiligt ist. Das Fibrin stabilisiert als fädiges und feinmaschiges Netzwerk die Thrombozytenklumpen. In den Fibrinfäden bleiben weitere Blutkörperchen hängen und dichten dadurch als krustiger Schorf die Wunde ab.

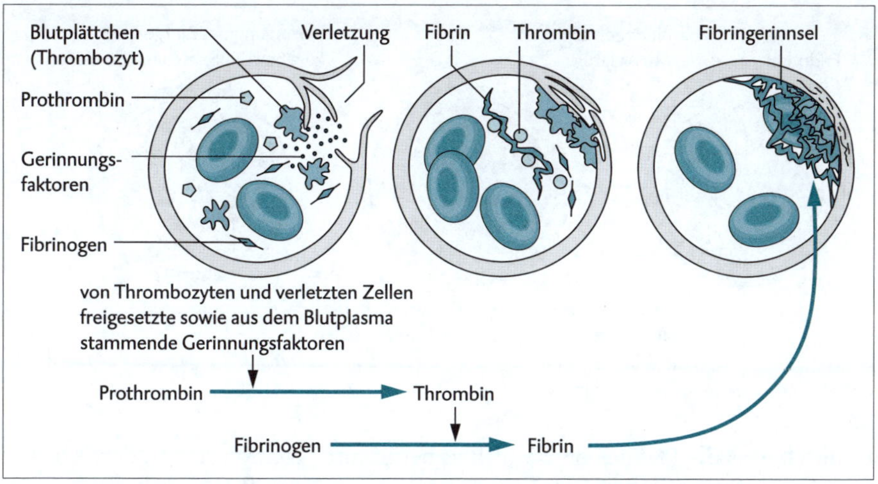

Abb. 75: Schematische Übersicht über die Reaktionskette bei der Blutstillung und beim Wundverschluss

Neben dem **Stofftransport** (z. B. Nähr- und Abfallstoffe; Sauerstoff und Kohlenstoffdioxid, Hormone) verteilt das Blut die **Wärme** im Körper und ist am **Wundverschluss** und der **Abwehr** von Fremdkörpern beteiligt.

2.3 Schädigungen und Erkrankungen

Arteriosklerose (Arterienverkalkung) und Embolie (Gefäßverschluss)

Unterschiedlichste Gründe wie eine Verletzung, genetische Faktoren, bakterielle oder virale Erreger oder der Konsum giftiger Substanzen wie Nikotin und Alkohol können zu einer Zerstörung von Endothelzellen der Arterien führen. Dadurch werden die Vorgänge der Blutstillung eingeleitet und es kann im Laufe meist vieler Jahre zur Ablagerung von Kalk und Blutfetten wie Cholesterin in den Wänden der betroffenen Gefäße kommen. In diesen Fällen spricht man von einer **Arteriosklerose** (Arterienverkalkung). Die Ansammlung von Fremdstoffen in der Gefäßwand wird als **Plaque** bezeichnet (siehe Abb. 76). Durch die Ablagerungen verringert sich die Elastizität der Blutgefäße und die Arterien werden verengt. Dies bewirkt eine Steigerung des Blutdrucks, was zu weiteren Verletzungen führen kann. Dadurch vergrößert sich der Plaque weiter und die Arteriosklerose wird chronisch.

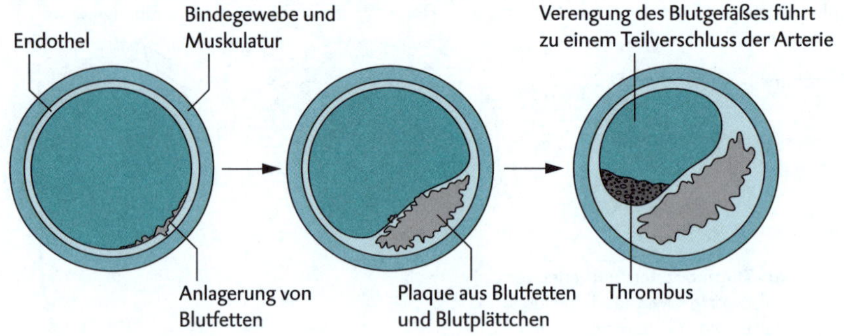

Abb. 76: Fortschreitende Arteriosklerose

Dadurch dass die Plaques den Blutfluss behindern, können sich in den Ablagerungen Blutkörperchen festsetzen. Es entstehen Pfropfen, sogenannte **Thromben (Blutgerinnsel)**. Auch Einschränkungen der Beweglichkeit z. B. durch eingeengtes Sitzen bei langen Reisen, längere Bettlägerigkeit aufgrund von Krankheiten oder eine Schwangerschaft behindern und verlangsamen den Blutfluss in manchen Körperregionen und steigern dadurch das Thromboserisiko.

Die lebensbedrohlichen Blutgerinnsel verengen das betroffene Blutgefäß noch weiter. Dadurch behindern sie den Blutfluss immer mehr und führen schließlich zu einer Mangelversorgung der jeweiligen Geweberegionen, wodurch betroffene Zellen absterben können.

Außerdem ist es möglich, dass ein Thrombus vom Gefäßendothel abgerissen wird. Geschieht dies, treibt er so lange im Blutstrom, bis er in einem engeren Gefäß steckenbleibt und dieses verschließt. Solche Gefäßverstopfungen werden als **Embolien** bezeichnet (z. B. Lungenembolie, Schlaganfall, Herzinfarkt). Sie verursachen oft schwere Beeinträchtigungen der betroffenen Organe und können sogar zum Tod führen.

Körperliche Betätigung, eine gesunde Ernährung sowie der Verzicht auf Rauchen und Alkohol können das Risiko für die Bildung einer Arteriosklerose verringern. Auf natürlichem Wege lässt sich eine Arteriosklerose nicht mehr rückgängig machen. Das Fortschreiten der Erkrankung kann jedoch durch eine Umstellung zu einer gesunden Lebensführung und eine fettarme Diät vermieden oder zumindest verzögert werden. In lebensbedrohlichen Situationen ist es möglich, eine Arteriosklerose auch operativ zu behandeln: Durch **Ballonkatheter** können verengte Gefäße wieder geweitet und durch **Bypass-Operationen** verschlossene Adern umgangen werden. Zusätzlich kann das Blut mithilfe von Medikamenten (Gerinnungshemmer) am Verklumpen gehindert werden und durch Kompressionsstrümpfe ist es möglich, die Geschwindigkeit des Blutflusses zu erhöhen. Dadurch wird das Thromboserisiko verringert. Bereits gebildete und rechtzeitig entdeckte Blutgerinnsel können mithilfe von Medikamenten aufgelöst werden.

Anämie (Blutarmut)

Großer Blutverlust oder angeborene bzw. durch Infektionen erworbene Störungen beim Auf- (im Knochenmark) oder Abbau (in Leber und Milz) der roten Blutkörperchen können zu einer stark verringerten Anzahl der Erythrozyten im Blut und damit zu einem Mangel an Hämoglobin führen. Dadurch kommt es zu einer Unterversorgung des Körpers mit Sauerstoff. Typische Symptome für ein solches als **Anämie** bezeichnetes Leiden sind Müdigkeit, Schwindel, verminderte Leistungsfähigkeit, Atemnot, Konzentrationsschwäche sowie Blässe der Haut und der Schleimhäute.
Zum Aufbau der roten Blutkörperchen und des Hämoglobins ist eine ausreichende Versorgung des Körpers der Patienten mit Vitaminen (v. a. Vitamin B und C) und Mineralstoffen (hauptsächlich Eisen) nötig. Zusätzlich müssen die Ursachen für die Blutarmut diagnostiziert und therapiert werden.

Leukämie (Blutkrebs)

Als **Leukämie** wird eine Krebserkrankung des blutbildenden Systems bezeichnet. Zumeist sind die Ursachen ungeklärt, die zu der typischen starken Überproduktion der weißen Blutkörperchen (Leukozyten) und vor allem ihrer funktionsuntüchtigen Vorstufen durch das Knochenmark führen. Aufgrund der raschen Vermehrung ist die normale Blutbildung gestört und es kommt zu einem Mangel an den normalen Blutbestandteilen. Symptome der Erkrankung sind eine erhöhte Infektionsanfälligkeit, dauerhafte Müdigkeit, verringerte Leistungsfähigkeit und Blässe. Als Risikofaktoren gelten neben einer genetischen Veranlagung vor allem virale Infektionen, UV-Strahlung und bestimmte chemische Substanzen.
Neben der therapeutischen Behandlung der Infektionen verspricht nur eine, den Körper stark belastende Chemotherapie und die Transplantation von Knochenmark eines geeigneten Spenders (siehe S. 96 f.) Heilung.

Hämophilie (Bluterkrankheit)

Die hauptsächlich bei Männern auftretende **Erbkrankheit Hämophilie** (siehe Band 1, S. 268) beruht auf dem Fehlen oder der nicht ausreichenden Bildung

eines von mehreren Gerinnungsfaktoren (siehe S. 158 f.). Dies führt dazu, dass selbst kleinste Wunden nicht oder nur sehr langsam aufhören zu bluten, was besonders bei nicht sofort erkennbaren inneren Verletzungen oder Operationen lebensgefährlich sein kann. Häufig entstehen auch spontane Blutungen, die ohne sichtbare Wunden auftreten. Dadurch kommt es z. B. zu blauen Flecken (Hämatomen) und zu Einblutungen in Gelenke.
Bluterkranke wissen in der Regel über ihre Krankheit Bescheid und tragen einen Hämophilie-Ausweis bei sich, der Ersthelfer und Ärzte im Falle einer Verletzung beispielsweise über die Diagnose und die Blutgruppe informieren soll. Die Krankheit ist nicht heilbar. Bei Blutungen sind betroffene Personen deshalb lebenslang auf die Verabreichung von Gerinnungsfaktoren und gegebenenfalls auf Blutspenden angewiesen.

2.4 Leistungssteigerung durch Höhentraining und Doping

Höhentraining

Wie bereits bekannt, enthalten die Erythrozyten in ihrem Inneren mit dem Hämoglobin ein für die Atmung wichtiges Protein. Ein einziger menschlicher Erythrozyt kann dabei etwa 250 Millionen Hämoglobinmoleküle enthalten. Durch den roten Blutfarbstoff erhöht sich die Transportkapazität des Blutes für Sauerstoff um das 65-Fache.
Leistungssportler, vor allem solche, die eine Ausdauersportart betreiben, versuchen durch Höhentrainingslager die Sauerstoffversorgung ihres Körpers zu verbessern. Dies beruht auf dem folgenden Prinzip: Mit zunehmender Höhe sinkt der Luftdruck und damit auch der Sauerstoff-Partialdruck. Dem Körper steht also in der Atemluft weniger Sauerstoff zur Verfügung. Auf den Sauerstoffmangel reagiert er durch eine vermehrte Produktion von Erythrozyten. Nach einem mehrwöchigen Höhentrainingslager enthält das Blut also mehr rote Blutkörperchen und damit auch mehr Hämoglobin. Dadurch kann mehr Sauerstoff transportiert werden und die Leistungsfähigkeit verbessert sich. Nach der Rückkehr in niedriger gelegene Regionen werden die hier überschüssigen Erythrozyten jedoch mit der Zeit wieder abgebaut.

Doping

Beim **Eigenblut-Doping** wird einem Sportler etwa 4 bis 5 Wochen vor einem Wettkampf Blut abgenommen, konserviert und gekühlt gelagert. Kurz vor dem Wettkampf wird der Person entweder das gesamte eingelagerte Blut

oder (in den meisten Fällen) nur die daraus isolierten Erythrozyten in ihren Körper zurückinjiziert. Dadurch steigt der Anteil der roten Blutkörperchen am Gesamtvolumen des Blutes an. Ein Hinweis auf Blutdoping ist daher ein unnormal erhöhter **Hämatokrit-Wert**, also der Wert, der den Anteil der festen Bestandteile am Blutvolumen beschreibt. Durch das Doping kann mehr Sauerstoff transportiert werden und die Leistungsfähigkeit des Athleten steigt.
Eine weitere Möglichkeit des Dopings ist die Gabe des Wirkstoffs **Erythropoetin (EPO)**, welcher den Körper zur verstärkten Bildung von Erythrozyten anregt.
Neben ethischen und rechtlichen Aspekten müssen beim Doping vor allem auch die gesundheitlichen Risiken berücksichtigt werden. Dazu zählen allergische Reaktionen und die Gefahren von Thrombosen, Embolien, Bluthochdruck und Nierenschäden durch das eingedickte Blut.

Zusammenfassung

Das **Blut** versorgt als „flüssiges Organ" sämtliche Körperzellen. Mithilfe der Erythrozyten wird Sauerstoff transportiert. Das Plasma ist an der Regulation der Körpertemperatur beteiligt und übernimmt viele Transportfunktionen.

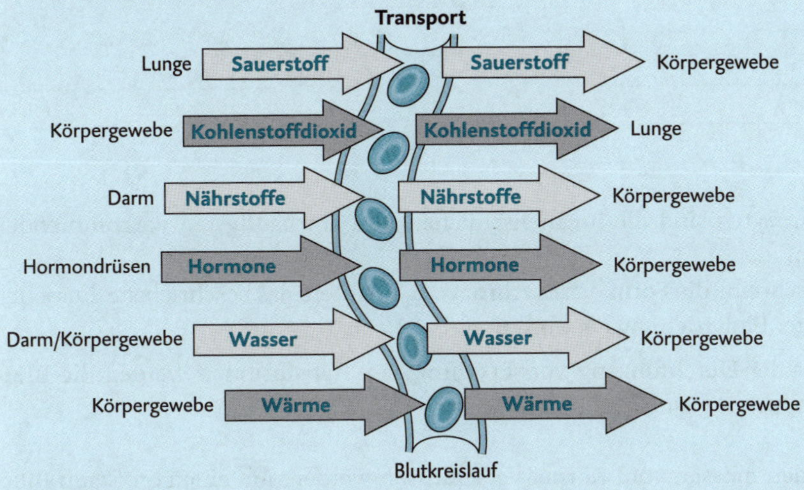

Thrombozyten und Fibrinogen sind neben zahlreichen anderen **Gerinnungsfaktoren** wichtige Wirkstoffe bei der **Blutgerinnung**.
Arteriosklerose, Embolien, Anämie, Leukämie und Bluterkrankheit sind häufige **Erkrankungen des Herz-Kreislauf-Systems**.

88 Vervollständige das folgende Schema mithilfe der Begriffe aus der Wortliste.

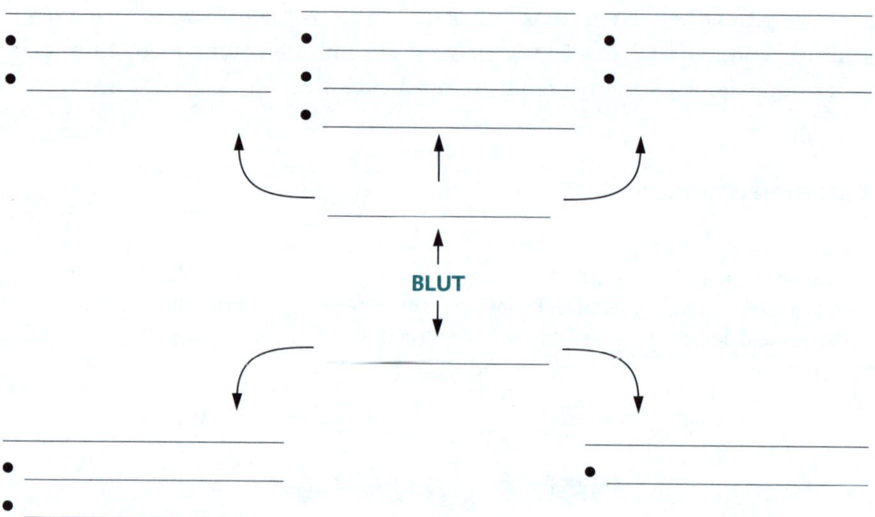

89 Erythrozyten sind die im menschlichen Blut am häufigsten vorkommenden Zellen.

a Beschreibe die Form der Erythrozyten. Erläutere das beschriebene Aussehen unter Einbeziehung der Funktion.

b Vor der Durchführung von Erythrozyten-Transfusionen werden die Blutgruppen abgeglichen. Erkläre, warum.

90 Wunden müssen vom Körper verschlossen werden, um einen größeren Blutverlust und das Eindringen von Krankheitserregern zu verhindern.

a Du schneidest dich versehentlich an einer Schere. Stelle in einem Fließdiagramm dar, welche Prozesse nach dieser kleinen Schnittverletzung in deinem Körper bis zur Ausbildung eines Fibrinnetzes ablaufen.

b Bei einer stark blutenden Wunde muss als Erste-Hilfe-Maßnahme ein **Druckverband** angelegt werden. Informiere dich über die korrekte Durchführung dieser Maßnahme und stelle sie in wenigen Sätzen dar.

91 Unterscheide die Begriffe Thrombose und Embolie.

92 Welche der folgenden Aussagen trifft nicht auf das Krankheitsbild Leukämie zu?

- ☐ Sie ist eine Erkrankung des blutbildenden Systems, bei der zu viele weiße Blutkörperchen gebildet werden.
- ☐ Sie ist eine Erkrankung des blutbildenden Systems, bei der zu wenige weiße Blutkörperchen gebildet werden.
- ☐ Sie ist eine Erkrankung des blutbildenden Systems, bei der zu viele rote Blutkörperchen gebildet werden.
- ☐ Sie ist eine Erkrankung des blutbildenden Systems, bei der zu wenige rote Blutkörperchen gebildet werden.
- ☐ Zur Blutzellersatz-Therapie werden den Patienten weiße Blutkörperchen verabreicht.
- ☐ Zur Blutzellersatz-Therapie werden den Patienten rote Blutkörperchen verabreicht.
- ☐ Zur Blutzellersatz-Therapie werden den Patienten rote und weiße Blutkörperchen verabreicht.

93 Ein wichtiges Hilfsmittel in der Medizin zur Diagnose von Erkrankungen ist das **Blutbild**. Darunter versteht man eine Zusammenstellung von Informationen zu den in einer Blutprobe enthaltenen zellulären Bestandteilen.

Parameter	Frauen	Männer
Erythrozyten	4,3 bis 5,2 Mio./$\mu\ell$	4,8 bis 5,9 Mio./$\mu\ell$
Hämatokrit	37–47 %	40–54 %
Leukozyten	4 000–10 000/$\mu\ell$	4 000–10 000/$\mu\ell$
Thrombozyten	150 000–400 000/$\mu\ell$	150 000–400 000/$\mu\ell$
PTT	20–38 s	20–38 s

Normalwerte beim Menschen; die PTT (partielle Thromboplastinzeit) ist ein Test zur Kontrolle des Blutgerinnungssystems und damit ein wichtiger Kontrollparameter für die Erkennung von Gerinnungsstörungen.

a In einer Arztpraxis sind 3 Patientenakten mit der Krankheitsdiagnose, den festgestellten Symptomen und den Laborwerten des Blutbildes durcheinandergekommen. Ordne die Patientenakten, indem du die Elemente mit Linien verbindest, und gib die Ursachen der jeweiligen Erkrankungen an.

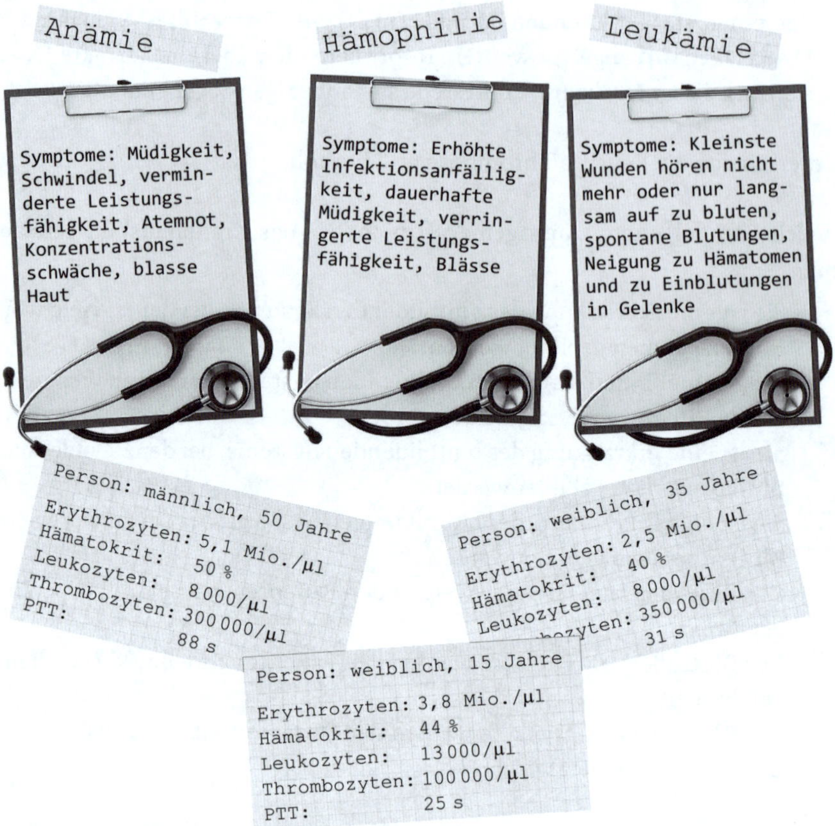

b Begründe, warum schwangere Frauen stärker vom Krankheitsbild der Anämie, speziell von der Sonderform Eisenmangelanämie, betroffen sind als Männer.

3 Die Lunge – unser Atmungsorgan

Die **äußere Atmung** mithilfe der **Lunge** bildet die Voraussetzung dafür, dass Sauerstoff, der für die Oxidation der Kohlenhydrate von entscheidender Bedeutung ist, in den Körper aufgenommen werden kann und dass das dabei entstehende Kohlenstoffdioxid aus dem Körper transportiert wird (siehe S. 131 f.).

3.1 Weg der Atemluft und Bau der Lunge

Die Einatemluft wird im Nasen- und Rachenraum durch feine **Flimmerhärchen** von Staubteilchen und anderen Stoffen gereinigt, von den Schleimhäuten angefeuchtet und auf etwa 32 °C erwärmt. Anschließend gelangt sie durch den Kehlkopf in die von Knorpelspangen stabilisierte **Luftröhre** (siehe Abb. 77). Beim Schlucken wird diese vom **Kehldeckel** fest verschlossen, um zu verhindern, dass Fremdstoffe in sie hineingelangen. Passiert dies trotzdem wie etwa beim „Verschlucken", dann wird ein Hustenreiz ausgelöst, durch den die Fremdkörper in der Regel wieder aus der Luftröhre entfernt werden. Im oberen Teil des Brustkorbs im Bereich des Brustbeins gabelt sich die Luftröhre in zwei **Bronchien**, die die Luft zu den beiden schwammartigen und stark durchbluteten **Lungenflügeln** führen. Der größere rechte Lungenflügel besteht aus drei **Lungenlappen**, während der linke Lungenflügel nur zweilappig gegliedert ist. Beide Bronchien verzweigen sich in den Lungenflügeln in immer feinere und dünnere Äste, die **Bronchiolen**. Auch die Luftröhre, die Bronchi-

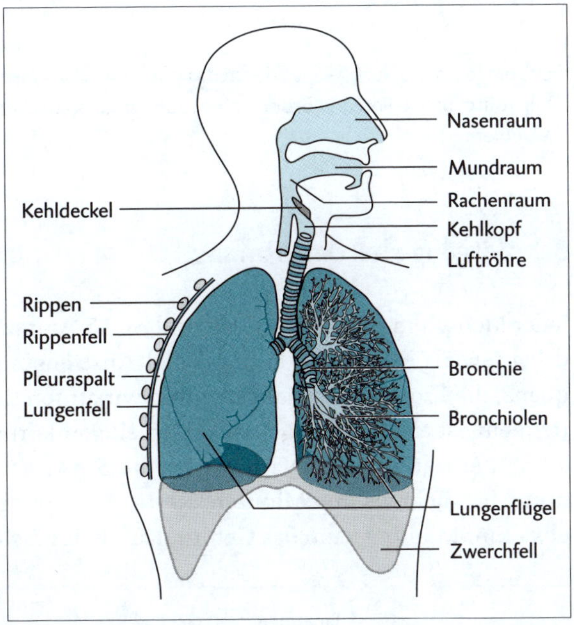

Abb. 77: Das gasleitende System

en und die Bronchiolen sind mit einer Schleim produzierenden Schleimhaut und unzähligen Flimmerhärchen ausgekleidet. Ein Großteil der in die Atmungsorgane gelangenden Fremd- und Schmutzstoffe, wie Staub, Pollen und Bakterien, werden von dem Schleim gebunden und durch das koordinierte Schlagen der Flimmerhärchen in Richtung Rachenraum bewegt. Schließlich wird der Schleim mit den darin enthaltenen Fremdkörpern abgehustet oder in den Magen hinuntergeschluckt. An den Enden der Bronchiolen befinden sich die nahezu kugelförmigen **Alveolen** (siehe S. 126 f.). Diese dünnhäutigen Lungenbläschen, von denen in einer Lunge etwa 300 bis 700 Millionen enthalten sind, sind von einem dichten, eng anliegenden Netz winziger Kapillaren umsponnen. Zwischen diesen und den Alveolen findet der Gasaustausch statt.

Die eingeatmete Luft gelangt durch das **gasleitende System** (Nasen-Rachenraum, Luftröhre, Bronchien und Bronchiolen) zum gasaustauschenden Lungengewebe mit den Alveolen.

3.2 Vorgänge bei der Atmung

Jeder Mensch macht im Ruhezustand ca. 15 Atemzüge pro Minute und nimmt dabei jeweils etwa 0,5 ℓ Luft auf. Bei Anstrengung erhöht sich die Atemfrequenz, die Bronchien weiten sich und wir atmen tiefer ein und aus. Die Atemfrequenz ist also abhängig von der jeweiligen körperlichen Aktivität und wird vom Atemzentrum im Nachhirn (siehe S. 14) gesteuert. Unterbleibt die Atmung für mehr als drei Minuten, so tritt in der Regel Bewusstlosigkeit ein. Ab etwa fünf Minuten kann das Gehirn dauerhaft geschädigt werden.

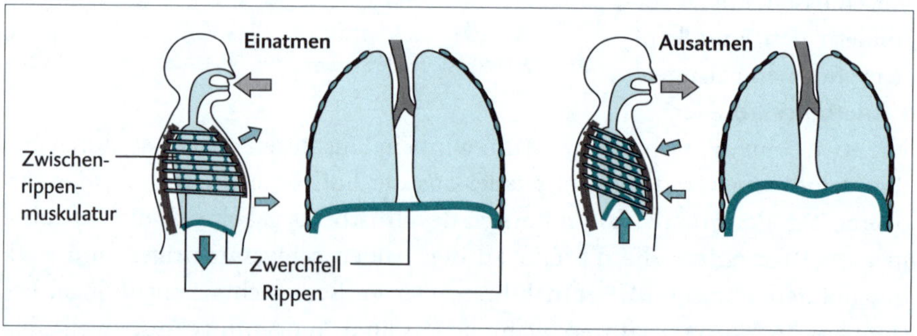

Abb. 78: Der Atemmechanismus bestehend aus Brustatmung (Rippenatmung) und Bauchatmung (Zwerchfellatmung).

Die Lungenflügel besitzen keine Muskeln und können sich deshalb nicht aktiv mit Luft füllen bzw. leeren. Deshalb müssen sie mithilfe der **Zwischenrippenmuskulatur** und des **Zwerchfells** ventiliert werden (siehe Abb. 78):

- **Einatmen:** Durch das Heben des Brustkorbs aufgrund der Kontraktion der Zwischenrippenmuskulatur **(Brustatmung)** und durch die Kontraktion und damit das Absenken des Zwerchfells **(Bauchatmung)** vergrößert sich beim Einatmen der Brustraum. Da die Lungenflügel über das **Lungenfell** und den flüssigkeitsgefüllten **Pleuraspalt** eng am **Rippenfell** und am Zwerchfell haften, folgt die Lunge der Erweiterung des Brustraums und wird passiv gedehnt (siehe Abb. 78, links). Dadurch entsteht in der Lunge ein Unterdruck und sauerstoffreiche Luft wird in sie hineingesogen.
- **Ausatmen:** Beim Ausatmen (siehe Abb. 78, rechts) entspannen sich die Zwischenrippenmuskeln wieder **(Brustatmung)** und der Brustkorb sinkt aufgrund seines Eigengewichtes nach unten. Gleichzeitig entspannt sich auch das Zwerchfell **(Bauchatmung)** und wölbt sich dadurch in seiner natürlichen Kuppelform nach oben. Durch diese beiden Mechanismen verringert sich das Volumen des Brustraums, die Lunge wird komprimiert und das Alveolenvolumen nimmt ab. Die nun kohlenstoffdioxidreiche Luft wird nach außen gepresst.

> Das Einsaugen sowie das Auspressen der Atemluft erfolgt über die gleichzeitig ablaufenden Vorgänge der **Brust-** und **Bauchatmung**.

3.3 Schädigungen und Erkrankungen

Durch den direkten Kontakt mit der Umgebungsluft ist die Lunge ständig zahlreichen Einflüssen aus der Umwelt ausgesetzt.

Bronchitis

Die Bronchien sind wie besprochen von einer Schleimhaut ausgekleidet, die ständig Schleim produziert, der für die Reinigung und das Anfeuchten der Atemluft zuständig ist. Die Schleimhautzellen und der Schleim stellen aufgrund der herrschenden Temperaturen, der Feuchtigkeit und des Nahrungsangebots einen idealen Nährboden für Krankheitserreger wie Bakterien oder Viren dar. Ein Befall kann zu einer Entzündung der Bronchien führen, einer sogenannten **akuten Bronchitis**. Als Abwehrreaktion setzt eine vermehrte Produktion zähflüssigen Schleims ein und die Bronchialmuskulatur kontrahiert sich. Dadurch kommt es zu einer Verengung der Bronchien und damit der

Atemwege. Typische Symptome sind ein starker Husten, mit dem der grünlich-gelbe Schleim aus dem Körper entfernt werden soll, Müdigkeit, Fieber, eventuell Schüttelfrost und Atemnot.

Handelt es sich um bakterielle Erreger, werden diese durch die Gabe von Antibiotika bekämpft. Zur Bekämpfung von Viren können antivirale Medikamente eingesetzt werden. Schleimlösende Arzneimittel erleichtern das Abhusten festsitzenden Schleims. Bettruhe, Schonung und ausreichend Flüssigkeitszufuhr unterstützen das Immunsystem beim Kampf gegen die Krankheitserreger.

Für eine **chronische Bronchitis** gelten in Tabakrauch oder Feinstaub enthaltene Substanzen als Auslöser. Diese führen ebenfalls zu einer Verengung der Bronchien durch Überproduktion von Schleim und durch die Kontraktion der Bronchialmuskulatur. Die Substanzen hemmen jedoch darüber hinaus die Bewegung der Flimmerhärchen, sodass der Abtransport des zähflüssigen Schleims noch zusätzlich erschwert ist.

Asthma

Wie bei der Bronchitis handelt es sich auch bei **Asthma** um eine entzündliche Erkrankung der Bronchien. Auslöser sind jedoch zumeist keine Krankheitserreger, sondern häufig bei den betroffenen Personen als Allergene wirkende Substanzen (siehe S. 90 f.) wie Milbenkot, Tierhaare, Pollen, bestimmte Nahrungsmittel, Zigarettenrauch oder Chemikalien. Durch die übermäßige Reaktion des Immunsystems kommt es zu einer chronischen Entzündung der Schleimhaut, die dadurch stark anschwillt und vermehrt Schleim produziert. Gleichzeitig zieht sich auch die Bronchialmuskulatur krampfartig zusammen. Durch diese Faktoren wird die Atmung extrem erschwert. Als Symptome zeigen sich meist Husten, Kurzatmigkeit und Atemnot.

Asthmatiker besitzen in der Regel ein vom Arzt verschriebenes Asthmaspray, welches eine Erweiterung der Bronchien und die Entkrampfung der Bronchialmuskulatur bewirkt.

Pneumonie (Lungenentzündung)

Von einer **Lungenentzündung** spricht man dann, wenn Bakterien, Viren, Pilze oder Einzeller das Lungengewebe befallen haben und dort zu einer Entzündungsreaktion führen. Durch die Infektion kommt es zu einer Anhäufung von Leukozyten (siehe S. 156) im Lungengewebe und zu einer die Sauerstoffaufnahme behindernden Flüssigkeitsansammlung in den Alveolen der betroffenen Lungenregion. Symptome sind die typischen Anzeichen einer Entzündung

wie Fieber, Schüttelfrost, Brust-, Kopf- und Gliederschmerzen. Dazu kommen Husten, eitrige Schleimbildung, ein schlechter Allgemeinzustand sowie angestrengtes Atmen und Atemnot.
Gegen bakterielle Erreger werden Antibiotika eingesetzt. Wird die Entzündung von Viren hervorgerufen, können antivirale Wirkstoffe verabreicht werden. Durch strenge Bettruhe, Schonung und eine ausreichende Flüssigkeitszufuhr wird das Immunsystem bei der Bekämpfung der Krankheitserreger unterstützt. Daneben werden häufig schmerz- und hustenstillende sowie schleimlösende und fiebersenkende Medikamente eingesetzt und Atemgymnastik betrieben. Trotz dieser vielfältigen Behandlungsmöglichkeiten verlaufen Lungenentzündungen in manchen Fällen tödlich.

Emphysem (Blählunge)

Als Ursachen für diese nicht umkehrbare Erkrankung des Lungengewebes kommen Rauchen und Feinstäube infrage. Bei einem **Emphysem** lösen sich die feinen Wände der Alveolen durch eine übermäßige Aktivität proteinabbauender Enzyme auf und es entstehen größere Hohlräume. Diese können zum einen nicht für die Atmung genutzt werden und zum anderen staut sich in diesen Hohlräumen die Atemluft. Betroffene Personen leiden aufgrund dessen unter einer geringen Leistungsfähigkeit und bei körperlicher Belastung rasch unter Atemnot.
Eine umfassende Therapie mit Atemgymnastik, medikamentöser Behandlung und operativer Verkleinerung der Lunge kann die Atemnot verringern, das Fortschreiten der Krankheit jedoch nicht verhindern. Dadurch wird im Laufe der Zeit die Transplantation einer geeigneten Spenderlunge nötig.

Zusammenfassung

Die **Lunge** sorgt als zentrales Atemorgan des **Menschen** für die Sauerstoffaufnahme in den Körper und die Kohlenstoffdioxidabgabe an die Umgebungsluft. Mithilfe der **Atemmechanik (Brust- und Bauchatmung)** wird sauerstoffreiche Einatemluft passiv in die Lungen gesogen bzw. kohlenstoffdioxidreiche Ausatemluft aus den Lungen herausgepresst.
Bronchitis, Asthma, Lungenentzündung und Blählunge sind häufige **Erkrankungen der Atemorgane**.

94 In Ruhe atmet ein Erwachsener durchschnittlich 16-mal pro Minute ein.

a Leite das durchschnittliche Einatemvolumen der Lunge pro Minute im Ruhezustand her.

b Bei starker körperlicher Anstrengung kann das Atemminutenvolumen sogar auf bis zu 132 Liter pro Minute und die Atemfrequenz auf bis zu 50 Atemzüge pro Minute ansteigen. Berechne das in diesem Fall vorliegende durchschnittliche Volumen eines Atemzugs.

95 Bei der Lunge handelt es sich um ein Organ, das der Atmung dient.

a Beschreibe den Aufbau der Lungenflügel.

b Die Lunge besteht beim Menschen aus zwei Lungenflügeln, wobei der linke in zwei und der rechte in drei Lungenlappen unterteilt ist. Formuliere eine Hypothese, warum der linke Lungenflügel nur zweilappig untergliedert ist.

96 Die menschliche Lunge besitzt keine eigene Muskulatur.

a Beschreibe die Vorgänge bei der Einatmung.

b Bei Unfällen kommt es manchmal vor, dass eine gebrochene Rippe das Rippenfell durchstößt und durch den Pleuraspalt in die Lunge eindringt.
Erläutere, warum dies dazu führen kann, dass der Verletzte unter starker Atemnot leidet.

97 Jeder Mensch atmet täglich etwa 10 000 Liter Luft ein und aus.

a Beim Einatmen strömt die Atemluft an verschiedenen Geweben und Organen vorbei. Erstelle anhand der folgenden Begriffe ein Fließdiagramm zum Weg der Atemluft.
Alveole – Rachenraum – Nase – Bronchie – Kehlkopf – Bronchiole – Luftröhre

b Benenne die in den folgenden Modell-Abbildungen dargestellten Atemmechaniken. Beschrifte die Abbildungen und symbolisiere mit Pfeilen die Bewegungsrichtung der Organteile bei der Ausatmung.

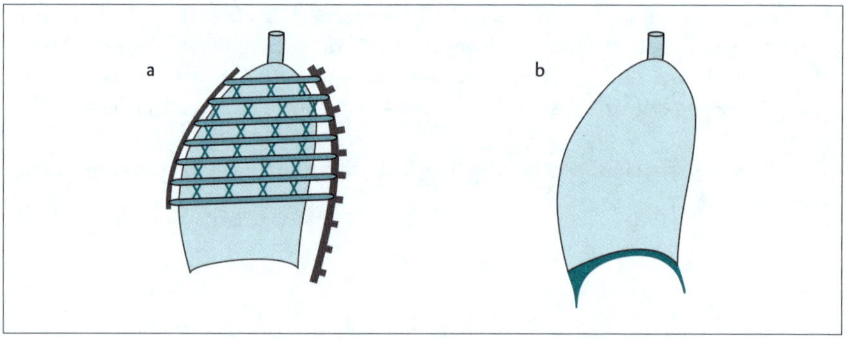

98 Laut Angaben der Weltgesundheitsorganisation sterben weltweit jedes Jahr 5 Millionen Menschen an den Folgen des **Tabakkonsums**. Außerdem sind mittlerweile viele weitere gesundheitsschädigende Folgen des **Rauchens** wissenschaftlich belegt.
Das jahrelange Inhalieren von Tabakrauch hemmt z. B. den Schlag der Flimmerhärchen in den Bronchien und führt zu ihrer Degeneration. Da sich vor allem nachts zähflüssiger Schleim in der Lunge ansammelt, muss dieser typischerweise morgens abgehustet werden.

a Welche der folgenden Aussagen sind zutreffend? Kreuze diese an.

- ☐ Durch den Schlag der Flimmerhärchen werden Schleim, Bakterien und Schmutzpartikel in den Rachenraum befördert.
- ☐ Da die Atemgase sehr gut wasserlöslich sind, wird durch die Schleimansammlung der Gasaustausch erleichtert.
- ☐ Bei der chronischen Bronchitis ist das Selbstreinigungssystem der Lunge gestört.
- ☐ Die Schleimansammlung begünstigt bakterielle Infektionen der unteren Atemwege.

b Bei unvollständigen Verbrennungsvorgängen wie beim Abbrennen einer Zigarette entsteht Kohlenstoffmonooxid, welches eine etwa 300-fach höhere Bindefähigkeit an Hämoglobin besitzt als Sauerstoff.
Erläutere die hierdurch entstehende geringere körperliche Leistungsfähigkeit von Rauchern.

99 Manche Menschen leiden aufgrund einer gestörten Lungenfunktion unter Krankheiten.
Erläutere die Ursachen eines Krankheitsbildes deiner Wahl und gib außerdem Symptome und Therapiemöglichkeiten an.

4 Die Leber – das zentrale Stoffwechselorgan

Die **Leber** liegt im rechten Oberbauch, geschützt von den unteren Rippenbögen. Mit etwa 1,5 bis 2 kg ist sie das schwerste innere Organ des Menschen und die größte Drüse. Wegen ihrer hohen Stoffwechselaktivität ist die Leber ein zentrales **Stoffwechselorgan** mit vielfältigen Aufgaben.

4.1 Bau der Leber

Die im Normalfall braun gefärbte Leber ist von einer Hülle aus Bindegewebe umgeben und besteht aus zwei einheitlich aufgebauten **Leberlappen** (siehe Abb. 79), wobei der rechte Leberlappen deutlich größer ist als der linke. Die Leberlappen sind unterteilt in viele winzige **Leberläppchen**. Zwischen einem sehr feinen Netz aus Zu- und Ausfuhrgängen liegen die Leberzellen. In die Leberunterseite münden die **Pfortader**, die das Blut vom Magen-Darm-Trakt und der Milz herantransportiert, und die **Leberarterie**, die sauerstoffreiches Blut von der Lunge zur Leber befördert. **Gallengänge** und **Lebervene** führen aus der Leber hinaus.

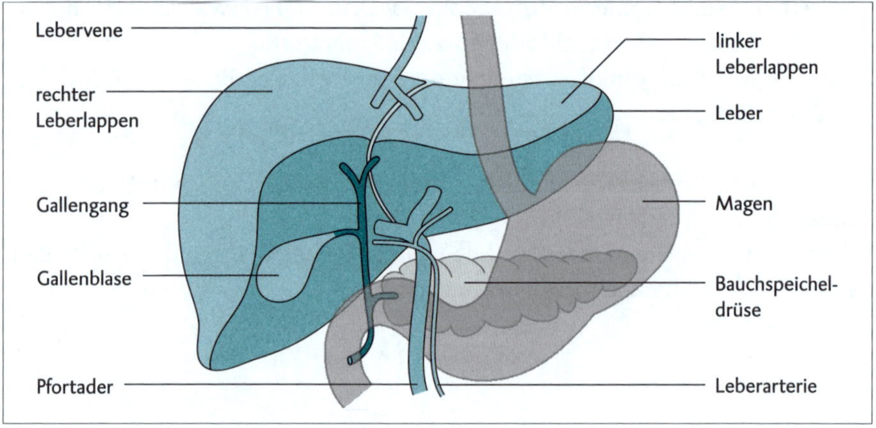

Abb. 79: Lage und Bau der Leber

4.2 Funktionsweise

Die Stoffwechselprozesse der Körperzellen liefern täglich 20 bis 30 g nicht mehr benötigte und damit überschüssige Proteine. Außerdem erreichen alle aus dem Darm durch Resorption aufgenommenen Stoffe (siehe S. 116) über die Pfortader direkt die Leber. Da diese Stoffe zeitlich und mengenmäßig sehr unregelmäßig durch den Darm ins Blut übertreten und dadurch dem Körper nicht immer und in ausreichenden Mengen zur Verfügung stehen, ist eine der zentralen Aufgaben der Leber deren **Speicherung** bzw. deren **Abbau** bei Mangel. Außerdem findet in dem Organ der **Umbau** vieler lebensnotwendiger Nährstoffbausteine statt. Die Leber ist dabei unter anderem für folgende Vorgänge zuständig (siehe Abb. 80):

- Wasserlösliche, durch das Blut transportierte **Glucose**-Moleküle werden zum großen, aus bis zu 50 000 Einzelbausteinen bestehenden Polysaccharid **Glykogen** aufgebaut und in der Leber gespeichert.
- **Aminosäuren und Fettbestandteile** werden in den Leberzellen im Zuge des Baustoffwechsels für den Aufbau körpereigener Proteine (z. B. Gerinnungsfaktoren und Bluteiweiße) oder Fette genutzt. Außerdem können Glucose zu Fetten und Fette zu Glucose umgebaut werden.
- **Fettlösliche Vitamine** wie Vitamin A und D werden in der Leber gespeichert.
- Bei Bedarf werden gespeicherte Vitamine wieder abgegeben oder Glykogen wird wieder in Glucose umgewandelt, die dann vom Körper als Energielieferant genutzt werden kann.

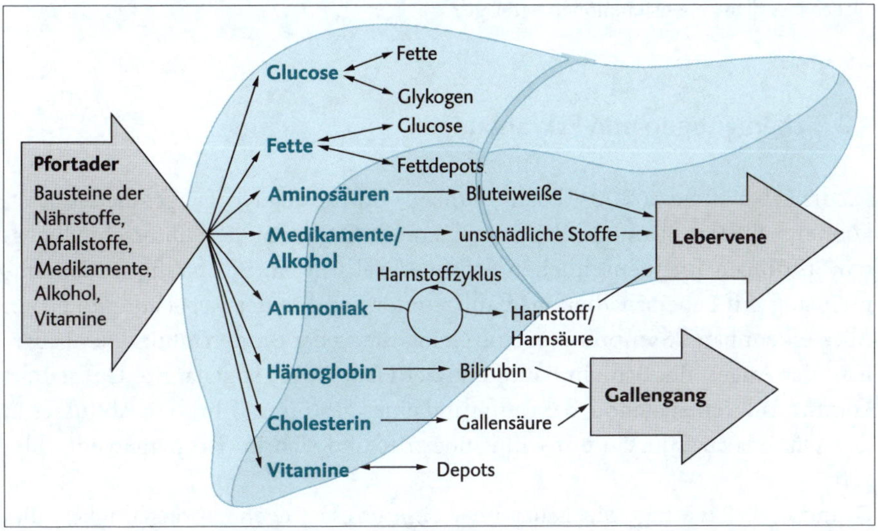

Abb. 80: Schematische Übersicht über einige bedeutende Stoffwechselprozesse in der Leber

Daneben nimmt die Leber auch beim **Abbau** körpereigener Stoffe und deren **Entgiftung** eine zentrale Rolle ein (siehe Abb. 80):

- Der beim Abbau körpereigener **Proteine** aus den Aminosäure-Molekülen entstehende giftige, aber gut wasserlösliche Ammoniak wird in den Leberzellen im sogenannten Harnstoffzyklus zu den ungiftigeren Stoffen **Harnstoff** oder **Harnsäure** umgebaut und anschließend über die Nieren (siehe S. 181 ff.) mit dem Urin aus dem Körper ausgeschieden.
- Der Blutfarbstoff **Hämoglobin** (siehe S. 131) wird in **Bilirubin** umgebaut. Das Bilirubin wird über die Gallengänge in den Dünndarm transportiert und anschließend mit dem Kot, dessen Farbe der Abfallstoff hauptsächlich bestimmt, aus dem Körper geschleust.
- Weitere Abbauprodukte wie **Gallensäuren** werden in der **Gallenblase** gesammelt und als **Gallenflüssigkeit** in den Dünndarm abgegeben, wo sie bei der Fettverdauung mitwirken (siehe S. 114 ff.). Mit dem Kot verlassen sie den Körper.

Außerdem ist die Leber durch die bei den Stoffwechselprozessen entstehende Wärme an der **Regulation der Körpertemperatur** beteiligt.

> Die **Leber** erfüllt wichtige **Stoffwechselaufgaben** und ist vor allem beim Umbau und bei der Speicherung von Stoffen sowie bei der Entgiftung von entscheidender Bedeutung. Sie ist an fast allen Lebensfunktionen beteiligt.

4.3 Schädigungen und Erkrankungen

Da die Leber an etwa 500 Abbau-, Umbau- und Aufbauvorgängen beteiligt ist, können Schädigungen und Erkrankungen des Organs zu den unterschiedlichsten Störungen im menschlichen Stoffwechsel führen. Ein häufig im Zusammenhang mit Leberschädigungen auftretendes und in der Regel auf den ersten Blick erkennbares Symptom ist eine Gelbfärbung der Bindehaut und der Lederhaut des Auges, der Schleimhäute und der Haut. Diese sogenannte **Gelbsucht** kommt dadurch zustande, dass aufgrund eines gestörten Bilirubin-Abflusses in den Dünndarm Bilinsäure ins Blut übertritt und sich im Körpergewebe ablagert.

Grundsätzlich verfügt die Leber über eine große Regenerationsfähigkeit. Bei chronischen Erkrankungen werden die Leberzellen jedoch oft langsam durch Gewebezellen ersetzt und der innere Aufbau des Organs verändert sich.

Gallensteine

Durch eine Behinderung des Gallensaftabflusses oder durch Stoffwechselstörungen können in der Gallenblase Cholesterin oder Salze des Bilirubins auskristallisieren und als **Gallensteine** bezeichnete Strukturen bilden. Diese können den Gallensaftabfluss noch stärker behindern oder gar in den Gallengängen steckenbleiben und sie komplett verstopfen, was wiederum zu krampfartigen und äußerst schmerzhaften **Gallenkoliken** führt.
Die Gallensteine können durch Ultraschall zertrümmert oder chemisch aufgelöst werden. In manchen Fällen wird auch die operative Entfernung der Gallenblase empfohlen.

Hyperurikämie (Gicht)

Überernährung vor allem mit Fleischprodukten und der regelmäßige Konsum von Alkohol führen in vielen Fällen zu erhöhten Harnsäurewerten im Blut. Ablagerungen von Harnsäurekristallen, die besonders oft in den Finger- und Zehengrundgelenken vorkommen, führen zu Gelenkentzündungen, die mit starken Schmerzen einhergehen. Häufige **Gichtanfälle** können zur Versteifung oder Deformierung der betroffenen Gelenke führen.
Proteinarme Ernährung und Medikamente zur verstärkten Harnsäureausscheidung erniedrigen den Harnsäurespiegel im Blut und verhindern dadurch Gichtanfälle.

Hepatitis (Leberentzündungen)

Leberentzündungen sind zumeist auf Infektionen mit **Hepatitis-Viren** (siehe S. 67) zurückzuführen. Je nach Erregertyp liegen unterschiedliche Übertragungswege über Körperflüssigkeiten wie Blut, Speichel und Sperma (Hepatitis B, C und D) oder auch über verunreinigte Lebensmittel oder Trinkwasser (Hepatitis A und E) vor. Zunächst äußert sich die Leberentzündung über unspezifische Krankheitsanzeichen wie Abgeschlagenheit, Übelkeit und Fieber. Nach einigen Tagen zeigen sich dann eindeutigere Symptome wie etwa eine Gelbfärbung der Lederhaut, Druckempfindlichkeit im rechten Oberbauch und eine Dunkelfärbung des Urins bei gleichzeitig relativ hellem Stuhl.
Eine Schutzimpfung ist bei fast allen Hepatitis-Formen genauso möglich wie eine medikamentöse Behandlung bzw. die Verabreichung von Wirkstoffen zur Unterstützung der Immunabwehr.

Leberzirrhose (Schrumpfleber)

Über die Pfortader erreichen die Leber alle resorbierten Stoffe. Dazu zählen neben den Nährstoffbausteinen auch Wirkstoffe von Medikamenten, Alkohol und Inhaltsstoffe von Drogen. Bei dauerhafter und regelmäßiger Einnahme toxischer Substanzen kann durch die verstärkte Entgiftungstätigkeit der Leberzellen auch der Fettstoffwechsel in dem Organ gestört werden und es kommt zur Bildung einer **Fettleber**. Auch die Zerstörung der überlasteten Leberzellen ist möglich. Durch die Vernichtung der Zellen und die Einlagerung von Fetten kann das Organ seine vielfältigen Aufgaben nicht in ausreichender Weise erfüllen. Durch den Verzicht auf die auslösenden Faktoren ist aber in der Regel eine vollständige Regeneration der Leber möglich.

Wird die Schadstoffaufnahme jedoch nicht gestoppt, so setzt sich die Organschädigung fort. Der weitere Prozess verläuft von der Fettleber über die Bildung erster Narben **(Narbenleber)** auf dem Lebergewebe bis zur **Schrumpfleber**, also der Zerstörung von Leberzellen durch wucherndes Bindegewebe. Der Vorgang verläuft zwar sehr langsam über Jahre hinweg, ist aber ab einem bestimmten Zeitpunkt nicht mehr rückgängig zu machen und häufig tödlich.

Zusammenfassung

Die **Leber** ist an fast allen Lebensvorgängen im Körper beteiligt und das zentrale Stoffwechselorgan:

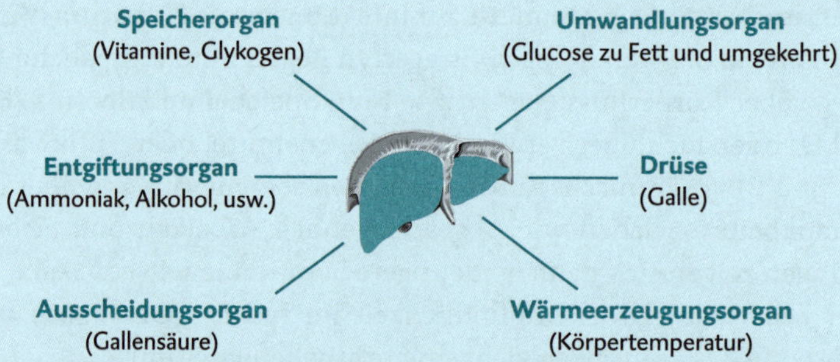

Die Leber wirkt direkt auf die Zusammensetzung des Blutes ein. Deshalb können bereits kleine Störungen der Organtätigkeit vielfältige Auswirkungen haben. Obwohl die Leber sehr regenerationsfähig ist, kann sie durch Giftstoffe dauerhaft geschädigt werden. Gicht, Hepatitis und Leberzirrhose sind häufige **Erkrankungen der Leber**.

100 Die Leber ist als zentrales Organ des gesamten Stoffwechsels die größte Drüse des menschlichen Körpers.

a Beschrifte die folgende Abbildung der Leber. Verwende dazu die unter den Strichen angegebenen Buchstaben in der richtigen Reihenfolge.

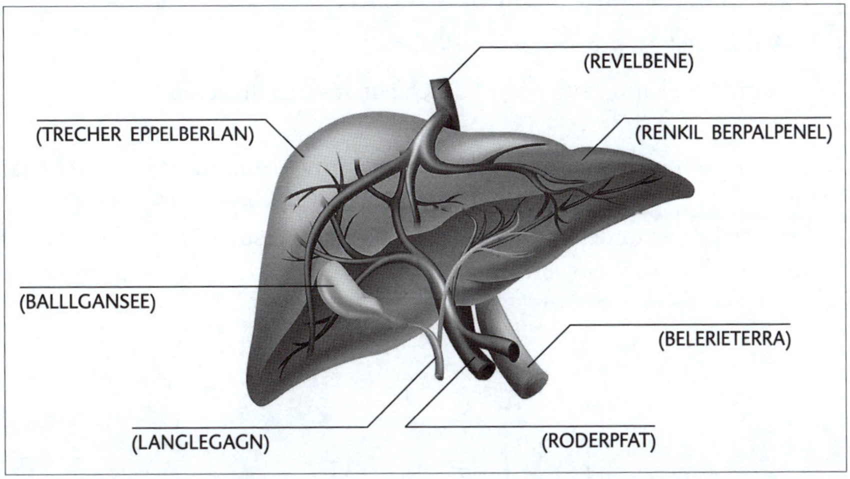

b Die wichtigsten Aufgaben der Leber sind in der folgenden Tabelle aufgelistet – aber mit der falschen Beschreibung. Ordne die Liste.

Aufgabe	Beschreibung
Aufbau	fettlösliche Vitamine
Ausscheidung	viele Schadstoffe wie Alkohol
Umwandlung	Glucose in zu speicherndes Glykogen und umgekehrt
Entgiftung	Abbauprodukte als Gallenflüssigkeit
Speicherung	Proteine des Blutplasmas

101 Neben vielen weiteren Aufgaben baut die Leber körpereigene Proteine auf und stickstoffhaltige Abfallprodukte so um, dass sie aus dem Körper ausgeschieden werden können.

a Gib stichpunktartig an, welche Stationen der Stickstoff eines Aminosäure-Abbauproduktes von der Zelle bis zur Ausscheidung durchläuft.

b Proteinreiche Mahlzeiten erhöhen die Lebertätigkeit. Schildere diesen Zusammenhang.

102 Kreuze an, bei welchem der folgenden Sätze Abfallprodukt und Aussage nicht zueinander passen.

☐ Harnstoff besitzt im Vergleich zu Ammoniak eine geringere Giftigkeit.
☐ Harnstoff ist sehr schlecht wasserlöslich.
☐ Ammoniak ist sehr gut wasserlöslich.
☐ Harnsäure kann trotz guter Löslichkeit auskristallisieren.

103 Manche Menschen leiden aufgrund einer gestörten Leberfunktion unter Krankheiten.

a Beschreibe das in der folgenden Abbildung dargestellte Krankheitsbild einschließlich Krankheitsverlauf.

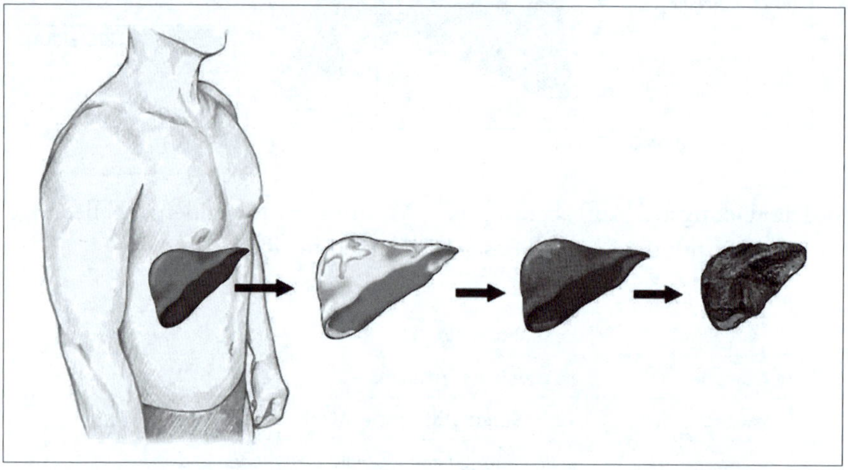

b Erläutere die Ursachen eines weiteren Krankheitsbildes deiner Wahl und gib außerdem die jeweiligen Symptome und Therapiemöglichkeiten an.

5 Die Niere – ein Ausscheidungsorgan

Die paarigen **Nieren** liegen von einem fettreichen Bindegewebe geschützt im hinteren Bauchraum zu beiden Seiten der Wirbelsäule unterhalb der Rippen und des Zwerchfells. Bei den beiden bohnenförmigen, etwa faustgroßen Strukturen handelt es sich um das wichtigste **Ausscheidungsorgan (Exkretionsorgan)** des Menschen. Die Hauptaufgabe der Niere ist es, nicht mehr benötigte oder schädliche Stoffwechselendprodukte in den Urin (Harn) abzugeben.

5.1 Bau der Niere

Jede der beiden etwa 10 cm langen Nieren wiegt ungefähr 150 g und ist umgeben von einer derben, dunkelbraunen Haut, der **Nierenkapsel**. Auf jeder Niere befindet sich eine **Nebenniere**, die lebenswichtige Hormone wie Adrenalin, Noradrenalin oder Glucocorticoide produziert (siehe S. 42). Das Innere des Organs (siehe Abb. 81) ist aufgeteilt in das **Nierenbecken** sowie die **Mark-** und die **Rindenschicht** mit ihren etwa 1 Million **Nephronen** (siehe Abb. 82). Vom Nierenbecken als zentralem Hohlraum führt ein ca. 30 cm langer **Harnleiter** zur **Harnblase**.

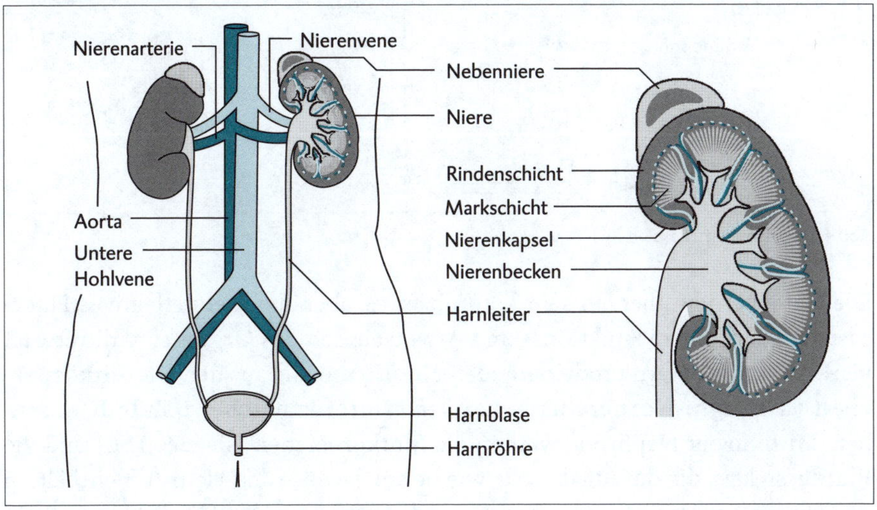

Abb. 81: Lage und Bau der Nieren

Die Nieren werden über eine dicke **Nierenarterie**, die direkt von der Aorta abzweigt, reich durchblutet. Diese verzweigt sich bis in die Kapillaren der Nierenkörperchen. Über die **Nierenvene** fließt das Blut wieder ab.

5.2 Funktionsweise

Die Stoffwechselprozesse der Körperzellen liefern wie besprochen täglich 20 bis 30 g nicht mehr nutzbare Proteine. Diese bzw. deren Bausteine, die Aminosäuren, werden zu Ammoniak abgebaut, der von der Leber (siehe S. 174 ff.) zu **Harnstoff** umgewandelt und neben weiteren giftigen, schädlichen und nicht mehr benötigten Stoffen aus dem Körper ausgeschieden wird. Das Ausscheiden von Stoffwechselendprodukten wird als **Exkretion** bezeichnet.

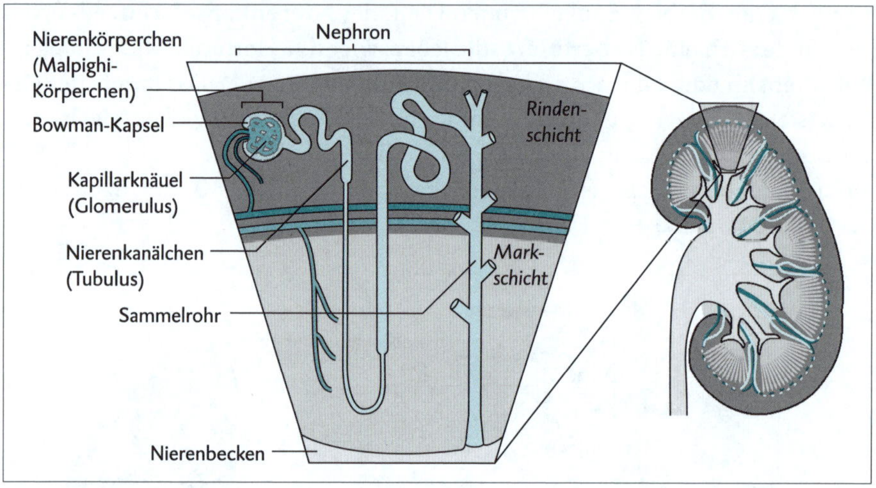

Abb. 82: Feinbau der Niere

Die Niere verfügt über ein sehr kompliziertes, aber auch sehr effektives Filtersystem. Die kleinste Funktions- und Arbeitseinheit des Organs sind die etwa 3 bis 4 cm langen, Harn produzierenden **Nephrone**, die aus den **Nierenkörperchen (Malpighi-Körperchen)** und den **Nierenkanälchen (Tubuli)** bestehen. Mithilfe der Nephrone werden die Blutkörperchen (siehe S. 156) und die Blutflüssigkeit, die die Abfallstoffe wie beispielsweise den Harnstoff enthält, in den Nieren voneinander getrennt. Der dabei entstehenden Flüssigkeit wird ein Großteil des Wassers wieder entzogen, wodurch es im Körper zurückbehalten wird. Im Folgenden ist das Filterprinzip detailliert dargestellt:

- Produktion von **Primärharn:** Jedes **Nierenkörperchen** besteht aus einem **Glomerulus**, das heißt einem Blutgefäßknäuel, und der sogenannten **Bowman-Kapsel**, die das Kapillarknäuel umhüllt. Bedingt durch den in der Kapillare herrschenden hohen Blutdruck, der dadurch zustandekommt, dass der abführende Teil des Blutgefäßes einen geringeren Durchmesser hat als der zuführende, wird ein großer Teil der Blutflüssigkeit durch die Wände der Kapillaren hindurchgepresst. Größere Proteine wie Bluteiweiße (z. B. Fibrinogen) und die Blutkörperchen können die Wände nicht durchdringen und bleiben in den Kapillaren zurück. Das Filtrat, also Wasser sowie Salze und kleine Moleküle wie Harnstoff, Glucose und Aminosäuren, treten in das Innere der Bowman-Kapsel über. Durch diesen Vorgang der **Ultrafiltration** wird in den Nierenkörperchen der sogenannte **Primärharn** gebildet. Von dieser Flüssigkeit fallen im menschlichen Körper pro Tag unglaubliche 150 bis 200 ℓ an.
- Produktion von **Sekundärharn (Endharn):** Von den Bowman-Kapseln führen die kleinen, schleifenartig angeordneten **Nierenkanälchen** weg, die von einem dichten Kapillarnetz umsponnen werden und durch die der Primärharn läuft. In einer Abfolge komplexer Vorgänge diffundieren 95 % des Wassers und ein Großteil der Ionen wie Natrium- oder Chlorid-Ionen passiv entlang des Konzentrationsgefälles zurück in das Blut. Glucose, Aminosäuren und Vitamine werden aktiv unter Energieaufwand wieder in das Blut aufgenommen. Durch diese aktiven und passiven **Resorptionsvorgänge (Rückresorption)** werden wertvolle Stoffe zurück in das Blut transportiert und stehen damit den Körperzellen wieder zur Verfügung. Anschließend werden bei der **Sekretion** (siehe Abb. 83) aktiv und damit unter Energieaufwand weitere Giftstoffe und überschüssige Salze aus dem Blut entfernt und dem **Sekundärharn** zugeführt. Die Prozesse der Resorption und der Sekretion in den Tubuli sind so energieaufwendig, dass die Nieren für etwa 1/8 des täglichen Gesamtenergiebedarfs des Körpers verantwortlich sind. Pro Tag werden etwa 1,5 ℓ Sekundärharn, in dem die Abfallstoffe nun sehr konzentriert vorliegen und der einen Salzgehalt von maximal etwa 2 % aufweist, gebildet und über ein **Sammelrohr** durch das **Nierenmark** zum **Nierenbecken** geleitet.

Vom Nierenbecken aus fließt der Sekundärharn über den **Harnleiter** zur **Harnblase**. Dort wird er gespeichert und von Zeit zu Zeit über die **Harnröhre** ausgeschieden.

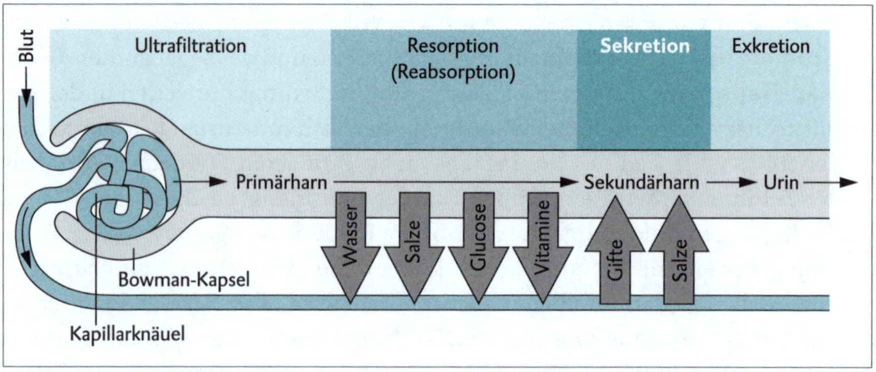

Abb. 83: Schematische Darstellung der Nierenfunktion: Ultrafiltration, Resorption, Sekretion und Exkretion

Abhängig von der Art und Menge der zugeführten Nahrung, der Aktivität und der Umgebungsbedingungen sorgen die Nieren neben ihrer Entgiftungsfunktion für konstante Bedingungen im Körper und dadurch in den Körperzellen. Vermehrtes Schwitzen durch Hitze oder sportliche Aktivität führen beispielsweise zu einem erhöhten Wasser- und Salzverlust. Dies wird von den Nieren durch verstärkte Rückresorption der wertvollen Bestandteile ausgeglichen. Im umgekehrten Fall, beispielsweise nach einer salzreichen Mahlzeit, wird die Salzabgabe erhöht.

Die **Nieren** entsorgen die aus dem Blut gefilterten Schadstoffe über den **Urin** und regeln den **Wasser-** und **Salzhaushalt** des Körpers.

5.3 Schädigungen und Erkrankungen

Schädigungen und krankhafte Veränderungen des Nierengewebes können die Nierenkörperchen (Bowman-Kapseln mit Glomeruli) oder die Tubuli betreffen.

Nierensteine

Treten Harnsäure oder verschiedene Calcium-Salze in zu hohen Konzentrationen auf, dann können diese eigentlich im Harn gelösten Bestandteile auskristallisieren und **Nieren-** oder **Harnsteine** bilden. Diese behindern den Harnabfluss und verstopfen im schlimmsten Fall die Harnleiter, was zu krampfartigen und äußerst schmerzhaften **Nierenkoliken** führt.

Sind die auskristallisierten Fremdkörper noch klein, können sie in manchen Fällen durch das Trinken größerer Flüssigkeitsmengen in Verbindung mit körperlicher Bewegung aufgelöst und ausgeschwemmt werden. Ist dies nicht mehr möglich, besteht oft die Chance, die Nieren- oder Harnsteine mithilfe von Ultraschall zu zertrümmern. Ist auch dieser Ansatz nicht erfolgreich, können die Steine auch operativ entfernt werden.

Entzündungen des Harnsystems

Bakterielle Erreger wie Darmbakterien können **Harnröhrenentzündungen** auslösen. Steigen die Keime bis in die Blase oder gar ins Nierenbecken auf, kann dies zu einer **Blasen-** bzw. zu einer **Nierenbeckenentzündung** führen. Typische Symptome von Harnwegsentzündungen sind ein Brennen in der Harnröhre beim Wasserlassen, permanenter Harndrang sowie starke, seitlich ausstrahlende Rückenschmerzen, die häufig mit Fieber und Schüttelfrost einhergehen.
Neben der Gabe von Schmerzmitteln steht die Bekämpfung der bakteriellen Infektion durch Antibiotika im Vordergrund der Maßnahmen. Eine ausreichend hohe Flüssigkeitsaufnahme unterstützt den Heilungsprozess.

Niereninsuffizienz

Unter einer **Niereninsuffizienz** versteht man eine verringerte Nierenleistung, die im vollständigen Versagen der Nierentätigkeit gipfelt (Nierenversagen). Eine lebensbedrohliche Situation entsteht spätestens dann, wenn weniger als 10 % der Nephrone arbeiten. Damit ist die Entgiftung des Blutes nicht mehr gewährleistet und es bleiben **harnpflichtige**, also schädliche bzw. giftige Stoffe im Körper zurück. Häufige Ursachen für eine Niereninsuffizienz sind chronischer Bluthochdruck oder durch Diabetes mellitus verursachte stark erhöhte Blutzuckerwerte. Bei beiden Erkrankungen werden im Laufe der Zeit die Nephrone durch nicht ausgeschiedene, giftige Stoffe zerstört.
Die Entgiftungsfunktion kann durch die **Dialyse (Hämodialyse)**, eine künstliche **Blutwäsche**, erreicht werden (siehe Abb. 84). In einem Dialysezentrum werden betroffene Personen mehrmals in der Woche für jeweils etwa 4 bis 8 Stunden an eine **künstliche Niere** angeschlossen. Das Blut der Patienten wird durch ein Filtersystem aus künstlichen, nur für bestimmte Stoffe durchlässigen (semipermeablen, selektiv permeablen) Membranen (siehe S. 118 f.) geleitet, von schädlichen Stoffen gereinigt und anschließend dem Körper wieder zugeleitet. Dies geschieht in der Regel bei jedem Termin mehrmals. Durch die Blutwäsche ist es den betroffenen Personen möglich, trotz erheblicher Einschränkungen über viele Jahre zu überleben.

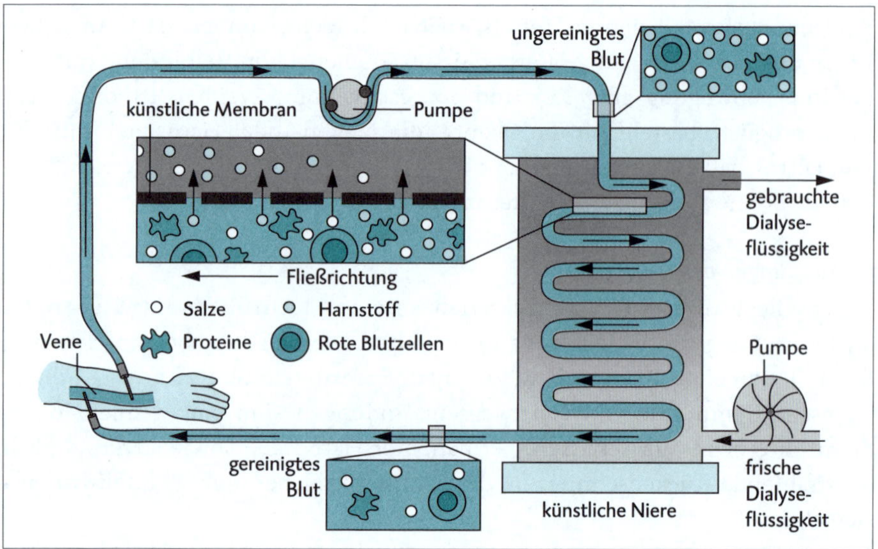

Abb. 84: Prinzip der Hämodialyse

Durch eine **Transplantation** kann eine **Spenderniere** auf einen Empfänger mit nicht mehr funktionstüchtigen Nieren übertragen werden. Das fremde Organ übernimmt nach einer gelungenen Übertragung die Reinigungsfunktion der vorher entfernten erkrankten Nieren. Da eine funktionierende Niere zur Reinigung des Blutes ausreicht, ist bei einer Nierentransplantation eine **Lebendspende** möglich.

Zusammenfassung

Die **Nieren** filtern mithilfe der **Nephrone** Stoffwechselendprodukte sowie überflüssige und schädliche Stoffe aus dem Blut. Nach der **Ultrafiltration** und der anschließenden **Resorption** wertvoller Substanzen, wie Wasser, Glucose, Aminosäuren und Mineralsalze, werden sie mit dem Harn aus dem Körper ausgeschieden **(Exkretion)**.

Entzündliche Prozesse können unterschiedlichste Ursachen haben (z. B. bakterielle Erreger) und genauso wie Bluthochdruck oder Diabetes mellitus zu einer Leistungsminderung der Nierenkörperchen oder sogar zu einem lebensgefährlichen **Nierenversagen** führen. **Hämodialyse** oder die **Transplantation** einer Niere können in diesen Fällen lebensrettend sein.

104 In der stark durchbluteten Nierenrinde befinden sich mit den Nephronen die kleinsten Funktions- und Arbeitseinheiten der Niere.

a Fertige eine beschriftete Skizze eines Nephrons an.

b Im Primärharn sind außer Harnstoff noch weitere Stoffe enthalten. Gib vier von ihnen an und erkläre, wovon die Menge des gebildeten Primärharns abhängt.

c Gib stichpunktartig und in der richtigen Reihenfolge an, welche Stationen der Sekundärharn bis zur Ausscheidung durchläuft.

105 Neben der Ausscheidung von Endprodukten des Stoffwechsels reguliert die Niere durch die Kontrolle der Zusammensetzung des Harns auch den Wasser- und den Elektrolythaushalt des Körpers.

a Proteinreiche Mahlzeiten erhöhen die Nierentätigkeit um bis zu 20 %. Schildere diesen Zusammenhang.

b Erläutere, warum der Genuss von Kaffee kurzfristig harntreibend wirkt.

c In Seenot geratene Menschen trinken aus Verzweiflung häufig Meerwasser (Salzgehalt ca. 3,5 %). Erkläre die Vorgänge, die dabei zum Tod führen können.

106 Die nachfolgende schematische Abbildung zeigt die Zusammensetzung des Harns auf dem Weg durch die Niere.

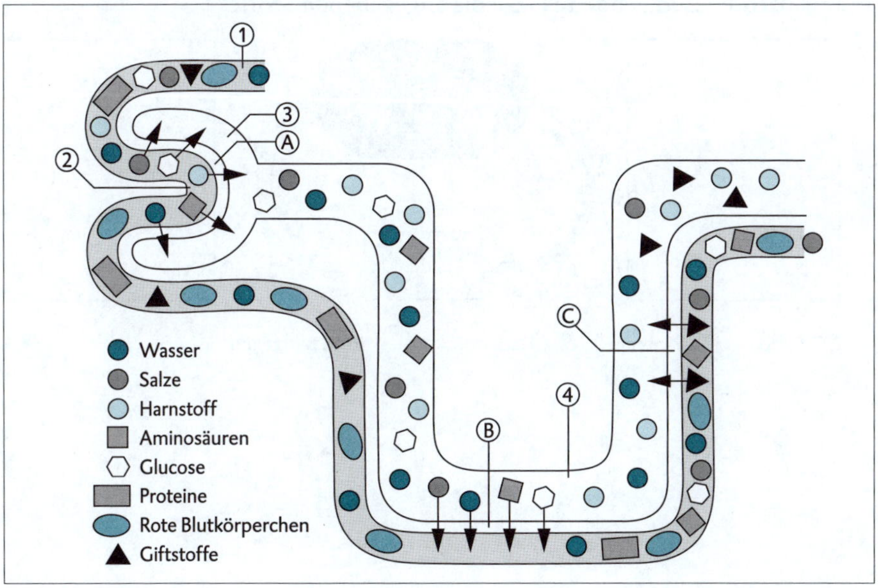

Verlauf des Nierenkanälchens ↓

			Salz	Protein
100 %	100 %	100 %	100 %	
30 %		100 %	30 %	0 %
12 %		0 %	10 %	0 %
	100 %	0 %		

a Ordne den Ziffern in der Abbildung die entsprechenden Fachbegriffe zu.

b Benenne die mit den Buchstaben markierten Vorgänge mit Fachbegriffen.

c Ergänze die leeren Kästchen der Tabelle mit den entsprechenden Prozentwerten und gib die Namen der betreffenden Stoffe an.

107 Manche Menschen leiden aufgrund einer gestörten Nierenfunktion unter Krankheiten.
Erläutere die Ursachen eines Krankheitsbildes und gib außerdem Symptome und Therapiemöglichkeiten an.

108 Bei einem Funktionsverlust der Nieren bleibt den Ärzten neben einer Transplantation nur die Hämodialyse als Behandlungsmöglichkeit.

a Erkläre die Funktionsweise der Hämodialyse.

b Ergänze in der folgenden Skizze die angegebenen Stoffe.

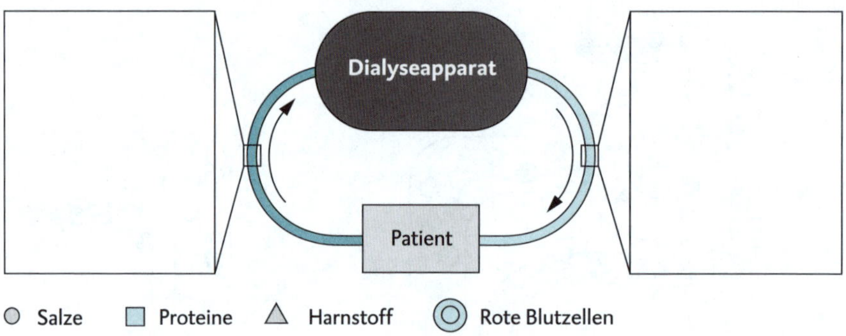

Grundlegende Wechselbeziehungen in Ökosystemen

Bereits im 18. Jahrhundert war bekannt, dass Tiere in dicht verschlossenen Behältern nicht für längere Zeit überleben können. Der englische Theologe und Naturforscher Joseph PRIESTLEY untersuchte die Gasbildung von Pflanzen in Abhängigkeit von den Lichtverhältnissen und stellte auch Versuche mit dem entstandenen Gas an. Unter anderem entdeckte er dabei, dass das von den Pflanzen produzierte Gas seinen Versuchstieren das Überleben auch in geschlossenen Gefäßen ermöglichte.

1 Die Umwelt eines Lebewesens

Schon seit dem Altertum ist der Einfluss von verschiedenen Umweltfaktoren auf das Wachstum, die Vermehrung und die Ausbreitung von Organismen Gegenstand wissenschaftlicher Naturbetrachtungen und bereits früh erkannte man die Bedeutung der Stoff- und Energieflüsse zwischen Pflanzen und Tieren. 1866 formulierte der deutsche Zoologe Ernst **HAECKEL** in seiner Veröffentlichung der „Generellen Morphologie der Organismen", dass unter **Ökologie** die Lehre vom Haushalt der Natur zu verstehen sei.

Die **Ökologie** ist die Lehre vom Haushalt der Natur und damit von den Wechselbeziehungen zwischen Organismen und ihrer Umwelt bzw. den Organismen untereinander.

Lebewesen stehen mit ihrer Umwelt und damit mit ihrem Lebensraum in enger **Wechselbeziehung**. Die Lebensräume besitzen bestimmte chemische und physikalische Eigenschaften, die das Leben der Organismen beeinflussen. Andererseits verändern jedoch auch die Organismen durch ihre Lebenstätigkeit, z. B. durch ihre Einbindung in Stoff- und Energieflüsse der **Ökosysteme**, ihre Umwelt.

Jedes **Ökosystem** besteht aus dem **Biotop**, dem Lebensraum der Organismen, und der **Biozönose**, der Lebensgemeinschaft der Organismen.
Alle Ökosysteme zusammen bilden den von Lebewesen bewohnten Teil der Erde, die **Biosphäre**.

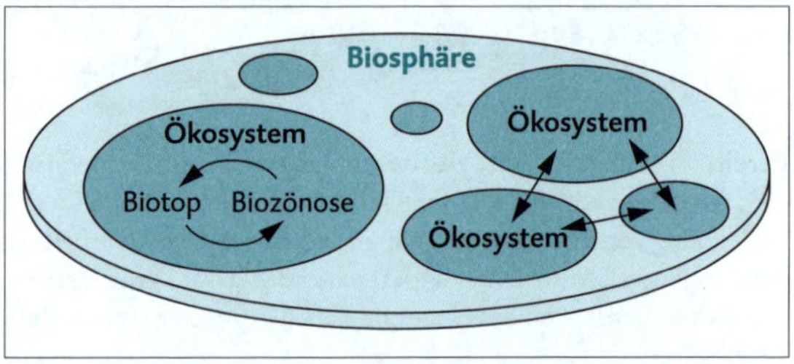

Abb. 85: Schematische Darstellung der Beziehungen zwischen den Begriffen Biosphäre, Ökosystem, Biotop und Biozönose

Obwohl viele Ökosysteme wie ein See (siehe S. 244 ff.), ein Wald (siehe S. 250 ff.) oder ein Fließgewässer scheinbar deutlich voneinander abgegrenzt sind, können viele Lebewesen diese Grenzen überschreiten. Da zwischen den Ökosystemen somit auch ein Stoff- und Energiefluss stattfindet, bezeichnet man sie als **offene Systeme**.

1.1 Wechselwirkungen zwischen Lebewesen und ihrer Umwelt

Die verschiedenen Tier- und Pflanzenarten kommen nicht überall auf der Erde vor, sondern sie existieren nur in bestimmten Lebensräumen. Organismen können nur dort dauerhaft überleben und sich fortpflanzen, wo sie Umweltbedingungen vorfinden, die für sie tolerierbar sind, das heißt, die ihren jeweiligen Ansprüchen genügen. Welche Bedeutung dabei einzelnen **Umweltfaktoren** zukommt und wie stark sie sich auf die tierischen und pflanzlichen Lebewesen auswirken, ist in verschiedenen Ökosystemen unterschiedlich.

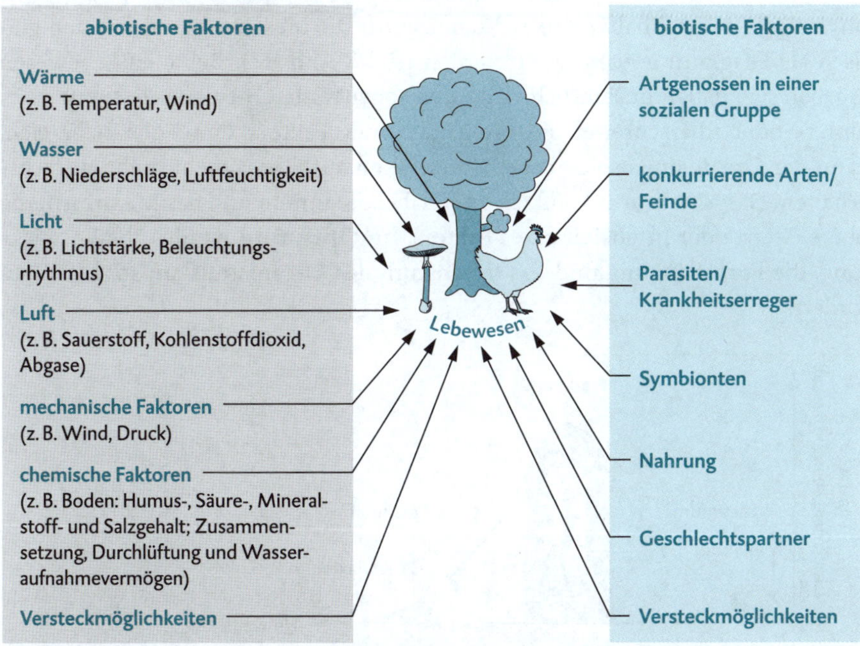

Abb. 86: Verschiedene Umweltfaktoren wirken auf Lebewesen wie Pflanzen und Tiere ein

Die unterschiedlichen Umweltfaktoren wirken in den verschiedenen Ökosystemen immer zusammen und beeinflussen dadurch das Leben der Organismen.

- Als **biotische** Faktoren werden Umweltfaktoren zusammengefasst, die von Lebewesen ausgehen.
- Als **abiotische** Umweltfaktoren werden die Einflüsse der unbelebten Natur bezeichnet.

Die herrschenden Umweltfaktoren entscheiden, ob ein Organismus im jeweiligen Lebensraum überleben und gedeihen kann.

1.2 Toleranzbereiche der Lebewesen

Optimumkurven

Jedes Lebewesen hat an seinen Lebensraum artspezifische Ansprüche und wird im jeweiligen Biotop von den unterschiedlichsten Umweltfaktoren beeinflusst. Gegenüber den verschiedenen Faktoren besitzt jeder Organismus einen **physiologischen Toleranzbereich**. Es ist möglich, diese Bereiche unter experimentellen Bedingungen zu ermitteln, bei denen alle anderen Umweltfaktoren konstant gehalten werden können. Im Versuch wird gemessen, inwieweit der betrachtete Faktor schwanken kann, ohne dass der Organismus körperlich, also physiologisch, nachhaltig eingeschränkt wird. Die Messergebnisse können grafisch als Diagramme dargestellt werden (siehe Abb. 87). Bei allen Lebewesen ergeben sich dabei für sämtliche Faktoren sogenannte **Optimumkurven:**
Unter- oder überschreitet die Intensität eines Faktors den Toleranzbereich, kann der Organismus seine Lebensfunktionen auf Dauer nicht mehr aufrechterhalten. Das **Minimum** kennzeichnet dabei die untere und das **Maximum** die obere Grenze der Intensität eines Faktors. Im **Optimum** werden die Entwicklung, die Fortpflanzung und das Wachstum des Organismus am stärksten gefördert.

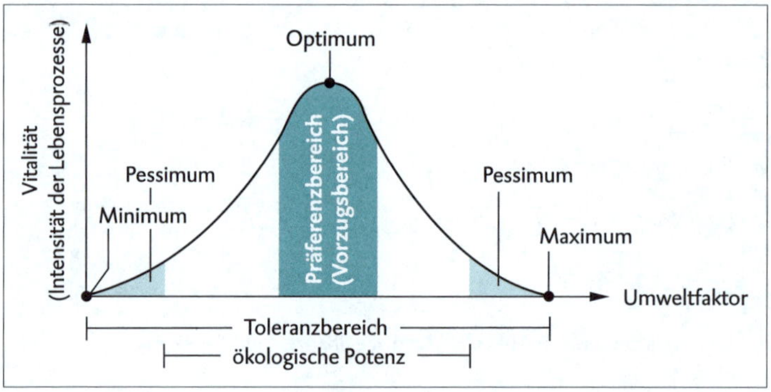

Abb. 87: Allgemeines Schema einer Optimumkurve

Fortpflanzung, Entwicklung und Wachstum eines Lebewesens werden unter dem Begriff **Vitalität** zusammengefasst. Diese Vitalität ist im artspezifischen Optimum am höchsten. Nähert sich ein Umweltfaktor jedoch den Grenzen des Toleranzbereichs, so befindet sich der Organismus in einem **ökologischen Pessimum**. Hier sind bereits viele Lebensfunktionen des Lebewesens eingeschränkt. Die Vitalität sinkt also und es produziert jetzt weniger oder keine Nachkommen mehr. Jenseits von **Minimum** und **Maximum** ist die Existenz auf Dauer nicht mehr möglich. Der **Präferenzbereich (Vorzugsbe-**

reich) gibt den bevorzugten Umweltfaktorbereich mit nahezu idealen Bedingungen an, während die **ökologische Potenz** den gesamten Bereich umfasst, in dem Leben und Fortpflanzung möglich ist.

Der **Toleranzbereich** kennzeichnet die Grenzen, innerhalb derer ein Lebewesen Schwankungen eines Umweltfaktors ertragen kann. Der Bereich liegt zwischen den als Minimum und Maximum bezeichneten Extrempunkten. Die grafische Darstellung entspricht einer Optimumkurve.

Ökologische Potenz und limitierende Faktoren

Bei der Untersuchung der Toleranzbereiche verschiedener Tier- und Pflanzenarten zeigte sich, dass die im Lebensraum herrschenden Temperaturverhältnisse oft einen wesentlichen Einfluss auf die ökologische Potenz haben. Häufig ist die Temperatur der **limitierende Faktor** (siehe S. 194), welcher das Verbreitungsgebiet einer Art bestimmt.

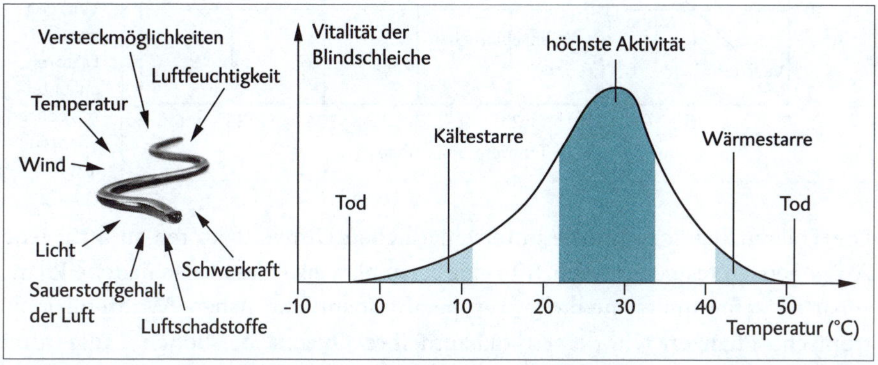

Abb. 88: Beispiele für auf die Blindschleiche einwirkende abiotische Umweltfaktoren (links); Einfluss der Temperatur auf die Vitalität einer Blindschleiche als Optimumkurve (rechts)

Die Vitalität der **Blindschleiche** wird neben biotischen Faktoren wie etwa den Fressfeinden und der zur Verfügung stehenden Nahrung von vielen abiotischen Umweltfaktoren (vgl. Abb. 88, links) beeinflusst. Blindschleichen gehören wie alle Reptilien zu den wechselwarmen Tieren (siehe dazu auch S. 204 f.). Ihre **ökologische Potenz**, also der Bereich, in dem sie überleben und sich fortpflanzen können, wird maßgeblich durch die im Lebensraum herrschenden Temperaturen begrenzt (vgl. Abb. 88, rechts). Ober- und unterhalb eines bestimmten Temperaturbereichs fällt die Blindschleiche in Starre, in der zwar das Überleben möglich ist, jedoch keine Fortpflanzung mehr stattfinden kann.

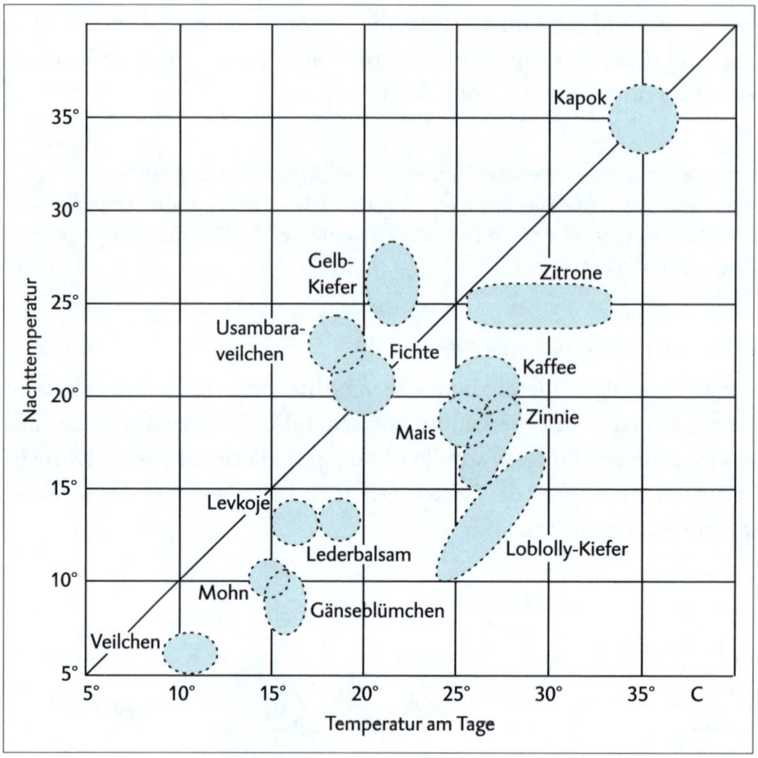

Abb. 89: Wirkung zweier Faktoren auf unterschiedliche Pflanzenarten

Die Toleranzbereiche für die unterschiedlichen Umweltfaktoren sind für jede Art genetisch festgelegt. Abb. 89 zeigt beispielsweise, dass verschiedene Pflanzenarten sehr unterschiedliche Temperaturansprüche haben. Während viele tropische Pflanzen wie der Kapokbaum ihre Optima bei hohen Tages- und gleichzeitig hohen Nachttemperaturen haben, wachsen Veilchen besser bei kalten Tagen und noch kälteren Nächten. Pflanzen der gemäßigten Zonen wie die Zinnie bevorzugen relativ kühle Nächte und mittlere Tagestemperaturen.
Der Umweltfaktor, der das Vorkommen einer Art in einem Lebensraum am stärksten begrenzt, wird als **limitierender Faktor (Mangelfaktor)** bezeichnet. Im Fall der Blindschleiche ist in der Regel die Temperatur der limitierende Faktor. Bereits 1840 untersuchte der deutsche Chemiker Justus von Liebig den Einfluss von Mangelfaktoren auf das Wachstum von Pflanzen.

Nach Liebigs **Minimumgesetz** wird die Vitalität eines Organismus besonders durch den Faktor bestimmt, der sich in seiner Intensität am weitesten im Pessimum des Toleranzbereichs befindet. Dieser **Mangelfaktor** wird auch als **limitierender Faktor** bezeichnet.

Euryöke und stenöke Arten

Einige Arten, sogenannte **euryöke** Arten (Generalisten), wie z. B. Mais, Sumpfschrecke, Ratten oder Karpfen, weisen für einen oder für mehrere Umweltfaktoren große Toleranzbereiche auf. Sie können dadurch Lebensräume mit unterschiedlichen Eigenschaften und vor allem auch mit schwankenden Umweltfaktoren besiedeln.
Stenöke Arten (Spezialisten), wie z. B. Schneealge, Salmonellen, Hochmoorameise und Forelle, sind dagegen stark spezialisierte Arten und können Schwankungen von bestimmten Umweltfaktoren nur wenig ausgleichen. Ihre Toleranzbereiche sind bezüglich dieser Umweltfaktoren also sehr schmal. Da diese Arten auf Veränderungen der betreffenden Umweltfaktoren sehr empfindlich reagieren bzw. aufgrund ihrer besonderen Ansprüche nur in bestimmten Biotopen vorkommen, werden sie oft als **Bioindikatoren (Zeigerarten)** bezeichnet. Bioindikatoren zeigen durch ihr Vorkommen oder ihr Fehlen die Einflüsse des Menschen auf die Umwelt an. Die Brennnessel wächst beispielsweise als Stickstoffanzeiger vor allem auf überdüngten Böden, während die Heidelbeere auf sauren Böden wächst und deshalb als Säurezeiger gilt.

Je nach Sensibilität gegenüber Umweltfaktoren unterscheidet man …
- **euryöke** Arten, die in Bezug auf einen oder auf mehrere Umweltfaktoren einen großen Toleranzbereich aufweisen, und
- **stenöke** Arten, die in Bezug auf einen oder auf mehrere Umweltfaktoren einen kleinen Toleranzbereich aufweisen.

1.3 Einwirken abiotischer Faktoren auf Pflanzen

Da das Wachstum und damit auch die Vermehrung und die Verbreitung von Pflanzen von der Fotosynthese bestimmt werden, sind die für pflanzliche Organismen wichtigsten **abiotischen Umweltfaktoren** identisch mit den Faktoren, von denen die Fotosyntheserate abhängt, nämlich Wasser, Kohlenstoffdioxid, Sonnenlicht und Temperatur.

Wasser

Mehr als zwei Drittel der Erde sind von **Wasser** bedeckt. Der bei Weitem größte Teil der insgesamt etwa 1,4 Milliarden km^3 Wasser ist **Meerwasser** (siehe Abb. 90). Da dieses einen Salzgehalt von etwa 3,5 % aufweist, ist es für die meisten Pflanzen jedoch nicht nutzbar. Das **Süßwasser** macht nur etwa

3 % der gesamten Wassermenge aus. Wobei auch dieser kleine Teil den Organismen nicht vollständig zur Verfügung steht: Über zwei Drittel davon sind in festem Aggregatzustand als Eis der Polkappen und der Gletscher gebunden.

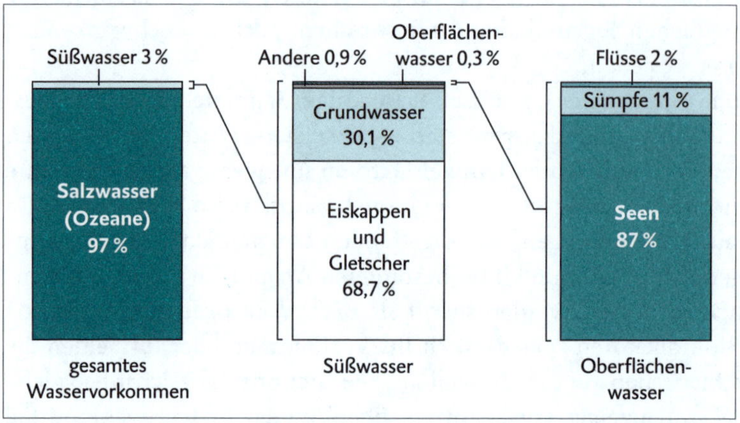

Abb. 90: Wasserverteilung auf der Erde

Wasser ist an allen Stoffwechselvorgängen als **Reaktionspartner** beteiligt oder wird in ihrem Verlauf als **Endprodukt** gebildet. Außerdem spielt es eine wichtige Rolle als **Löse-** und **Transportmittel**, da sämtliche im Zellplasma ablaufenden Stoffwechselvorgänge in wässrigen Lösungen stattfinden.

Für einen pflanzlichen Organismus ist die Verfügbarkeit von Wasser in seinem Lebensraum von entscheidender Bedeutung. Wasser ist an allen Stoffwechselvorgängen als **Reaktionspartner** beteiligt und spielt eine wichtige Rolle als **Löse-** und **Transportmittel**.

Alle Pflanzen der Landökosysteme sind deshalb auf eine ausreichende Wasserversorgung angewiesen und ständig von Austrocknung bedroht. Im Laufe der Evolution haben sich bei ihnen daher als Anpassungen an die verschiedenen Lebensräume an Land spezielle Einrichtungen zur Speicherung und Aufnahme von Wasser entwickelt (siehe Tab. 9).

Anpassungstyp	Typische Kennzeichen	Beispiele
Xerophyten	• kleine harte, behaarte oder nadelförmige Blätter; Blattwurf • Blätter mit vielen eingesenkten Spaltöffnungen und dicker Kutikula • sehr tief in den Boden vordringendes oder flaches, weitverzweigtes Wurzelsystem mit großer Saugwirkung	Ginster (Abb.), Steppengräser 
Sukkulente	• verschiedene wasserspeichernde Organe z. B. dickfleischige Blätter oder umgebildete Stamm- und Wurzelsysteme • Blattrückbildungen z. B. zu Dornen • zusätzlich typische Kennzeichen der Xerophyten	Mauerpfeffer (Abb.), Agaven, Kakteen, Wolfsmilch 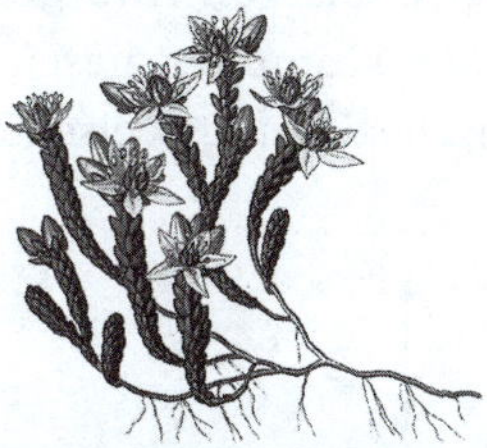

Tab. 9: Beispiele für die Anpassungen an den Wassermangel in extrem trockenen Lebensräumen

Trockenpflanzen sind gekennzeichnet durch besondere Anpassungen zur effektiven Wasseraufnahme, zur Speicherung größerer Flüssigkeitsmengen und zur verringerten Wasserabgabe.

Kohlenstoffdioxid

Neben Wasser ist auch **Kohlenstoffdioxid** eine lebenswichtige **Ressource** für Pflanzen. Als Ressourcen bezeichnet man Umweltbestandteile, die ein Lebewesen durch Eigenverbrauch anderen Lebewesen entzieht. Im Gegensatz zu Wasser ist Kohlenstoffdioxid normalerweise kein Mangelfaktor für die Fotosynthese, da es in der Luft (mit seinem derzeitigen Anteil von 0,039 %) und gelöst in Salz- und Süßwasser für Land- und Wasserpflanzen in ausreichenden Mengen vorliegt. Das Gas ist ein wichtiger Bestandteil des globalen Kohlenstoffzyklus (siehe S. 235): Bei der Fotosynthese reagiert Kohlenstoffdioxid mit Wasser und dient zum Aufbau energiereicher kohlenstoffhaltiger organischer Stoffe wie Glucose und Stärke.

Kohlenstoffdioxid ist ein natürlicher Bestandteil der Luft und liegt im Wasser gelöst vor. Als wichtiger Reaktionspartner wird es während der Fotosynthese in energiereiche organische Stoffe umgewandelt.

Sonnenlicht

Die wichtigste Energiequelle und somit die Grundlage des Lebens auf der Erde ist das **Sonnenlicht**. Nur die grünen Pflanzen, die Algen und manche Bakterien sind in der Lage, Sonnenlicht direkt durch Fotosynthese zu verwerten und in chemische Energie umzuwandeln. Die Organe der Fotosynthese sind in der Regel hauptsächlich die Blätter. Zum Überleben, zum Wachsen und zur Fortpflanzung müssen Pflanzen mindestens so viel **Beleuchtungsstärke (Lichtintensität)** erhalten, dass die Menge der durch die Fotosynthese erzeugten energiereichen organischen Stoffe auf Dauer größer ist als die durch die Zellatmung verbrauchte Menge (siehe Abb. 91). Ist dies der Fall, spricht man von einer **positiven Energiebilanz** oder von einer **positiven Nettofotosyntheserate**. Nur unter diesen Voraussetzungen können energiereiche Stoffe gespeichert beziehungsweise für Wachstum usw. verwendet werden.

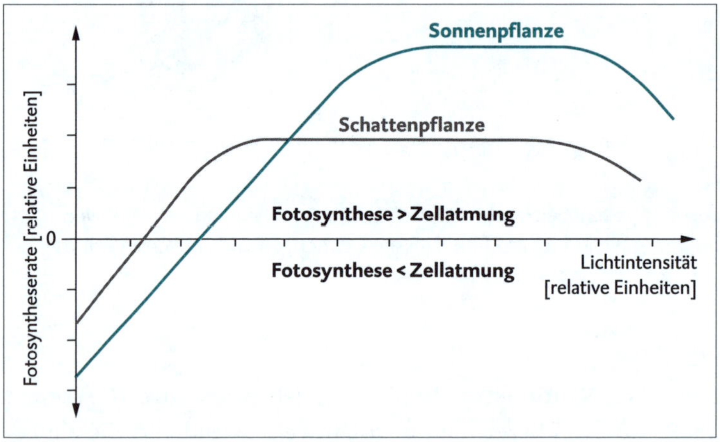

Abb. 91: Beeinflussung der Fotosyntheserate durch die Beleuchtungsstärke

Die einzelnen Pflanzenarten unterscheiden sich in der dafür benötigten Beleuchtungsstärke:

- **Sonnenpflanzen (Lichtpflanzen)** wie Sonnenblume, Thymian, Heckenrose und Hahnenfuß benötigen relativ hohe Beleuchtungsstärken, um die durch Atmung verbrauchten energiereichen organischen Stoffe durch Fotosynthese zu ersetzen.
- **Schattenpflanzen** wie Farne und Moose, aber auch der Sauerklee, benötigen nur eine relativ geringe Beleuchtungsstärke, um durch Fotosynthese mehr als die bei der Atmung verbrauchten energiereichen organischen Stoffe zu erzeugen.

Sonnenpflanzen erreichen eine positive **Nettofotosyntheserate** (= durch Fotosynthese erzeugte energiereiche Stoffe – Verbrauch energiereicher organischer Stoffe durch Zellatmung) erst bei deutlich höheren **Beleuchtungsstärken** als **Schattenpflanzen**.

Das Sonnenlicht dient nicht nur als Energiequelle, sondern es bestimmt auch den **Wärmehaushalt** der Erde. Mithilfe des natürlichen **Treibhauseffekts** (siehe auch S. 242 f.) und der daraus folgenden Erwärmung der Erde von lebensfeindlichen ca. –20 °C auf eine Jahresdurchschnittstemperatur von etwa +15 °C ermöglicht es das Leben auf unserem Planeten.
Außerdem ist das Licht der Sonne ein wichtiger **Informationsträger** für Pflanzen und steuert dadurch zahlreiche Lebensvorgänge. Bei vielen Pflanzen keimen beispielsweise die Samen nach der Quellung in Abhängigkeit vom Licht:

- **Lichtkeimer** wie Salat, Klatschmohn, Thymian und Basilikum benötigen neben Feuchtigkeit, Sauerstoff und geeigneten Temperaturen zum Keimen unbedingt Licht.
- Bei **Dunkelkeimern** wie Erbsen, Bohnen, Weizen, Mais und Kürbis hemmt Licht die Keimung. Die Samen dieser Pflanzen müssen, um nach der Quellung keimen zu können, mit Erde bedeckt sein.

Die Steuerung der Keimung wird bei **Lichtkeimern** nach der Quellung der Samen durch Licht ausgelöst, während sie bei **Dunkelkeimern** durch Licht gehemmt wird.

Neben der Beleuchtungsstärke spielt auch die Belichtungsdauer pro Tag bzw. der Beleuchtungsrhythmus eine wichtige Rolle, vor allem für die Ausbildung der Blüten. Die Reaktion einer Pflanze auf einen bestimmten Beleuchtungsrhythmus wird als **Fotoperiodismus** (siehe Abb. 92) bezeichnet. Manche Pflanzen, sogenannte **Langtagpflanzen** wie Schwertlilie, Wildtabak, Spinat, Küchenzwiebel und Getreide gelan-

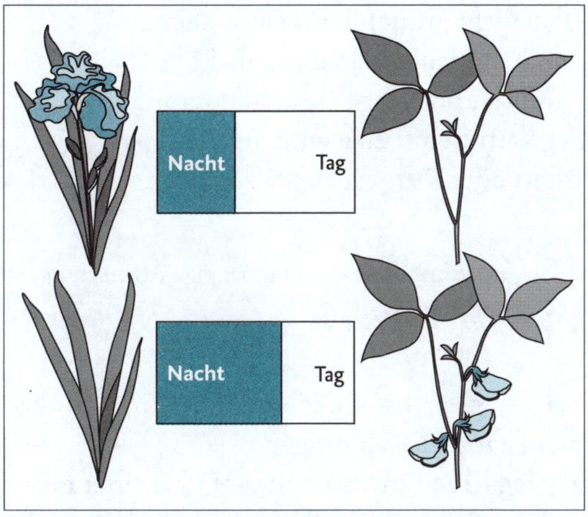

Abb. 92: Blütenbildung bei der Langtagpflanze Schwertlilie (links) und bei der Kurztagpflanze Sojabohne (rechts)

gen erst zur Blüte, wenn sie über einen gewissen Zeitraum hinweg mehr als zwölf Stunden pro Tag kontinuierlich belichtet wurden. Im Gegensatz dazu blühen **Kurztagpflanzen** wie Sojabohne, Kulturtabak, Hirse und Reis nur bei einer Dauerbelichtung von weniger als zwölf Stunden pro Tag.

Entwicklungsprozesse bei Pflanzen, wie beispielsweise die Blütenbildung, sind häufig abhängig von der Tageslänge: Sie laufen bei **Kurztagpflanzen** bei weniger als 12 Stunden Licht pro Tag ab. **Langtagpflanzen** dagegen zeigen die Entwicklung erst bei mehr als 12 Stunden täglicher Belichtung. Diese Reaktionen auf bestimmte Beleuchtungsrhythmen bezeichnet man als **Fotoperiodismen**.

Neben der Keimung und der Blütenbildung kann Licht bzw. dessen Abwesenheit bei manchen Pflanzenarten auch Gestaltänderungen bewirken, sogenannte **Fotomorphosen**. Aus einer Kartoffel (siehe Abb. 93), die im Dunkeln gehalten wird, wächst eine Pflanze mit einer langen, bleichen Sprossachse. Die Sprossachse wächst sehr schnell in die Länge, um eine Lichtquelle zu erreichen, bildet jedoch nur sehr kleine und ebenfalls bleiche (also nicht grüne) Blätter aus. Diese durch das fehlende Sonnenlicht beeinflusste auffällige Gestaltänderung der Kartoffelpflanze wird als **Etiolement** oder **Vergeilung** bezeichnet.

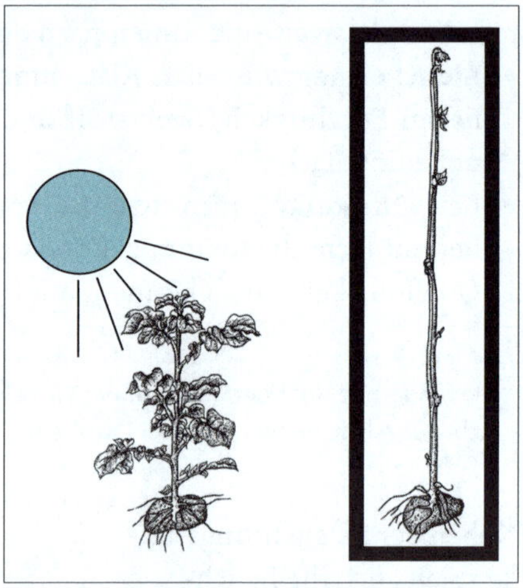

Abb. 93: Der Einfluss des Lichtes auf das Wachstum der Kartoffelpflanze: links: Pflanze im Licht mit normalem Wachstum; rechts: Pflanze im Dunkeln mit starkem Längenwachstum

Fotomorphosen sind lichtabhängige Abweichungen vom normalen Wachstums- und Differenzierungsverlauf.

Bei der gestaltmodifizierenden Wirkung des Lichts unterscheidet man allgemein zwei Auswirkungen:

- **Negative Fotomorphose:** Von einer negativen Fotomorphose spricht man, wenn eine Entwicklung durch Licht gehemmt wird. Beispiele für durch Licht gehemmte Prozesse sind das Längenwachstum des Sprosses und das Wurzelwachstum.

- **Positive Fotomorphose:** Im Falle einer positiven Fotomorphose wird eine Entwicklung durch Licht gefördert. Eine verstärkte Belichtung wirkt sich beispielsweise fördernd auf die Anzahl und die Dicke der Blätter (siehe Abb. 94), auf die Chloroplastenzahl in den Zellen sowie auf die Differenzierung von Festigungs- und Leitgewebe aus.

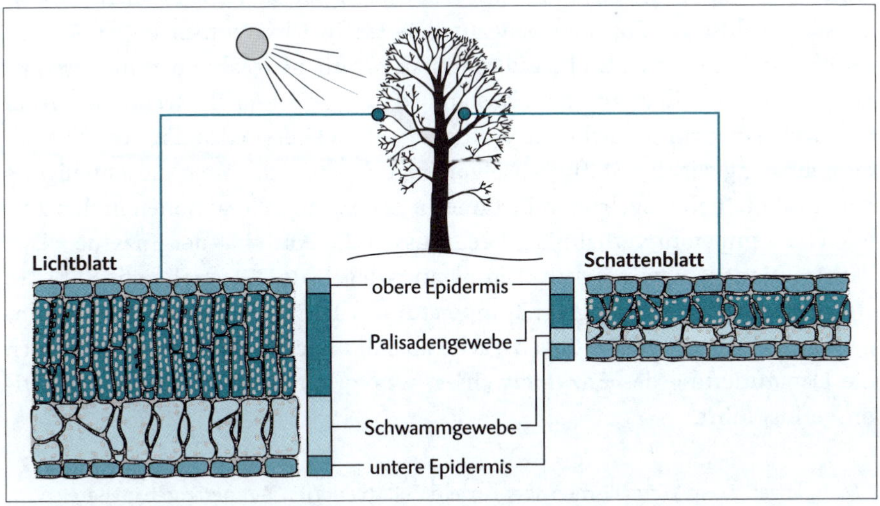

Abb. 94: Positive Fotomorphosen beeinflussen die unterschiedliche Ausbildung von Licht- (im äußeren Bereich der Baumkrone) und Schattenblättern (im inneren Bereich der Baumkrone)

Für Pflanzen ist das Licht lebensnotwendig. Um diesen abiotischen Faktor optimal ausnutzen zu können, wenden sich Pflanzen oder deren Organe durch aktive Bewegungen zur Lichtquelle hin. Dieses Phänomen, das als **positiver Fototropismus** bezeichnet wird, lässt sich sehr gut bei den Sprossachsen und den Blättern praktisch aller Pflanzenarten beobachten.
Auch der **negative Fototropismus**, also das Abwenden von der Lichtquelle, kommt vor. Ein typisches Beispiel dafür wären die Wurzeln, die von der Lichtquelle weg wachsen.

Positiver Fototropismus bezeichnet die Hinwendung von Pflanzenorganen durch Wachstumsbewegungen zur Lichtquelle. Als **negativer Fototropismus** wird die Abwendung von der Lichtquelle bezeichnet.

Temperatur

Die **Temperatur** ist für alle Lebewesen ein wichtiger Umweltfaktor und beeinflusst eine Vielzahl von Lebensvorgängen. Pflanzen reagieren, ebenso wie Tiere (siehe S. 204 f.), auf Temperaturänderungen mit veränderten Stoffwechselleistungen.

Unter 0 °C, dem Gefrierpunkt des Wassers, ergibt sich ein Problem, da das Wasser in flüssiger Form an nahezu allen Stoffwechselvorgängen als Reaktionspartner beteiligt ist und darüber hinaus sämtliche Reaktionen in wässriger Lösung ablaufen. In gefrorenem Zustand steht das Wasser als Reaktionspartner und als Lösungsmittel nicht zur Verfügung. Ein weiterer Grund für die Temperaturabhängigkeit der Stoffwechselvorgänge ergibt sich durch die Beteiligung der aus Proteinen aufgebauten Enzyme an nahezu allen Reaktionen in den Zellen. Die Temperaturverhältnisse beeinflussen die Aktivität der Enzyme. Nach der **R**eaktions**g**eschwindigkeit-**T**emperatur-Regel (**RGT-Regel**, siehe S. 112 f.) steigen bei einer Erhöhung der Temperatur um 10 °C die Stoffwechselleistungen in der Zelle um das 2- bis 3-Fache an. Ab ungefähr 40 °C beginnt jedoch die Denaturierung des Enzymeiweißes, was zu einem vollständigen Funktionsverlust führt.

> Meist liegen die von Organismen über längere Zeit tolerierten Temperaturen im Bereich zwischen 0 und 40 °C. Das entspricht dem **Gefrierpunkt** des Wassers im unteren und der **Denaturierungstemperatur** der meisten Eiweiße im oberen Bereich. Laut **RGT-Regel** verdoppelt bis verdreifacht eine Temperaturerhöhung um 10 °C die Reaktionsgeschwindigkeit enzymabhängiger Stoffwechselvorgänge in den Zellen.

Einige Spezialisten können aber dank besonders angepasster Enzyme unter extremen Temperaturen leben, wie z. B. Wüstenpflanzen oder Bakterien in heißen Quellen.

Das **Absinken der Temperaturen** unter den Gefrierpunkt, das in vielen Klimazonen über einen gewissen Zeitraum des Jahres vorkommt, hat für die dort lebenden pflanzlichen Organismen verschiedene Folgen. Zum einen erschwert die allmähliche Verknappung des Wassers durch den gefrorenen Boden den Ausgleich des Wasserverlustes, der über die oberirdischen Pflanzenteile erfolgt. Zum anderen gefährdet die Eiskristallbildung im Zellsaft die Zellen durch mechanische Schädigungen. Deshalb haben Pflanzenarten unterschiedliche Überwinterungsstrategien entwickelt:

- **Überdauerungsorgane bei mehrjährigen Pflanzen:** Einige Pflanzen wie Bäume und Sträucher werfen im Herbst ihre Blätter ab und hüllen ihre Knospen in schützende Schuppen ein. Bei vielen krautigen Arten wie Gänseblümchen und Hahnenfuß sterben die oberirdischen Teile weitgehend ab und die Knospen werden durch den Schnee geschützt. Unter anderem bei der Wilden Möhre überwintern nur die unterirdischen Speicherwurzeln und beim Schneeglöckchen die Zwiebel.

- **Samen bei einjährigen Pflanzen:** Bei vielen Pflanzenarten stirbt der Pflanzenkörper im Winter komplett ab. Diese Gewächse wie beispielweise der Klatschmohn, die Ringelblume und die Sonnenblume überwintern in Form von kälteunempfindlichen Samen.

Weitere für Pflanzen wichtige abiotische Faktoren

Abiotischer Faktor	Auswirkung/Einfluss	Beispiel
Mineralstoffgehalt des Bodens	Laut dem Minimumgesetz (LIEBIGS Gesetz vom Minimum, siehe S. 194) begrenzt der notwendige Bodenbestandteil, der verhältnismäßig am geringsten vorhanden ist, das Wachstum einer Pflanze.	• Viele Kulturpflanzen benötigen vor allem Stickstoff-, Phosphor- und Kaliumsalze aus dem Boden. Da die in den Pflanzen gebundenen Mineralstoffe mit der Ernte entnommen werden, ist eine regelmäßige Düngung der Ackerflächen notwendig. • Fleischfressende Pflanzen wachsen auf mineralstoffarmen Böden und decken einen Großteil ihres Mineralstoffbedarfs durch Beutetiere.
pH-Wert des Bodens	Der pH-Wert (≙ Konzentration der Oxonium-Ionen) des Bodens wird beeinflusst durch den Gehalt an Calciumcarbonat (Kalk) und Magnesiumcarbonat. Je weniger von diesen Stoffen vorliegt, desto saurer ist der Boden. Der pH-Wert wirkt sich auf die Verfügbarkeit einiger Mineralstoffe aus und kann bei starken Schwankungen das Wurzelsystem der Pflanzen schädigen.	• Eisen-Ionen sind in kalkhaltigen und dadurch alkalischen Böden selten. Pflanzen wie der Rhododendron wachsen daher nicht auf diesen Böden. • Die Tollkirsche kommt bevorzugt auf kalkreichen Böden vor.
Wind	Neben einer möglichen mechanischen Beschädigung der Vegetation oder einer Beeinflussung der Wuchsform verstärkt der Wind die Wirkung kalter Temperaturen und bewirkt eine verstärkte Verdunstung von Wasser durch die Spaltöffnungen der Blätter.	• Starke Winde können vor allem bei Bäumen zu Windbruch führen. • Starker und gleichmäßiger Wind aus vorwiegend einer gleichbleibenden Richtung bewirkt den sogenannten Windfahnenwuchs bei Bäumen, hemmt also das Wachstum von Ästen auf der Windseite. • Hartlaubgewächse besitzen kleine harte oder ledrige Blätter als Schutz vor der verdunstungsfördernden Wirkung des Windes.

Tab. 10: Übersicht über weitere für Pflanzen wichtige abiotische Faktoren

1.4 Einwirken abiotischer Faktoren auf Tiere

Auch die Vitalität tierischer Organismen wird entscheidend von verschiedenen **abiotischen Faktoren** beeinflusst.

Temperatur

Wie für die Pflanzen ist die **Temperatur** auch für die tierischen Organismen einer der wichtigsten Umweltfaktoren. Auf Temperaturänderungen reagieren auch Tiere mit veränderten Stoffwechselleistungen (siehe S. 207).
Ist ein tierischer Organismus jedoch fähig, seine Körpertemperatur unabhängig von der Außentemperatur konstant zu halten, kann er ohne größere Probleme ein breiteres Spektrum an unterschiedlichsten Lebensräumen besiedeln. Dazu sind aber nur **gleichwarme (homoiotherme)** Tiere, das heißt Vögel und Säugetiere, in der Lage. Ihre Körperkerntemperatur beträgt je nach Art meist zwischen 35 und 40 °C. Gleichwarme Tiere verfügen zum einen über eine ausgeprägte Fähigkeit zur **körpereigenen Wärmeproduktion**, wozu sie jedoch bis zu 90 % ihres gesamten Energieumsatzes aufwenden müssen. Zum anderen ermöglichen eine Reihe von Anpassungen des **Kreislaufs**, der **Körperbedeckung** und des **Stoffwechsels** die aktive Aufrechterhaltung einer bestimmten Körpertemperatur (siehe Tab. 11), bei der die Enzyme optimal arbeiten. Daneben sind auch **Verhaltensanpassungen** wie das Aufsuchen von Schatten oder das Sonnen möglich.

Mechanismen zum Schutz vor Auskühlung	Mechanismen zum Schutz vor Überhitzung
• Aufplustern • Verringerung der Durchblutung äußerer Körperregionen • Ausbildung von Fettschichten bzw. von Unterhautfettgewebe • Ausbildung von Fell bzw. von Daunengefieder • Muskelzittern • Winterschlaf und Winterruhe • Sonnen	• Schwitzen • Hecheln • Erhöhung der Durchblutung äußerer Körperregionen • Aufsuchen von Schatten • Abkühlen in Wasser oder Schlamm

Tab. 11: Anpassungen gleichwarmer Tiere zum Schutz vor Auskühlung und Überhitzung

Bei **wechselwarmen (poikilothermen)** Tieren, wie Amphibien, Reptilien und Insekten, ist die Fähigkeit, die Körpertemperatur aktiv zu regulieren, dagegen kaum ausgeprägt. Dadurch sind sie zwar im Nachteil, wenn es darum geht, extreme Lebensräume zu besiedeln, dafür ist ihr Energiebedarf und damit die benötigte Nahrungsmenge aber auch deutlich geringer als bei den Gleichwarmen. Außerdem ermöglichen **Verhaltensanpassungen** den Wechselwarmen in einem gewissen Umfang die Regulation der Körpertemperatur. Dadurch können sie sich vor Überhitzung, aber auch vor Unterkühlung schützen:

- Beispielsweise richten viele Insekten wie Libellen, Reptilien wie Eidechsen und Schlangen sowie Amphibien wie Frösche und Kröten ihren Körper bei großer Hitze so in Richtung Sonne aus, dass die Absorptionsfläche für das Sonnenlicht möglichst klein ist, oder sie begeben sich in den Schatten. Bei niedrigen Temperaturen werden dagegen warme und sonnige Plätze aufgesucht, um die Körpertemperatur zu erhöhen.
- Die Alpen-Mosaikjungfer, eine Libellenart, kann ihren Körper durch Veränderungen der Pigmentierung der Körperoberfläche bei kalten Umgebungstemperaturen erwärmen. Dunkle Pigmente sorgen für eine stärkere Absorption von Sonnenlicht, wodurch sich die Tiere aufheizen.
- Staatenbildende Insekten wie Bienen erzeugen durch Muskelarbeit Wärme und heizen dadurch ihren Stock. Bei Hitze postieren sich einzelne Tiere am Nesteingang und sorgen durch Flügelschlagen für eine kühlende Luftzirkulation.
  Ameisen erreichen eine gleichmäßige Temperatur in ihren Nestern durch das Öffnen und Schließen von Nesteingängen.
- Amphibien und Reptilien, aber auch einige Schmetterlinge wie der Zitronenfalter suchen bei extremen Temperaturen Verstecke auf. Bei hohen Temperaturen fallen sie dort in eine **Wärmestarre**, bei niedrigen Temperaturen dagegen in eine **Kältestarre**.

Wenn wechselwarme Tiere keine Sonnenenergie über die Körperoberfläche aufnehmen können, sind sie direkt von der Temperatur des Lebensraums abhängig. Sie können ihre eigene Körpertemperatur dann nur durch das Aufsuchen geeigneter Orte wie frostsichere Winterquartiere (z. B. Erdhöhlen) beeinflussen. Insekten, die keine großen Wanderungen durchführen können und vor Ort die ungünstigen und extremen Bedingungen des Winters überstehen müssen, können die Frostperioden je nach Art auch als Ei, Larve oder Puppe überdauern.

Wechselwarme Tiere sind von der Außentemperatur stärker abhängig als **gleichwarme** Tiere mit konstanter Körpertemperatur. Bei den Wechselwarmen bestimmt die Umgebungstemperatur ganz wesentlich die Körpertemperatur und damit auch die Geschwindigkeit der Stoffwechselvorgänge in den Zellen.

In der stammesgeschichtlichen Entwicklung, das heißt im Verlauf der Anpassung der Tiere an bestimmte Umweltbedingungen, hat die Umgebungstemperatur die Körpergröße der Organismen (siehe Abb. 95) und auch die Größe ihrer Körperanhänge (siehe Abb. 96, S. 207) entscheidend mitbestimmt. Dies ist besonders gut bei verwandten Arten zu beobachten, die unterschiedliche geographische Breiten besiedeln.

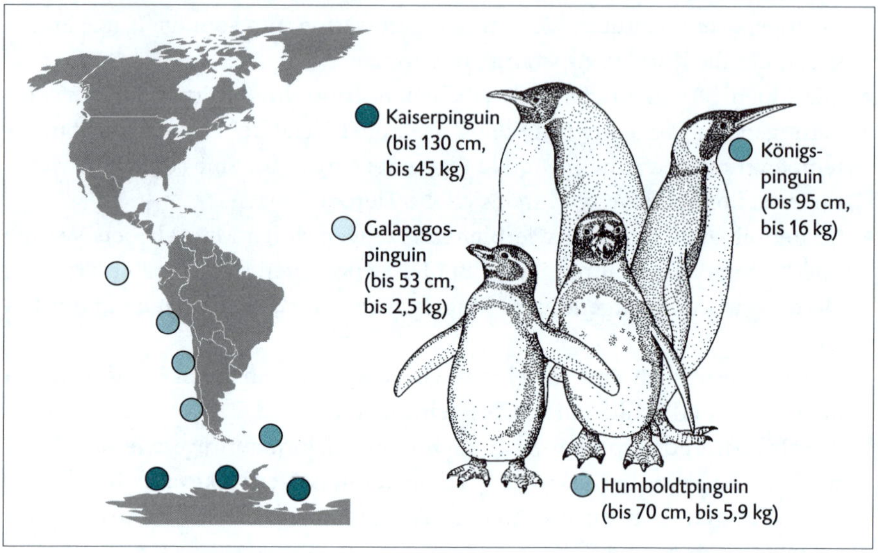

Abb. 95: Bergmann'sche Regel am Beispiel verschiedener Pinguin-Arten unterschiedlicher geographischer Breite

Galapagospinguine, die in der Nähe des Äquators beheimatet sind, erreichen mit ca. 2,2 kg Körpergewicht nur einen Bruchteil des Körpergewichts der ca. 40 kg schweren Kaiserpinguine, die im Polargebiet leben. Dies liegt daran, dass größere Tiere im Verhältnis zu ihrer Masse eine relativ kleinere Körperoberfläche haben und somit im Verhältnis weniger Wärme abstrahlen als kleinere Tiere. Damit haben größere Tiere in kalten Gebieten einen Überlebensvorteil, während kleinere Arten durch die verstärkte Wärmeabstrahlung in warmen Gebieten im Vorteil sind. Der Zusammenhang zwischen der Temperatur in einem Lebensraum und der Körpergröße wird durch die **Bergmann'sche Regel** beschrieben.

Die **Bergmann'sche** Regel besagt, dass in kalten Klimaten die Körpergröße gleichwarmer Tiere größer ist als in wärmeren Klimaten.

Die Körpergröße und auch die Proportionen werden jedoch nicht nur durch die Temperatur beeinflusst. Da auch weitere Umweltfaktoren eine wichtige Rolle spielen, gibt es viele Ausnahmen von der Bergmann'schen Regel.

Abb. 96: Allen'sche Regel am Beispiel verschiedener Fuchs-Arten unterschiedlicher geographischer Breite; a: Polarfuchs, b: Rotfuchs, c: Wüstenfuchs

Die Wärmeabstrahlung ist jedoch nicht nur von der Körperoberfläche abhängig, sondern auch von der Größe der Körperanhänge wie etwa Schwanz, Ohren und Beine. Eine große Oberfläche der Körperanhänge bedeutet eine große Fläche zum Abstrahlen von Körperwärme. Aus diesem Grund sind die Ohren des Polarfuchses sehr klein, während die Ohren des Wüstenfuchses fast die Größe seines Schädels haben, da er mit ihrer Hilfe seine Körpertemperatur reguliert. Der Zusammenhang zwischen der Umgebungstemperatur und der Größe der Körperanhänge wird durch die **Allen'sche Regel** beschrieben.

Die **Allen'sche** Regel besagt, dass die Körperanhänge umso kleiner ausgebildet sind, je kühler das Klima ist.

Das **Absinken der Temperaturen** im Herbst hat für fast alle gleichwarmen Arten der gemäßigten Breiten erhebliche Folgen. Zum einen wird das Überleben im Winter durch die allmähliche Verknappung der Nahrung erschwert, zum anderen ist die Temperaturabsenkung häufig mit eingeschränkter Stoffwechselaktivität verbunden. Deshalb haben gleichwarme Tiere ganz unterschiedliche Überwinterungsstrategien entwickelt:

- **Winterschlaf** und **Winterruhe:** Für den Winterschlaf und die Winterruhe sind frostgeschützte Rückzugsräume notwendig. Beim **Winterschlaf** reduzieren die Organismen, wie beispielsweise Murmeltiere, Fledermäuse, Hamster und Igel, ihre Körpertemperatur, ihren Herzschlag, ihre Atemfrequenz und ihren Stoffumsatz stark und greifen auf die in der warmen Jahreszeit angelegten körpereigenen Fettreserven zurück.

Für die **Winterruhe** legen etwa Eichhörnchen Vorräte mit energiereicher Nahrung an. Die Körpertemperatur der Winterruher, zu denen auch Dachs und Braunbär zählen, wird nur um wenige Grad gesenkt und bleibt somit weitgehend konstant. Deshalb müssen die Schlafphasen regelmäßig für die Nahrungsaufnahme unterbrochen werden.

- **Vogelzug** und **Wanderungen:** Unter dem Begriff Vogelzug versteht man die periodischen Wanderungen von beispielsweise Kuckucken, Weißstörchen und Rauchschwalben zwischen dem meist im Norden gelegenen Brutgebiet und dem südlicheren Überwinterungsquartier. Der Hauptgrund für die Wanderungsbewegungen der Vögel ist dabei der Mangel an Nahrung im Winter. Auch einige Säugetiere, wie die nordamerikanische Rentierart Karibu und die Bisons, legen bei ihren Wanderungen auf der Suche nach Nahrung weite Strecken zurück.

Wasser

Wie bereits besprochen (siehe Abb. 90, S. 196), ist der Großteil des auf der Erde vorkommenden **Wassers** Meerwasser, das einen Salzgehalt von etwa 3,5 % aufweist. Da sich das Leben auf der Erde im Meer entwickelt hat, unterscheidet sich der Ionengehalt der Zell- und Körperflüssigkeit vieler Meerestiere nicht von dem des umgebenden Meerwassers. Süßwassertiere stehen dagegen vor einem Problem: Der Salzgehalt von Süßwasser unterscheidet sich stark von dem ihrer Zell- und Körperflüssigkeit. Deshalb müssen Süßwassertiere energieaufwendig ein Gleichgewicht zwischen osmotisch (siehe S. 117) bedingtem Wasserein- und Wasserausstrom aufrechterhalten.

Abb. 97: Beispiele für Tiere, die an extremen Wassermangel angepasst sind: Wüstenfuchs (Fennek), Wüstenspringmaus, Dromedar (von links nach rechts)

Neben seiner Funktion als Löse- und Transportmittel ist Wasser an allen Stoffwechselvorgängen beteiligt. Alle Tiere der Landökosysteme sind deshalb auf eine ausreichende Versorgung mit Wasser angewiesen und daher ständig von Austrocknung bedroht. Normalerweise nehmen Tiere Wasser durch Trinken auf und können im Gegensatz zu Pflanzen Wasserstellen aktiv aufsuchen. Im Laufe der Evolution haben sich bei vielen Tieren in Anpassung an trockene Landlebensräume zusätzlich spezielle Einrichtungen zur Speicherung sowie zum Sparen von Wasser entwickelt. Ein Beispiel hierfür ist das Dromedar:

- Die effektiven Nieren entziehen dem Primärharn fast sämtliche Flüssigkeit. Dadurch entsteht ein stark konzentrierter Urin.
- Der Dickdarm resorbiert viel Flüssigkeit. Die Folge ist ein sehr trockener Kot.
- Wasser wird in Form von Fettvorräten (in den Höckern) gespeichert.
- Die spezielle Ausbildung der Nasenschleimhäute macht die Rückgewinnung von Wasser aus dem in der Atemluft enthaltenen Wasserdampf möglich.
- Regulation der Körpertemperatur: Die Körpertemperatur sinkt nachts stark ab und steigt tagsüber nur langsam an, wodurch die Tiere erst spät am Tage zu schwitzen beginnen.
- Ein Großteil des Wasserbedarfs wird durch die Nahrung gedeckt (Oxidationswasser).

Für tierische Organismen ist die Verfügbarkeit von Wasser in ihrem Lebensraum von entscheidender Bedeutung. Bei vielen Tieren haben sich daher spezielle Angepasstheiten entwickelt, mit deren Hilfe Wasser im Körper gespeichert oder der Wasserverbrauch verringert werden kann.

Weitere für Tiere wichtige abiotische Faktoren

Abiotischer Faktor	Auswirkung/Einfluss	Beispiel
Licht	Licht ist wichtig für den Sehsinn und damit für die Orientierung. Darüber hinaus steuert es bei vielen Tieren auch hormonelle Vorgänge durch Aktivierung der Hormondrüsen.	• Zugvögel stellen den Termin für ihre Wanderung zwischen Brut- und Überwinterungsgebiet anhand der Tageslänge fest. • Bei vielen Amphibien und Vögeln setzen das Fortpflanzungs- bzw. das Balzverhalten in Abhängigkeit von der Sonnenscheindauer ein. • Ausgelöst durch die kürzer werdenden Tage im Herbst, beginnt bei vielen Säugetieren die Ausbildung des Winterfells.
Wind	Wind erhöht den Wärmeverlust und besitzt eine austrocknende bzw. verdunstungsfördernde Wirkung.	Viele Vögel und Säugetiere schützen sich durch ein Federkleid bzw. ein Fell vor den Auswirkungen des Windes.

Tab. 12: Übersicht über weitere für Tiere wichtige abiotische Faktoren

Zusammenfassung

Alle Lebewesen stehen in einer ständigen Wechselbeziehung mit ihrer Umwelt. Jeder Organismus hat an sein **Biotop** bestimmte Ansprüche und wird von den **abiotischen Faktoren** wie beispielsweise Wasser, Temperatur und Licht beeinflusst. Der **Toleranzbereich** kennzeichnet die Grenzen, in denen ein Lebewesen die Schwankungen eines Umweltfaktors ertragen kann.

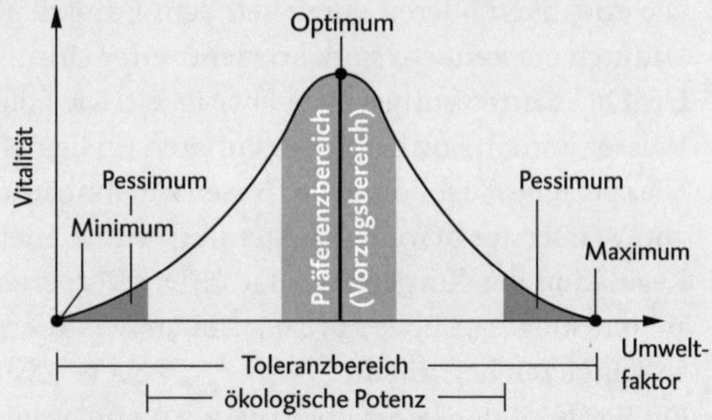

Er ist durch drei Punkte charakterisiert:

- Jenseits von **Minimum** und **Maximum** ist die Existenz des Organismus auf Dauer nicht mehr möglich.
- Im **Optimum** herrschen ideale Lebensbedingungen. Hier ist die **Vitalität** am höchsten.

Der **Präferenzbereich** beschreibt die Ausprägung eines Umweltfaktors, bei der nahezu ideale Bedingungen herrschen. In den Extrembereichen, den **Pessima**, ist zwar Leben noch möglich, Fortpflanzung jedoch nicht mehr. Die **ökologische Potenz** charakterisiert den Bereich zwischen den Pessima, in dem Leben und Fortpflanzung möglich ist. Derjenige Umweltfaktor, der am weitesten vom Optimum entfernt ist, wirkt sich am stärksten begrenzend auf die Vitalität eines Lebewesens aus und wird deshalb als **limitierender Faktor** bezeichnet.

Einwirken der wichtigsten abiotischen Faktoren:

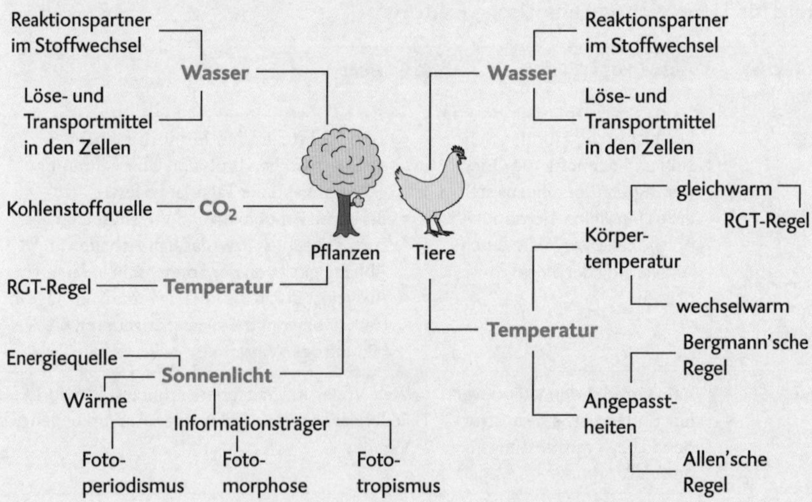

109 Lebewesen können nur bei tolerierbaren abiotischen Umweltbedingungen dauerhaft überleben.

a Skizziere das Schema einer Optimumkurve und erläutere ihren Verlauf.

b Temperatur und Wasser sind zwei der wichtigsten abiotischen Umweltfaktoren für Lebewesen. Erkläre deren Bedeutung.

c Beschreibe die Bedeutung des abiotischen Umweltfaktors Sonnenlicht für Pflanzen als Produzenten.

d Definiere den Begriff abiotischer Faktor und nenne 3 weitere Beispiele.

110 Das Vegetationsbild eines Waldes, also die Gesamtheit aller Pflanzen in einem bestimmten Gebiet, wird ganz entscheidend von den Lichtverhältnissen beeinflusst.

a Beschreibe anhand der Abbildung die Lichtverhältnisse im Wald.

b Stelle zwei Hypothesen auf, wie die Pflanzen der untersten Waldschicht trotz des geringen Lichtangebots überleben bzw. wachsen können.

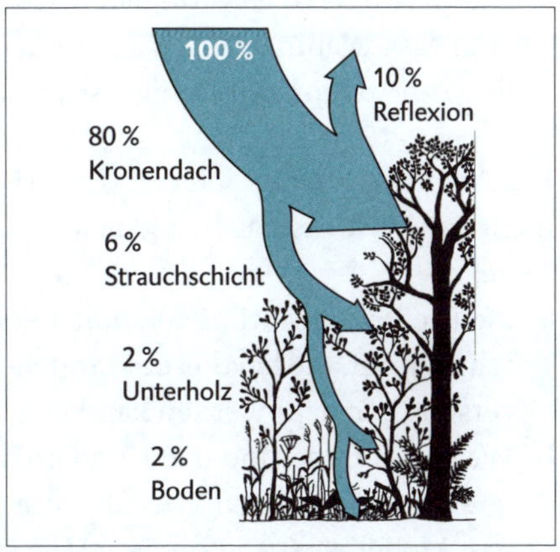

111 Die folgende Abbildung zeigt die Toleranzbereiche von bezüglich der Temperatur euryöken und stenöken Arten.

a Definiere die Fachbegriffe euryök und stenök.

b Ordne die beiden Fachbegriffe in die Abbildung ein.

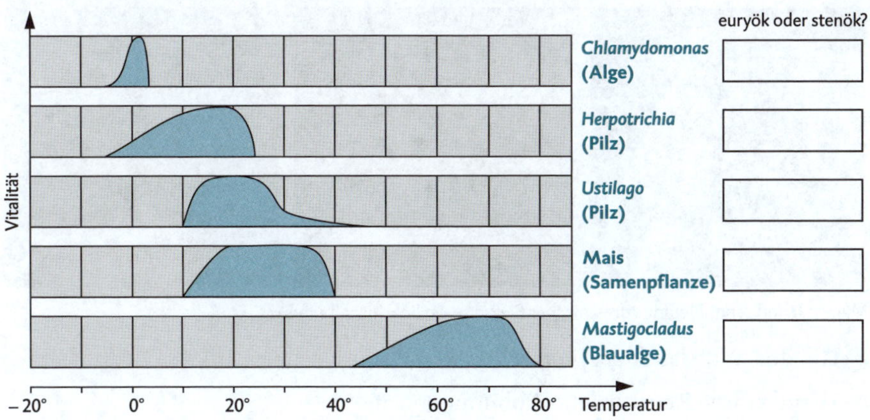

112 Der Weihnachtsstern, eine Pflanze aus den tropischen Laubwäldern Mittel- und Südamerikas, ist in Deutschland eine beliebte Zimmerpflanze. Im Herbst bzw. im Winter bilden die Pflanzen bei uns farbige Blätter aus.

a Stelle eine Hypothese auf, wieso dies passiert.

b Schlage ein mögliches Vorgehen vor, wie Gärtnereien gewährleisten können, dass Weihnachtssterne pünktlich zur Adventszeit farbige Blätter ausbilden.

113 Die Abbildung rechts zeigt ein Experiment zum Wärmehaushalt gleichwarmer Tiere.

a Stelle eine Vermutung über die Beobachtung auf, die bei diesem Modellversuch gemacht werden kann.

b Werte das Experiment aus und erläutere die Beziehungen zwischen diesem Modellversuch und dem Wärmehaushalt gleichwarmer Tiere.

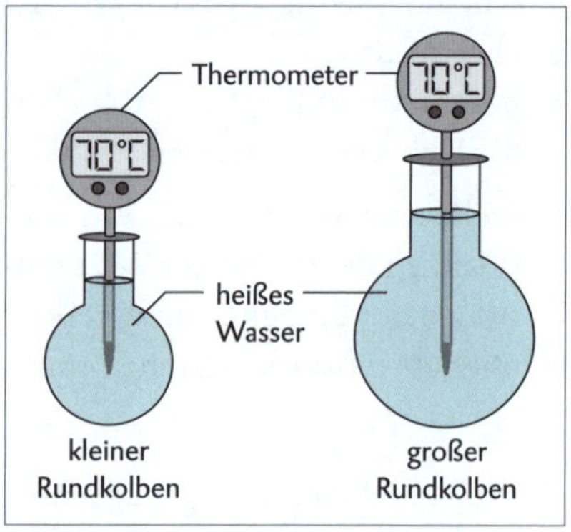

114 Zur Familie der Elefanten zählen die nach der letzten Eiszeit ausgestorbenen Mammuts und die heute existierenden Afrikanischen und Indischen Elefanten.

Mammut, Indischer Elefant, Afrikanischer Elefant (von links nach rechts)

a Gib den Wortlaut der Allen'schen Regel an.

b Wende diese Regel auf die Abbildungen an.

2 Beziehungen zwischen Lebewesen

Neben den abiotischen Faktoren haben auch die **Wechselwirkungen** der Lebewesen untereinander einen fördernden oder einen hemmenden Einfluss auf die Vitalität der Organismen. Zu den wichtigsten **biotischen Faktoren** zählen die Konkurrenz um begrenzte Ressourcen, Nahrungsbeziehungen und bestimmte Formen des Zusammenlebens. Die Wechselwirkungen können dabei sowohl zwischen den Individuen einer Art als auch zwischen den Individuen verschiedener Arten stattfinden. Die biotischen Faktoren können also **intraspezifisch** sein, das heißt von Artgenossen ausgehen, oder **interspezifisch** sein, also durch artfremde Individuen bedingt werden.

Biotische Faktoren können sowohl von Artgenossen **(intraspezifisch)** als auch von artfremden Lebewesen **(interspezifisch)** ausgehen und spielen eine wichtige Rolle im Leben jedes Organismus.

2.1 Konkurrenz und Konkurrenzausschluss

Konkurrenz und Koexistenz

Die Artgenossen sind für ein Lebewesen die stärksten **Konkurrenten**, da sie die gleiche Nahrung, den gleichen Lebensraum und eventuell auch den gleichen Geschlechtspartner beanspruchen. Artgenossen erstreben also die gleichen, oft jedoch nur begrenzt vorhandenen **Ressourcen** und konkurrieren damit um die gleichen Wechselwirkungen mit Biotop und Biozönose (siehe S. 190).

Als **Konkurrenz** wird der Wettbewerb von Lebewesen um gemeinsam genutzte, aber nur begrenzt vorhandene **Ressourcen** bezeichnet.

Lebewesen unterschiedlicher Arten konkurrieren meist nur um einige wenige Ressourcen, da sie sich häufig in ihren Bedürfnissen unterscheiden und damit auch unterschiedliche Ansprüche an ihre Umwelt stellen. Beispielsweise fressen sie unterschiedliche Nahrung oder die gleiche Nahrung zu unterschiedlichen Zeiten bzw. an unterschiedlichen Stellen. Nur so können sie **koexistieren**, also miteinander im gleichen Biotop leben.

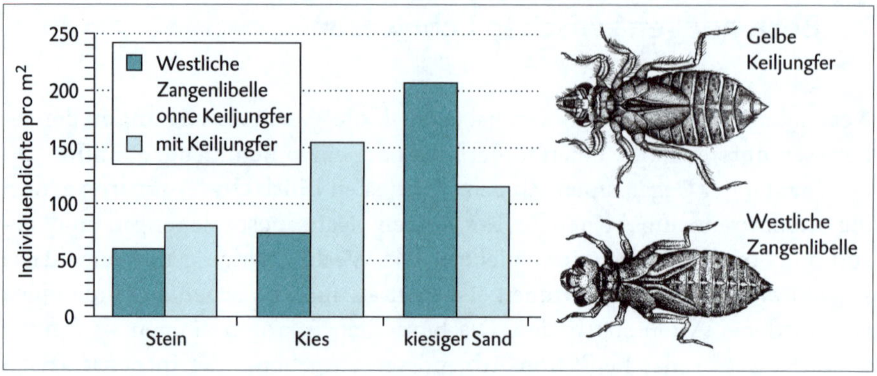

Abb. 98: Koexistenz der Larven zweier unterschiedlicher Libellenarten

Die Larve der Westlichen Zangenlibelle lebt normalerweise eingegraben im kiesigen Sand von Flussbetten (siehe Abb. 98). Dringen jedoch Larven der Gelben Keiljungfer in diese Bereiche ein, reagieren die Westlichen Zangenlibellen insofern, als dass sie verstärkt andere Bereiche des Flussbettes mit einem anderen Untergrund nutzen. Damit entgehen sie der starken Konkurrenz durch die Larven der Gelben Keiljungfer. Die Libellenlarven der beiden unterschiedlichen Arten koexistieren im selben Fluss.

Koexistenz bedeutet, dass die Lebewesen unterschiedlicher Arten innerhalb einer Biozönose zusammenleben und dabei unterschiedliche Ressourcen nutzen.

Konkurrenzausschlussprinzip

Je ähnlicher jedoch die Bedürfnisse unterschiedlicher Arten sind, desto größer ist ihre interspezifische Konkurrenz. Eine Koexistenz der Arten ist kaum oder nicht möglich und die Lebewesen der konkurrenzschwächeren Art werden verdrängt. Sie müssen Lebensräume mit weniger optimalen Bedingungen besiedeln oder sie sterben aus.

Ein Beispiel hierfür ist die Konkurrenzsituation zwischen **Grau-** und **Eichhörnchen** (siehe Tab. 13). In England wurden im Jahre 1889 mehrere Hundert amerikanische Grauhörnchen ausgesetzt. Die Art stellt die gleichen Ansprüche an den Lebensraum wie die einheimischen europäischen Eichhörnchen. Der Bestand der größeren und kräftigeren Grauhörnchen ist seit der Aussetzung auf mehrere Millionen angewachsen, während die Anzahl an europäischen Eichhörnchen in Großbritannien stark abgenommen hat. Dies liegt zum einen daran, dass die Grauhörnchen ihre Nahrungsverstecke für die Winter-

vorräte mit deutlich größerer Sicherheit wiederfinden als ihre Konkurrenten. Zum anderen übertragen die Grauhörnchen ein Virus, gegen das sie selbst immun (siehe S. 74) sind, das für die Eichhörnchen jedoch oft tödlich ist.
Diese Faktoren machen das Grauhörnchen zur **konkurrenzstärkeren** Art. In den Laubwäldern Großbritanniens ist das dort ehemals heimische Eichhörnchen daher kaum noch anzutreffen. Mittlerweile ist es fast nur noch in Nadelwäldern vertreten. Dies entspricht dem **Konkurrenzausschlussprinzip**.

Merkmale	Grauhörnchen 	Eichhörnchen 
Fellfarbe	grau	hellrot bis braunschwarz
Kopf-Rumpf-Länge	23–30 cm	20–25 cm
Körpermasse	400–700 g	200–400 g
Ursprünglicher Lebensraum	nordamerikanische Laubwälder	europäische Laubwälder
Nahrung	tagaktive Allesfresser	tagaktive Allesfresser
Fortpflanzung	2–3 Würfe mit je 2–8 Junge	2 Würfe mit je 1–6 Junge

Tab. 13: Merkmale von Grauhörnchen und Eichhörnchen

Je ähnlicher die Ansprüche der Lebewesen unterschiedlicher Arten an ihren Lebensraum sind, desto unwahrscheinlicher ist es, dass diese dauerhaft dasselbe Biotop besiedeln. Diesen Sachverhalt bezeichnet man als **Konkurrenzausschlussprinzip**.

Konkurrenzvermeidung und ökologische Nische

Lebewesen unterschiedlicher Arten besitzen verschiedene, genetisch festgelegte Toleranzbereiche bezüglich der abiotischen Umweltfaktoren. Dadurch ist es möglich, dass die konkurrenzschwächere Art der Konkurrenz ausweicht. Dieses Ausweichen kann beispielsweise darin bestehen, dass eine Tierart innerhalb des Biotops eine weniger geeignete Nahrung nutzt oder dass eine Pflanzenart auf einen schlechteren Wuchsstandort zurückgedrängt wird. Diese **Konkurrenzvermeidung (Konkurrenzverminderung)** kann über lange Zeiträume hinweg zu speziellen Angepasstheiten führen, die eine verbesserte

Ausnutzung der Bedingungen ermöglichen. Im Laufe der Evolution entwickelt sich bei den unterschiedlichen Arten somit eine unterschiedliche Nutzung von Teilbereichen ihrer Umwelt, sie nutzen nun unterschiedliche **ökologische Nischen**.

Das Ökosystem See beispielsweise hält eine große Zahl von ökologischen Nischen für die unterschiedlichsten Arten der Familie der Reiher bereit (siehe Abb. 99).

Abb. 99: Unterschiedliche Nahrungsnischen von verschiedenen Reiherarten

Alle aufgeführten Arten haben sich auf ein unterschiedliches **Nahrungsspektrum** oder auf unterschiedliche **Orte des Nahrungserwerbs** spezialisiert. Der Nachtreiher sucht in der feuchten Uferzone hauptsächlich nach Insekten, Würmern, kleinen Säugetieren, Amphibien und Reptilien. Der Purpurreiher hat zwar einen sehr ähnlichen Speiseplan, jedoch jagt er im Röhrichtbereich. Der Graureiher wiederum ernährt sich wie auch der Silberreiher hauptsächlich von Fischen, die er jedoch nicht wie dieser im offenen Wasser, sondern in weniger tiefen Bereichen am Rand des Gewässers erbeutet.

Neben den unterschiedlichen Speiseplänen und den verschiedenen Orten der Nahrungssuche können sich beispielsweise auch durch die Spezialisierung auf unterschiedliche **Zeiten** (Tag/Nacht) des Nahrungserwerbs verschiedene ökologische Nischen ergeben. Dies wird am Beispiel des tagaktiven Purpur- und des hauptsächlich in der Nacht jagenden Nachtreihers deutlich, die somit trotz ihres ähnlichen Nahrungsspektrums unter anderem auch durch ihr Verhalten Konkurrenz vermeiden. Ähnliches gilt für Eulen und Habichte: Das Beutespektrum der meisten Eulenarten stimmt mit dem der verschiedenen Habichtarten überein. Während die tagaktiven Habichte ihre Beute jedoch bei Tageslicht erjagen, findet die Nahrungssuche der meisten Eulenarten ausschließlich nachts statt. Als nachtaktive Jäger haben sich bei ihnen zahlreiche Anpassungen an diese Tageszeit entwickelt wie beispielsweise die vergrößerten Augen.

Als **ökologische Nische** wird die Gesamtheit der Beziehungen zwischen einer Art und ihrer Umwelt bezeichnet.

Artbildung durch Einnischung

Häufig ist der Prozess der **Einnischung** auch die evolutionäre Antriebskraft der Artbildung.
Das wohl bekannteste Beispiel für eine Konkurrenzvermeidung und die dadurch erfolgende Einnischung und Artbildung aufgrund von Nahrungsspezialisierung sind die **Darwinfinken** (siehe Abb. 100). Die insgesamt 13 verschiedenen Arten, die nur auf den Galapagosinseln vorkommen, haben sich vermutlich aus einer gemeinsamen Gründerpopulation entwickelt. Zahlreiche Untersuchungen haben eine nahe Verwandtschaft mit Finken, die auf dem über 1 000 km entfernten südamerikanischen Festland heimisch sind, nachgewiesen. Vermutlich sind einige dieser Festland-Finken zufällig auf die Galapagosinseln gelangt. Die Individuen dieser Gründerpopulation konnten sich anfangs aufgrund fehlender Fressfeinde und eines ausreichenden Nahrungsangebots mit großer Wahrscheinlichkeit nahezu unbegrenzt vermehren. Da sich die Finken hauptsächlich von Samen und Früchten ernährten, nahm die Konkurrenz um die begrenzte Ressource Nahrung mit steigender Individuenzahl immer mehr zu.

Abb. 100: Artbildung bei den Darwinfinken aus einer gemeinsamen Ursprungsart

Auch innerhalb einer Population derselben Art weisen die einzelnen Lebewesen eine genetisch bedingte Variabilität auf. Aufgrund dieser Variabilität unterschieden sich die einzelnen Vögel innerhalb der Finkenpopulation etwa in Größe und Form des Schnabels. Waren einzelne Tiere nun durch ihre speziellen Merkmale in der Lage, auf andere Nahrungsquellen auszuweichen, hatten sie einen Selektionsvorteil gegenüber ihren Artgenossen. Dieser führte zu einem erhöhten Fortpflanzungserfolg und damit zu einer Anreicherung der zugrundeliegenden Gene innerhalb der Population. Durch die sich immer weiter entwickelnde Angepasstheit an verschiedene Nahrungsnischen entstanden im Laufe der Evolution die großen Unterschiede in der Schnabelform und der Körpergröße der Darwinfinken, es entstanden neue Arten. Dieser Vorgang wird als **adaptive Radiation** bezeichnet.

Unter einer **adaptiven Radiation** versteht man die evolutive Entstehung vieler neuer Arten aus einer Stammart durch die Ausbildung individueller Angepasstheiten an die gegebenen Umweltverhältnisse.

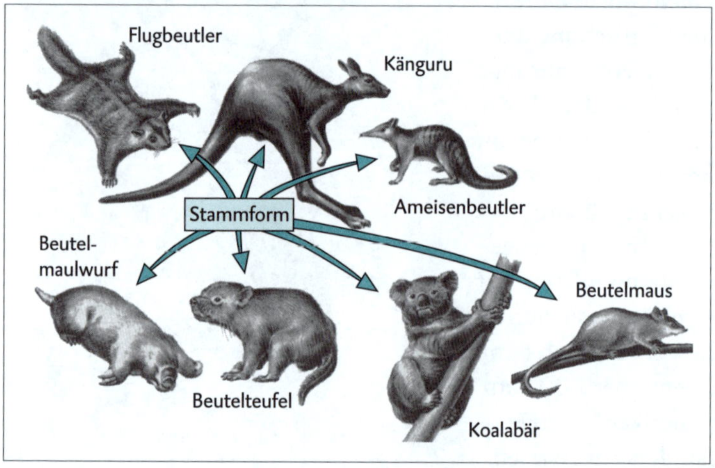

Abb. 101: Adaptive Radiation der Beuteltiere

Aus dem gemeinsamen Vorfahren der Beuteltiere und der sogenannten höheren Säugetiere entwickelten sich vor etwa 125 Millionen Jahren die ersten **Beuteltiere**. Diese verbreiteten sich zwar über Eurasien, Afrika und Amerika, wurden jedoch von den konkurrenzstärkeren höheren Säugetieren bis auf wenige Arten in Amerika wieder verdrängt. Einzig in Neuseeland und Australien, das sich vermutlich vor ca. 65 Millionen Jahren von der Antarktis löste, konnten sich die Beuteltiere frei entfalten, da es hier bis auf wenige Fledermausarten keine höheren Säugetiere gab. In Australien wurden demnach viele der vorhandenen ökologischen Nischen durch die Radiation der Beuteltiere besetzt. Vergleicht man die jeweiligen Beuteltiere mit denjenigen höheren Säugetieren, die die entsprechenden Nischen auf den anderen Kontinenten besetzen, so fällt auf, dass sich die Arten in ihrem Erscheinungsbild ähneln. Diese Tatsache bezeichnet man als **Stellenäquivalenz**. Sie kommt durch **konvergente Entwicklung** (siehe Band 1, S. 154 f.) zustande, also durch die Angepasstheit an vergleichbare Umweltbedingungen.

> Als **Konvergenz** wird die unabhängige, aber ähnlich verlaufende Entwicklung von **analogen Merkmalen** bezeichnet, die durch die Angepasstheit an vergleichbare Umweltbedingungen entsteht.

Besonderheiten der Konkurrenz bei Pflanzen

Für die stark ortsgebundenen Pflanzen sind Auswanderung und Spezialisierung zur Konkurrenzvermeidung sehr viel schwieriger als für die in der Regel beweglichen Tiere. Deshalb begegnen viele Pflanzen der an sich übermächtigen Konkurrenz durch ein schnelles oder ein jahreszeitlich bereits sehr früh beginnendes Wachstum und versuchen damit, eine optimale Ausnutzung von Licht und Wurzelraum im Boden zu erreichen und sich fortzupflanzen, bevor sie überwachsen werden. In diesen Fällen entstehen die ökologischen Nischen also durch zeitlich versetztes Wachstum.
Wieder andere Pflanzen versuchen sich durch das Anbieten größerer Mengen Nektar oder Pollen einen Vorteil zu verschaffen, da sie dadurch von Bestäubern bevorzugt aufgesucht werden und sich somit rascher vermehren können.

2.2 Nahrungsbeziehungen

Die in der Regel interspezifischen Wechselwirkungen zwischen einem Lebewesen und seinem Nahrungsorganismus sind im Allgemeinen sehr stark. Dies gilt beispielsweise für …

- **Fleischfresser (Carnivore)**, die als **Beutegreifer** oder **Fressfeinde** andere noch lebende Tiere töten und fressen.
- **Pflanzenfresser (Herbivore)**, die sich als **Weidegänger** von Pflanzen ernähren.
- **Allesfresser (Omnivore)**, die sich sowohl von Pflanzen als auch von Tieren ernähren.

Bei **Aasfressern** und **Saprobionten** (**Destruenten**, siehe S. 234 ff.), die sich jeweils von bereits abgestorbenen Lebewesen ernähren, sind die Wechselwirkungen weniger stark.

Innerhalb einer **Nahrungsbeziehung** ernähren sich Individuen der einen Art von Organismen einer anderen Art.

Fressfeind-Beute-Systeme

Die am besten untersuchten Wechselwirkungen gibt es zwischen Populationen, die in einem Fressfeind-Beute-Verhältnis stehen. Die Beziehungen in so einem **Fressfeind-Beute-System (Räuber-Beute-System)** sind nicht einseitig: Der Räuber beeinflusst die Beute, die Beute aber natürlich auch den Räuber.

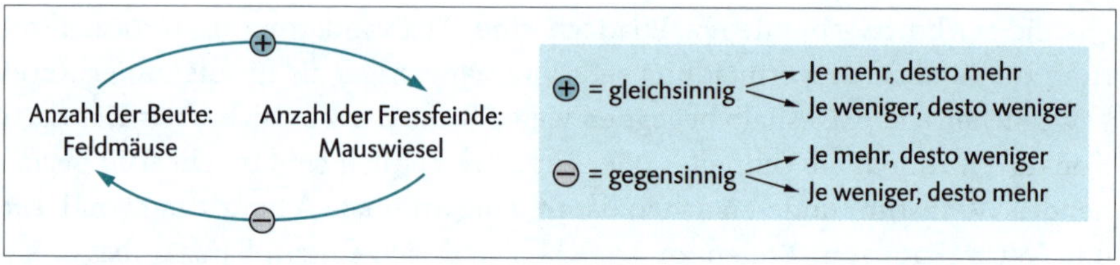

Abb. 102: Regelkreis eines Räuber-Beute-Systems mit negativer Rückkopplung als Beispiel für eine Fressfeind-Beute-Beziehung

Vermehren sich in einem Gebiet die Räuber (siehe Abb. 102), z. B. Mauswiesel, aufgrund einer guten Ernährungslage durch eine große Anzahl an Beutetieren, z. B. Feldmäuse, sehr stark, dann wird die Beutepopulation immer stärker dezimiert. Aufgrund des dadurch schrumpfenden Nahrungsangebots nimmt anschließend auch die Population der Jäger ab. Dadurch verbessern sich wiederum die Überlebenschancen der Feldmäuse und diese können sich wieder stärker vermehren.

Negative Rückkopplung durch gegensinnige Beeinflussung und **positive Rückkopplung** durch gleichsinnige Beeinflussung der Räuber-Beute-Beziehung führen dazu, dass die Individuenzahl der beiden Seiten um einen relativ festen Wert schwankt (siehe Abb. 103). Durch die Selbstregulation aufgrund der negativen Rückkopplung ist das Überleben sowohl der Räuber- als auch der Beutepopulation gesichert und es stellt sich ein relatives Gleichgewicht, das **biologische Gleichgewicht**, ein.

Diese einfache Beziehung gilt jedoch nur für den sehr seltenen Fall, dass sich der Räuber ausschließlich von einer Beuteart ernährt, dass die Beute nur von diesem Räuber bejagt wird und dass alle anderen biotischen und abiotischen Faktoren konstant bleiben.

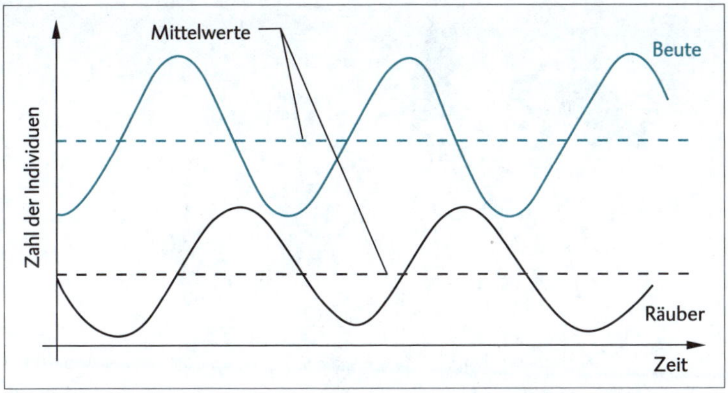

Abb. 103: Schematische Darstellung des biologischen Gleichgewichts innerhalb eines Räuber-Beute-Systems

Obwohl Pflanzenfresser ihre Nahrungspflanzen schädigen, überleben diese in der Regel. Daher sind viele Pflanzen kaum oder gar nicht gegen ihre Fressfeinde geschützt. Beutegreifer dagegen töten ihre Nahrungsorganismen, weshalb sich bei diesen vielfältige Anpassungen entwickeln, um diesem Schicksal zu entgehen. Die Tatsache, dass von den Räubern wiederum nur die überleben, die mit dieser Entwicklung Schritt halten können, führt zu einer **wechselseitigen Angepasstheit** zwischen Räubern und Beute. Dieser Mechanismus wird als **Koevolution** bezeichnet (siehe auch S. 227):

- **Räuber** wie Greifvögel, Raubkatzen und Bären besitzen meist gut ausgebildete Sinnesorgane und sind zu sehr schnellen, häufig auch extrem leisen Bewegungen fähig. Oft sind sie durch ihre Körperfärbung getarnt. In der Regel können Räuber längere Zeiten ohne Nahrung überleben und haben speziell auf ihre Beute abgestimmte Jagdstrategien entwickelt.
- **Beutetiere** wie Singvögel, Mäuse und Kaninchen können häufig Bewegungen rasch erkennen und sich dem Fressfeind aktiv durch Flucht, Verteidigung oder Verstecken entziehen. Ein passiver Schutz ist durch Tarnfärbung, aber auch durch eine Warntracht möglich.

Innerhalb eines **Räuber-Beute-Systems** tötet ein Beutegreifer seine Beute und ernährt sich von dieser. Im Verlauf der Evolution kommt es zu einem Anpassungswettlauf zwischen dem Räuber und seiner Beute.

Auch Räuber können selbst zur Beute von Fressfeinden werden. Dadurch ergibt sich in der Reihenfolge des Fressens und Gefressenwerdens eine sogenannte **Nahrungskette** (siehe Abb. 104, links). Mäuse beispielsweise ernähren sich von Gräsern und werden von Schlangen gejagt, die wiederum Eulen als Beutetiere dienen.

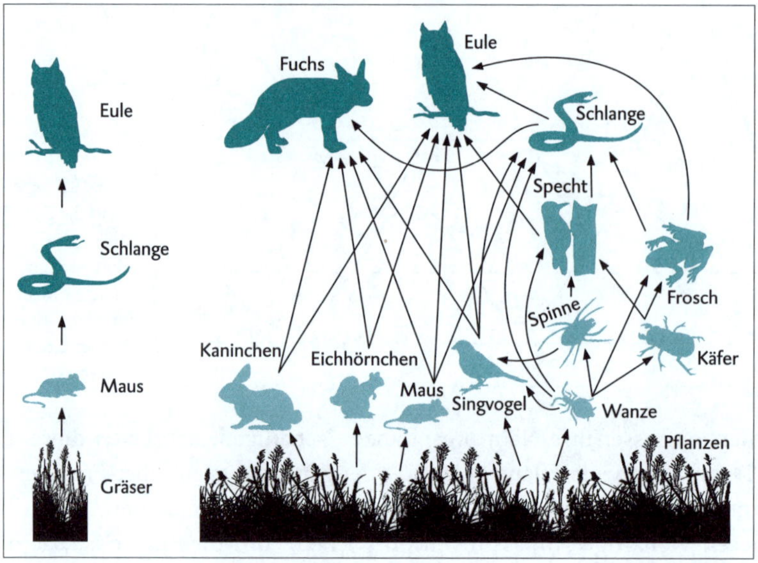

Abb. 104: Beispiel für eine Nahrungskette (links) und ein Nahrungsnetz (rechts)

Solche direkten Abfolgen von Nahrungsbeziehungen kommen in der freien Natur fast nie vor, da Feldmäuse beispielsweise auch Getreide und Kräuter fressen. Schlangen ernähren sich neben Feldmäusen oft auch von Vögeln oder Amphibien und werden selbst auch von Füchsen gejagt. Nahrungsketten sind also fast immer zu **Nahrungsnetzen** verknüpft (siehe Abb. 104, rechts). Es gibt jedoch auch extreme Nahrungsspezialisten wie etwa Parasiten (siehe S. 224 f.), die sich nur an einen ganz bestimmten Wirt angepasst haben, oder die Koalas, die sich ausschließlich von Eukalyptus ernähren.

Die direkte Abfolge von Fressen und Gefressenwerden wird als **Nahrungskette** bezeichnet. Viele Nahrungsketten verknüpfen sich häufig zu einem **Nahrungsnetz**.

Je artenreicher eine Lebensgemeinschaft ist und je vielfältiger die Lebensbedingungen sind, desto weniger Populationsschwankungen treten auf. Dies liegt daran, dass es in eng geknüpften Nahrungsnetzen einfacher ist, den Wegfall einer einzelnen Nahrungsquelle auszugleichen.

Saprobionten

Saprobionten, auch **Fäulnisbewohner** oder **Destruenten** genannt, sind heterotrophe Organismen, die totes organisches Material als Nahrungsquelle nutzen. Zu den Saprobionten gehören neben zahlreichen Bakterien und Wirbellosen (z. B. Regenwürmer) auch viele Pilze. Die meisten **Pilze** (siehe Band 1, S. 51 f.) sind hauptsächlich unterirdisch lebende Organismen, deren feine Zellfäden, die **Hyphen**, zu einem watteähnlichen, oft extrem weit ausgedehnten Geflecht, dem **Myzel**, verzweigt sind. Bei den Hutpilzen (siehe Abb. 105) werden zur Vermehrung die oberirdischen Fruchtkörper gebildet, in denen winzige Sporen entstehen. Die Zellen der Pilze sind mit Zellwänden verstärkt. Diese sind jedoch nicht wie bei Pflanzen aus Zellulose, sondern aus Chitin aufgebaut. Tierleichen und tierische Ausscheidungen, tote Pflanzen und abgefallene Laubblätter werden von den saprobiontischen Pilzen außerhalb der Zellen in kleine organische Moleküle zersetzt. Dazu sondern die Hyphen Enzyme ab. Die durch den Abbau entstandenen kleinen organischen Moleküle werden von den Pilzen anschließend aufgenommen und als Baustoffe oder Energieträger genutzt. Am Ende des Stoffwechselprozesses bleiben im Erdboden die aus dem toten organischen Material freigesetzten anorganischen Stoffe zurück. Dazu zählen unter anderem zahlreiche Mineralsalze, die von den Pflanzen aufgenommen werden. Durch die Tätigkeit der Saprobionten ist somit dafür gesorgt, dass diese für die Pflanzen lebenswichtigen Substanzen nicht verloren sind, sondern wieder in den **Stoffkreislauf** übergehen.

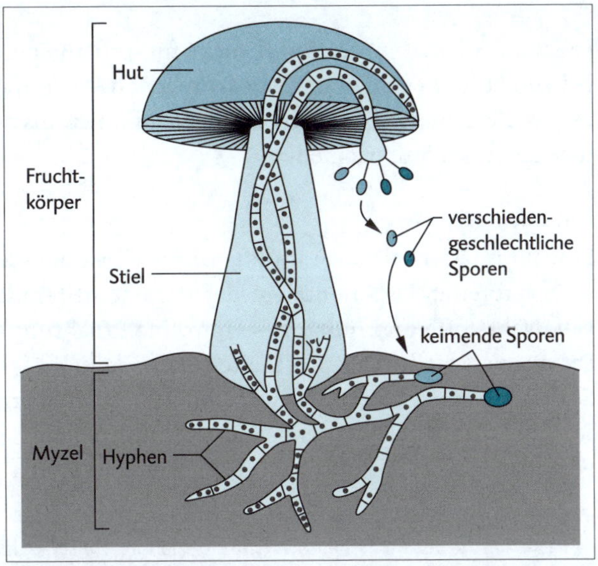

Abb. 105: Bau und Entwicklung eines Hutpilzes

2.3 Besondere Formen des Zusammenlebens

Lebewesen leben in der Regel nicht für sich alleine. Die verschiedenen Möglichkeiten und Formen des **Zusammenlebens** führen zu teilweise sehr komplexen Beziehungen und werden anhand ihrer Auswirkungen für die beteiligten Lebewesen unterschieden.

Parasitismus

Sowohl im Tier- als auch im Pflanzenreich ist die **parasitische Lebensweise** weit verbreitet. Dabei entzieht der **Parasit** artfremden Lebewesen, den **Wirten**, Nährstoffe und nutzt diese für seine Ernährung. Dazu haben sich bei den Parasiten spezielle Angepasstheiten entwickelt.
Dadurch, dass sich die Parasiten von ihren Wirten ernähren, schädigen sie diese. Als Folge des Parasitenbefalls verringern sich häufig das Wachstum, der Fortpflanzungserfolg und die Lebensdauer der Wirte.

Parasitismus bezeichnet eine Wechselbeziehung zwischen Individuen unterschiedlicher Arten, bei der Wirt und Parasit in einem engen räumlichen, körperlichen und zeitlichen Verhältnis zueinander stehen. Parasiten sind an ihre Wirte angepasst, von ihnen abhängig und schädigen sie.

Hinsichtlich der Dauer der Phase, in der ein Wirt benötigt wird, unterscheidet man zwei Formen des Parasitismus:

- **Temporäre Parasiten** leben nur zeitweise, häufig während bestimmter Entwicklungsstadien, auf oder in ihren Wirten. Beispielsweise parasitieren die Larven der Flussperlmuscheln an Fischkiemen und dabei auch streng wirtsspezifisch nur bei Bachforellen. Die ausgewachsenen Muscheln leben dagegen als Planktonfiltrierer am Gewässergrund.
- **Permanente Parasiten** durchlaufen alle Entwicklungsstadien in Wirten, auch wenn im Lauf der Individualentwicklung Wirtswechsel stattfinden können.

  Beispielsweise schädigen Bandwürmer wie der Fuchsbandwurm (siehe Abb. 106, rechts) Füchse, Katzen oder Hunde als Endwirte durch den Entzug von Nährstoffen aus dem Darminhalt. Bei Zwischenwirten wie den Waldmäusen treten durch ein blasenartiges Larvenstadium, die sogenannten Finnen, verschiedene Gewebeschäden auf. Beim Fehlwirt, bei dem es sich häufig um den Menschen handelt, kann es zu schweren Erkrankungen, den Echinokokkosen, kommen, die zu tumorähnlichen Zysten in der Leber führen. Eine solche schwere, oft tödlich verlaufende Schädigung des Wirts ist eigentlich nicht vorgesehen, da die Parasiten von ihren Wirten extrem abhängig sind. Sie ist eine Folge der schlechteren Angepasstheit des Fuchsbandwurms an den Fehlwirt Mensch.

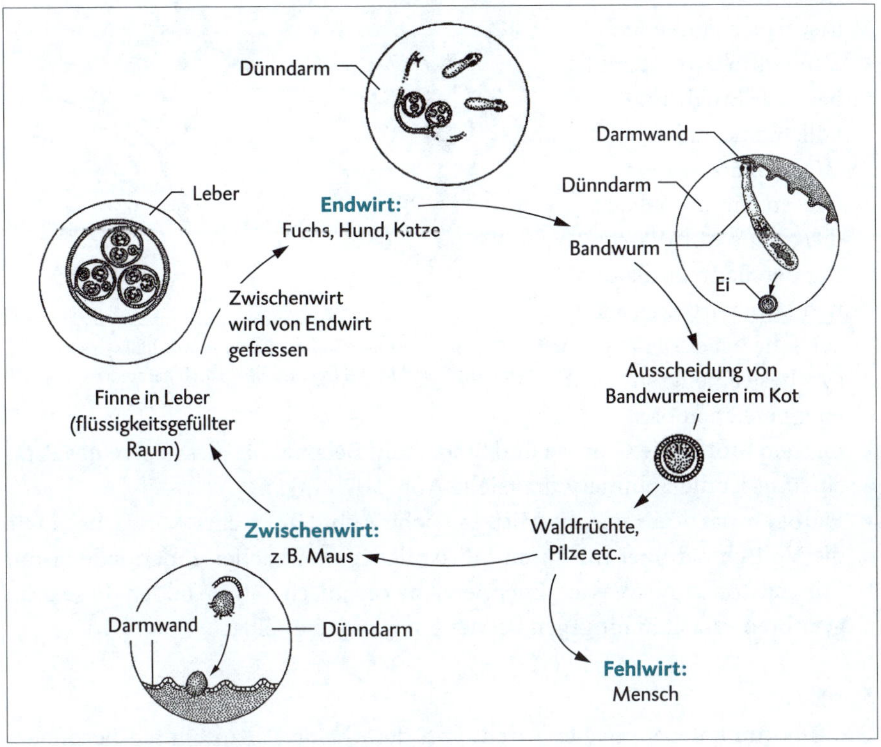

Abb. 106: Der Lebenszyklus eines Fuchsbandwurms

Neben der Notwendigkeit eines Wirts werden Parasiten im Tierreich auch dahingehend eingeteilt, ob sie in den Körper ihres Wirts eindringen oder nicht:

- **Endoparasiten (Innenparasiten)** wie Band- oder auch Spulwürmer leben im Körperinneren ihres Wirtes.
- **Ektoparasiten (Außenparasiten)** leben auf ihren Wirten. Sie legen wie beispielsweise die Grabmilben entweder ihre Eier in die Haut von Säugetieren ab (Krankheitsbild Räude oder Krätze) oder sie ernähren sich wie die blutsaugenden Stechmücken, Zecken und Läuse von Blut oder Gewebsflüssigkeiten des Wirts. Viele Ektoparasiten sind Überträger von Krankheiten. Die Erreger der Lyme-Borreliose, einer bakteriellen Entzündung des Nervensystems, werden ebenso wie die der Frühsommer-Meningoencephalitis (FSME), einer viralen Hirnhautentzündung, durch Zecken übertragen.

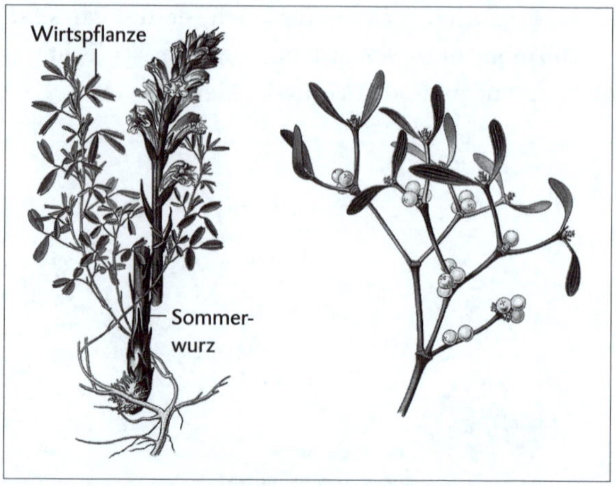

Abb. 107: Parasitismus bei Pflanzen: Sommerwurz (links) als Vollschmarotzer und Mistel (rechts) als Halbschmarotzer

Pflanzliche Parasiten werden danach unterschieden, welche der benötigten Stoffe sie der Wirtspflanze entziehen:

- **Vollschmarotzer** sind bei ihrer Ernährung vollständig auf die Wirtspflanzen angewiesen. Sie entziehen diesen sowohl Wasser mit den darin enthaltenen Mineralstoffen als auch die bei der Fotosynthese erzeugten energiereichen organischen Stoffe wie Glucose und Stärke. Ein Beispiel für diese Form des Parasitismus ist die Sommerwurz (siehe Abb. 107, links).
- **Halbschmarotzer** wie die Misteln (siehe Abb. 107, rechts) verwachsen wie die Vollschmarotzer mit ihren Wirtspflanzen, entziehen ihnen jedoch nur Mineralstoffe und Wasser. Energiereiche organische Stoffe bilden diese grün gefärbten Parasiten hingegen bei der Fotosynthese selbst.

Symbiose

Das Zusammenleben zweier Arten, von dem beide Partner durch besondere Wechselwirkungen einen Vorteil haben, wird als **symbiotische Beziehung** bezeichnet.

Der Begriff **Symbiose** bezeichnet eine einstweilige oder auch dauerhafte Wechselbeziehung von Individuen unterschiedlicher Arten, die auf gegenseitigem Nutzen beruht.

Im Fall der **Flechten** leben Pilze und Algen zusammen, die streng aufeinander angewiesen sind (siehe Abb. 108). Der Pilz stellt mit seinem Fadengeflecht, dem Myzel, den Lebensraum für die einzelligen Algen bereit und bestimmt damit Gestalt und Form der Flechte. Er speichert neben Regenwasser auch Mineralstoffe, die durch die von ihm bereitgestellten Säuren aus dem Gestein gelöst werden. Außerdem bildet der Pilz die Fruchtkörper, wodurch er die Verbreitung der Lebensgemeinschaft ermöglicht. Die grünen Algen produzieren geschützt im Innern des Myzels fotosynthetisch energiereiche organische Stoffe und stellen diese dem Pilz zur Verfügung. Durch diesen wechselseitigen Nutzen können Flechten auch eigentlich unwirtliche Lebensräume wie Steine, Baumrinde oder Hauswände besiedeln, in denen weder der Pilz noch die Algen alleine überleben könnten.

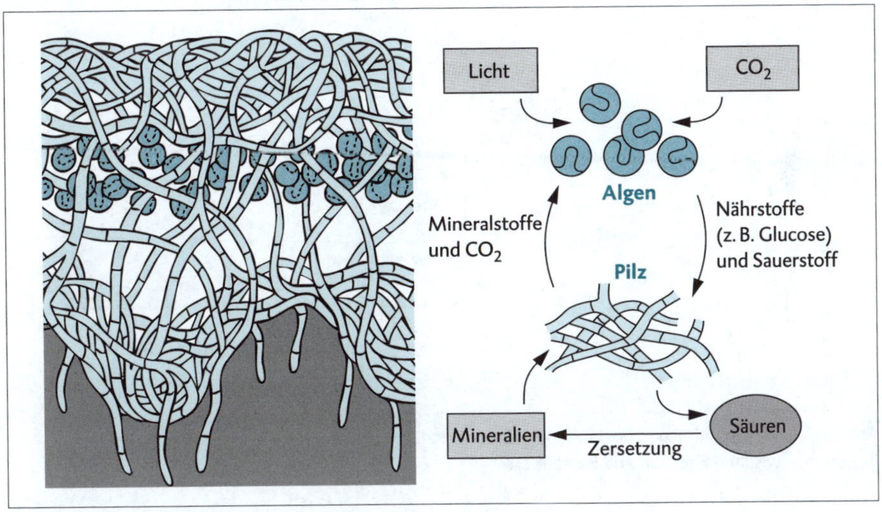

Abb. 108: Flechten als Beispiel für eine symbiontische Beziehung

Die symbiotische Beziehung zwischen Hutpilzen und Bäumen wird als **Mykorrhiza** bezeichnet (siehe Band 1, S. 51 f.).

Blüten und **Blüten besuchende Tiere** wie Insekten, Vögel und Fledermäuse sind ein Beispiel für Symbiosen zwischen Pflanzen und Tieren. Blütenpflanzen verfügen über eine große Vielfalt an Möglichkeiten, um Tiere anzulocken und damit dafür zu sorgen, dass ihr Pollen auf die Narben anderer Pflanzen der gleichen Art übertragen wird. Zu diesen Möglichkeiten zählen beispielsweise die Form, die Farbe und der Duft der Blüten. Die Bestäuber werden durch Nektar und/oder Pollen belohnt, an die sie durch besonders gestaltete Mundwerkzeuge gelangen. Der Aufwand der Blütenpflanze ist durch die Sicherung der Fremdbestäubung gerechtfertigt, die eine im Vergleich zur Selbstbestäubung größere Variabilität der Nachkommen ermöglicht.

Die auch „Stern von Madagaskar" genannte Orchideenart *Angraecum sesquipedale* ist im Küstenwald an der Ostseite der Insel Madagaskar heimisch. Ein besonders auffälliges Merkmal dieser Pflanze ist der manchmal über 30 cm lange Lippensporn ihrer Blüte (siehe Abb. 109), in dessen unterstem Teil Nektar ausgeschieden wird. Nur der ebenfalls in dieser Region heimische Schmetterling *Xanthopan morganii* besitzt einen Saugrüssel, der lang genug ist, dass er den Nektar dieser Orchideen-Art aufsaugen kann. Dabei bestäubt er die Pflanzen. Die Orchideen sind zur Pollenübertragung auf diesen Schmetterling angewiesen, da nur dieser auf den Lippensporn spezialisiert ist. Stirbt diese Schmetterlingsart aus, dann trifft die Orchidee dasselbe Schicksal.

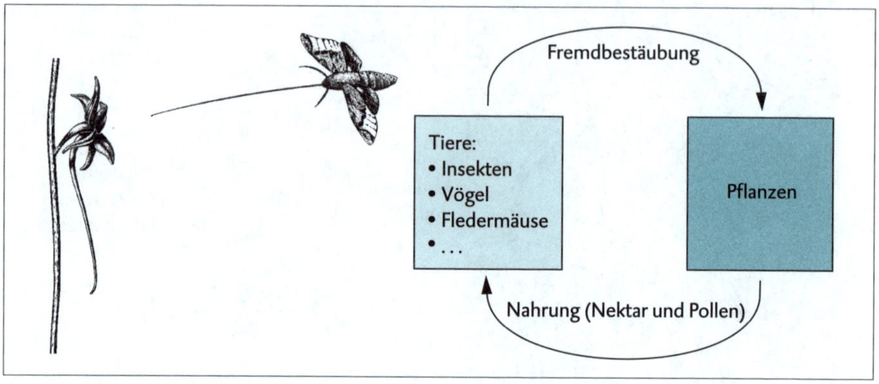

Abb. 109: links: Orchidee und bestäubender Schmetterling; rechts: schematische Darstellung der Beziehung zwischen Pflanzen und Bestäubern

Die symbiontischen Beziehungen haben sich durch die wechselseitige Beeinflussung zweier miteinander in Beziehung stehender Arten im Laufe der Evolution entwickelt. Dieser Vorgang wird als **Koevolution** bezeichnet.

Als **Koevolution** wird die wechselseitige Beeinflussung der Evolution zweier miteinander in Beziehung stehender Arten bezeichnet.

Zusammenfassung

Der Wettbewerb von Lebewesen innerhalb einer Art **(intraspezifisch)** oder zwischen unterschiedlichen Arten **(interspezifisch)** um begrenzt verfügbare **Ressourcen** wie Nahrung, Raum oder Geschlechtspartner wird als **Konkurrenz** bezeichnet. Nach dem **Konkurrenzausschlussprinzip** verdrängt die konkurrenzstärkere Art die schwächere. In manchen Fällen führt die **Konkurrenzvermeidung** zur Einnischung in unterschiedliche **ökologische Nischen**.
Zwischen den Lebewesen einer Biozönose gibt es weitere Wechselbeziehungen. Beispiele dafür sind:

Form des Zusammenlebens	Beschreibung der Wechselbeziehung
Fressfeind-Beute-Beziehung	Vernichtung von Individuen der Beute durch den Fressfeind, der dadurch gefördert wird
Parasitismus	Förderung eines Parasiten zulasten seines Wirts
Symbiose	Gegenseitige Begünstigung zweier unterschiedlicher Arten durch das Zusammenleben

Im Laufe der Evolution beeinflussen sich zwei miteinander in Beziehung stehende Arten wechselseitig. Dies bezeichnet man als **Koevolution**.

115 Erläutere die Bedeutung der biologischen Begriffe Konkurrenz und Koexistenz.

116 Paramecien (Pantoffeltierchen) sind etwa 0,05 bis 0,3 mm große, ausschließlich in nährstoffreichen Süßgewässern lebende Einzeller. Sie bewegen sich mithilfe ihrer zahlreichen, auf der gesamten Oberfläche der Zellmembran befindlichen Wimpern fort und ernähren sich heterotroph.

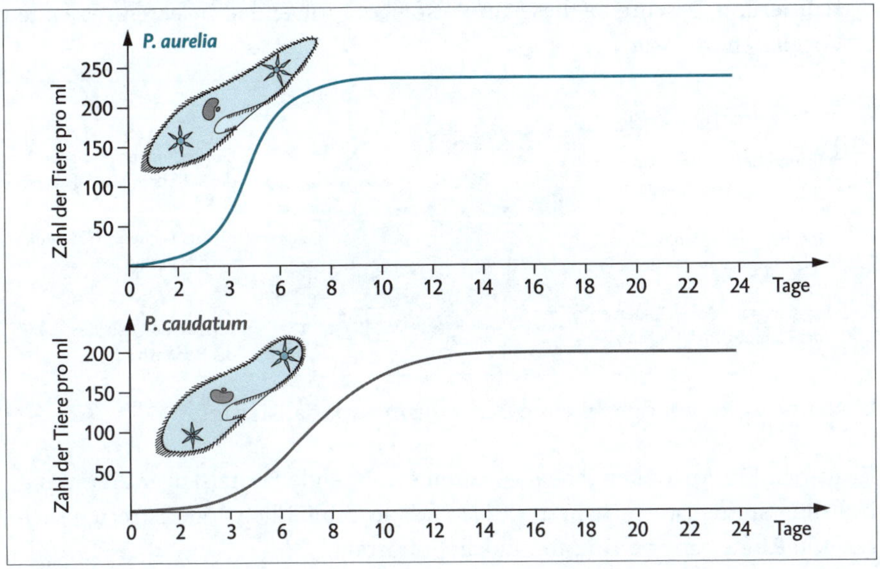

Paramecium aurelia (oben) und *Paramecium caudatum* (unten) in Reinkultur

a Beschreibe und vergleiche die Wachstumskurven der beiden Paramecium-Arten in Reinkultur.

b Im Jahr 1934 untersuchte der Biologe Georgi GAUSE die Auswirkungen der zwischenartlichen Konkurrenz mithilfe dieser Pantoffeltierchen. Die Ergebnisse seiner Laborversuche sind in der Grafik dargestellt. Erläutere diese.

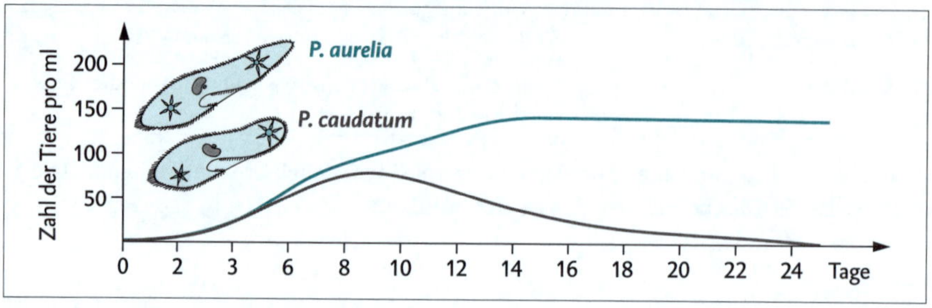

P. aurelia und *P. caudatum* in Mischkultur

c Stelle eine Hypothese auf, warum unter natürlichen Bedingungen dennoch beide Paramecium-Arten im selben Gewässer vorkommen können.

117 Die Spezialisierung einer bestimmten Art auf eine ökologische Nische wird als Einnischung bezeichnet.

a Eine von mehreren Möglichkeiten zur Einnischung ist die Nahrungsspezialisierung. Beschreibe diese am Beispiel der folgenden insektenfressenden Vogelarten im Wald.

b Nenne weitere Möglichkeiten der Nahrungsspezialisierung.

118 Koalas sind in Australien lebende, baumbewohnende Beutelsäuger. Als strenge Nahrungsspezialisten ernähren sie sich fast ausschließlich von Blättern, Früchten und Rinde ganz bestimmter Eukalyptusarten.

a Erstelle für die beschriebene Nahrungsbeziehung einen schematischen Regelkreis.

b Erläutere an diesem Beispiel Vorteile, aber auch Risiken dieser Spezialisierung auf eine einzige Nahrungsart.

119 Erläutere an einem Beispiel deiner Wahl den Vorgang der adaptiven Radiation.

120 Die Kolibris (Neue Welt) und die Nektarvögel (Alte Welt) sind als nicht verwandte Vogelfamilien an die Nutzung des Blütennektars als Nahrungsquelle angepasst.
Benenne die Form der Angepasstheiten und definiere den Fachbegriff.

Kolibri (links) und Nektarvogel (rechts)

121 Kein Lebewesen lebt für sich alleine. Einige Organismen haben jedoch besonders enge zwischenartliche Beziehungen zueinander.

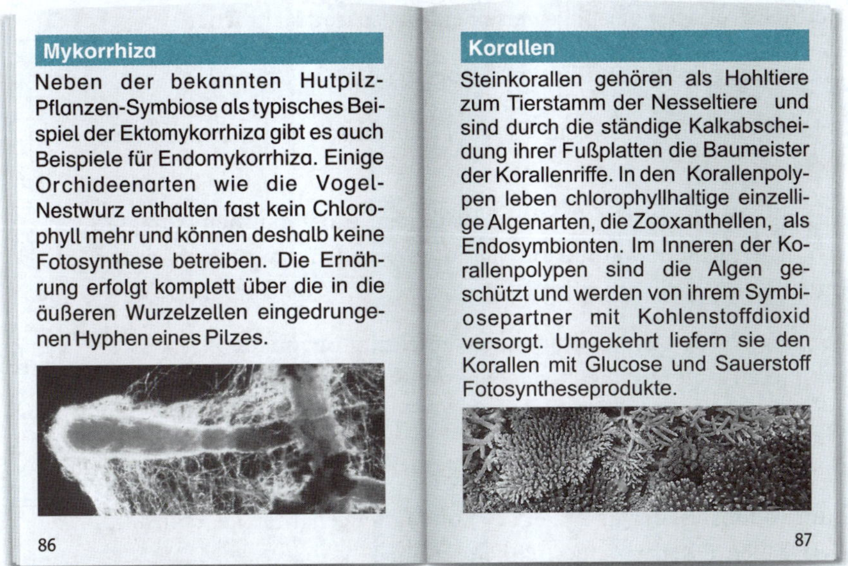

Mykorrhiza

Neben der bekannten Hutpilz-Pflanzen-Symbiose als typisches Beispiel der Ektomykorrhiza gibt es auch Beispiele für Endomykorrhiza. Einige Orchideenarten wie die Vogel-Nestwurz enthalten fast kein Chlorophyll mehr und können deshalb keine Fotosynthese betreiben. Die Ernährung erfolgt komplett über die in die äußeren Wurzelzellen eingedrungenen Hyphen eines Pilzes.

86

Korallen

Steinkorallen gehören als Hohltiere zum Tierstamm der Nesseltiere und sind durch die ständige Kalkabscheidung ihrer Fußplatten die Baumeister der Korallenriffe. In den Korallenpolypen leben chlorophyllhaltige einzellige Algenarten, die Zooxanthellen, als Endosymbionten. Im Inneren der Korallenpolypen sind die Algen geschützt und werden von ihrem Symbiosepartner mit Kohlenstoffdioxid versorgt. Umgekehrt liefern sie den Korallen mit Glucose und Sauerstoff Fotosyntheseprodukte.

87

a Erläutere anhand der Informationen eventuelle Vor- und Nachteile für die Vertreter der unterschiedlichen Arten in den beschriebenen Wechselwirkungen.

b Bedingt durch die unterschiedlichsten Einflüsse ändern sich die abiotischen Faktoren in der Umwelt:

- Als Folge der Luftverschmutzung mit säurebildenden Abgasen erniedrigt sich der pH-Wert im Niederschlag. Der saure Regen verändert die Zusammensetzung der Mineralstoffe in den Böden, schädigt Pflanzenwurzeln und führt zum Absterben von Mykorrhizapilzen.
- Steigende Wassertemperaturen setzen die Algen in den Korallen unter Wärmestress. Dadurch produzieren die Algen aggressive Giftstoffe und werden infolgedessen von den Polypen nach und nach abgestoßen. Dieses Phänomen wird als Korallenbleiche bezeichnet.

Erläutere die Auswirkungen der genannten Einflüsse auf die jeweilige Symbiose.

122 Kennzeichne im Folgenden die Beispiele, die eine **F**ressfeind-Beute-Beziehung beschreiben, mit einem **F**, Beispiele, die die Kennzeichen eines **P**arasitismus zeigen, mit einem **P** und Beispiele, die eine **S**ymbiose darstellen, mit einem **S**.

Muscheln filtern Nahrung bestimmter Größe aus dem Wasser.	☐
Rotfüchse erjagen beispielsweise Feldmäuse und Kaninchen.	☐
Zecken saugen Blut an Reptilien, Vögeln oder Säugetieren.	☐
Schnecken beißen als Weidegänger Pflanzenteile ab und zerkleinern diese.	☐
Manche Ameisenarten „melken“ Blattläuse, um von ihnen Honigtau zu erhalten. Dafür werden die Blattläuse von den Ameisen sogar in ihrem Nest überwintert.	☐
Lupinen werden von Bakterien, die geschützt in von der Pflanze gebildeten Wurzelknöllchen leben, mit Stickstoff versorgt.	☐
Eichhörnchen sammeln gezielt unter anderem Nüsse und Beeren als Nahrung.	☐
Einige südostasiatische Arten der Eulenfalter ernähren sich mithilfe eines Stechrüssels von menschlichem Blut.	☐

123 Im Laufe der Stammesgeschichte haben sich viele Blütenpflanzen und ihre Bestäuber gegenseitig beeinflusst.

a Definiere den Begriff „Koevolution“.

b Liste sowohl die Vorteile der Blütenpflanze als auch die des Bestäubers bei dieser gegenseitigen Beeinflussung auf.

c Ursprungsregionen der Gewürzvanille, einer Orchideenart, sind Mexiko und Mittelamerika. Lange Zeit scheiterten alle Versuche, die Vanille außerhalb Mexikos anzupflanzen und zu züchten. Erst im 19. Jahrhundert erkannte man den Zusammenhang zwischen der Bestäubung und ganz bestimmten, ausschließlich in den Ursprungsregionen vorkommenden Bienen- und Kolibriarten.
Erläutere an diesem Beispiel Vorteile, aber auch Risiken der Spezialisierung auf ganz bestimmte Bestäuberarten.

3 Ökosysteme der gemäßigten Breiten

Als die **gemäßigten Breiten (gemäßigte Zonen)** bezeichnet man die Klimazonen, die sowohl auf der Nord- als auch auf der Südhalbkugel zwischen den Subtropen, mit einer Jahresmitteltemperatur über 20 °C, und den Polarkreisen, mit einer Mitteltemperatur von unter 10 °C im wärmsten Monat, liegen. In den gemäßigten Breiten gibt es zumeist ganzjährig ausreichende Niederschlagsmengen und deutlich voneinander unterscheidbare Jahreszeiten.

3.1 Stoff- und Energiefluss

Die Lebewesen eines Ökosystems sind über Nahrungsketten bzw. über Nahrungsnetze (siehe S. 221 f.) miteinander verbunden. Diese Nahrungsbeziehungen zwischen den Lebewesen sind zusammen mit der Fotosynthese die Ursache und Grundlage der **Stoffkreisläufe** und des **Energieflusses**.
In allen Ökosystemen sind einzig Pflanzen, Algen und einige Bakterienarten (siehe Band 1, S. 24 ff.) in der Lage, mithilfe von Licht aus anorganischen Stoffen (Wasser, Kohlenstoffdioxid) fotosynthetisch energiereiche organische Stoffe wie Glucose herzustellen. Diese Lebewesen werden daher als **Produzenten** bezeichnet. Tiere, Pilze und die meisten Bakterienarten können energiereiche organische Stoffe nicht selbst erzeugen und ernähren sich deshalb heterotroph entweder als Pflanzenfresser **(Konsumenten 1. Ordnung)** direkt oder als Fleischfresser **(Konsumenten 2. Ordnung)** indirekt von den autotrophen Produzenten. Die mit der Nahrung aufgenommenen energiereichen organischen Substanzen werden durch unterschiedlichste Stoffwechselprozesse in körpereigene Stoffe umgewandelt. Als Verbraucher energiereicher organischer Stoffe werden diese Lebewesen als **Konsumenten** bezeichnet. **Destruenten** werden dagegen heterotrophe Organismen wie Bakterien, Pilze und auch einige Bodenlebewesen wie Regenwürmer, Tausendfüßer, Aaskäfer und Asseln genannt, die totes organisches Material verwerten können. Dazu gehören beispielsweise der Kot von Tieren, Pflanzenteile (z. B. Laub, Nadeln, Zweige) und tote Organismen. Die Destruenten wandeln diese in energiearme anorganische Stoffe wie Wasser, Kohlenstoffdioxid und Mineralstoffe (z. B. Stickstoffsalze) um. Da nun diese von Destruenten abgegebenen Grundstoffe erneut durch die Produzenten aufgenommen und zur Produktion von Biomasse genutzt werden, spricht man von **Stoffkreisläufen**. Die einzelnen Ernährungsstufen (Produzente, Konsumenten und Destruenten) werden als **Trophieebenen** (Trophielevel) bezeichnet.

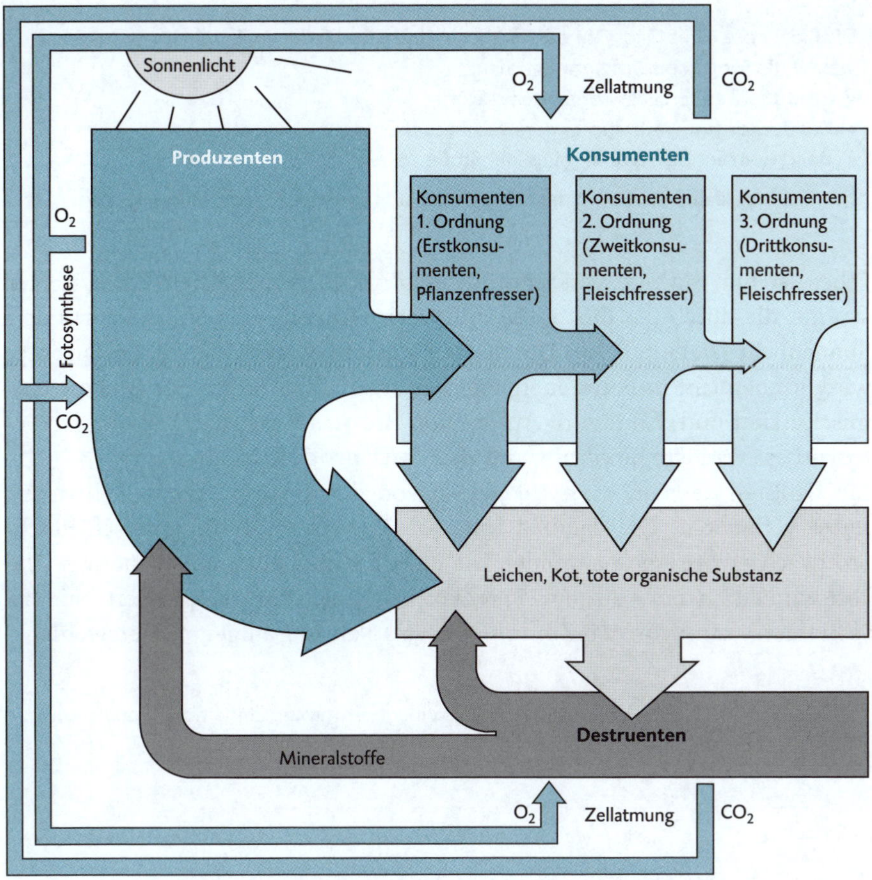

Abb. 110: Ernährungsstufen sowie der natürliche Kohlenstoff- und Sauerstoffkreislauf

Auf der Erde sind die Atome fast aller chemischen Elemente nur in begrenzten Mengen vorhanden. Deshalb ist das Leben auf der Erde beispielsweise auf die Wiederverwendung der in Lebewesen enthaltenen Kohlenstoff- und Sauerstoffatome angewiesen (siehe Abb. 110). Neben dem **Sauerstoff-** und dem **Kohlenstoffkreislauf** ermöglichen der **Schwefel-**, der **Phosphor-** und der **Stickstoffkreislauf** sowie viele weitere Kreisläufe die Zirkulation der Atome durch die verschiedenen **Trophieebenen**.

In vielen Fällen verbleiben die Atome weitgehend innerhalb des jeweiligen Ökosystems. Man spricht deshalb auch vom **geschlossenen System** der Stoffkreisläufe.

Die Biozönose eines Ökosystems besteht aus drei verschiedenen **Ernährungsstufen**, welche die **Stoffkreisläufe** ermöglichen:

- **Produzenten:** Erzeuger organischer Stoffe
- **Konsumenten:** Verbraucher organischer Stoffe
- **Destruenten:** Zersetzer organischer Stoffe

Die Stoffkreisläufe innerhalb eines Ökosystems sind zumeist **geschlossene Systeme**.

Leben ist nur mithilfe von **Energie** möglich. In den meisten Ökosystemen stammt die durch die Biozönose umgesetzte Energie ausschließlich aus dem Sonnenlicht (siehe S. 198). Durch die Fotosyntheseaktivität der Produzenten wird Sonnenlicht in Form energiereicher organischer Stoffe wie Glucose chemisch fixiert und damit zum Aufbau von **Biomasse** genutzt. Diese durch Fotosynthese erzeugte Biomasse wird als **Primärproduktion** bezeichnet.
Ein Großteil der Glucose wird jedoch von den Pflanzen durch Zellatmung selbst verbraucht. Die dadurch nutzbare Energie wird für unterschiedliche Stoffwechselvorgänge verwendet. Die nicht für die Zellatmung benötigte Glucose wird durch den Aufbau weiterer körpereigener Stoffe gespeichert. Nur diese Biomasse kann von den Konsumenten als Nahrung aufgenommen werden.

Die Gesamtmasse aller Lebewesen innerhalb einer bestimmten Einheit, z. B. Population, Trophieebene oder Ökosystem, wird als **Biomasse** bezeichnet.

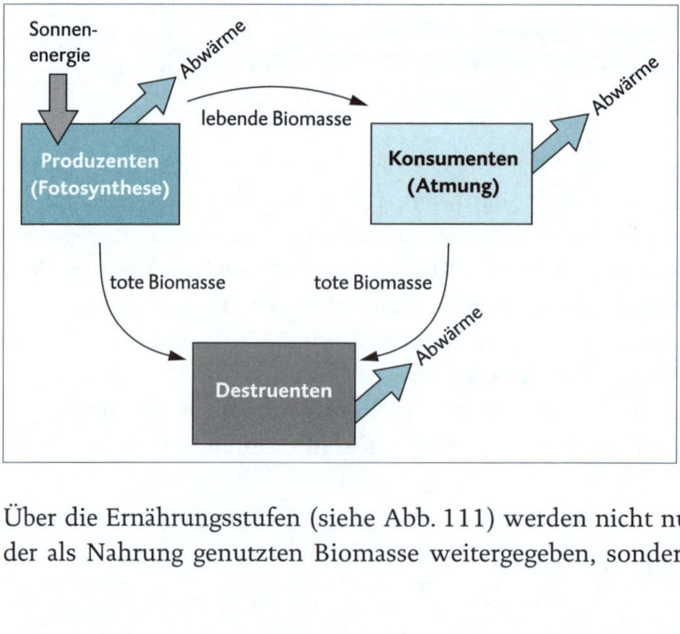

Abb. 111: Ernährungsstufen und Energiefluss

Über die Ernährungsstufen (siehe Abb. 111) werden nicht nur Stoffe in Form der als Nahrung genutzten Biomasse weitergegeben, sondern auch die darin

chemisch fixierte Energie. Bei nahezu allen Stoffwechselvorgängen wie der Zellatmung und der Gärung wird ein Teil der chemischen Energie in **Wärme** umgewandelt und an die Umgebung abgegeben. Diese Energieform ist für die Lebewesen nicht weiter nutzbar.
Nach der sogenannten **10 %-Regel** gehen Forscher davon aus, dass bei jedem Übergang von einer Trophieebene zur nächsten nur etwa 10 % der in der Nahrung enthaltenen Energie ankommen, das heißt zum Aufbau von Biomasse genutzt werden können (siehe Abb. 112). Die restlichen 90 % gehen als Wärme „verloren" oder werden vom jeweiligen Lebewesen für Stoffwechselprozesse bzw. Körperaktivitäten benötigt und sind deshalb nicht mehr zum Aufbau eigener Biomasse nutzbar. Man spricht deshalb im Gegensatz zum geschlossenen System der Stoffkreisläufe (siehe S. 235) beim Energiefluss von einem **offenen System**.

Bei der Fotosynthese wird Sonnenlicht chemisch fixiert. Die fixierte Energie wird von Trophieebene zu Trophieebene weitergegeben, wobei bei jedem Übergang etwa 90 % z. B. als Wärme abgegeben werden und nur 10 % in der nächsten Ebene ankommen **(10 %-Regel)**. Der Energiefluss innerhalb eines Ökosystems ist ein **offenes System**.

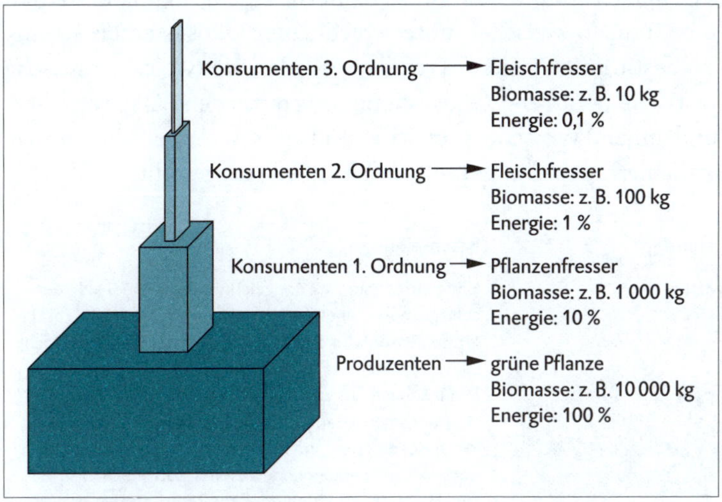

Abb. 112: Ökologische Pyramiden: Biomasse- und Energieverluste beim Übergang zur nächsten Trophieebene

Wird die Biomasse der einzelnen Nahrungsebenen einer Biozönose ermittelt und grafisch dargestellt (siehe Abb. 112), erhält man eine sogenannte **Biomassepyramide** (Nahrungspyramide). Mithilfe einer **Energiepyramide** wird der Energiefluss von Trophieebene zu Trophieebene wiedergegeben.

Durch diese **ökologischen Pyramiden** lassen sich die quantitativen Verhältnisse und die Zusammenhänge von Biomasse und Energie innerhalb eines Ökosystems verdeutlichen.
Dieser Verlust an Energie und damit verbunden auch an Biomasse innerhalb einer Nahrungskette hat zur Folge, dass für die Lebewesen der nächsten Trophieebenen immer begrenztere Nahrungsmengen zur Verfügung stehen. Sie erzeugen deshalb weniger Nachkommen und die Individuenzahl nimmt im Vergleich zur vorherigen Trophieebene ab.

Energie- und **Biomassepyramiden** verdeutlichen die Verluste, die von einer zur nächsten Trophieebene auftreten.

3.2 Überblick über die Vielfalt der Ökosysteme

Biozönose und Biotop bilden zusammen ein sehr komplexes Wirkungsgefüge, das **Ökosystem**. Benachbarte Ökosysteme wie etwa eine Hecke und ein Fluss oder ein Wald und ein See sind in der Regel nur scheinbar scharf voneinander abgegrenzt. Tatsächlich beeinflussen sie sich meist gegenseitig. Viele Arten überschreiten die Grenzen zwischen unterschiedlichen Ökosystemen ständig oder auch nur zu bestimmten Zeiten. Trotzdem werden weltweit terrestrische (Land-) und aquatische (Wasser-) Ökosysteme in verschiedene Ökosystemtypen unterteilt und anhand typischer biotischer und abiotischer Faktoren unterschieden. Beispiele hierfür sind in der folgenden Tabelle dargestellt.

	Ökosystemtyp	Beschreibung
	Hitzewüste 	Hitzewüsten sind gekennzeichnet durch wenig Niederschläge, hohe Tagestemperaturen von bis zu 60 °C und große Temperaturunterschiede zwischen Tag und Nacht. Diese abiotischen Faktoren lassen nur einen spärlichen Pflanzenbewuchs zu und bieten damit aufgrund von Nahrungsmangel auch nur die Lebensgrundlage für eine in der Regel arten- und individuenarme Tierwelt. Alle dort vorkommenden Lebewesen haben Mechanismen zur Wasserspeicherung oder zur Reduzierung des Wasserverlusts entwickelt.

Savanne 	Hier herrschen starke Temperaturschwankungen zwischen Sommer und Winter bzw. Trocken- und Regenzeit. Immer wieder auftretende Trockenperioden verhindern trotz relativ hoher jährlicher Niederschlagsmengen weitgehend die Ausbreitung von Bäumen und Sträuchern. Große Tierherden weiden die Gräser, die vorherrschende Pflanzengruppe, ab.
Tundra 	Extrem niedrige Wintertemperaturen, lange Winter und Permafrostböden ermöglichen nur eine kurze Vegetationszeit im ebenfalls kühlen Sommer. Nur der Oberboden taut auf, durchnässte Böden und Sümpfe nehmen große Flächen ein. Das Wachstum von Bäumen ist kaum möglich, der Bewuchs besteht hauptsächlich aus Moosen, Flechten und niedrigwüchsigen Sträuchern. Tiere haben Mechanismen entwickelt, um der Kälte zu trotzen.
Tropischer Regenwald 	Tropische Regenwälder finden sich rings um den Äquator und sind gekennzeichnet durch ein gleichförmiges, konstantes Klima mit regelmäßigen Niederschlägen und gleichmäßig hohen Temperaturen zwischen 25 und 30 °C. Diese optimalen Lebensbedingungen ermöglichen eine hohe Artenzahl.
Hochmoor 	Das Regenwasser wird von Torfmoosen gespeichert. Durch deren Wachstum werden die meterhohen Torfschichten gebildet, die als Lebensraum für speziell angepasste Arten dienen.
Fließgewässer 	Je nach Größe und Wassermenge unterscheidet man Bäche und Flüsse. Durch das ständige Fließen des Wassers verändern sich der Lebensraum und die abiotischen Faktoren stetig.

Meer 	Als Meer bezeichnet man große, tiefe zusammenhängende Wasserflächen, die mit etwa 3,5 % einen deutlich höheren Salzgehalt aufweisen als Süßwasserökosysteme. Trotz Meeres- bzw. Gezeitenströmungen bieten die Meere in der Regel relativ konstante Bedingungen und ermöglichen dadurch eine große Artenvielfalt.
Wattenmeer 	Als Wattenmeere werden beispielsweise die flachen Küstenbereiche der Nordsee bezeichnet. Durch den periodischen Wechsel der Gezeiten fallen regelmäßig, zweimal täglich, große Bereiche des Meeresbodens trocken. Diese ständigen und extremen Wechsel der Lebensbedingungen verlangen besondere Anpassungen der Lebewesen.
Korallenriff 	Korallenriffe reichen oft bis zur Wasseroberfläche und entstehen durch die Kalkabscheidungen der Steinkorallen. Diese Nesseltiere leben in Symbiose mit Algen und entwickeln sich nur in sehr sauberem Salzwasser bei konstanten Temperaturen um die 25 °C. Die Riffe bieten Lebensraum für eine artenreiche Tierwelt.

Tab. 14: Übersicht über verschiedene natürliche Ökosysteme; grau: terrestrische Ökosysteme (Landökosysteme), blau: aquatische Ökosysteme (Gewässerökosysteme)

Mit dem **See** und dem **Laubmischwald** werden in den Kapiteln 3.4 und 3.5 zwei wichtige Ökosysteme der gemäßigten Breiten ausführlich behandelt.

3.3 Beeinflussung von Ökosystemen

Jedes Ökosystem wird von abiotischen Faktoren (siehe S. 191) wie Wasser, Licht, Temperatur und Mineralstoffgehalt und von biotischen Faktoren beeinflusst. Diese Umweltbedingungen ermöglichen es der Biozönose, bestehend aus Produzenten, Konsumenten und Destruenten (siehe S. 234), das Biotop zu besiedeln und die Biomasse, also die Masse aller lebenden Organismen eines Ökosystems, aufzubauen.

Abiotische und biotische Faktoren bestimmen die Lebensbedingungen innerhalb eines Ökosystems.

Ökosysteme sind weltweit den unterschiedlichsten Belastungen ausgesetzt. Dazu zählen beispielsweise **Naturkatastrophen**, wie starke Unwetter mit Stürmen und Überschwemmungen, Erdbeben sowie Vulkanausbrüche. Die größte Bedrohung für die Ökosysteme stellt jedoch der **Mensch** durch seine vielfältigen Eingriffe in die Umwelt dar. Ein Hauptproblem ist dabei das in den meisten Regionen der Welt zu beobachtende Bevölkerungswachstum, das eine ständige Erhöhung des Energie- und Nahrungsbedarfs mit sich bringt.
Im Folgenden sind einige der negativen Effekte des Menschen auf die Ökosysteme dargestellt.

Nutzung natürlicher Ressourcen

Die globale Weltwirtschaft hängt von der Nutzung **natürlicher Ressourcen** ab. Der weltweite Verbrauch von Wasser und Energieträgern (z. B. Kohle und Erdöl), aber auch von Stoffen wie Holz, Metallen und Erzen sowie von landwirtschaftlichen Flächen ist in den letzten Jahrzehnten enorm gestiegen und wird auch noch weiter wachsen.
Der Abbau der natürlichen Ressourcen geht häufig einher mit massiven Eingriffen in die Umwelt und der enorme Verbrauch vermindert zunehmend die Fähigkeit unserer Umwelt, sich und damit die Lebensgrundlagen für Menschen, Tiere und Pflanzen zu regenerieren. Deshalb setzen sich Staaten und Organisationen verstärkt für einen nachhaltigeren und damit zukunftsfähigeren Umgang mit den natürlichen Ressourcen ein. Wichtige Maßnahmen zur Ressourcenschonung sind z. B.:

- Nutzung regenerativer Energien
- Recycling von Wertstoffen (Metalle, Kunststoffe usw.)
- Effiziente Nutzung von Wasser
- Nachhaltige Bewirtschaftung der Böden

Flächennutzung

Flächennutzung führt zu Lebensraumverlusten. Forst- und Landwirtschaft benötigen ebenso wie Verkehr und Siedlungen ständig neue Flächen. Die Rodung von Wäldern, der Bau neuer Verkehrswege und die Versiegelung von Böden durch Bebauung führen zur Zerschneidung und Verkleinerung von Lebensräumen für Pflanzen und Tiere.

Verbreitung von Lebewesen

Der Mensch hat zum Teil durch bewusste Einführung (z. B. Nutzpflanzen und Nutztiere, Versuche der Schädlingsbekämpfung durch Räuber aus fremden

Ökosystemen), aber auch unbewusst durch Einschleppung (z. B. durch den globalen Warenverkehr) zur Verbreitung gebietsfremder Lebewesen beigetragen. Diese im Fall von Tieren als **Neozoen** und im Fall von Pflanzen als **Neophyten** bezeichneten Organismen können das ökologische Gleichgewicht in Ökosystemen empfindlich stören.

Belastung durch Stoffe

Die Bedrohungen des ökologischen Gleichgewichts durch Fremdstoffe sind vielfältig:

- Einträge von **Düngemittel** aus der Landwirtschaft können Wasser und Boden belasten.
- **Pestizide** und andere in die Umwelt gelangte **Giftstoffe** können Lebewesen vergiften und sich in der Nahrungskette anreichern.
- Bei der Verbrennung von **fossilen Energieträgern** (z. B. Kohle, Erdgas und Erdöl) entstehende **säurebildende Luftschadstoffe** wie Stickstoffoxide und Schwefeldioxid gelangen in Form ihrer Umwandlungsprodukte als Niederschläge auf Pflanzenteile und dringen in die Böden ein. In diesen Fällen spricht man vom **Sauren Regen**.
- Schadgase wie **Chlor-Fluor-Kohlenwasserstoffe (CFKW bzw. FCKW)** beeinträchtigen die **Ozonschicht** und beeinflussen dadurch die Sonneneinstrahlung auf die Erde.
- **Treibhausgase**, wie z. B. Kohlenstoffdioxid, Methan, Stickstoffoxide und Wasserdampf, führen zu einer globalen **Klimaveränderung**.

Derzeit ist vor allem die Freisetzung von Kohlenstoffdioxid durch die in immer größeren Ausmaßen stattfindende Verbrennung fossiler Brennstoffe in der Diskussion. Das Kohlenstoffdioxid reichert sich dadurch verstärkt in der Erdatmosphäre an, das heißt, seine Konzentration nimmt zu. Eine gewisse Menge des Treibhausgases befindet sich auch unter natürlichen Bedingungen in der Atmosphäre und trägt dort über den **natürlichen Treibhauseffekt** dazu bei, dass die Erde nicht auskühlt. Das Prinzip, das hinter dieser Wirkung steckt, ist einfach: Das kurzwellige und energiereiche UV-Licht der Sonne durchdringt zum größten Teil die Atmosphäre, wird von der Erdoberfläche absorbiert und in Wärmeenergie umgewandelt. Diese Wärmeenergie wird von der Erdoberfläche als langwellige Infrarotstrahlung wieder abgegeben. Aufgrund der Treibhausgase wie Kohlenstoffdioxid kann die Infrarotstrahlung nicht vollständig durch die Atmosphäre hindurch in den Weltraum entweichen. Der natürliche Treibhauseffekt (siehe Abb. 113, links) erwärmt die Erde somit von einer lebensfeindlichen Jahresdurchschnittstemperatur von –18 °C auf angenehme +15 °C und ermöglicht dadurch erst das Leben auf der Erde. Der durch den Menschen verursachte Anstieg der Kohlenstoffdioxid-Konzentration führt jedoch seit etwa 100 Jahren zu einem globalen Anstieg der mittleren Jahrestemperatur. Dieses Phänomen bezeichnet man als **anthropogenen Treibhauseffekt** (altgriech. *ánthropos* Mensch, lat. *generare* erzeugen), als **Klimawandel** oder als **globale Erwärmung**. Die Folgen dieser Entwicklung sind unter anderem Überschwemmungen und ein Meeresspiegelanstieg durch das Abschmelzen der Polkappen sowie ein erhöhtes Risiko für extreme Wetterereignisse (z. B. Dürren, Starkregen, Stürme).

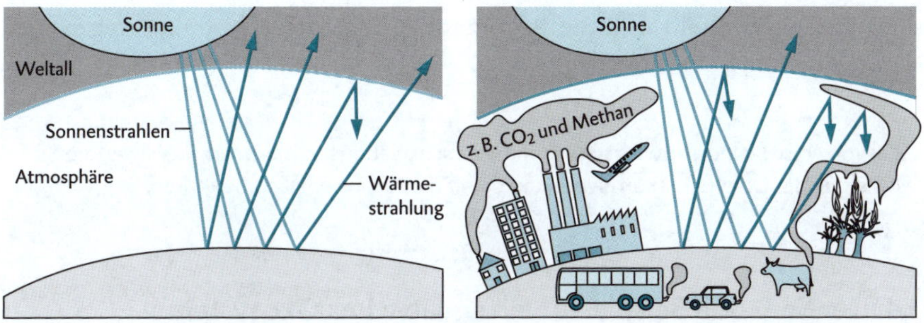

Abb. 113: Der natürliche Treibhauseffekt (links) wird durch die Zunahme der Konzentration an Treibhausgasen verstärkt (rechts).

Natürliche Ursachen und die Auswirkungen menschlichen Handelns können Ökosysteme auf vielfältige Art und Weise gefährden. Verkleinerung, Verschmutzung oder gar Zerstörung des Lebensraums sowie die Einführung gebietsfremder Arten können zu einer Störung des **ökologischen Gleichgewichts** und zur **Verringerung der Artenvielfalt** führen.

Natur- und Umweltschutz

Verschiedene Natur- und Umweltschutzorganisationen setzen sich weltweit für den Schutz und die Erhaltung der Umwelt und der Artenvielfalt ein. Der Gesetzgeber unterstützt diese Arbeit in Deutschland durch zahlreiche Gesetze wie das **Bundesnaturschutzgesetz** und die Ausweisung von **Schutzgebieten** wie Natur- und Landschaftsschutzgebiete, Biosphärenreservate sowie Natur- und Nationalparks.

Während der **Naturschutz** den Schwerpunkt auf den Erhalt und die Wiederherstellung des Naturhaushalts legt, versteht man unter **Umweltschutz** den Schutz der Umwelt und damit der menschlichen Lebensbedingungen.
Durch verschiedene Maßnahmen wie die Reinigung der Abwässer durch Kläranlagen, die Säuberung von Verbrennungsgasen durch Rauchgasfilter oder Katalysatoren, die verstärkte Nutzung von regenerativen Energiequellen sowie den sparsamen und gezielten Einsatz von Düngemitteln und Pestiziden können Schäden an der Umwelt verhindert werden. Genauso wichtig sind Verbote giftiger Substanzen, wie z. B. von CFKW zum Schutz der Ozonschicht. Auch alltägliche Verhaltensweisen wie beispielsweise der sparsame und sinnvolle Umgang mit Wasser, Elektrizität und Heizenergie, die Nutzung von öffentlichen Verkehrsmitteln und die Bevorzugung regionaler Produkte tragen zum Natur- und Umweltschutz bei.

Ziel von **Natur-** und **Umweltschutz** muss es sein, Lebensräume zu erhalten bzw. die Belastung der Umwelt zu verringern und damit die Artenvielfalt zu bewahren.

3.4 Der See – ein Beispiel für ein aquatisches Ökosystem

Je nach Größe werden **stehende Gewässer** in die Kategorien Tümpel, Teich, Weiher oder See eingeteilt. In allen diesen Ökosystemen dominiert der Umweltfaktor **Wasser**, weshalb die Lebensräume entscheidend von den Eigenschaften des Wassers bestimmt werden, zu denen unter anderem eine im Vergleich zur Luft hohe Dichte, eine große Oberflächenspannung sowie eine relativ geringe Sauerstoffkonzentration zählen.

Seen sind größere stehende Gewässer ohne direkte Verbindung zum Meer.

Die meisten Seen enthalten **Süßwasser** (Salzgehalt unter 0,1 %). Übersteigt jedoch der Wasserverlust durch Verdunstung die Wasserzufuhr durch Niederschläge oder Zuflüsse, kann sich ein See zum Salzsee entwickeln. Der größte See der Erde ist der Kaspisee, dessen Wasser einen mittleren Salzgehalt von 1,3 % aufweist.

Schichtaufbau und Biozönose eines Sees

Da Organismen unterschiedliche Ansprüche an ihren Lebensraum stellen, beeinflussen die abiotischen Faktoren die Besiedelung eines Biotops und der verschiedenen ökologischen Nischen. Seen werden durch abiotische Faktoren wie Größe, Tiefe und herrschende Strömung charakterisiert. Außerdem spielen die Temperatur, die Lichtverhältnisse, die Sichttiefe sowie der Sauerstoff- und Mineralstoffgehalt eine wesentliche Rolle für die Biozönose.

In einem abgegrenzten Lebensraum wie einem See stehen die verschiedenen Lebewesen in einer besonders engen Wechselbeziehung. Trotzdem kann auch dieser Lebensraum aufgrund der unterschiedlichen und sich vom Ufer zur Seemitte verändernden abiotischen Umweltfaktoren in verschiedene Lebensbereiche unterteilt werden. Viele Seen sind in die **Tiefenzone (Profundal)**, die **Freiwasserzone (Pelagial)** und die **Uferzone (Litoral)** gegliedert (siehe Abb. 114).

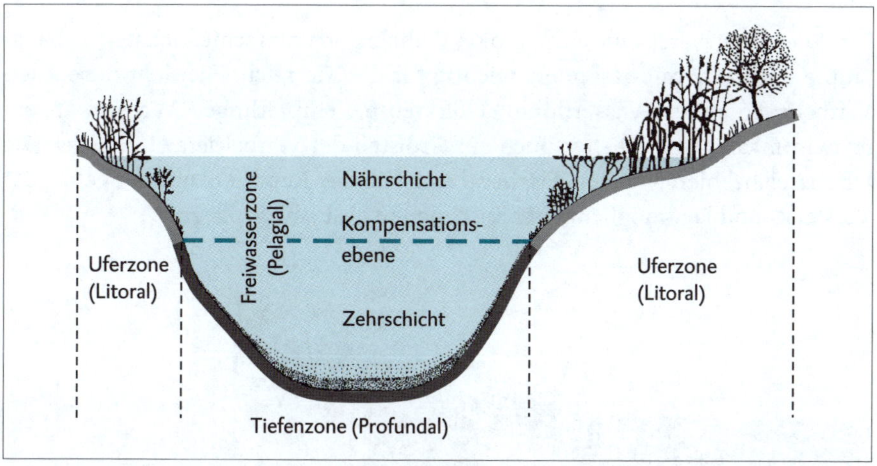

Abb. 114: Typische Schichten eines Sees

Innerhalb der Uferzone kann man wiederum die folgenden Zonen unterscheiden (siehe Abb. 115):

- **Bruchwaldzone (Erlenbruch):** Auf dem nassen, moorigen Boden dieser Zone, die bei Hochwasser häufig auch noch überflutet wird, wächst ein Wald, bestehend aus anspruchslosen Bäumen wie Erlen, Pappeln und Weiden.

- **Riedgraszone:** Neben den namensgebenden Riedgräsern wachsen in dieser dauerhaft überfluteten Flachwasserzone auch Schwertlilien, Seggen und Weiderich.
- **Röhrichtzone:** Schilfrohr, Binsen und Rohrkolben sind typische Pflanzenarten dieser Zone, da sie durch ein spezielles lufthaltiges Gewebe die dauerhaft untergetauchten Pflanzenteile mit Sauerstoff versorgen können.
- **Schwimmblattzone:** See- und Teichrosen sind hier über Wurzeln im Seegrund verankert und können mit den auf der Wasseroberfläche schwimmenden Blättern Fotosynthese betreiben.
- **Tauchblattzone:** Da die hier vorkommenden dauerhaft und komplett unter Wasser lebenden Arten wie Laichkraut, Horn- und Tausendblatt kein Kohlenstoffdioxid aus der Luft für die Fotosynthese verwenden können, nutzen sie das im Wasser gelöste Hydrogencarbonat als Kohlenstoffquelle.
- **Algenzone:** Typische Bewohner dieser lichtarmen Zone sind Armleuchteralgen, verschiedene Grünalgen und Kieselalgen.

Die Uferzone bietet eine sehr große Vielfalt der unterschiedlichsten Lebensräume und ist damit besonders wichtig für das Tierreich. Hier lebt neben den Wirbellosen wie Wasserflöhe, Flohkrebse, Hüpferlinge, Wasserwanzen, Schwimmkäfer und Libellen auch ein Großteil der Wirbeltiere eines Sees. Die Uferbereiche bieten vielen Fischen, Amphibien, Reptilien und Vögeln gute Versteck- und Jagdmöglichkeiten und dienen als Eiablageplätze.

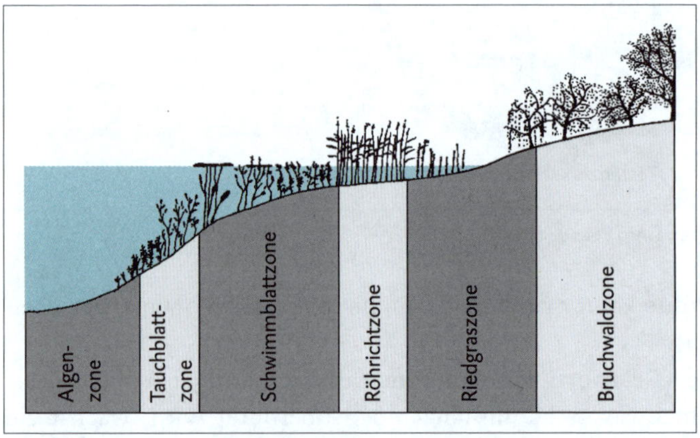

Abb. 115: Typische Zonen eines Seeufers

Auch die Freiwasserzone eines Sees zeigt mit ihrer horizontalen Schichtung eine ausgeprägte räumliche Gliederung (siehe Abb. 114):

- **Nährschicht:** In dieser gut durchlichteten Zone entsteht und lebt die Hauptmasse des Phytoplanktons (pflanzliches Plankton). Diese im Wasser schwebenden Produzenten wie Gold-, Rot-, Kiesel- und Grünalgen produzieren durch Fotosynthese energiereiche organische Stoffe und Sauerstoff. Daneben findet man hier die Zooplankton-Organismen (tierisches Plankton; z. B. Wasserflöhe, Hüpferlinge, Wassermilben und Rädertierchen), die sich als Primärkonsumenten vom Phytoplankton ernähren, sowie die unterschiedlichsten Fische wie Karpfen, Elritzen, Weißfische, Hechte und deren Brut.
- **Kompensationsebene:** Diese Schicht stellt die Grenze zwischen der Nähr- und der Zehrschicht dar. Die in dieser Wassertiefe ankommende Strahlung der Sonne (Lichtintensität) ist nicht mehr stark genug, um für eine positive Energiebilanz (siehe S. 198) zwischen Fotosynthese und Zellatmung zu sorgen.
- **Zehrschicht:** In dieser Zone ist keine Fotosynthese mehr möglich. Daher finden hier weder Sauerstoff- noch Nährstoffproduktion statt. Produzenten, die in diese Tiefen absinken, sterben nach kurzer Zeit ab. Ihren Namen hat diese Schicht aufgrund des Nähr- und Sauerstoffverbrauchs durch die Konsumenten (z. B. Fried- und Raubfische) und Destruenten wie Zuckmückenlarven, Schwämme, Teichmuschel sowie durch aerobe und anaerobe Bakterien erhalten.

Die Lebewesen der verschiedenen Gewässerzonen und -schichten besetzen die unterschiedlichen Trophieebenen im Ökosystem See. Die Nahrungsbeziehungen bedingen die Stoffkreisläufe und den Energiefluss.

Jahreszeitliche Veränderungen – Zirkulation und Stagnation

In den gemäßigten Breiten verändern sich in Seen, wie auch in allen anderen Ökosystemen, die abiotischen Bedingungen durch den Einfluss der Jahreszeiten. Schwankende Temperaturen sowie die sich verändernden Wind- und Lichtverhältnisse haben einen wesentlichen Einfluss auf das Ökosystem See und die Lebensbedingungen in den unterschiedlichen Schichten.

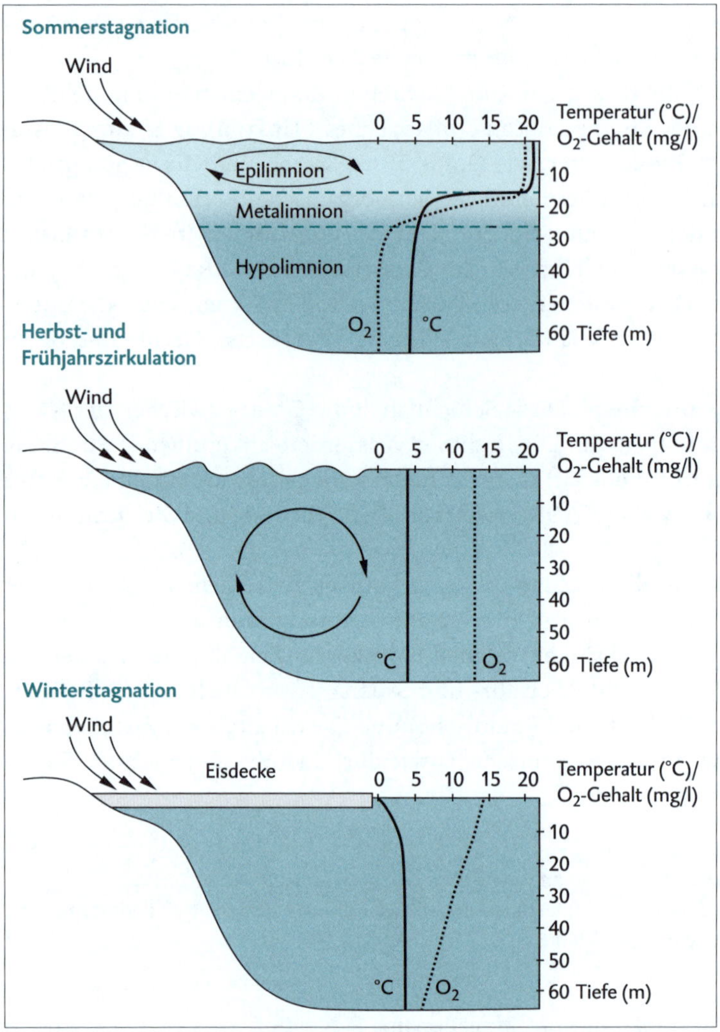

Abb. 116: Der See im Wechsel der Jahreszeiten

- **Sommer:** Im Sommer wird die Oberfläche des Gewässers durch die lang anhaltende, intensive Sonneneinstrahlung stark erwärmt (siehe Abb. 116, oben). Es bildet sich eine besonders warme Wasserschicht aus. Da Wasser bei höheren Temperaturen eine geringere Dichte aufweist, schwimmt diese Schicht, die **Deckschicht (Epilimnion)**, quasi auf dem restlichen Wasserkörper. In der **Tiefenschicht (Hypolimnion)** kann die Temperatur bei großen und tiefen Seen auch im Sommer bei etwa +4 °C liegen. Wasser hat bei dieser Temperatur seine größte Dichte, was zum Absinken der kälteren und deshalb schwereren Wasserschichten führt. Als Abgrenzung bildet sich im Sommer zwischen diesen beiden Schichten eine meist nur wenige Meter dicke **Sprungschicht (Metalimnion)** aus, innerhalb der die Temperatur sehr stark abfällt. Dadurch findet zwischen Tiefenschicht und Deckschicht kein Austausch von Sauerstoff und Temperatur statt, man spricht von der **Sommerstagnation**.

- **Herbst:** Die Deckschicht kühlt im Herbst langsam ab (siehe Abb. 116, Mitte). Durch die Abkühlung und die daraus folgende Dichteerhöhung sinkt das schwerer werdende Oberflächenwasser nach unten. Im Herbst häufig auftretende starke Winde sorgen zusätzlich für Strömung und Durchmischung des Wassers. Man bezeichnet diesen Zustand deshalb als **Herbstzirkulation**. Diese Phase ist durch eine einheitliche Wassertemperatur von +4 °C und einen ausgeglichenen Sauerstoffgehalt gekennzeichnet.
- **Winter:** Im Winter sind Seen häufig zugefroren (siehe Abb. 116, unten). Das Eis befindet sich aufgrund seiner geringen Dichte an der Oberfläche und versiegelt das Gewässer. Dadurch verhindert es die Durchmischung der Wasserschichten. Wie im Sommer, allerdings in der umgekehrten Abfolge mit der kältesten Wasserschicht oben, bildet sich dadurch eine stabile Schichtung aus, die man als **Winterstagnation** bezeichnet.
- **Frühjahr:** Nach dem Schmelzen des Eises im Frühjahr (siehe Abb. 116, Mitte) sinken die oberen Wasserschichten ab. Gemeinsam mit der durch den Wind verursachten Oberflächenströmung sorgt dies wie im Herbst für eine Durchmischung der Wasserschichten, die sogenannte **Frühjahrszirkulation**, und damit für eine einheitliche Wassertemperatur von +4 °C und eine gleichmäßige Verteilung des Sauerstoffs.

Der Wasserkörper eines stehenden Gewässers unterliegt **zyklischen Veränderungen**. Aufgrund der **jahreszeitlich unterschiedlichen Umweltbedingungen** verändern sich die Bedingungen im See und damit die Lebensvorgänge erheblich.

Gefährdung und Schutz

Alle Lebewesen benötigen zum Überleben Wasser (siehe S. 195 f. und 208 f.). Auch Landwirtschaft, Industrie und Haushalte sind auf Wasser angewiesen. Es dient zur Bewässerung der Felder, wird bei vielen Fertigungsprozessen verwendet, und ist für das Zubereiten von Speisen und für Hygienemaßnahmen von entscheidender Wichtigkeit. Das **Trinkwasser** wird soweit als möglich aus Grundwasser gewonnen. Wo immer dies nicht möglich ist, dient auch das Oberflächenwasser von Seen und Flüssen der Gewinnung trinkbaren Süßwassers. Da Wasser ein Hauptnahrungsmittel des Menschen ist, sind saubere Ge-

wässer für die Versorgung extrem wichtig. Die Einleitung von nicht gereinigten **Industrie-** und **Haushaltsabwässern** in Bäche und Flüsse und damit auch in Seen ist deshalb sehr problematisch. So kann durch die enthaltenen Stoffe ein Gewässer im Extremfall **„umkippen"**. Darunter versteht man, dass durch Abbauvorgänge sehr viel Sauerstoff im Gewässer verbraucht wird, was dazu führt, dass die darin lebenden Organismen ersticken. Durch den Bau von **Kanalisationen** gelangen in Deutschland die industriellen Abwässer und auch das Abwasser fast aller Haushalte in die **Kläranlagen**. In diesen wird das mit Chemikalien belastete und durch organische Schadstoffe verunreinigte Schmutzwasser gereinigt und erst danach in Flüsse geleitet.
Bauvorhaben wie Staustufen oder Flussbegradigungen, die der **Regulierung von Flüssen** dienen, ziehen teilweise massive Veränderungen in der Strömungsgeschwindigkeit der betroffenen Fließgewässer nach sich. Dies kann ebenso wie der **Eintrag von Stickstoffsalzen und Pestiziden** durch die Landwirtschaft zu Beeinträchtigungen der Biozönose von Seen führen.

Sauberes Wasser spielt eine wesentliche Rolle für das Überleben von Tieren und Pflanzen.

3.5 Der Mitteleuropäische Wald – ein Beispiel für ein terrestrisches Ökosystem

Bei geeigneten Umweltbedingungen, wie einer ausreichend dicken Humusschicht, genügend Niederschlag und einer mindestens dreimonatigen Vegetationszeit, finden sich überall in Mitteleuropa Wälder, die je nach Baumbestand als **Laub-, Nadel- oder Mischwälder** bezeichnet werden. Das wichtigste und typischste Merkmal dieser Ökosysteme ist damit das Vorhandensein von Bäumen.

Schichtaufbau und Biozönose eines Laubmischwaldes

Die den Wald prägenden Pflanzen sind die Bäume. Sie sind zum einen wichtige Sauerstoffproduzenten und die Erzeuger energiereicher organischer Stoffe. Zum anderen schaffen sie durch die Fähigkeit zur Wasserspeicherung typische Klimaverhältnisse und spielen eine wichtige Rolle bei der Bodenbildung. Ein naturnaher Wald wird durch die unterschiedlichen Wuchshöhen der Pflanzen in vertikale **Schichten** gegliedert (siehe Abb. 117). Diese verschiedenen „Stockwerke" bieten einer großen Vielzahl unterschiedlichster Lebewesen einen Lebensraum in verschiedenen ökologischen Nischen.

Abb. 117: Stockwerkaufbau – die Schichtung des Waldes

Typische Kennzeichen des Ökosystems Wald sind die **Bäume**. Der **Stockwerkaufbau** des Waldes bietet unterschiedliche Lebensräume für eine Vielfalt an Lebewesen.

- **Baumschicht:** Das Aussehen eines Waldes wird hauptsächlich vom Kronen- und Stammbereich der Bäume geprägt, welche die Baumschicht bilden. Häufig wird diese in eine erste und eine zweite (obere und untere) Baumschicht untergliedert (siehe Abb. 117). Die Schicht ist nicht nur der Hauptort der Fotosynthese und damit der Biomasseproduktion, sondern bietet auch einigen Säugetieren wie Eichhörnchen und Baummarder vor allem aber Vögeln einen Lebensraum. Während insekten- und samenfressende Vögel wie Meisen, Amseln, Buntspechte und Kleiber in der Baumschicht auf Nahrungssuche gehen, nisten hier Greifvögel wie Habichte und Sperber sowie verschiedene Eulenarten. Mit Blattläusen, Schmetterlingen, Wanzen und Käfern wie den Borken- und den Bockkäfern finden sich auch viele Insekten in dieser Schicht.

  Der Baumbestand hat einen wesentlichen Einfluss auf die darunter liegenden Schichten, da die Kronen der Bäume während der Vegetationszeit Sonnenlicht und Regen abfangen. Vor allem die Konkurrenz ums Licht beeinflusst die Vegetation. Birken, Ahorne, Linden und Eichen lassen dabei deutlich mehr Licht in die tiefer liegenden Schichten als Rotbuchen und ermöglichen dadurch einen dichteren Bewuchs des Unterholzes.

  Häufig werden von Bäumen mit dichten Kronen unterschiedliche Blatttypen ausgebildet. Im äußeren stärker belichteten Bereich der Krone werden relativ kleine und dicke Sonnenblätter ausgebildet, während sich im Inneren größere und dünnere Schattenblätter finden (siehe auch S. 201).

Durch den Laubabwurf im Herbst und ihren Holzkörper, der auch die Erneuerungsknospen schützt, sind die Laubbäume an die tiefen Temperaturen und die durch den gefrorenen Boden verringerte Verfügbarkeit von Wasser im Winter angepasst und somit überwinterungsfähig. Nadelbäume wie Waldkiefer und Fichte besitzen dagegen winterharte Nadelblätter.

- **Strauchschicht:** Unterhalb der Baumschicht befindet sich die Strauchschicht, die aus jungen Bäumen und verschiedenen Sträuchern besteht. Der Bewuchs ist stark abhängig vom Lichtangebot und damit von der Art und Ausbildung der darüber liegenden Baumschicht. Holunder, Brombeere, Himbeere, Schlehe, Weißdorn und Hasel sind ebenso typische Pflanzen wie der Hartriegel und das Pfaffenhütchen. Die Strauchschicht bietet vielen Singvögeln (z. B. Amsel, Buchfink und Zilpzalp), Säugetieren (z. B. Hirsch, Reh, Wildschwein und Fuchs), Insekten und Spinnen einen Lebensraum.
- **Kraut-, Moos- und Wurzelschicht:** In den untersten Stockwerken finden sich typischerweise viele Schattenpflanzen (siehe auch S. 198 f.), die bereits bei geringer Beleuchtungsstärke ausreichend hohe Fotosyntheseraten erreichen. Eine andere Strategie verfolgen die Frühblüher (siehe auch S. 219), die bereits sehr frühzeitig im Jahr blühen und dadurch bis zum Laubaustrieb der Bäume und Sträucher bereits genügend Reservestoffe wie Stärke in ihren Speicherorganen eingelagert haben.

  Farne (z. B. Wurmfarn und Wald-Schachtelhalm), Gräser (z. B. Seggen und Rispengräser) und verschiedene Blütenpflanzen wie Springkraut, Buschwindröschen, Märzenbecher, Primeln, Waldmeister und Fingerhut bilden zusammen die **Krautschicht**. Während die meisten Blütenpflanzen sonnig-warme Plätze bevorzugen und damit eher auf Lichtungen oder an den Waldrändern wachsen, sind Farne vor allem an schattig-feuchten Standorten zu finden.

  Unter der Krautschicht schließt die **Moosschicht** mit den Moosen, Flechten und Pilzen an. Neben verschiedenen Insektengruppen, wie Hummeln, Bienen, Libellen, Heuschrecken, Wanzen, Käfern und Ameisen, leben hier und in der Krautschicht auch zahlreiche Schnecken-, Spinnen-, Amphibien- (z. B. Frösche und Kröten), Reptilien- (z. B. Schlangen und Eidechsen) und Säugetierarten (z. B. Spitzmaus, Igel, Maulwurf, Dachs und Fuchs). In der Moosschicht beginnen Destruenten, wie Schnecken, Tausendfüßer, Asseln und Regenwürmer, mit der Zersetzung der Ausscheidungen der Konsumenten sowie toter organischer Substanzen, die dann anschließend unter der Erde, in der **Wurzelschicht**, fortgeführt wird. In diesem Stockwerk finden sich die Wurzeln der verschiedenen Pflanzenarten, die genau genommen weitere Stockwerke bilden: Die Wurzelhaare der Moose reichen oft nur wenige Millimeter in den Boden, die Wurzeln der Gräser und Kräuter dagegen bereits einige Zentimeter. Flachwurzler wie Fichte und Birke bilden nur ein flaches Wurzelwerk aus, während die Pfahlwurzeln der Tiefwurzler, zu denen beispielsweise die Tannen und Eichen gehören, tief in den Boden reichen.

Die Lebewesen der **Baum-, Strauch-, Kraut-, Moos- und Wurzelschicht** besetzen die unterschiedlichen Trophieebenen im Ökosystem Wald. Die Nahrungsbeziehungen bedingen die Stoffkreisläufe und den Energiefluss.

Bedeutung des Ökosystems Wald

Etwa ein Drittel der Fläche Deutschlands ist bewaldet. Naturnahe Wälder sind **ökologisch bedeutend**, da sie viele wesentliche Funktionen erfüllen (siehe Abb. 118).

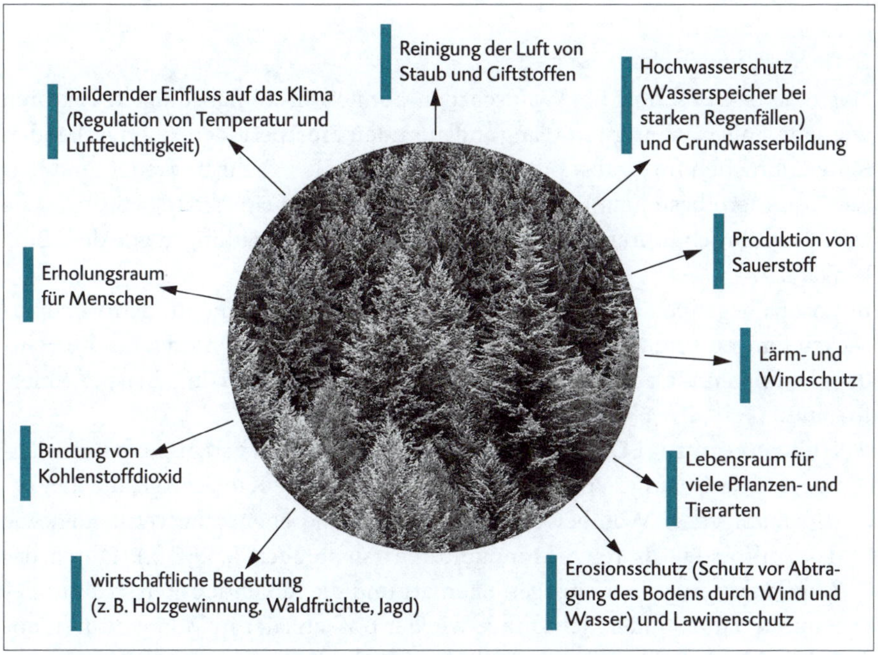

Abb. 118: Ökologische und wirtschaftliche Bedeutung des Ökosystems Wald

So bieten sie beispielsweise Lebensraum für eine vielfältige Biozönose und beheimaten etwa 30 000 Tier-, Pflanzen- und Pilzarten. Daneben regulieren Wälder durch Wasserverdunstung die Temperatur sowie die Luftfeuchtigkeit

und dienen mit ihrem ausgeprägten Wurzelsystem und der Moosschicht als Wasserspeicher und damit als Hochwasserschutz. Darüber hinaus schützt das Wurzelsystem den Boden vor Erosion (Abtragung durch z. B. Wind und Wasser) und vor Murenabgängen. Als hauptsächliche Sauerstoffproduzenten und Kohlenstoffdioxidbinder halten die Wälder den Gasgehalt der Luft konstant. Außerdem entzieht der Waldboden den versickernden Niederschlägen die Schadstoffe und reinigt damit das entstehende Grundwasser.
Aber Wälder sind für den Menschen auch ein wichtiger **Wirtschaftsfaktor:** Der nachwachsende Rohstoff Holz wird nicht nur als Brenn- und Werkstoff verwendet, sondern auch industriell zu Möbeln und Papier weiterverarbeitet. Außerdem bieten die Wälder einen Wind- und Lärmschutz und werden vom Menschen in vielfältiger Weise zur Erholung genutzt.

Wälder besitzen sowohl aus **ökologischer** als auch aus **wirtschaftlicher** Sicht sowie als **Erholungsraum** eine große Bedeutung für den Menschen.

Gefährdung und Schutz

Natürliche Ursachen für Waldschäden können in klimabedingten Faktoren wie sehr langen Wintern mit lang andauernden Frostperioden, überraschenden Kälteeinbrüchen im Herbst oder im Frühjahr sowie in sehr trockenen und heißen Sommern bestehen. Weitere natürliche Faktoren sind kräftige Stürme, die zum Sturmbruch führen können, und der Befall mit Schädlingen wie dem Borkenkäfer.
In Europa begannen die Menschen etwa ab dem 7. Jahrhundert, den Wald zurückzudrängen und zu bearbeiten. Die seitdem durch das **menschliche** Handeln bedingten **Ursachen** für Waldschäden sind sehr vielfältig. Beispiele hierfür sind:

- **Holzgewinnung:** Die Bewirtschaftung des Waldes verlangt eine umsichtige und nachhaltige Vorgehensweise. Großflächige Kahlschläge, die den Lebensraum vieler Waldbewohner zerstören, sind ebenso zu vermeiden wie das Aufforsten als reine Monokulturen (siehe auch S. 258 ff.). Durch das Anpflanzen nur einer einzigen Baumart und die fehlende Altersstruktur des Baumbestands finden Schädlinge wie der Borkenkäfer in Monokulturen optimale Lebensbedingungen und können sich sehr stark vermehren, was zur Gefährdung des gesamten Bestands und eventuell angrenzender, bis dahin intakter Wälder führen kann.
- **Schadgase:** Durch Luftschadstoffe wie Stickstoffoxide und Schwefeldioxid, die bei der Verbrennung fossiler Energieträger freigesetzt werden, bildet sich

saurer Regen. Trifft dieser auf die Pflanzenblätter bzw. -nadeln, dringt er durch die Spaltöffnungen in die Pflanze ein. Dort werden unter anderem die Stoffproduktion und die Stoffleitung gestört, sodass es zum Absterben der Laubblätter bzw. Nadeln und somit letztendlich der ganzen Pflanze kommt. Außerdem lösen die in den Boden eingedrungenen Schadstoffe eine Versauerung des Bodens aus. Dadurch werden die Mineralsalze aus dem Untergrund ausgewaschen und gleichzeitig auch die Wurzeln geschädigt. Somit ist die Aufnahme von Mineralsalzen und von Wasser gestört.
Mittlerweile wird versucht, versauerte Böden wiederherzustellen und die Freisetzung von Schadstoffen durch den Einsatz von Filteranlagen und Katalysatoren zu vermindern.

Wälder sind den unterschiedlichsten Bedrohungen ausgesetzt und müssen aufgrund ihrer großen Bedeutung geschützt werden.

3.6 Stabilität und Entwicklung von Ökosystemen

Störung des ökologischen Gleichgewichts

In Ökosystemen wie dem See oder dem Wald mit ihren vielen unterschiedlichen Teillebensräumen gibt es eine Vielzahl an Wechselbeziehungen und regulierend wirkenden Mechanismen auf allen Trophieebenen (siehe S. 234 ff.). Nahrungsbeziehungen und Räuber-Beute-Verhältnisse, aber auch inner- und zwischenartliche Konkurrenz beeinflussen sich durch **Regulationsmechanismen** wechselseitig und sorgen dadurch für ein **ökologisches (biologisches) Gleichgewicht** (siehe S. 220) in einem Ökosystem.
Umweltveränderungen wie der Klimawandel oder **Störungen** wie Dürre, Überflutungen, Frost- oder Hitzewellen, Sturmschäden, Erdbeben und Brände können die abiotischen Faktoren eines Ökosystems so sehr verändern, dass dadurch die Toleranzbereiche (siehe S. 192 ff.) von Lebewesen nicht mehr eingehalten werden und diese somit nicht mehr überleben können. Dies hat wiederum zur Folge, dass auch Organismen betroffen sind, die, beispielsweise als Räuber oder als Parasiten, auf diese Lebewesen angewiesen sind. Nicht nur Naturkatastrophen, sondern auch der Befall durch Krankheitserreger oder Schädlinge und vor allem Eingriffe des Menschen wie die Verschmutzung von Gewässern oder die Rodung von Wäldern kann die Beziehungen innerhalb eines Ökosystems beeinflussen und dadurch das ökologische Gleichgewicht stören.

Natürliche komplexe Ökosysteme sind jedoch, wenn die Beeinträchtigungen nicht zu gravierend sind, in gewissem Umfang zur **Selbstregulation** fähig. In diesen Fällen bewirken die Störungen eine Änderung der Regulationsmechanismen, sodass sich nach einiger Zeit wieder ein relativ stabiles ökologisches Gleichgewicht einstellt.

Je komplexer und vielschichtiger Ökosysteme aufgebaut sind, desto eher können sie auf Einflüsse und Veränderungen reagieren. Mechanismen der **Selbstregulation** zum Ausgleich der Störung ermöglichen eine relative Stabilität.

Sukzession

Werden Ökosysteme durch Naturkatastrophen (z. B. Überflutungen, Waldbrände) oder durch Eingriffe des Menschen (z. B. Ablassen eines Stausees, Abholzung eines Waldes) zerstört, wird durch die Vernichtung der Tier- und Pflanzenwelt unbesiedelter Platz geschaffen. Nach kurzer Zeit siedelt sich am freigelegten Standort neues Leben an und die **Sukzession** beginnt.

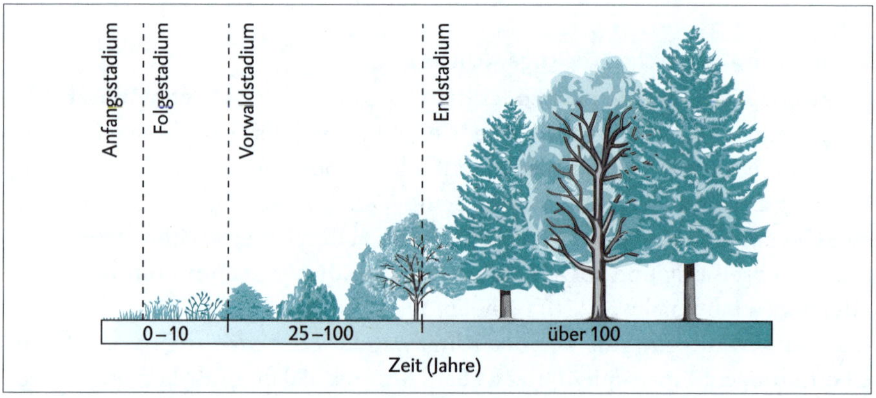

Abb. 119: Sukzession – die zeitliche Aufeinanderfolge bei der Entwicklung eines Waldökosystems

Auf einer vegetationsfreien Fläche in Mitteleuropa läuft die Sukzession in etwa wie folgt ab:

- Der unbesiedelte Untergrund wird während des sogenannten **Anfangsstadiums (Initialstadium)** der Sukzession als Erstes von Lebewesen besiedelt, die man als Pionierarten bezeichnet. Autotrophe Bakterien, Flechten und Moose besitzen die Fähigkeit zur Besiedelung solcher Extremstandorte, da sie lang andauernde Trockenheit und starke Sonneneinstrahlung überleben und die benötigten energiereichen Stoffe selbst herstellen können.

Durch Verwitterungsprozesse und die Zersetzungsprodukte der Pionierpflanzen bildet sich Boden, der dadurch die Ansiedelung weiterer Pflanzen ermöglicht.

- Gräser und Licht liebende Kräuter wie Weidenröschen und Beifuß bilden im Laufe der Jahre als **Folgestadium** eine geschlossene Pflanzendecke.
- Bei passenden abiotischen Faktoren siedeln sich mit Vogelbeere, Tollkirsche, Holunder und Weißdorn die ersten Sträucher und später dann auch Bäume wie Birke, Erle, Weide oder Ahorn an. An diesem Punkt spricht man vom **Vorwaldstadium**.
- Durch die Ansiedelung der typischen Waldbäume (Laubbäume wie Eichen und Buchen; Nadelbäume wie Fichten, Kiefern und Tannen) wird schließlich im **Endstadium (Klimaxstadium)** die Pflanzenbiozönose eines typischen Mischwalds erreicht.

Gleichzeitig zur sukzessiven Erschließung des Lebensraums durch die Pflanzen erfolgt auch die allmähliche Besiedelung durch die Tiere. Während im Anfangsstadium wirbellose Tiere wie Insekten, Würmer und Schnecken vorherrschen, bietet bereits die Folgegesellschaft Nistmöglichkeiten und Nahrung für Vögel und andere Wirbeltiere. Im Vorwaldstadium und im Endzustand existieren in der Biozönose dann in der Regel schon komplexe Nahrungsnetze (siehe S. 222). Im Ökosystem hat sich ein ausgeglichener und relativ stabiler Zustand, ein ökologisches Gleichgewicht, eingestellt. Im Verlauf einer Sukzession nimmt die Vielfalt (Diversität) der Arten in der Regel ab.
Wird der relativ stabile Endzustand erneut gestört, beginnt die Sukzession von Neuem. Auch wenig beeinflusste Ökosysteme befinden sich niemals in einem dauerhaft stabilen Gleichgewicht. Es sind ständig dynamische Vorgänge zu beobachten.

> Als **Sukzession** bezeichnet man die oft typische zeitliche Aufeinanderfolge von verschiedenen Organismengemeinschaften (Biozönosen) in einem Biotop. Beeinflusst wird diese Abfolge durch sich verändernde Umweltfaktoren.
> Dadurch kann in einem bestimmten Gebiet ein relativ stabiler Zustand, ein **Klimaxstadium**, entstehen.

Bei der **Verlandung eines stehenden Gewässers** lassen sich nicht nur zeitlich aufeinanderfolgende Sukzessionsstadien, sondern auch räumlich nebeneinander vorliegende beobachten (siehe Abb. 120). Abgestorbene Pflanzenteile und tierische Überreste werden von Destruenten in Schlamm verwandelt. Dadurch hebt sich der Gewässergrund langsam nach oben und der Teich oder See verflacht, vor allem im Uferbereich. Die Zonierung des Gewässers verschiebt sich dadurch im Laufe der Zeit und in der Folge verändert sich der pflanzliche Bewuchs.

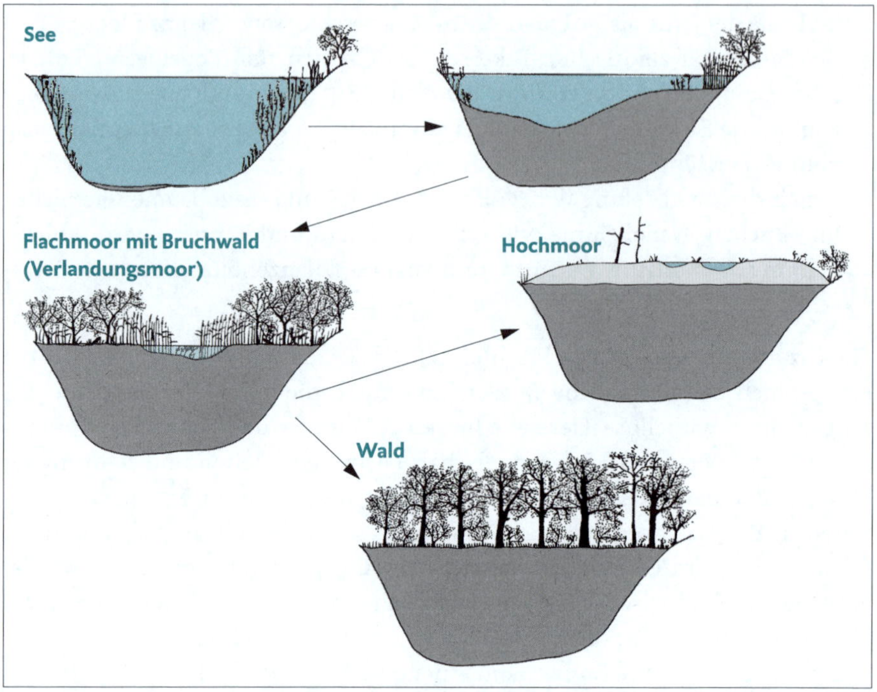

Abb. 120: Sukzession – die Verlandung eines Gewässers

3.7 Die Monokultur – ein vom Menschen geschaffenes „Ökosystem"

Bei **Monokulturen** handelt es sich um vom Menschen künstlich geschaffene, meist sehr großflächige Ökosysteme, in denen das Wachstum nur einer einzigen Art gefördert wird. In der Landwirtschaft werden häufig Nahrungsmittel wie Getreide oder Energiepflanzen wie Raps in riesigen Monokulturen angebaut. Auch in der Forstwirtschaft ist in vielen Regionen diese Anbauform die Regel. Hauptsächlich handelt es sich hierbei um Tannen-, Kiefern- oder Fichtenmonokulturen, die in Nutzwäldern für die Papierindustrie und zur Holzerzeugung heranwachsen.

Als **Monokultur** wird der Anbau einer bestimmten Pflanzenart auf einer großen Nutzfläche für einen bestimmten Zeitraum bezeichnet.

Vorteile und negative Folgen von Monokulturen

Nahezu weltweit steigende Bevölkerungszahlen machen eine Erhöhung der Nahrungsproduktion und eine effektive Nutzung der zur Verfügung stehenden Anbauflächen notwendig. Die Beschränkung auf nur eine Pflanzenart hat einige **Vorteile:**

- Rationalisierung der Arbeitsabläufe
- Spezialisierung des benötigten Fachwissens
- Optimierung der Vermarktungsstrategien
- gezielte Ausrichtung bzw. Nutzung der benötigten Materialien und Maschinen

Bei langjähriger und großflächiger Bewirtschaftung der Anbauflächen in Monokultur zeigen sich jedoch **zahlreiche Nachteile:**

- Reduzierung der Artenvielfalt im bewirtschafteten Gebiet
- mikroklimatische Veränderungen sowie häufig Wind- oder Wassererosion durch die artenarmen Anbauflächen
- Artenarmut hat Störung des Stoffkreislaufs zur Folge ⇒ Verarmung des Bodens durch einseitigen Mineralstoffbedarf der angebauten Pflanzen und verminderte Humusbildung
- Ertragsminderung durch die mögliche starke Vermehrung und großflächige Ausbreitung pflanzlicher und tierischer Schädlinge (Nahrungsüberschuss, fehlende Fressfeinde)
- wirtschaftliche Abhängigkeit von einigen wenigen Produkten

Einsatz von Chemikalien

Einige der negativen Folgen lassen sich durch den Einsatz von **Chemikalien** vermindern, wodurch sich jedoch wiederum negative Auswirkungen für Umwelt und Mensch ergeben können.

Pflanzen benötigen für die Bildung organischer Biomasse unter anderem mineralische Bausteine, die sie dem Boden entziehen. Stirbt eine Pflanze, werden die organisch gebundenen Mineralstoffe durch die Destruenten wieder mineralisiert (siehe S. 234 f.). In Monokulturen greift der Mensch jedoch störend in diesen Stoffkreislauf ein, indem ein Großteil der Biomasse des „Ökosystems" geerntet und an einen anderen Ort transportiert wird. Dadurch gelangen die Mineralstoffe nicht mehr in den Boden zurück, er verarmt. Die Mineralstoffe können und müssen folglich durch **Düngung** ersetzt werden. Eine unsachgemäße und übermäßige Anwendung von Düngemitteln führt jedoch nicht nur zu einer Verringerung der Qualität der angebauten Pflanzen, sondern vor allem zu Umweltbelastungen. Diese entstehen hauptsächlich durch die Auswaschungsgefahr im Oberflächenbereich und durch den Eintrag über tiefere Bodenschichten ins Grundwasser.

Die Gefahr der Ertragsminderung durch Schädlinge führt häufig zur Notwendigkeit der **Schädlings- und Krankheitsbekämpfung** durch Pestizide:

- **Insektizide:** Gifte gegen Insekten
- **Herbizide:** Gifte gegen Unkräuter
- **Fungizide:** Gifte gegen Pilze

Diese Chemikalien und Giftstoffe reichern sich oft im Boden und in den Lebewesen an und können über die Nahrungskette bis zum Menschen gelangen.

Zusammenfassung

Alle Lebewesen eines Ökosystems sind als **Produzenten, Konsumenten oder Destruenten** am Auf-, Um- und Abbau energiereicher organischer Stoffe innerhalb eines Biotops beteiligt. Grundlage für das geschlossene System der **Stoffkreisläufe** sind dabei die **Nahrungsbeziehungen** innerhalb eines Ökosystems:

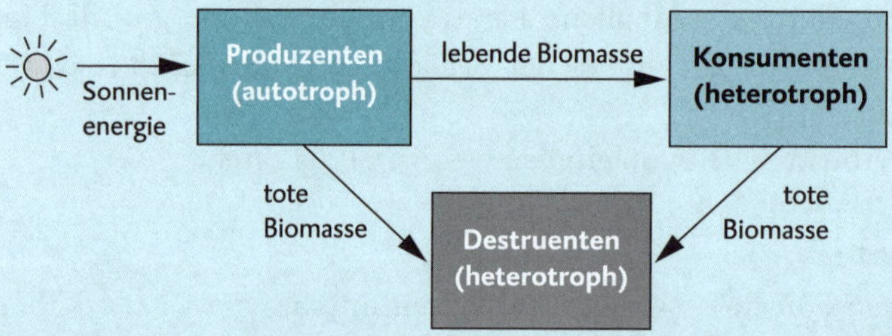

Beim Übergang von Biomasse von einer in die nächste Trophieebene gehen etwa 90 % der Energie verloren **(10%-Regel)**. Damit ist der Energiefluss ein offenes System. Der Verlust von Energie und Biomasse wird durch **ökologische Pyramiden** verdeutlicht:

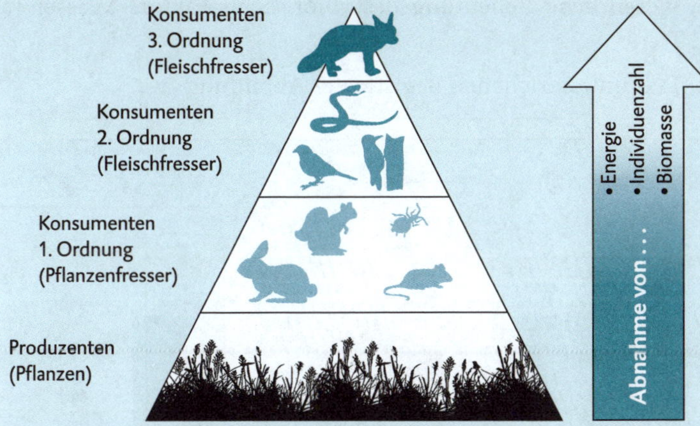

Die Produktivität der Organismen ist sowohl in den unterschiedlichen Ökosystemen als auch in den unterschiedlichen Trophieebenen eines Ökosystems sehr verschieden.

Ökosysteme wie der Wald oder der See besitzen für den Menschen eine wesentliche Bedeutung als ökologische bzw. wirtschaftliche Faktoren und dienen als Erholungsraum.

In Ökosystemen läuft ständig eine große Vielzahl an Wechselbeziehungen und regulierend wirkenden Mechanismen ab. Dies führt dazu, dass sich ein relativ stabiles **ökologisches Gleichgewicht** einstellt. Natürliche Ökosysteme sind dadurch, im Gegensatz zu artenarmen **Monokulturen**, in der Lage, Störungen und Veränderungen bis zu einem gewissen Punkt auszugleichen. Wird ein Ökosystem jedoch komplett zerstört, beginnt die **Sukzession**, die von der Neubesiedelung bis zur Ausbildung eines stabilen **Klimaxzustands** reicht.

Neben **Naturschutzmaßnahmen** wie beispielsweise die Ausweisung von Schutz- und Schongebieten sind Maßnahmen wie Abfallvermeidung, Abwasserreinigung, Einsparen von Energie und der verantwortungsvolle Einsatz von Chemikalien wichtige Beiträge zum **Umweltschutz** und damit zum Erhalt der Artenvielfalt.

124 Das gesamte Volumen des Wassers auf der Erde – dem blauen Planeten – wird auf ca. 1,5 Milliarden km^3 geschätzt. Angetrieben wird der **Wasserkreislauf** von der Sonne. Jährlich verdunsten etwa 425 000 km^3 Meerwasser und an Land aus dem Fluss- bzw. Seewasser etwa 71 000 km^3. Der Wasserdampf führt zu Wolkenbildung und schließlich zu Niederschlag. Die jährliche Niederschlagsmenge liegt bei ca. 496 000 km^3. Von diesen werden etwa 111 000 km^3 über dem Land abgeregnet und gelangen durch Versickerung in das Grundwasser.

a Erläutere die wesentliche Bedeutung des abiotischen Faktors Wasser für Pflanzen und Tiere.

b Ordne die im Text unterstrichenen Begriffe der Abbildung zu.

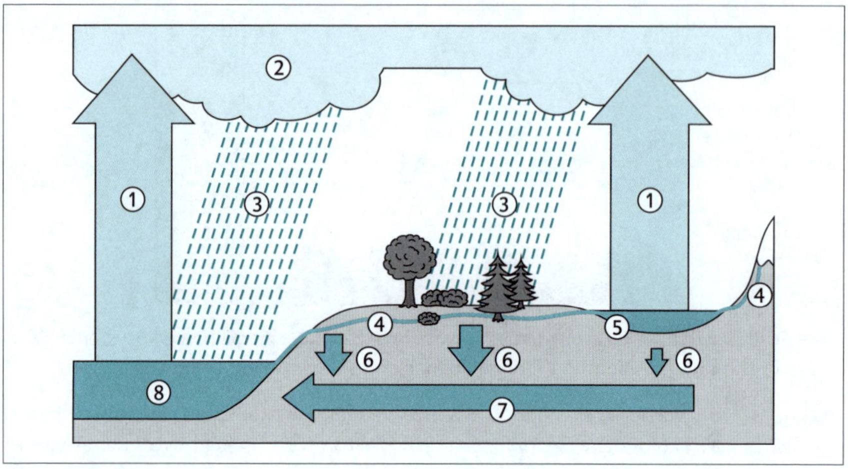

125 Die Abbildung rechts zeigt das typische Nahrungsnetz eines Ökosystems.

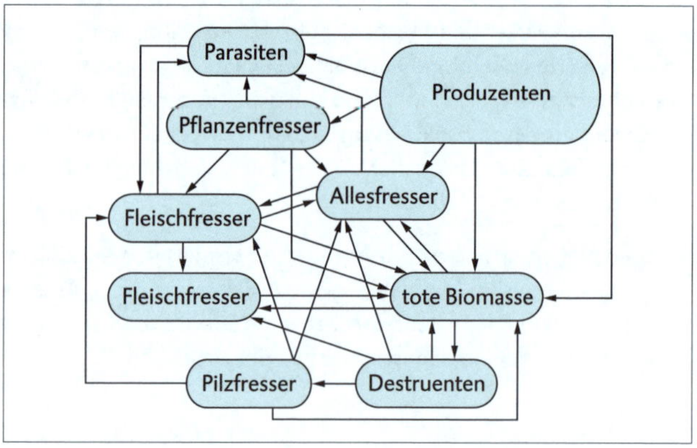

a Wende diese Abbildung auf ein Ökosystem deiner Wahl an, indem du so weit wie möglich konkrete Lebewesen zuordnest.

b Erstelle anhand deines selbst gewählten Beispiels eine ökologische Pyramide.

c Der Mensch greift unter anderem durch den großflächigen Holzeinschlag in die Stoffkreisläufe von Wäldern und durch das Abfischen zooplanktonfressender Karpfen in die von Seen ein.
Erläutere an einem der beiden genannten Beispiele, welche Konsequenzen diese Eingriffe des Menschen für das jeweilige Ökosystem haben können.

126 Alle Lebewesen eines Ökosystems kann man Trophieebenen zuordnen. Das letzte Glied einer Nahrungskette wird als **Endkonsument** bezeichnet.

a Leite ab, wie viel Gramm Pflanzenfresser ein Konsument 2. Ordnung fressen muss, um 90 g Körpersubstanz aufzubauen.

b Fast alle Nahrungsketten bestehen aus höchstens 5 Stufen.
Erläutere, warum Nahrungsketten nicht beliebig lang sein können.

c Erläutere vor dem Hintergrund der ökologischen Pyramiden, wie der Lebensraum der meisten Endkonsumenten dimensioniert sein muss.

127 In allen Ökosystemen gibt es viele unterschiedliche Stoffkreisläufe.

a Beschreibe den in der folgenden Abbildung dargestellten Kreislauf der Kohlenstoff-Atome. Beginne bei den Produzenten.

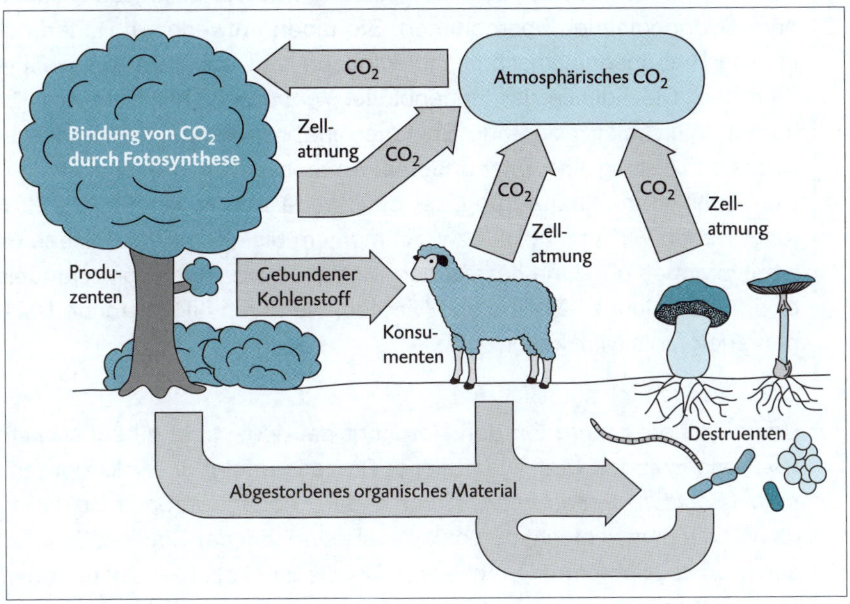

b Pflanzen benötigen Stickstoffverbindungen, um zu wachsen. Erstelle anhand des folgenden Textes ein Diagramm zum Stickstoffkreislauf.

Der Stickstoffkreislauf

Jn der Natur kann Stickstoff in Formen (Verbindungen) verfügbar sein, die von Pflanzen über ihr Wurzelsystem aufgenommen werden. Dazu zählen beispielsweise Nitrate oder Ammoniumverbindungen. Tote Biomasse bzw. Ausscheidungen von Tieren werden von Destruenten unter anderem zu Ammoniumverbindungen bzw. zu Ammoniak abgebaut. Der Stickstoff kann jedoch auch als Luftstickstoff oder als Lachgas (Distickstoffmonooxid) vorliegen. Jn diesen Formen kann er von den Pflanzen nicht direkt aufgenommen werden. Die Umwandlungen zwischen unzugänglichen und zugänglichen Formen finden während der Stickstofffixierung und der Denitrifikation statt:

Stickstofffixierung

Als Stickstofffixierung wird der Vorgang bezeichnet, bei dem Stickstoffverbindungen aus der Luft (vor allem N_2) für Pflanzen verfügbar gemacht werden. Die Aufgabe der Stickstofffixierung wird vor allem von Bakterien oder Cyanobakterien übernommen. Sie leben entweder im Boden oder in einer Lebensgemeinschaft mit Pflanzen und auch einigen wenigen Tierarten. Die Familie der Lippenblütler *(Fabaceae)* beispielsweise beherbergt Stickstoff fixierende Bakterien in ihren Wurzeln. Produkte der Stickstofffixierung sind unter anderem Ammoniak bzw. Ammonium.
Die Nitrifikation (Nitrifizierung) ist der zweite Schritt der Stickstofffixierung. Sehen wir Ammoniak bzw. Ammonium als erste Produkte des Gesamtvorgangs an, dann bezeichnen wir die Umwandlung von Ammoniak bzw. Ammonium zu Nitriten und Nitraten, die durch nitrifizierende Bakterien erfolgt, als Nitrifikation.

Denitrifikation (Denitrifizierung)

Denitrifikation nennt man den Vorgang, bei dem Nitrat zu Luftstickstoff (N_2) umgewandelt wird. Auch dieser Prozess erfolgt über Mikroorganismen (*Bacillus, Pseudomonas* und andere denitrifizierende Bakterien), die vor allem in schlecht durchlüfteten Böden von der Sauerstoff- auf die sogenannte Nitratatmung umstellen. Die Denitrifikation erfolgt über mehrere Zwischenstufen. Die wichtigste ist die zum Distickstoffmonooxid (Lachgas = N_2O). Die Gase diffundieren zurück in die Atmosphäre. Distickstoffmonooxid ist ein langlebiges Treibhausgas.

c Beantworte die folgende Frage aus einer Ratgeber-Community.

31.11.2013; 21:24

Wasserfloh 98	
BIO nach EG-Öko-Verordnung Status: Neuling Mitglied seit: 31.11.2013 Alter: 17 Geschlecht: weiblich Beiträge: 1	Liebe Experten, in den Ökosystemen gibt es ja viele Kreisläufe (Kohlenstoffkreislauf, Stickstoffkreislauf usw.). Das ist ja alles kein Problem. Aber letztens hat unser Bio-Lehrer davon gesprochen, dass die Zufuhr von Sonnenenergie eine Einbahnstraße ist. Und auch in unserem Schulbuch habe ich gelesen, dass man sich den Energiefluss wie eine Einbahnstraße vorstellen kann. Ich kapier das einfach nicht!!! Gibt es hier jemanden, der sich gut mit Ökologie auskennt und mir das erklären kann? Hilfe!

128 Im Mittelalter wurden die Wälder von den Menschen auf unterschiedliche Art und Weise genutzt:

- Schweine, Rinder und Schafe wurden in den Wald getrieben und fraßen dort bevorzugt die Triebe und die Früchte von Buchen und Eichen.
- Als Streu bei der Stallhaltung wurden Laub und Humus verwendet.

Erläutere mögliche Auswirkungen dieser Handlungen.

129 Wirtschaftlich genutzte Wälder werden sehr häufig als Monokulturen angelegt.

a Erkläre den Begriff Monokultur.

b Überlege Gründe für diese Form des Anbaus von Fichten oder Kiefern.

c Erläutere, warum in den letzten Jahren Monokulturen vermehrt in naturnahe Mischwälder umgewandelt werden.

130 Erläutere die im Folgenden beschriebenen Einflüsse auf ein Ökosystem.

Der vom Menschen durch unzureichend geklärte Abwässer oder durch intensiv gedüngte landwirtschaftlich genutzte Flächen verursachte Eintrag von mineralstoffhaltigen Stoffen in das **Ökosystem See** wird als Überdüngung bezeichnet. Diese Eutrophierung, vor allem das erhöhte Angebot an Nitraten und Phosphaten, führt zur Überernährung der Pflanzen.

Als Borkenkäfer *(Scolytinae)* wird eine Unterfamilie der Rüsselkäfer bezeichnet, die hauptsächlich holzartige Gewächse als Wirtspflanzen nutzen. Die Käfer spielen als Konsumenten 1. Ordnung, aber auch als Destruenten eine wichtige Rolle im Stoffkreislauf des **Ökosystems Wald**. Einige Arten können jedoch nach Massenvermehrungen als Forstschädlinge starke Schäden in Wäldern anrichten, da sie zur Eiablage Gänge in die Rinde oder in das Holz bohren, wobei charakteristische Brutbilder oder Brutsysteme entstehen. Die Larven einiger Arten ernähren sich von den saftführenden Schichten in der Rinde des Baumes und können bei Massenbefall zu dessen Absterben führen, vor allem, wenn die Pflanze bereits vorher geschwächt ist.

Lösungen

1

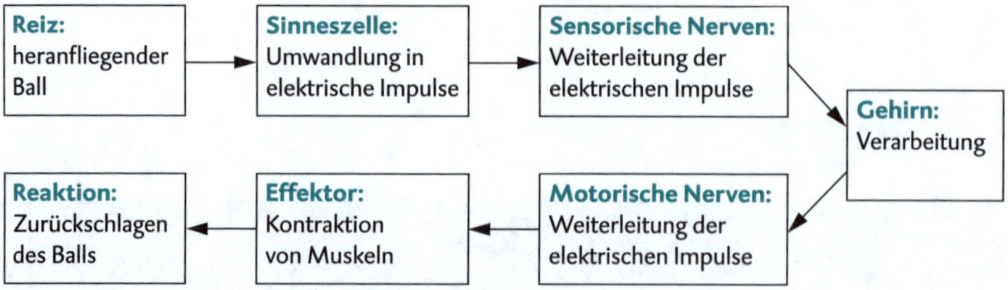

2

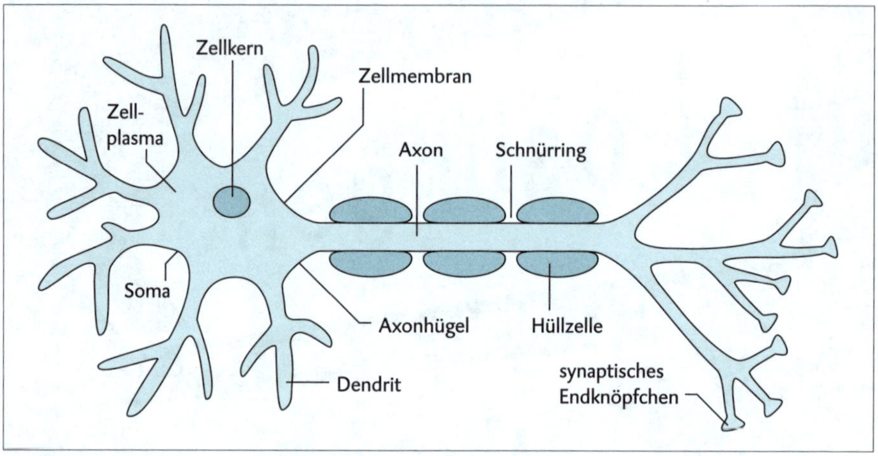

3

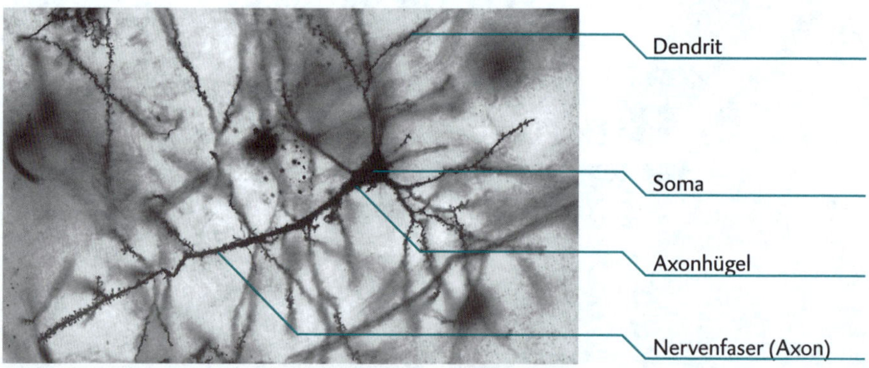

4

Zellbestandteil	Aufgabe	Alltagsbezug
Dendrit	Signalempfang	Antenne
Zellkörper	Signalverarbeitung	Computer
Nervenfaser	Signalweiterleitung	Kabel
Synapse	Signalübertragung	Stecker

5

Dendrit: Signalaufnahme und Weiterleitung des Signals → **Zellkörper:** Verarbeitung

Keine Weiterleitung | *Weiterleitung*

↓

Axonhügel: Erzeugung eines elektrischen Impulses

↓

Axon: Weiterleitung des elektrischen Impulses

↓

Synaptisches Endknöpfchen: Informationsübermittlung an Zielzelle

6

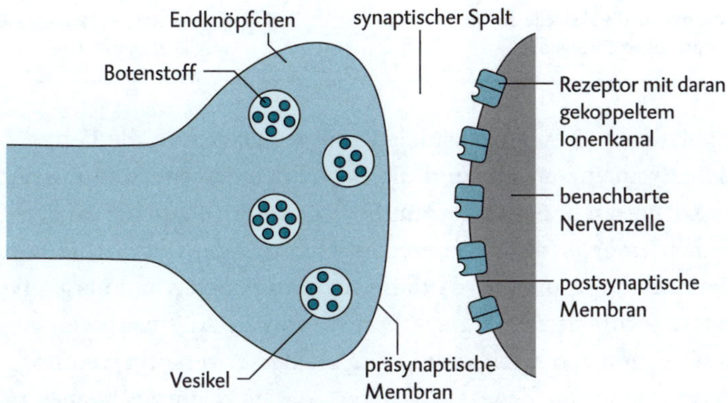

7

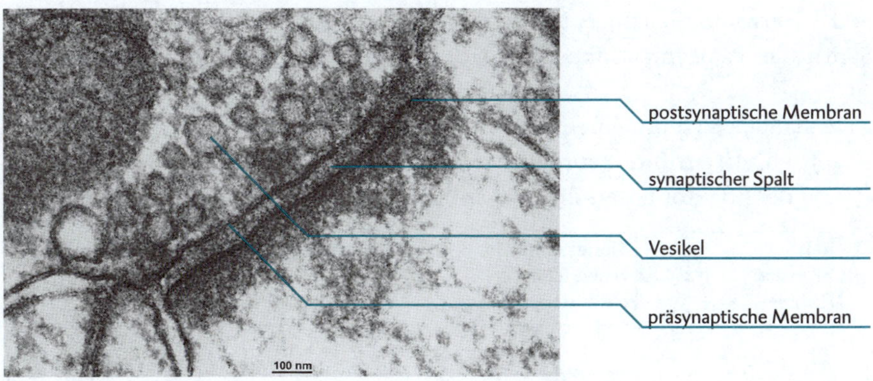

8

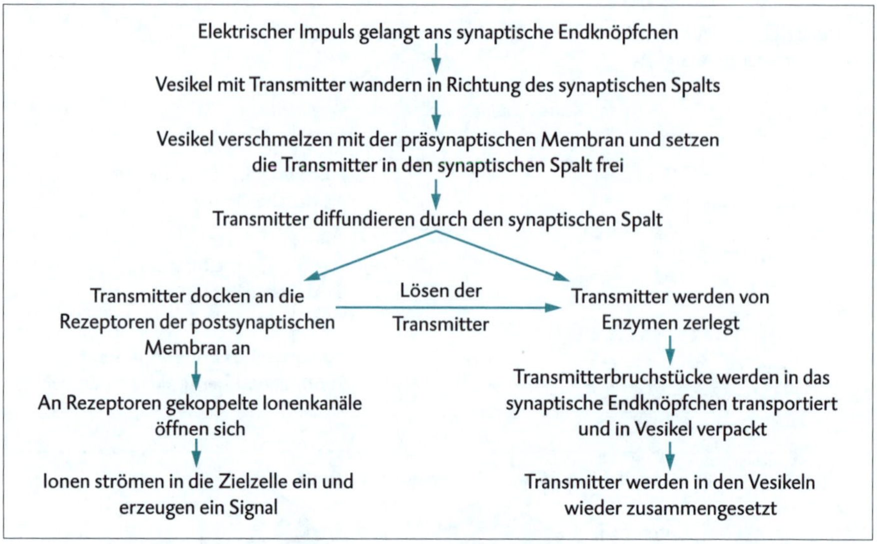

9 Der **Sympathikus** aktiviert beispielsweise das Herz und die Lunge, wodurch sich die Herzfrequenz erhöht und die Bronchien erweitern. Aufgrund dessen erhält der Körper mehr Sauerstoff und das Gas wird schneller zu den Organen und Geweben transportiert. Andererseits hemmt der Sympathikus unter anderem die Verdauungsorgane, da diese für ihre Arbeit viel Energie benötigen. Er verringert somit den Energieverbrauch von in Alarmsituationen weniger wichtigen Organen, wodurch andere Organe besser versorgt werden.

Der **Parasympathikus** dagegen aktiviert die Verdauungsorgane. Hierdurch werden in Ruhephasen die Energiereserven neu aufgefüllt. Außerdem hemmt er das Herz und die Lunge, um den Energieverbrauch zu verringern. Durch die Signale des Parasympathikus kann sich der Körper somit regenerieren.

10 a Es handelt sich um einen **polysynaptischen Fremdreflex**. Er ist polysynaptisch, da ein Interneuron zwischengeschaltet ist. Da sich das Reizorgan und der Effektor unterscheiden, spricht man von einem Fremdreflex.

b

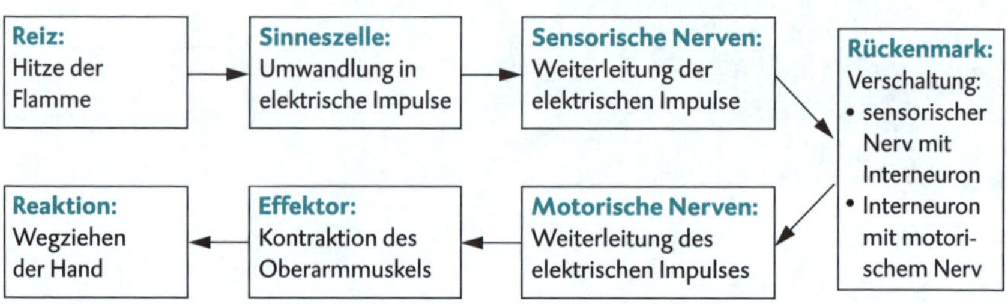

11

A	5 K	L	6 E	I	N	H	I	1 R	N			
B	G	10 R	O	S	S	H	I	R	7 N			
C	M	I	T	T	3 E	L	H	I	R	N		
D	T	H	9 A	L	A	M	2 U	S				
E	H	Y	P	O	T	H	A	L	A	8 M	U	S
F	N	A	4 C	H	H	I	R	N				

Lösungswort:

1	2	3	4	5	6	7	8	9	10	5
R	U	E	C	K	E	N	M	A	R	K

12 a Dopamin wird weiterhin kontinuierlich ausgeschüttet, aber nicht wieder zurücktransportiert ⇒ es sammelt sich im synaptischen Spalt an ⇒ man wird zunehmend euphorisch.

b Morphium besitzt eine ähnliche Struktur wie Endorphine ⇒ Glücksgefühle werden erzeugt; Schmerzrezeptoren werden blockiert ⇒ eine Weiterleitung von Schmerzsignalen findet nicht statt.

c Vermehrte Dopaminfreisetzung ⇒ die Dopamin-Konzentration im synaptischen Spalt wird erhöht ⇒ euphorisierende Wirkung

13

Substanz	Wirkungsort und Wirkungsweise	Folgen
Nikotin	synaptischer Spalt; in Struktur und Wirkung dem Transmitter ähnlich	lagert sich an die Rezeptoren der Zielzelle an ⇒ die Ionenkanäle werden geöffnet ⇒ Dauersignal an der Zielzelle
Pfeilgift (Curare)	synaptischer Spalt; gleicht dem Transmitter in der Struktur, aber nicht in der Wirkung	lagert sich an die Rezeptoren der Zielzelle an, ohne dass sich die Ionenkanäle öffnen ⇒ blockiert die Rezeptoren der Zielzelle und verhindert damit die Weiterleitung des Signals
Botolismustoxin (Botox)	Endknöpfchen; verhindert ein Verschmelzen der Vesikel mit der präsynaptischen Membran	keine Transmitterfreisetzung ⇒ keine Signalübertragung auf die Zielzelle
Insektengift E605	synaptischer Spalt; stört die Enzyme, die den Transmitter im synaptischen Spalt abbauen	Transmitter wird nicht mehr abgebaut ⇒ sammelt sich im synaptischen Spalt an und bindet dauernd an die Rezeptoren ⇒ Dauersignal an der Zielzelle

14

Schutzeinrichtungen	Funktion
knöcherne Augenhöhle	mechanischer Schutz
Lid	mechanischer Schutz
Augenbrauen	Schutz vor Schweiß
Wimpern	Schutz vor Staub und Schmutzpartikeln
Tränenflüssigkeit	• Ausspülen von Fremdkörpern • Abtöten von Bakterien

15

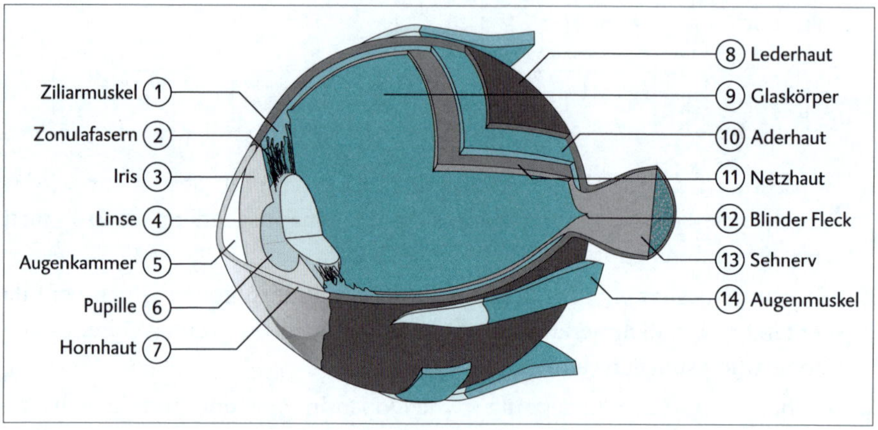

16 An dem Punkt der Netzhaut, der der Pupille direkt gegenüberliegt, befindet sich der gelbe Fleck. Der Sehnerv entspringt seitlich versetzt zu diesem Punkt, weshalb der blinde Fleck eigentlich nicht in einem Längsschnitt mit dem gelben Fleck liegen kann.

17 1–b, 2–e, 3–f, 4–h, 5–k, 6–d, 7–l, 8–g, 9–m, 10–c, 11–i, 12–a

18

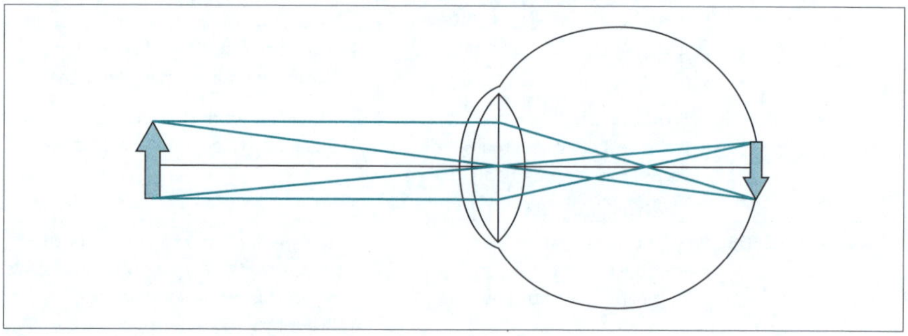

19 Ist das Auto nah, ist der Ziliarkörper angespannt. Dadurch entspannen sich die Zonulafasern, was zur Folge hat, dass sich die Linse wölbt. Man spricht von Nahakkommodation.

Entfernt sich das Auto, so entspannt sich der Ziliarkörper mehr und mehr. Im gleichen Maße straffen sich die Zonulafasern, wodurch die Wölbung der Linse immer geringer wird. In diesem Fall spricht man von Fernakkommodation.

20 Betrachtet man einen Gegenstand am Nahpunkt, dann ist die Linse maximal gewölbt. Wird der Gegenstand noch näher ans Auge geführt, so versucht der Organismus, den Ziliarkörper noch stärker zusammenzuziehen, was schmerzhaft ist. Eine stärkere Wölbung der Linse bleibt aus.

21
- **Sinneszellen:** Aufnahme der Lichtreize
  - Stäbchen: Wahrnehmen von Helligkeitsunterschieden und Kontrasten
  - Zapfen: Farbsehen (Rot-, Grün- und Blauzapfen)
- **Schaltzellen:** Erregungsleitung von den Sinneszellen zu den Nervenzellen, zum Teil Zusammenführung von Signalen
- **Nervenzellen:** Leitung der Erregung zum Gehirn (über den Sehnerv)
- **Pigmentschicht:** Absorption von Restlicht

22 Fokussiert man einen schwach leuchtenden Stern direkt mit den Augen, so wird er am gelben Fleck abgebildet. Hier befinden sich ausschließlich Zapfen. Diese benötigen viel Licht, um gereizt zu werden.

Blickt man leicht neben den Stern, so trifft sein Licht auf Stellen der Netzhaut, an denen sich auch die lichtempfindlicheren Stäbchen befinden. Dadurch ist es möglich, auch relativ schwach leuchtende Objekte wahrzunehmen.

23

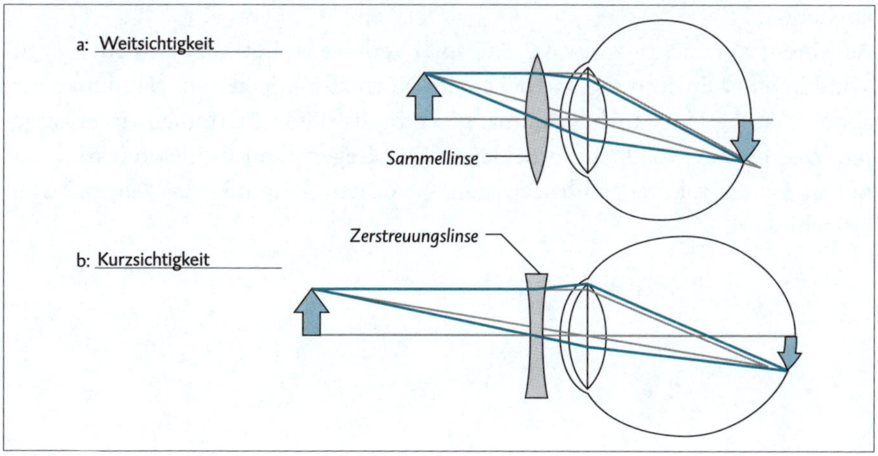

24

Beeinträchtigung	Phänomen	Ursache
Grüner Star	Verschlechterung des Sehvermögens bis hin zur Erblindung	zu hoher Augeninnendruck $\Rightarrow$ Schädigung des Sehnervs
Altersweitsichtigkeit	nahe Objekte werden unscharf gesehen	zu geringe Flexibilität der Linse
Hornhautverkrümmung	unscharfes Sehen; Punkte werden als kurze Linien wahrgenommen	Hornhaut ist verformt $\Rightarrow$ Brechkraft nicht an allen Stellen gleich
Kurzsichtigkeit	entfernte Objekte werden unscharf gesehen	Augapfel ist im Verhältnis zur Brechkraft der Linse zu lang
Weitsichtigkeit	nahe Objekte werden unscharf gesehen	Augapfel ist im Verhältnis zur Brechkraft der Linse zu kurz
Grauer Star	Beeinträchtigung des Sehvermögens/Grauschleier	Trübung der Augenlinse

25 Die Ursache für die Kurzsichtigkeit ist der im Verhältnis zur Brechkraft der Linse zu lange Augapfel. Der Grund für die Altersweitsichtigkeit ist die abnehmende Flexibilität der Linse.

Der zu lange Augapfel spielt nur bei entfernten Gegenständen eine Rolle, die geringere Flexibilität und die dadurch bedingte geringe Brechkraft der Linse nur bei nahen. Somit werden bei Menschen, die zusätzlich zur Kurzsichtigkeit auch an Altersweitsichtigkeit leiden, sowohl nahe als auch entfernte Objekte unscharf abgebildet.

26 Bei einer normalsichtigen Person ist am Nahpunkt der Ziliarkörper voll angespannt und dadurch die Linse maximal gewölbt. Wird ein Objekt näher an das Auge gehalten, so würde theoretisch erst hinter der Netzhaut ein scharfes Bild entstehen.

Bei einem Kurzsichtigen ist der Augapfel verlängert. Befindet sich ein Gegenstand in einer Entfernung, die bei einem Normalsichtigen dem Nahpunkt entspricht, ist die Linse nicht maximal gewölbt, da die Lichtstrahlen einen längeren Weg bis zur Netzhaut zurücklegen. Der Gegenstand kann somit noch näher an das Auge herangeführt werden, bevor der Nahpunkt des Kurzsichtigen erreicht wird.

27

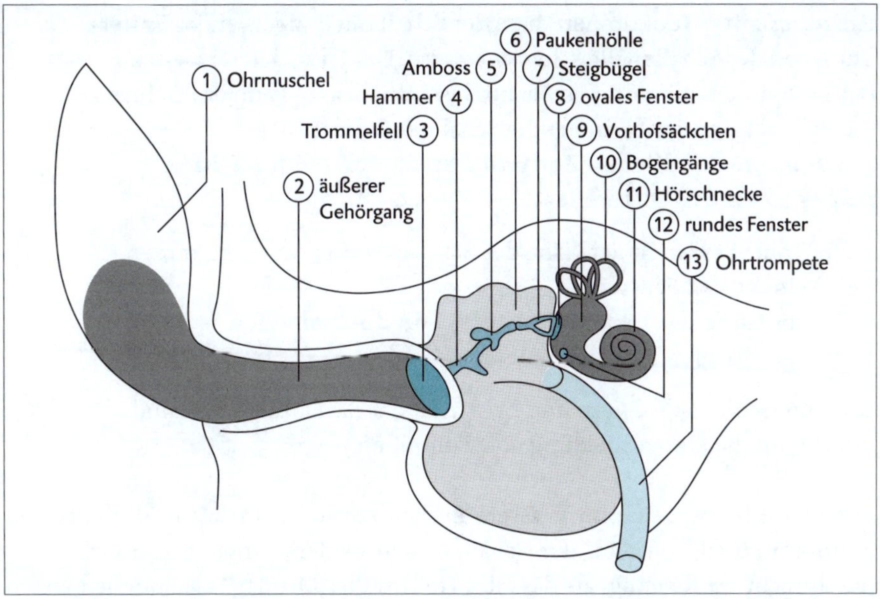

28

1. Schallwelle →
2. Ohrmuschel sammelt den Schall →
3. äußerer Gehörgang leitet Schall zum Trommelfell →
4. Trommelfell gerät in Schwingung →
5. Gehörknöchelchen verstärken Schwingungen und übertragen sie auf das ovale Fenster →
6. ovales Fenster gerät in Schwingung →
7. Ohrlymphe im Vorhofgang schwingt mit →
8. Deck- und Basilarmembran im Schneckengang werden gegeneinander verschoben →
9. Härchen der Sinneszellen knicken ab →
10. Sinneszellen leiten Signal an Nervenzellen →
11. Nervenzellen erzeugen elektrische Impulse →
12. elektrische Impulse werden über Hörnerv zum Gehirn geleitet

29 Laute Töne verursachen stärkere Schwingungen, wodurch mehr Sinneszellen gereizt werden. ☒

Geräusche mit unterschiedlichen Tonhöhen reizen die Sinneszellen im ~~Paukengang~~ an unterschiedlichen Punkten. ☐
Schneckengang

Richtungshören funktioniert, weil der Schall ~~mit zunehmender Entfernung von der Schallquelle schwächer wird. Der Reiz, der am weiter entfernten Ohr ankommt, ist dadurch schwächer. So~~ kann das Gehirn die Richtung ermitteln, in der die Schallquelle liegt. ☐
… zu unterschiedlichen Zeitpunkten zu den beiden Ohren gelangt. Aus der Differenz …

Hohe Töne werden ~~in der Nähe des Schneckentors~~ wahrgenommen, tiefe ~~beim ovalen Fenster~~. ☐
… in der Nähe des ovalen Fensters … in der Nähe des Schneckentors

Die unterschiedliche Dicke und Elastizität der Basilarmembran sind wichtig für die Unterscheidung von Tonhöhen. ☒

30 Der Schall bewegt sich im Wasser deutlich schneller fort als in der Luft. Der Zeitunterschied, mit dem der Schall an den beiden Ohren ankommt, ist dadurch nicht groß genug, als dass das Gehirn den Ort der Schallquelle berechnen könnte.

31 **Versuchsbeschreibung:** Auf einem Drehstuhl befindet sich eine runde, mit Wasser gefüllte Schale. An die Innenseite der Schale wurde ein in die Mitte ragender Plastikstreifen geklebt. Auf dem Wasser schwimmen einige Korkstückchen. Der Stuhl wird gedreht.
Beobachtung: Dreht man den Stuhl, so knickt der Plastikstreifen ab.
Erklärung: Da das Wasser träge ist und die Drehung des Stuhls nicht sofort mitmacht, bildet es einen Widerstand, der den Plastikstreifen abknicken lässt.
Erläuterung: Wie das Wasser im Versuch ist auch die Lymphflüssigkeit in den Bogengängen träge. Der Plastikstreifen verhält sich wie die Gallerthaube, die durch den Widerstand der Flüssigkeit abgeknickt wird.

32 Durch das andauernde Drehen wird die Lymphflüssigkeit in den Bogengängen in Bewegung versetzt. Bleibt man stehen, bewegt sich die Flüssigkeit noch einige Zeit weiter und verschiebt die Gallerthaube in der Ampulle. Die Sinneszellen werden dadurch gereizt und melden dem Gehirn eine Drehung, obwohl diese gar nicht stattfindet. Da diese Information nicht mit der der anderen Sinnesorgane übereinstimmt, wird einem schwindlig.

33

	Nervensystem	Hormonsystem
Art der Informationsübertragung	elektrische Impulse	chemische Botenstoffe
Weg der Übertragung	Nervenbahnen	Blut
Geschwindigkeit der Übertragung	sehr schnell	langsam
Wirkungsdauer	kurz	lang

34

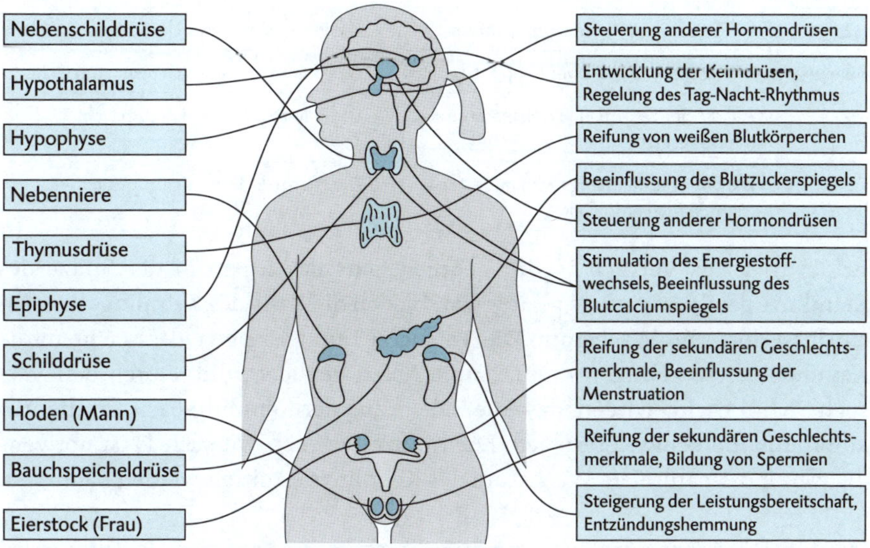

35

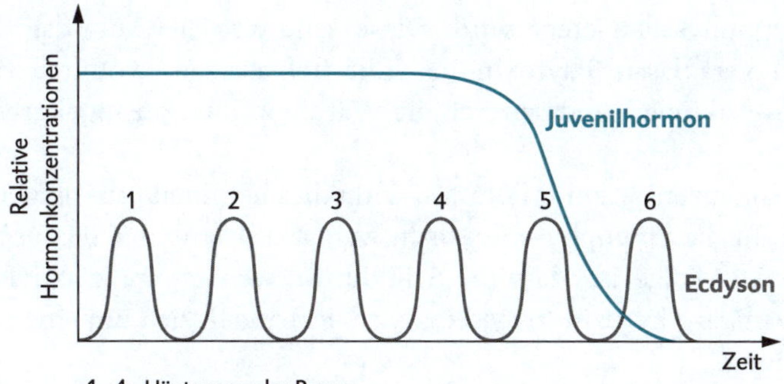

1–4: Häutungen der Raupe
5: Häutung der Puppe
6: Häutung zum adulten Monarchfalter

36 Reife Früchte setzen Ethen frei. Wird Obst in einer Schale aufbewahrt, sammelt sich das Gas im Gefäß an, wodurch alle darin gelagerten Früchte schneller reifen. Aufgrund dessen sinkt die Haltbarkeit der Lebensmittel.

37 **Versuchsdurchführungen** und **Beobachtungen:**

Versuch	Durchführung	Beobachtung
1	An der Pflanze wurden keine Veränderungen vorgenommen (Kontrollversuch).	Die Pflanze krümmt sich zum Licht.
2	Die Spitze der Pflanze wurde entfernt.	Die Pflanze krümmt sich nicht zum Licht.
3	Die Spitze wird mit einer Kappe abgedeckt.	Die Pflanze krümmt sich nicht zum Licht.
4	Auf die Spitze wird eine transparente Kappe gesetzt.	Die Pflanze krümmt sich zum Licht.
5	Die Basis des Keimlings wird mit einer Manschette verdunkelt.	Die Pflanze krümmt sich zum Licht.

Erklärung: Aus Versuch 2 wird deutlich, dass das Auxin in der Spitze des Keimlings gebildet wird. Es gelangt von hier an die Basis des Keimlings und beeinflusst dort sein Wachstum. Die Versuche 3 und 4 zeigen, dass Licht an die Keimlingsspitze gelangen muss, damit Auxin gebildet wird. Durch den Versuch 5 wird nachgewiesen, dass die Belichtung der Keimlingsbasis für die Auxinproduktion keine Rolle spielt. Der Kontrollversuch (Versuch 1) ist notwendig, damit das natürliche Wachstum des Keimlings ermittelt werden kann.

38 Der Hypothalamus wird durch niedrige Temperaturen aktiviert. Je kälter es ist, desto stärker ist die Aktivierung. Der Hypothalamus setzt daraufhin TRH frei, wodurch die Hypophyse angeregt wird. Diese schüttet TSH aus, das die Schilddrüse dazu veranlasst, Thyroxin ins Blut freizusetzen, wodurch der Energiestoffwechsel aktiviert und dadurch die Wärmeproduktion angekurbelt wird.

Steigt die Thyroxinkonzentration im Blut, so wirkt dies hemmend auf den Hypothalamus und auf die Hypophyse, weshalb weniger TRH und TSH ausgeschüttet werden. Die Folge ist, dass die Schilddrüse weniger stark aktiviert wird, wodurch weniger Thyroxin freigesetzt wird. Es handelt sich um eine negative Rückkopplung.

Wird der betreffenden Person erneut kalt, so steigt die Thyroxinkonzentration aufgrund der oben beschriebenen Reaktionen wieder an.

39

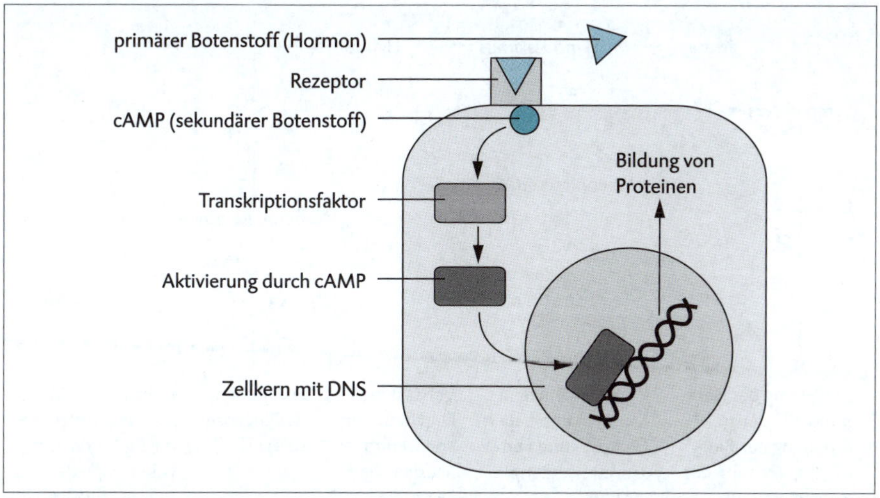

40

Hormon	Ursache für die Ausschüttung	Funktion
Insulin	Blutzuckerspiegel ist zu hoch	• Aufnahme von Glucose in die Körperzellen • regt die Leber und die Muskeln an, aus Glucose Glykogen zu bilden
Glukagon	Blutzuckerspiegel ist zu niedrig	• regt die Leber an, Glykogen zu Glucose abzubauen und diese ins Blut abzugeben

41

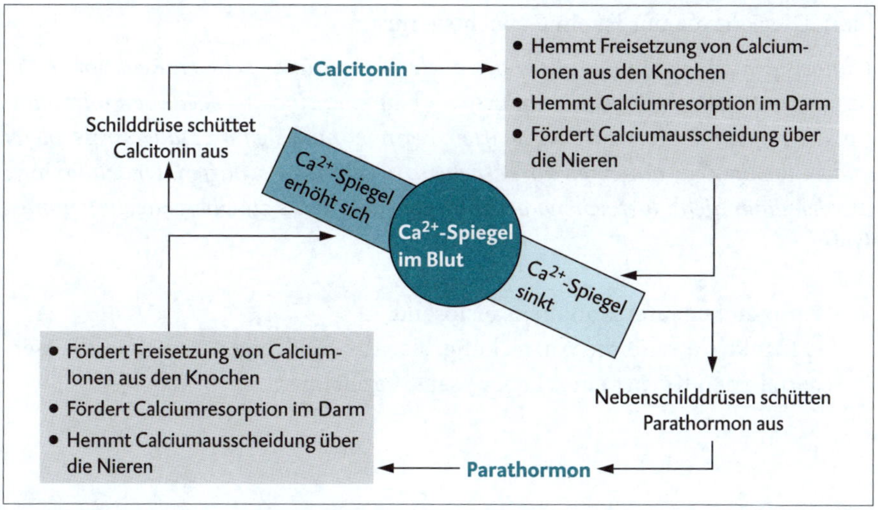

42
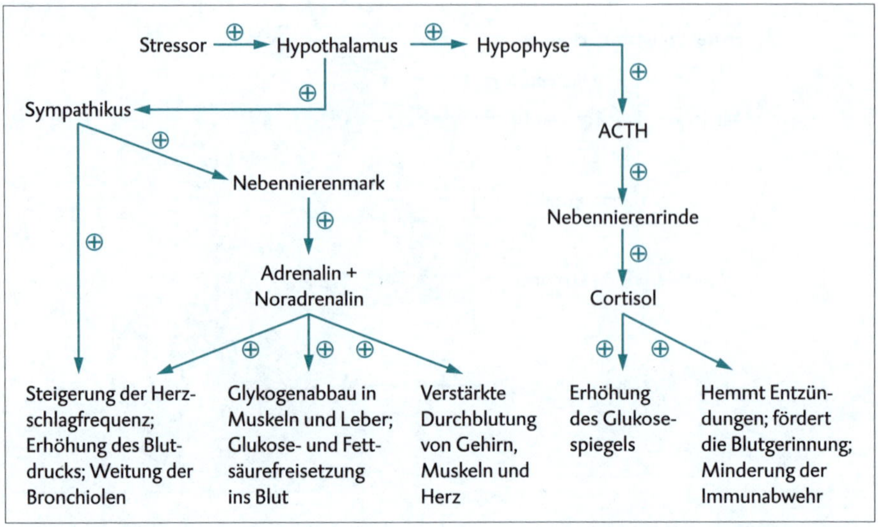

43 Bei der Stressreaktion übernehmen überwiegend der Sympathikus und Stresshormone die Steuerung des inneren Milieus und der Organe. Hierdurch kommt es zu einer Förderung der Aktivität von in Stresssituationen benötigten Organen und zu einer Hemmung der Tätigkeit der Verdauungsorgane. Betroffene empfinden daher häufig ein verringertes Hungergefühl und nehmen weniger Nahrung zu sich. Zudem werden weniger Nährstoffe vom Darm resorbiert. Die Folge daraus ist ein Gewichtsverlust.

Hinweis: Häufig kommt es allerdings auch zu einer umgekehrten Reaktion, da in Stresssituationen die Pausen zum Essen oft zu kurz sind. Infolgedessen wird häufig auf ungesunde Kost zurückgegriffen. Befindet man sich im Dauerstress, bleibt zudem wenig Zeit, um einen körperlichen Ausgleich zu schaffen. Die Nährstoffe werden dann nicht ausreichend verbraucht, wodurch es zu Übergewicht kommen kann.

44 a **Pathogen** bedeutet krankheitsauslösend.
Als **Infektion** wird die Ansteckung, also das Eindringen von Krankheitserregern in den Körper eines Lebewesens, bezeichnet.

b

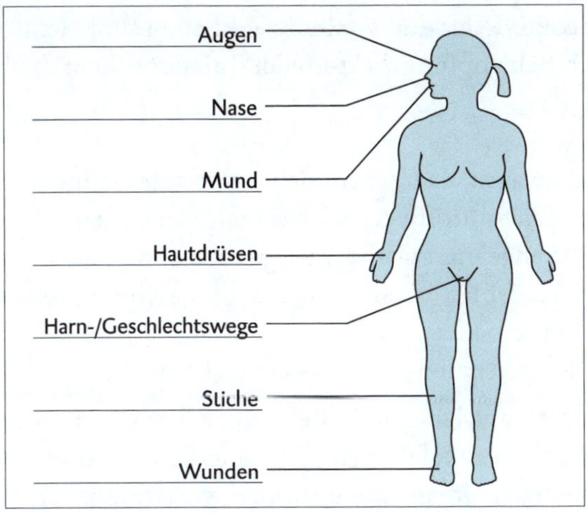

45 a Als Erreger kommen vor allem Bakterien und Viren, aber auch Pilze, Einzeller und vielzellige Tiere infrage.

b Nach der **Infektion** vermehren sich die bakteriellen Krankheitserreger im menschlichen Organismus. Während der sogenannten **Inkubationszeit** ist der Körper zwar bereits infiziert, es sind jedoch noch keine Symptome (Anzeichen) der Krankheit erkennbar, das heißt, sie ist noch nicht ausgebrochen. Die Erreger produzieren durch ihren Stoffwechsel Endprodukte, die als Giftstoffe (Toxine) den Körper schädigen. Diese Schädigungen sind je nach Krankheitserreger sehr typisch und dienen deshalb als charakteristische Symptome für die Diagnose einer **ausgebrochenen Infektionskrankheit**.

c Als **Prophylaxe** sowohl gegen bakterielle als auch gegen virale Infektionskrankheiten ist eine gesunde Lebensführung wichtig. Diese sollte z. B. möglichst regelmäßige Bewegung an der frischen Luft, gesunde und vitaminreiche Ernährung, Verzicht auf Alkohol und Tabakkonsum bzw. andere Drogen, Vermeidung von Stress und ausreichend Schlaf umfassen, da viele Infektionskrankheiten bei einem funktionierenden Immunsystem gar nicht erst zum Ausbruch kommen. Ebenfalls zum gesundheitsbewussten Verhalten zählen grundlegende Hygienemaßnahmen wie sorgfältiges und regelmäßiges Händewaschen. Auch Maßnahmen wie das Abkochen von Lebensmitteln und Trinkwasser auf Fernreisen können das Infektionsrisiko stark senken. Zusätzlich bieten Schutzimpfungen eine wirksame Absicherung gegen Infektionen mit zahlreichen bakteriellen und viralen Krankheitserregern.

Zur **Behandlung** einiger bakterieller und viraler Krankheiten sind Heilimpfungen möglich. Nur zur Bekämpfung bakterieller Infektionskrankheiten werden Antibiotika eingesetzt.

46 a **Nein**, Viren sind keine Lebewesen, da sie sich nicht selbstständig fortpflanzen können und keinen eigenen Stoffwechsel besitzen, sondern in diesen Punkten auf eine Wirtszelle angewiesen sind. Sie besitzen außerdem keinen zellulären Aufbau und ihnen fehlen wichtige Bestandteile von Zellen wie beispielsweise das Zytoplasma.
Damit sind wesentliche Kennzeichen der Lebewesen nicht erfüllt.

b Zur Fortpflanzung sind Viren auf lebende Zellen angewiesen und müssen die **Stoffwechselleistungen** der befallenen Zellen auf ihre Bedürfnisse umstellen. Da sich die jeweiligen Organismengruppen wie Bakterien, Pflanzen und Tiere hinsichtlich ihres Stoffwechsels jedoch sehr stark unterscheiden, ist die Umstellung für die Viren in der Regel nur innerhalb der jeweiligen Organismengruppe möglich.
Zur Fortpflanzung muss das Virus bzw. die Virus-Erbsubstanz in die Wirtszelle **eindringen**. Dazu muss der Erreger an spezifische Oberflächenstrukturen der Zellmembran, die Rezeptoren, binden. Da diese meist nur innerhalb der jeweiligen Organismengruppe ähnlich oder identisch sind, ist das Andocken in der Regel nur bei den Organismen der jeweiligen Gruppe möglich.

47 Zum einen reagieren manche Menschen **allergisch** gegenüber bestimmten Antibiotika. Zum anderen haben die Wirkstoffe einige **Nebenwirkungen**, da sie auch die nützlichen Bakterien im menschlichen Körper, etwa im Darm, abtöten und damit Verdauungsstörungen auslösen können.
Daneben können eine unsachgemäße Einnahme oder zu kurze Einnahmezeiten dazu führen, dass die Bakterien gegen die Wirkstoffe des jeweiligen Antibiotikums **resistent** werden, das heißt, dass dieses Medikament seine Wirksamkeit gegen sie verliert.

48 a

Salmonellen: Die Bakterien lauern in unserem Essen

Einige Lebensmittelvergiftungen werden von stäbchenförmigen Salmonella-Bakterien hervorgerufen. Diese anspruchslosen und robusten Bakterien kommen mit ausreichend Wasser und einigen Nährstoffen aus, die in allen organischen Abfällen vorhanden sind. Deswegen besteht gerade durch die Verwendung infizierter Küchengeräte oder Arbeitsflächen in Schlachthöfen, Lebensmittelbetrieben, Restaurants oder in der heimischen Küche ein erhöhtes Infektionsrisiko. Eine sorgfältige und gründliche Hygiene ist deshalb absolute Pflicht. Gefährdete Lebensmittel sollten, wenn möglich, immer durchgegart werden. Ist diese Möglichkeit nicht gegeben, ist auf ausreichende Kühlung der Speisen zu achten.

Wenn viele Erreger in den Körper eingedrungen sind, können sich schon nach sechs Stunden die ersten Symptome einer Salmonellen-Infektion zeigen: Übelkeit, Erbrechen, Durchfall, Fieber, Blutdruckabfall, Schwindel und allgemeine Schwäche. Wenn bestimmte Salmonella-Arten in Blut, Leber oder Milz vorgedrungen sind, kann die Situation sogar lebensbedrohlich werden.

Ebola – Das Virus aus dem Regenwald

Das Ebola-Fieber wird durch das tropische Ebola-Virus ausgelöst, das sich durch Körperkontakt, Tröpfcheninfektion oder durch Schmierinfektion beim Kontakt mit infizierten Körperausscheidungen direkt von Mensch zu Mensch überträgt. Zwischen Ansteckung und Ausbruch der Krankheit vergehen bis zu 21 Tage. Der Erreger treibt sein Opfer in der Regel innerhalb weniger Tage in den Tod. Kopfschmerzen, Durchfall, Ausschlag, Fieber und Erbrechen sind die fatalen Signale einer Infektion. Danach folgt eine kurze Agonie (Todeskampf): Die Organe des Patienten zersetzen sich. Aus Mund, Nase und allen Poren tritt Blut aus.

Da das Virus bisher wenig erforscht und sein natürlicher Wirt noch nicht bekannt ist, gibt es außer der Meidung von Risikogebieten und des Kontakts mit Infizierten keine weiteren konkreten Empfehlungen zu Prophylaxemaßnahmen.

Übertragungswege | Symptome | vorbeugende Maßnahmen

b

	Bakterien	Viren
Aufbau	Zellen	keine Zellen
Größe	0,2 µm – 1 µm	0,02 µm – 0,7 µm
äußere Hülle	Zellmembran und Zellwand	Virushülle (Lipidhülle) und Kapsid (Eiweißhülle)
Erbsubstanz	ringförmige DNA und z. T. Plasmide	DNA- oder RNA-Faden
Fortbewegung	teilweise aktiv möglich über Geißeln	keine aktive Fortbewegung
Vermehrung	selbstständig durch Zellteilung	durch Wirtszelle

c Die **Abbildung a** zeigt die typische Vermehrungskurve von Bakterien, die in 4 Phasen eingeteilt werden kann:

- Anlaufphase
- starker Anstieg während der exponentiellen Vermehrung
- stationäre Phase (Plateauphase)
- Rückgang während der Absterbephase

Die **Abbildung b** zeigt die typische Vermehrungskurve der Viren. Eine anfangs geringe Zahl an Viren befällt die Wirtszellen und wird von diesen vermehrt. Die zusammengefügten Viren werden durch Platzen der Wirtszellen schlagartig freigesetzt, wodurch ihre Zahl rasch ansteigt. Die Viren befallen nun erneut Zellen und der Vorgang wiederholt sich.

49 a Zu den Schutzbarrieren des **1. Abwehrsystems** gehören die unverletzte Haut, der zähflüssige Schleim auf den Schleimhäuten, die enzymhaltigen Körperflüssigkeiten sowie das spezifische Milieu verschiedener Organe.

b

Schleimhautzellen	A		Makrophagen	B	C
T-Killerzellen	C	V	Hautzellen	A	
B-Lymphozyten	C		T-Helferzellen	C	
T-Gedächtniszellen	C		Magensäure	A	

c

- ☐ Enzyme – Tränen
- ☐ Antigen – Zellmembranoberflächen
- ☒ Antikörper – B-Lymphozyten
- ☐ Plasmazellen – B-Lymphozyten
- ☐ T-Helferzellen – B-Lymphozyten
- ☐ T-Helferzellen – T-Gedächtniszellen

50 a

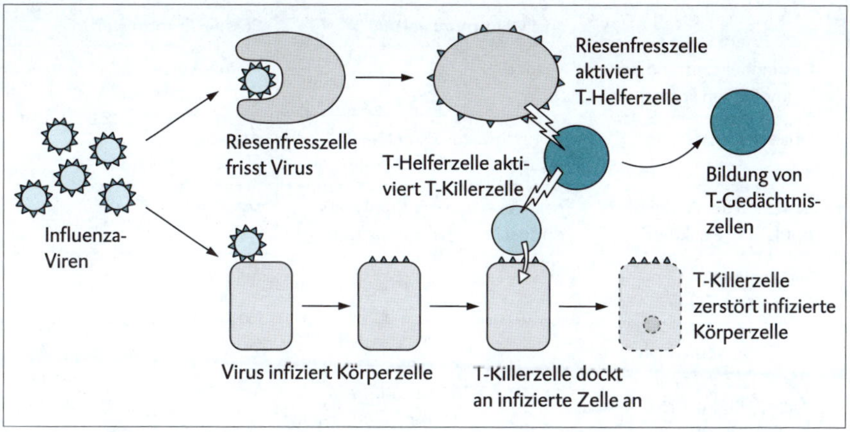

b Durch die Gabe von Antibiotika soll der Körper, dessen Immunsystem durch die Bekämpfung der Influenza-Viren geschwächt ist, vor bakteriellen **Sekundärinfektionen**, die z. B. zu Lungenerkrankungen oder Herzmuskelentzündungen führen können, geschützt werden.

c Influenza-Viren sind wie viele andere Viren aufgrund von häufig vorkommenden Mutationen enorm **wandlungsfähig**. Damit eine möglichst große Übereinstimmung der verwendeten Impfstämme mit den jeweils auftretenden Virusvarianten erreicht wird, ist eine jährliche Auffrischung der Immunisierung nötig. Nur so haben die aktiv gebildeten Antikörper eine Chance, die Antigene der eventuell eindringenden Virusvariante zu erkennen und zu bekämpfen.

51 Bei einer **aktiven Immunisierung** wird der zu impfenden Person der abgeschwächte Erreger injiziert, damit das Immunsystem aktiv Antikörper und Gedächtniszellen gegen diesen produziert. Dadurch ist der Körper in der Lage, den Erreger bei einer möglichen Infektion zu bekämpfen. Nachdem Edward JENNER für seine Impfung Kuhpocken-Viren verwendete, die einen abgeschwächten Krankheitsverlauf zur Folge haben, und die so behandelten Personen vor einer Erkrankung mit den Pocken geschützt waren, ist diese Forschungsarbeit der aktiven Immunisierung zuzuordnen.

Bei einer **passiven Immunisierung** werden einem infizierten Patienten im Körper eines Versuchstiers erzeugte Antikörper gespritzt, um ihn von einer bereits ausgebrochenen Krankheit zu heilen. Nachdem Emil VON BEHRING für die Gewinnung seines Heilserums Versuchstiere verwendete, denen er die Krankheitserreger impfte, sind seine Forschungsarbeiten der passiven Immunisierung zuzuordnen.

52 a

	Aktive Immunisierung	Passive Immunisierung
Gesundheitszustand der zu impfenden Person	gesund	krank
Inhalt des Impfstoffs	abgeschwächte Krankheitserreger	Antikörper
Einsetzen der Antigen-Antikörper-Reaktion	nach Infektion mit Krankheitserreger	sofort nach der Impfung
Bildung von Gedächtniszellen	ja	nein

b

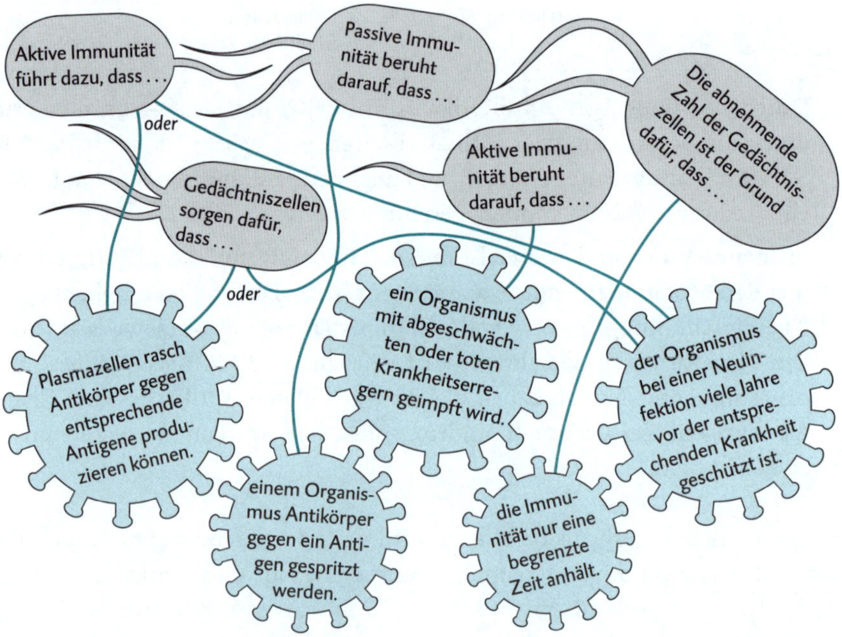

53 a Einer Person werden jeweils am Tag 1 und am Tag 28 bakterielle Antigene A gespritzt. Während der gesamten Versuchsdauer wird die Antikörperkonzentration im Blut gemessen.

b **Zeitpunkt a:** Der Körper kommt erstmals in Kontakt mit dem Antigen A. Makrophagen nehmen das Antigen auf und aktivieren T-Helferzellen.

Zeitpunkt b: Die B-Lymphozyten wurden bereits von T-Helferzellen angeregt, spezifische Antikörper zu produzieren. Diese wurden ins Blut freigesetzt.

Zeitpunkt c: Die freigesetzten Antikörper verbinden sich nach dem Schlüssel-Schloss-Prinzip mit den Antigenen. Diese Antigen-Antikörper-Komplexe werden von Makrophagen vernichtet.
Zeitpunkt d: Bereits etwa einen Tag nach dem neuerlichen Kontakt mit dem Antigen A werden aufgrund der T- und der B-Gedächtniszellen passende Antikörper gebildet, die sofort eine Antigen-Antikörper-Reaktion auslösen können.

c

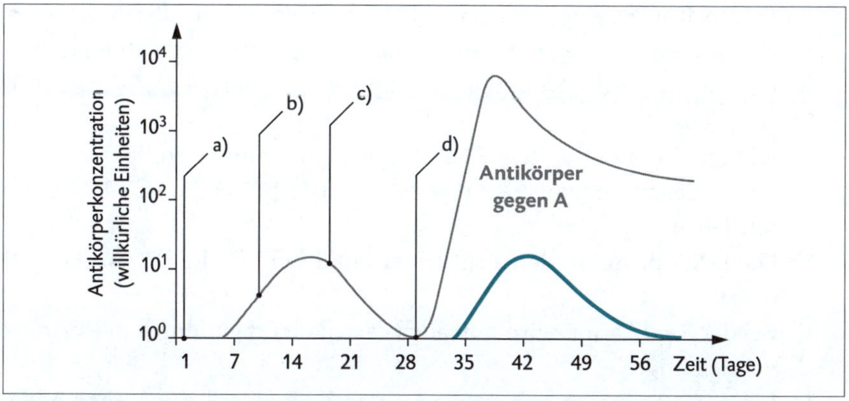

54 a

Küsse auf Wangen und Lippen	–
Zungenküsse	o
Begrüßung eines Infizierten durch Handschlag	–
Nutzung von Geschirr und Toiletten zusammen mit einem Infizierten	–
Ungeschützter Geschlechtsverkehr mit einem Infizierten	+
Häufig wechselnde Geschlechtspartner	+
Geschlechtspraktiken wie Analverkehr	+
Oralverkehr	+
Insektenstiche	–
Hundebiss	–
Kratzwunde durch die Hauskatze	–

b **Schutzmöglichkeiten:**
- Geschlechtspartner nicht ständig wechseln
- Verwendung von Kondomen beim Geschlechtsverkehr

- Verwendung von Schutzhandschuhen bei der Versorgung blutender Wunden

Behandlungsmöglichkeiten: Bislang können durch die Gabe von Medikamenten nur der Verlauf verzögert und die Symptome gelindert werden. Auch die Bekämpfung der sogenannten opportunistischen Krankheiten ist medikamentös möglich.

55 a A: In den Körper eingedrungene HI-Viren binden mithilfe ihrer Oberflächenproteine an Zellen mit speziellen Rezeptoren (CD4-Moleküle).

B: Das Kapsid wird zusammen mit dem Virus-Erbgut in die Wirtszelle eingeschleust.

C: Die im Virus enthaltene RNA-Erbsubstanz wird mithilfe der ebenfalls vorhandenen Enzyme, den reversen Transkriptasen, in eine DNA umgeschrieben.

D: Die DNA dringt in den Zellkern ein und wird in die Wirtszellen-DNA eingebaut.

E: Bei der Replikation wird nun auch das virale Erbgut durch die Wirtszelle vervielfältigt.

F: Bei der Proteinbiosynthese der Wirtszelle werden Virusproteine hergestellt.

G: Die Virenbauteile lagern sich zu neuen Viren zusammen.

H: Die fertigen Viren werden durch Knospung aus der Wirtszelle freigesetzt und können daraufhin neue Zellen befallen.

b Mithilfe eines HIV-Tests wird das Blut auf die Anwesenheit von HIV-Antikörpern untersucht. Diese treten erst etwa 3 Monate nach der Infektion in genügend großer Zahl auf, um mit Sicherheit sagen zu können, ob die untersuchte Person HIV-positiv ist.

c Die im HI-Virus enthaltene RNA-Erbsubstanz muss mithilfe der reversen Transkriptase in eine DNA umgeschrieben werden, um in die Wirtszellen-DNA eingebaut werden zu können. Ein Reverse-Transkriptase-Hemmer verhindert dies und bewirkt deshalb, dass die befallenen Zellen keine neuen Viren produzieren können, die dann nach ihrer Freisetzung weitere Zellen infizieren würden.

	richtig	falsch
d HIV kann eine Zelle nur dann infizieren, wenn an deren Membranoberfläche spezielle Rezeptoren, die sogenannten CD4-Rezeptoren, vorhanden sind.	☒	☐

	richtig	falsch
T-Helferzellen gehören zu den Zielzellen des HI-Virus.	☒	☐
Bei einer HIV-Infektion werden die T-Killerzellen von den ~~Makrophagen~~ aktiviert. **T-Helferzellen**	☐	☒
Die von den B-Plasmazellen hergestellten Antikörper verklumpen die freien HI-Viren.	☒	☐
~~Alle~~ von HIV infizierten Zellen werden von den T-Killerzellen bekämpft. **Nicht diejenigen, bei denen die Viren-Erbsubstanz in die DNA integriert ist**	☐	☒

56 a

	Pest	Malaria	Borreliose
Erreger	*Yersinia pestis*	Plasmodium	*Borrelia burgdorferi*
geographische Verbreitung	Südostasien, Südamerika und südliches Nordamerika, südliches Afrika	hauptsächlich Äquatorregion	gemäßigte Breiten der Nordhalbkugel
Überträger	• Beulenpest: Rattenfloh • Lungenpest: Tröpfcheninfektion	Anopheles-Mücke	Zecken
Symptome	• Beulenpest: hohes Fieber, rasender Puls, Kopfschmerzen und Beulen (geschwollene Lymphknoten) • Lungenpest: hohes Fieber, rasender Puls, Kopfschmerzen und Bluthusten	hohes, wiederkehrendes Fieber, starker Schüttelfrost, Beschwerden des Magen-Darm-Trakts, Störungen des Gehirns, Verringerung der Zahl der roten Blutkörperchen, Krämpfe	ringförmige Hautrötung im Bereich der Bissstelle, Fieber, Nackensteifigkeit, Gelenkentzündungen, Muskellähmungen

b Eine infizierte **weibliche Anopheles**-Stechmücke sticht eine Person und infiziert diese dadurch mit dem **einzelligen** Parasiten Plasmodium. Der Erreger wird über die **Blutbahn** im gesamten Körper verbreitet und dringt in die **Leberzellen** ein. Nach mehreren **Zellteilungen** platzen die **Leberzellen** und die Parasiten befallen rote Blutkörperchen, in denen sich weibliche und männliche **Keimzellen** bilden. Bei deren Freisetzung werden auch diese Wirtszellen **zerstört**. Eine **Befruchtung** kann nur im **Darm** einer Anopheles-Mücke stattfinden.

57 a **Histamin** bewirkt eine Erweiterung der Blutgefäße und macht die Gefäßwände durchlässig für die Immunzellen. Dadurch kommt es zu Hautausschlägen, Rötungen, Schwellungen und Juckreiz. Die Erweiterung und die Erhöhung der Durchlässigkeit der Blutgefäße und das damit verbundene Absinken des Blutdrucks können zu einem allergischen Schock führen.

b Beim **Erstkontakt** mit dem Allergen werden von Plasmazellen Antikörper gebildet und es läuft eine Antigen-Antikörper-Reaktion ab. Zusätzlich koppeln sich jedoch einige Antikörper auch noch an die Mastzellen an. Dieser Vorgang wird als Sensibilisierung bezeichnet.

Beim **Zweitkontakt** mit dem Allergen werden nun zum einen unzählige Antikörper gebildet. Zum anderen schütten die Mastzellen große Mengen des Botenstoffes Histamin und anderer entzündungsfördernder Stoffe wie Heparin aus. Diese bewirken die allergische Reaktion.

58

	Neurodermitis	Hausstauballergie	Heuschnupfen
Ursache	übermäßige Reaktion des Immunsystems auf bestimmte Umwelteinflüsse oder auch psychisch belastende Situationen	übermäßige Reaktion des Immunsystems auf den Kot der Hausstaubmilben	übermäßige Reaktion des Immunsystems auf bestimmte Pollen
Symptome	rote, schuppende, stark juckende und manchmal auch nässende Ekzeme auf der Haut; vor allem in den Kniekehlen, den Ellenbeugen, den Unterarmen und den Unterschenkeln	angeschwollene und juckende Augen-, Nasen- und Rachenschleimhaut, Schnupfen, Niesanfälle, in einigen Fällen Asthma	angeschwollene und juckende Augen-, Nasen- und Rachenschleimhaut, Schnupfen, Niesanfälle, in einigen Fällen Asthma
Behandlungsmöglichkeiten	Medikamente gegen charakteristische Hauttrockenheit, entzündungshemmende Wirkstoffe gegen Ekzeme und Juckreiz, Antihistaminika	Hyposensibilisierung, Antihistaminika, Meidung des Allergens	Meidung des Allergens, Antihistaminika, Hyposensibilisierung

59 a Die übereinstimmenden Versuchsergebnisse zeigen, dass die Personen Störk und Landsteiner, Pletschnig und Zaritsch sowie Sturli und Erdheim jeweils dieselben Blutgruppen besitzen.

Störk und Landsteiner: Da ihre roten Blutkörperchen mit keinem Serum der anderen Versuchsteilnehmer verklumpten, muss es sich hierbei um die

Blutgruppe 0 handeln. Nur Erythrozyten dieser Blutgruppe besitzen keine Antigene, sodass die Antikörper keine Angriffsmöglichkeit haben.
Pletschnig und Zaritsch: Ihre roten Blutkörperchen verklumpten mit den Seren aller übrigen Versuchsteilnehmer. Hierbei kann es sich also um Blut der Blutgruppen A oder B handeln, da nur in diesen Fällen die Erythrozyten A- oder B-Antigene aufweisen, sodass sowohl die Antikörper A als auch die Antikörper B eine Angriffsmöglichkeit haben.
Sturli und Erdheim: Wie bei den Ergebnissen von Pletschnig/Zaritsch verklumpen auch bei ihnen die roten Blutkörperchen mit den Seren aller anderen Personen. Die beiden Probanden verfügen also ebenfalls über Blut der Blutgruppen A oder B.
Die Blutgruppe AB kann weder bei Pletschnig/Zaritsch noch bei Sturli/ Erdheim vorliegen, da bei dieser Blutgruppe keine Antikörper im Serum vorhanden sind. Somit wäre eine Verklumpung mit den Blutzellen der anderen Versuchsteilnehmer ausgeschlossen.

b Wenn es bei einer rhesusnegativen Mutter während der ersten Schwangerschaft mit einem rhesuspositiven Kind zum Kontakt von kindlichem und mütterlichem Blut kommt, bildet das Immunsystem der Mutter Antikörper gegen Rh^{+}-Blutzellen. Diese Rhesus-Antikörper (Anti-D-Antikörper) können bei einer zweiten Schwangerschaft mit einem rhesuspositiven Kind die Plazenta passieren, sodass eine **Rhesusunverträglichkeit** auftreten kann. Die Antikörper gelangen in den kindlichen Blutkreislauf und verklumpen dort mit dessen rote Blutkörperchen.
Vorbeugend werden deshalb rh^{-}-Müttern zur Verhinderung der Sensibilisierung Anti-D-Antikörper gespritzt. Diese verklumpen mit eventuell vorhandenen roten Blutkörperchen des Kindes, ohne dass eine Immunreaktion anläuft. Dadurch wird verhindert, dass die Mutter aktiv Antikörper bildet. Die gespritzten Antikörper werden nach einiger Zeit vom mütterlichen Körper abgebaut, sodass bei einer erneuten Schwangerschaft kein Anti-D mehr im Blut vorhanden ist.

60 a Die roten Blutkörperchen der Blutgruppe B weisen auf ihrer Oberfläche B-Antigene auf. Wenn das Blut nun Anti-B-Antikörper enthalten würde, käme es zwischen diesen und den roten Blutkörperchen zu einer Antigen-Antikörper-Reaktion und damit zum Verklumpen des Blutes.

b Im Serum der Blutgruppe B sind Anti-A-Antikörper enthalten und diese binden an die auf den roten Blutkörperchen der Blutgruppe AB vorhandenen A-Antigene. Es kommt also zu einer Verklumpung.

c **Probe 1:** Es handelt sich um Blut der Blutgruppe **A**, da die roten Blutkörperchen zwar mit Anti-A, nicht aber mit Anti-B verklumpen. Mit der Kombination von Anti-A und Anti-B findet ebenfalls eine Verklumpung statt, wenn auch mit geringerem Verklumpungsgrad.

Probe 2: Es handelt sich um Blut der Blutgruppe **0**, da die antigenfreie Oberfläche der roten Blutkörperchen weder mit Anti-A noch mit Anti-B verklumpt.

Probe 3: Es handelt sich um Blut der Blutgruppe **AB**, da die roten Blutkörperchen sowohl mit Anti-A als auch mit Anti-B verklumpen.

Probe 4: Es handelt sich um Blut der Blutgruppe **B**, da die roten Blutkörperchen zwar mit Anti-B, nicht aber mit Anti-A verklumpen. Mit der Kombination von Anti-A und Anti-B findet ebenfalls eine Verklumpung statt, wenn auch mit geringerem Verklumpungsgrad.

61 a Erfolg versprechend sind Organtransplantationen nur, wenn möglichst viele Proteine des Hauptgewebeverträglichkeitskomplexes, die MHC-Marker, von Spender und Empfänger übereinstimmen: Je ähnlicher die MHC-Marker sind, desto unwahrscheinlicher ist es, dass die körperfremden Zellen als solche erkannt und damit bekämpft werden. Deshalb eignet sich am besten **Spender A**, da die Zellen seines Organs insgesamt fünf mit dem Empfänger identische Marker besitzen und nur einen zusätzlichen Marker aufweisen.

b Die Übereinstimmung der **MHC-Moleküle** ist bei eineiigen Zwillingen sehr hoch, da ihre Erbsubstanz weitestgehend übereinstimmt. Dadurch sind auch ihre MHC-Marker nahezu identisch und eine Abstoßung ist sehr unwahrscheinlich.

c In diesem Fall sind meist Geschwister oder Eltern die geeignetsten Spender, da ihre MHC-Marker denen des Patienten in der Regel zumindest ähnlich sind.

62 a Unter dem **Grundumsatz** versteht man diejenige Energiemenge, die der menschliche Körper pro Tag bei völliger Ruhe zur Aufrechterhaltung seiner Lebensfunktionen benötigt.

Als Faustformel gilt die stark vereinfachte Überlegung, dass ein Mann pro Kilogramm Körpergewicht ca. 100 kJ für den Grundumsatz verbraucht. Bei Frauen liegt der Wert etwa 10 % niedriger.

Beispiel: Eine 60 kg schwere Frau hat einen Grundumsatz von ca. 5 400 kJ ($60 \cdot 100$ kJ – 600 kJ), während dieser bei einem gleich schweren Mann bei ca. 6 000 kJ liegt.

b Die Abschätzung betrifft den Grundumsatz. Die Zahlenwerte in der Tabelle beziehen sich jedoch auf den Gesamtumsatz, der zusätzlich noch den Leistungsumsatz erfasst.

c Zur Berechnung des BMI wird die Körpermasse in Kilogramm durch das Quadrat der Körpergröße in Metern dividiert.
WHO-Klassifikation:

Kategorie	BMI
starkes Untergewicht	≤ 16,0
mäßiges Untergewicht	16,0–17,0
leichtes Untergewicht	17,0–18,5
Normalgewicht	18,5–25,0
Übergewicht	25,0–30,0
Adipositas Grad I	30,0–35,0
Adipositas Grad II	35,0–40,0
Adipositas Grad III	40,0–

Hinweis: Der BMI-Wert berücksichtigt weder die Statur noch das Geschlecht oder das Alter. Da in die Berechnung auch nicht die individuelle Zusammensetzung der Körpermasse aus Fett- und Muskelgewebe eingeht, handelt es sich beim BMI lediglich um einen groben Richtwert.

63

Mangelkrankheit	Symptome	fehlendes Vitamin	Nahrungsmittel, z. B.
Rachitis	Erweichen und Verbiegen der Knochen, Verdickung von Gelenken ⇒ z. B. X-Beine und Wirbelsäulenverkrümmungen	D	Lebertran, Eier sowie Milch und Milchprodukte
Skorbut	geschwürige Erkrankung der Mundschleimhaut mit Zahnfleischbluten sowie Blutungen in der Haut und in den Muskeln, Anfälligkeit für Infekte	C	Obst (vor allem Zitrusfrüchte) und Gemüse
Nachtblindheit	reduzierte Sehleistung in der Dämmerung und in der Dunkelheit	A	Milchprodukte, Lebertran, grünes und gelboranges Gemüse
Beri-Beri	Nervenlähmungen, Appetitlosigkeit, Teilnahmslosigkeit	B_1	Vollkorngetreide, Sonnenblumenkerne, Schweinefleisch, Backhefe und Bohnen

64 **a** Nach dem **Schlüssel-Schloss-Prinzip** verbindet sich aufgrund von Anziehungskräften ein Substratmolekül (Schlüssel) mit dem exakt passenden aktiven Zentrum (Schloss) eines Enzyms. Es entsteht ein Enzym-Substrat-Komplex. Durch diese Anlagerung verändert das Enzym seine Struktur so, dass das Substrat umgesetzt, z. B. gespalten, wird. Die entstandenen Produkte werden freigesetzt. Das Enzym kehrt in seinen ursprünglichen Zustand zurück und kann anschließend weitere Reaktionszyklen durchlaufen.

b Enzyme sind Proteine oder liegen als Proteinverbindungen vor. Die Aktivität der Enzyme wird deshalb durch die Temperatur beeinflusst und folgt der **RGT-Regel**.
Bei einer Unterkühlung ist die Enzymaktivität so stark verringert, dass viele Stoffwechselschritte nicht mehr in der lebensnotwendigen Geschwindigkeit ablaufen. Bei Fieber über 42 °C kommt es zur Denaturierung des Eiweißanteils der Enzyme und somit zum Funktionsverlust.

65 a $H_2N—CO—NH_2 + H_2O \xrightarrow{\text{Urease}} 2\,NH_3 + CO_2$

b Phenolphthalein dient als Indikator. Im Sauren und im Neutralen ist er farblos. Alkalisches Milieu zeigt er durch eine Rotfärbung an.

c Die Rotfärbung im 1. Versuchsansatz zeigt, dass Ammoniak entstanden ist. Bei den beiden anderen Ansätzen zeigt sich keine Farbveränderung, folglich ist hier auch kein Ammoniak entstanden.

66 a Unter **Verdauung** versteht man die Zerlegung der in der Nahrung enthaltenen Makromoleküle mithilfe der in den Verdauungssäften enthaltenen Enzyme in kleine, wasserlösliche Bausteine.
Als **Resorption** wird die Aufnahme der Grundnährstoffe sowie der Vitamine, der Mineralstoffe und des Wassers durch die Darmwand hindurch ins Blut bzw. in die Lymphe bezeichnet.

b

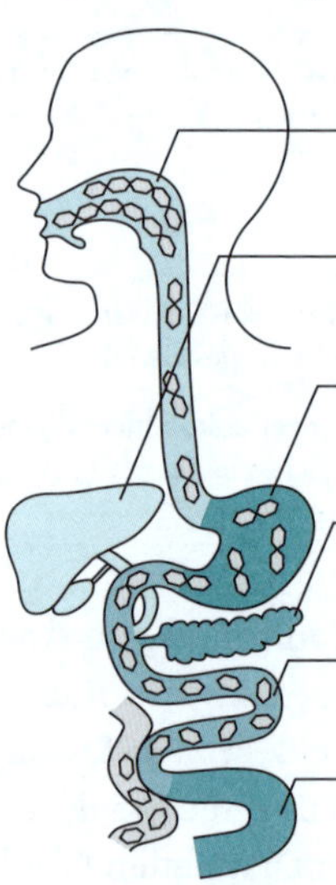

Organ	Enzyme/Wirkstoffe	Nährstoffe	Prozesse
Mundhöhle	Amylase	Kohlenhydrate	Kohlenhydratabbau
Leber	Gallensaft	Fette	Fettabbau
Magen	Protease	Proteine	Proteinabbau
Bauchspeicheldrüse	Lipase Amylase	Fette Kohlenhydrate	Fettabbau Kohlenhydratabbau
Dünndarm	Maltase Protease	Kohlenhydrate Proteine	Kohlenhydratabbau Proteinabbau
Dickdarm			Resorption von Wasser und Mineralstoffen

c Auf dem Weg durch den Verdauungstrakt durchläuft die stärkehaltige Nahrung folgende Stationen bis zur Resorption:

- **Mundhöhle:** Im Mund wird die stärkehaltige Nahrung von den Zähnen zerkleinert und vom Speichel, der aus den Mund- und Ohrspeicheldrüsen abgesondert wird, gleitfähig gemacht. Der Speichel enthält das Enzym Amylase, das für die Vorverdauung der Stärke sorgt. Es katalysiert die Umsetzung des Vielfachzuckers Stärke in den Doppelzucker Maltose.
- **Speiseröhre:** Der eingespeichelte und von der Zunge gut durchmischte Nahrungsbrei mit der Maltose und der restlichen Stärke wird durch Muskelbewegungen der Speiseröhre am Kehldeckel vorbei in den Magen transportiert.
- **Magen:** Der dehnbare, muskulöse Magen sammelt den Nahrungsbrei. Die Belegzellen in der Wand des Organs produzieren Salzsäure, die die Amylase unwirksam macht. Der Magen durchmischt den Speisebrei und schiebt ihn in Richtung Magenausgang, von wo aus die maltose- und stärkehaltige Masse in kleinen Portionen in den Dünndarm weitergeleitet wird.
- **Anhangsdrüsen:** Die Bauchspeicheldrüse bildet den Bauchspeichel, der in den Dünndarm abgegeben wird und der unter anderem Amylasen zur weiteren Verdauung der Stärke enthält.
- **Dünndarm:** Die Amylasen bauen noch vorhandene Stärkemoleküle zu Maltose ab. Die Dünndarmschleimhäute produzieren mit der Maltase ein Enzym, mit dessen Hilfe der Doppelzucker Maltose zum Einfachzucker Glucose abgebaut wird. Diese Stärke-Grundbausteine treten in das Blut über, sie werden resorbiert.

67 Nach dem biologischen Bauprinzip der Oberflächenvergrößerung ermöglicht die durch die Zotten stark vergrößerte Dünndarmoberfläche einen raschen Teilchendurchtritt und somit eine schnelle Resorption.

68 a

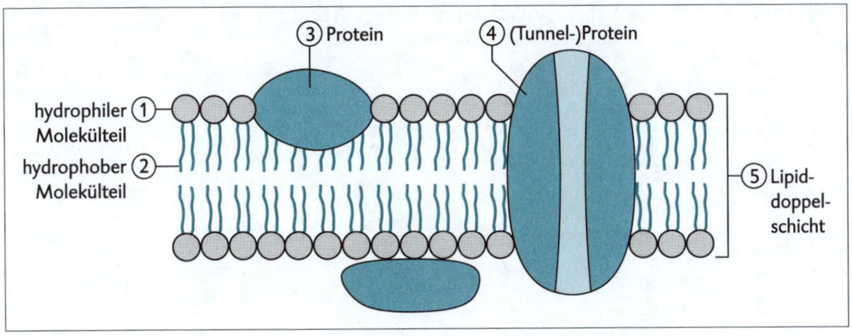

b Unter Diffusion versteht man die Eigenbewegung von Teilchen vom Ort höherer Konzentration entlang des Konzentrationsgefälles zum Ort niedrigerer Konzentration bis zur gleichmäßigen Verteilung der beteiligten Teilchen im gesamten zur Verfügung stehenden Raum.

c Die **Darstellung 1** zeigt einen passiven Transport, bei dem jedoch die Diffusion entlang des Konzentrationsgradienten durch ein Tunnelprotein erleichtert ist (erleichterte Diffusion).
Die **Darstellung 2** zeigt Teilchen, die passiv entlang ihres Konzentrationsgradienten durch die Biomembran diffundieren können.
Der Kalium-Ionen-Transport in **Darstellung 3** erfolgt durch ein Transportprotein entgegen dem Konzentrationsgradienten. Da für diesen Vorgang Energie benötigt wird, handelt es sich um einen aktiven Transport.

69 **a** Als **Atmung** werden das in ständigem Wechsel stattfindende Aufnehmen von sauerstoffreicher Einatemluft in den Körper und das Abgeben von Kohlenstoffdioxid aus dem Körper an die Luft bezeichnet.
Der Gasaustausch zwischen Umwelt und Organismus wird als **äußere Atmung** bezeichnet, während unter dem Begriff **innere Atmung** die sauerstoffabhängigen Vorgänge in den Körperzellen zusammengefasst werden, die zur Gewinnung von Energie aus Nährstoffen dienen.

b Der in der Einatemluft in relativ hoher Konzentration vorliegende Sauerstoff diffundiert entlang seines Konzentrationsgefälles durch die hauchdünnen, feuchten Biomembranen der Alveolen und der Kapillaren in das Blut. Gleichzeitig diffundiert Kohlenstoffdioxid ebenfalls entlang seines Konzentrationsgefälles aus dem Blut in die Alveolen.

70 Reihung nach zunehmender Leistungsfähigkeit: d < a < c < b
Der Reihung liegt das Prinzip der Oberflächenvergrößerung zugrunde: Eine größere Oberfläche vergrößert die Kontaktfläche für den Gasaustausch und steigert dadurch die Effektivität der äußeren Atmung.

71

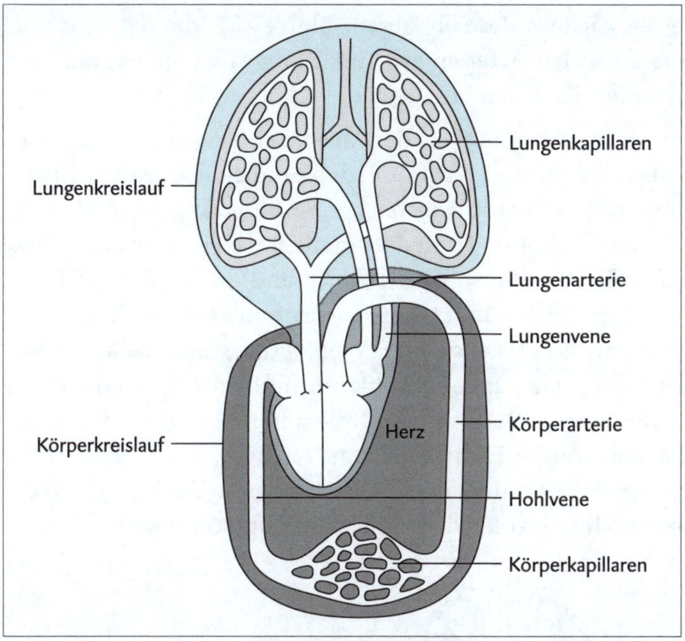

72 a Da der Sauerstoffgehalt der Einatemluft bei 21 Vol.-% und der der Ausatemluft bei 17 Vol.-% liegt, kann man folgern, dass nur ein kleiner Teil des in der eingeatmeten Luft enthaltenen Sauerstoffs aus den Alveolen ins Blut diffundieren. Dies bedeutet, dass bei der Atemspende der Gehalt von 17 Vol.-% Sauerstoff in der Ausatemluft des Ersthelfers für die beatmete Person immer noch ausreichend ist.

b Das Herz ist als Hohlmuskel der Motor des Blutkreislaufs. Wenn dieser ausfällt, kann seine Funktion durch den Ersthelfer übernommen werden, indem er das Herz von außen her durch die Druckmassage komprimiert. Damit sorgt er dafür, dass das Blut durch den Körper gepumpt wird und so die Körperzellen weiterhin mit Sauerstoff versorgt werden.

73 a Die zu den Arterien und den Venen gemachten Aussagen sind **nicht korrekt**. Die Behauptung, dass Arterien sauerstoffreiches und Venen sauerstoffarmes Blut führen, trifft nur auf die Körperarterien und die Körpervenen zu. Die Lungenarterie dagegen transportiert kohlenstoffdioxidreiches Blut vom Herzen zur Lunge, während die Lungenvene sauerstoffreiches Blut von der Lunge zum Herzen transportiert.

Korrekt müsste die Aussage deshalb lauten: Blutgefäße, die das Blut vom Herzen wegführen, werden Arterien genannt. Blutgefäße, die es zum Herzen hinführen, werden als Venen bezeichnet.

b Das Sauerstoffmolekül diffundiert aus der Alveole entlang des Konzentrationsgefälles ins Blut und wird an das Hämoglobinmolekül eines Erythrozyten gebunden. Das mit Sauerstoff angereicherte Blut gelangt über die Lungenvenen zum linken Vorhof und von dort in die linke Herzkammer. Diese pumpt das sauerstoffreiche Blut über die Aorta und die Kapillargefäße zu den Körperzellen. Dort diffundiert das Sauerstoffmolekül wiederum entlang des Konzentrationsgefälles aus dem Erythrozyten in eine Zelle.
Das bei der Zellatmung entstandene Kohlenstoffdioxid diffundiert in die Kapillaren. Von dort gelangt das kohlenstoffdioxidreiche Blut über die Körpervenen (obere und untere Hohlvene) zum rechten Vorhof. Die rechte Herzkammer pumpt das Blut über die Lungenarterien in die Lunge, wo das Kohlenstoffdioxid in die Alveolen diffundiert und abgeatmet wird.

c

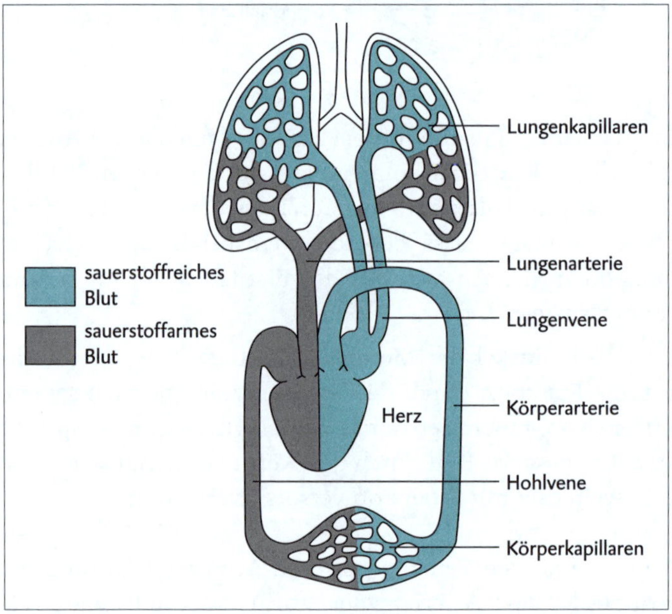

74 a

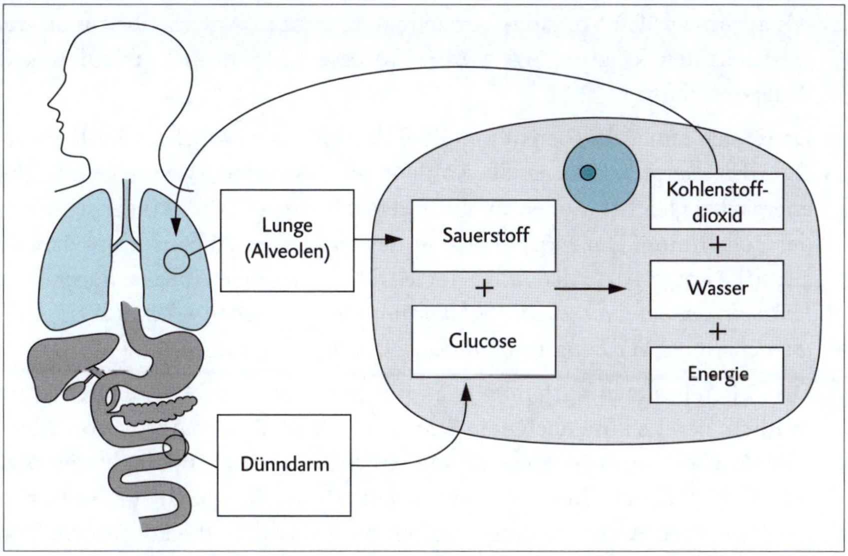

b $C_6H_{12}O_6 + 6\,O_2 \longrightarrow 6\,CO_2 + 6\,H_2O$

c

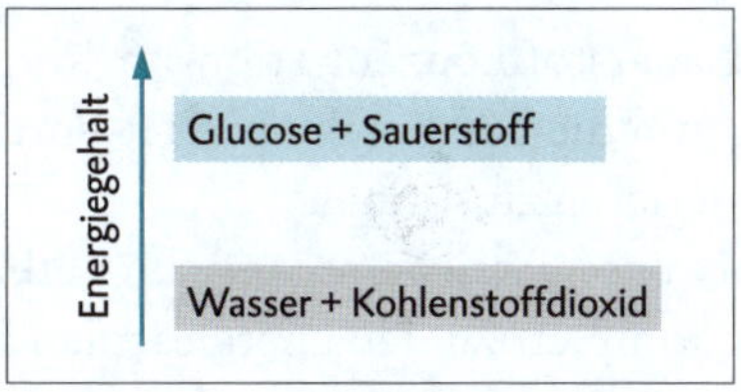

75 a 38 ADP + 38 Ⓟ $\rightleftharpoons$ 38 ATP

b Für den Aufbau von 1 mol ATP aus ADP und Ⓟ wird eine Energie von 30 kJ benötigt, die dann in der energiereichen Bindung zwischen den Phosphatmolekülen gespeichert ist. Folglich wird für den Aufbau von 38 mol die 38-fache Energiemenge benötigt, also 1 140 kJ.

c Da der Abbau von einem mol Glucose 2 880 kJ liefert und die Nutzenergie bei 1 140 kJ liegt, ergibt sich ein Wirkungsgrad von knapp 40 %.

76 Ein 80 kg schwerer Mann müsste also täglich 80 kg ATP umsetzen. Das Vorliegen von nur 200 g ATP zu jedem Zeitpunkt zeigt jedoch, dass bei der Zellatmung ständig ATP aufgebaut wird und im Stoffwechsel sofort wieder zerfällt.

77 a Als **aerob** werden Vorgänge bezeichnet, die nur in Anwesenheit von Sauerstoff ablaufen können. **Anaerobe** Prozesse können auch ablaufen, wenn Sauerstoff fehlt.

b Da es sich laut Aufgabenstellung bei der Milchsäure um ein Molekül handelt, das energiereicher ist als Kohlenstoffdioxid und Wasser, ist die Nutzenergie bei gleicher Menge an eingesetzter Energie (2 880 kJ) geringer als bei der Zellatmung. Der Wirkungsgrad des anaeroben Abbaus muss daher auf alle Fälle unter 40 %, also unter der Marke des aeroben Abbaus, liegen.
Hinweis: Da beim anaeroben Abbau pro mol Glucose nur 2 mol ATP gebildet werden, ist der Wirkungsgrad mit ca. 2 % deutlich geringer.

c Die Zellen besitzen nur einen relativ kleinen Vorrat an ATP. Dieser ist (vermutlich) bereits kurz nach dem Start verbraucht. Da der Abbau von Glucose zum Aufbau von ATP aus ADP und Ⓟ unter aeroben Bedingungen mehrschrittig ist, dauert dieser Prozess (eventuell) im Vergleich zum einschrittigen anaeroben Abbau zu lange. Außerdem sind durch die körperliche Belastung (wahrscheinlich) nicht genügend Sauerstoffmoleküle für die aeroben Reaktionen vorhanden.

d Durch die verstärkte Atmung wird die Sauerstoffkonzentration im Körper erhöht. Dies ist (vermutlich) notwendig, um die verbrauchten ATP-Vorräte in den Zellen durch die Zellatmung regenerieren zu können.
Eventuell kann zusätzlich die noch relativ energiereiche organische Verbindung Milchsäure durch aerobe Vorgänge komplett zu den energiearmen anorganischen Stoffen Wasser und Kohlenstoffdioxid abgebaut werden.
Hinweis: Beim aeroben Abbau werden pro mol Milchsäure noch 14 mol ATP gebildet.

78 ☒ Die Mitochondrien sind die Orte der Zellatmung.

☐ Die ~~energiearme anorganische~~ Verbindung Glucose wird unter ~~anaeroben~~ Bedingungen oxidiert und dabei zu den ~~energiereichen organischen~~ Verbindungen Wasser und ~~Sauerstoff~~ abgebaut.

Die **energiereiche organische** Verbindung Glucose wird **mithilfe von Sauerstoff unter aeroben Bedingungen** oxidiert und dabei zu den **energiearmen anorganischen** Verbindungen Wasser und **Kohlenstoffdioxid** abgebaut.

☒ Die bei der Zellatmung durch die Oxidation von Glucose freigesetzte Energie wird zum Teil als Wärme abgegeben.

☐ Die bei der ~~äußeren Atmung~~ durch die Oxidation von Glucose freigesetzte Energie wird zum Teil als Wärme abgegeben.

Die bei der **inneren Atmung (Zellatmung)** durch die Oxidation von Glucose freigesetzte Energie wird zum Teil als Wärme abgegeben.

☐ Die bei der inneren Atmung durch die Oxidation von Glucose freigesetzte Energie wird zum Teil zum ~~Abbau von ADP abgegeben~~.

Die bei der inneren Atmung durch die Oxidation von Glucose freigesetzte Energie wird zum Teil zum **Aufbau von ATP genutzt**.

☐ Bei der Zellatmung in den Mitochondrien werden neben Glucose auch ~~Glycerine und Aminosäuren~~ oxidiert.

Bei der Zellatmung in den Mitochondrien werden neben Glucose auch **Fettsäuren und Aminosäuren nach Umwandlung in beim Glucoseabbau entstehende Moleküle** oxidiert.

79 Vermutlich haben Herzmuskelzellen einen relativ hohen Energiebedarf und besitzen deshalb mehr Mitochondrien als die Zellen anderer Gewebe.

80 **a** Die Pumpleistung des Herzens beträgt in diesem Fall 5,25 Liter ($70 \cdot 75$ *mℓ*).

b Bei 15 Litern Pumpleistung pro Minute und einer maximalen Pumpleistung pro Schlag von 0,075 Litern ergeben sich 200 Herzschläge pro Minute.

81 **a**

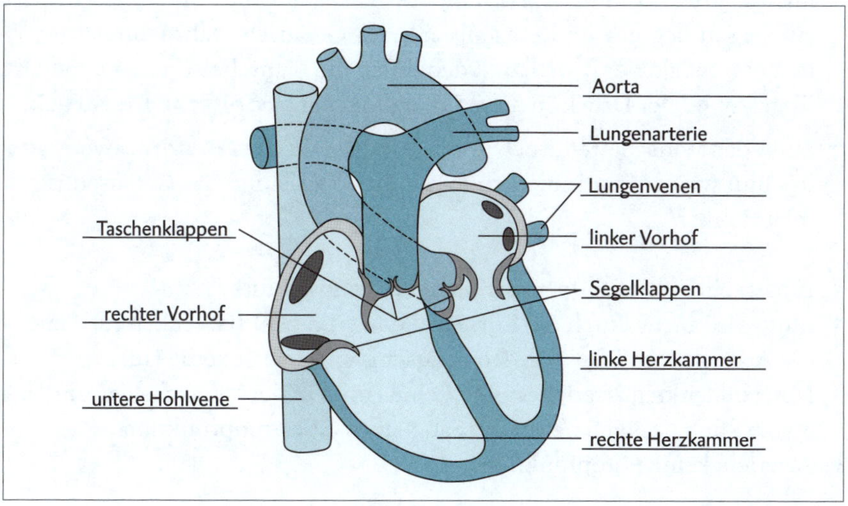

b Es handelt sich hierbei um die linke Kammer, da diese den deutlich weitläufigeren Körperkreislauf versorgt.

c Die Taschenklappen sind geschlossen, die Segelklappen sind offen.

82
- [x] Ein Zurückfließen des Blutes bei der Kontraktion verhindern die im Herzen gelegenen Taschenklappen.
- [ ] Die Herztöne, die wir mit dem Stethoskop hören können, werden durch das heftige Schließen der Herzklappen verursacht.
- [x] Aus der linken Herzhälfte leitet die Lungenvene das sauerstoffarme Blut zur Lunge.
- [ ] Der Herzmuskel wird über die Herzkranzgefäße mit Blut versorgt.

83 Durch ein Loch in der Herzscheidewand vermischt sich sauerstoffarmes Blut aus der rechten Herzhälfte mit dem sauerstoffreichen Blut der linken Herzhälfte. Dadurch entsteht Mischblut, das nun in den Körperkreislauf gepumpt wird. Aufgrund dessen kann es zu einem Sauerstoffmangel in den Körperzellen kommen.

84 a Mit dem Stethoskop wird auf durch den Blutfluss verursachte Geräusche unterhalb der Manschette geachtet. Bei **blockierter/zusammengedrückter** Arterie sind unterhalb der Manschette keine Geräusche feststellbar. Die Manschette wird nun langsam **entlüftet**, bis das Blut im Unterarm wieder zu fließen beginnt und ein pulsierendes Geräusch wahrnehmbar ist. Dies tritt ein, sobald der **Blutdruck** den durch die Manschette ausgeübten Druck **übersteigt**. Der Druck an diesem Punkt ist der **systolische Blutdruck**.

b Sinkt der Manschettendruck unter den diastolischen Blutdruckwert, strömt das Blut wieder kontinuierlich durch die Arterie und das Geräusch ist nicht mehr hörbar.

85
- Leber: reinigt Blut (bildet aber nicht das venöse Blut)
- Blut: wird nicht durch die Körperzellen verbraucht (ist jedoch für Transport der Atemgase und der Nährstoffe zuständig); enthält keine Luft
- Herz: bildet kein arterielles Blut; keine Poren in der Herzscheidewand; beide Herzhälften besitzen neben der Saug- auch eine Pumpfunktion
- Arterien: keine Pumpfunktion

86 a

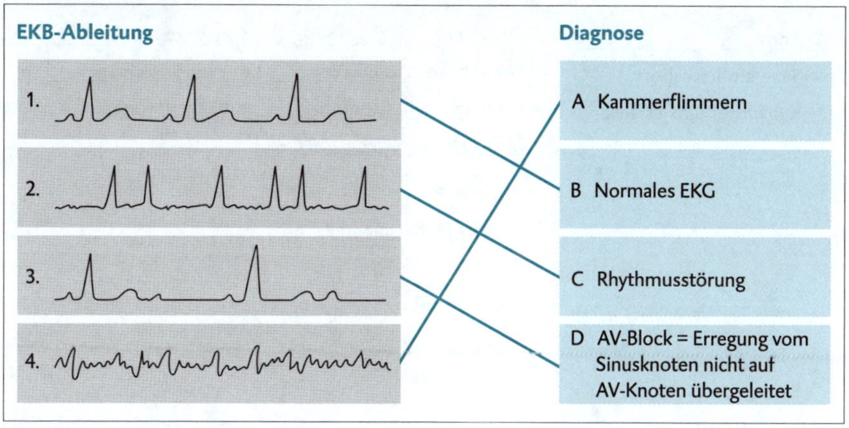

b Ein Automatisierter Externer Defibrillator **(AED)** ist ein für die Verwendung durch Laien geeignetes medizinisches Gerät zur Behandlung von Herzrhythmusstörungen wie beispielsweise Kammerflimmern. Durch Abgabe von gezielten Stromstößen kann der AED die Herzrhythmusstörungen beenden, indem er eine große Anzahl von Muskelzellen wieder zum gleichzeitigen Kontrahieren anregt.

87 Krankheitsbild – Bluthochdruck:

- ☐ Rauchen, erhöhte Blutfettwerte und Übergewicht zählen wie auch ausreichend Bewegung und eine gesunde Ernährung zu den Risikofaktoren.
- ☐ Ausreichend Bewegung und eine gesunde Ernährung zählen wie auch Stress und übermäßiger Alkoholkonsum zu den Risikofaktoren.
- ☒ Rauchen, erhöhte Blutfettwerte und Übergewicht zählen wie auch Stress und übermäßiger Alkoholkonsum zu den Risikofaktoren.
- ☐ Bluthochdruck ist kein Risikofaktor für Arteriosklerose.
- ☒ Bluthochdruck ist ein Risikofaktor für Arteriosklerose.
- ☐ Bluthochdruck ist ein Risikofaktor für Hämophilie.
- ☒ Bei Betroffenen lässt sich meist eine Vergrößerung der linken Herzhälfte feststellen.
- ☐ Bei Betroffenen lässt sich meist eine Vergrößerung der rechten Herzhälfte feststellen.

88

BLUT → feste Blutbestandteile:

Erythrozyten
- Sauerstofftransport
- Kohlenstoffdioxidtransport

Leukozyten
- Abwehr von Fremdkörpern
- Bildung von Antikörpern
- Abbau körpereigener Zellen

Thrombozyten
- Wundverschluss
- Blutgerinnung

BLUT → Blutplasma:

Blutserum
- Transportfunktion
- Körpertemperatur-Regulation

Fibrinogen
- Blutgerinnung

89 **a** Bei den Erythrozyten handelt es sich um runde, scheibenförmige Zellen. Sie transportieren Sauerstoff, der zur Bindung an das Hämoglobin in die Zellen hinein diffundieren muss. Die abgeplattete Form der Erythrozyten ergibt sich daraus, dass ein scheibenförmiges Objekt eine größere Oberfläche hat als ein kugelförmiges Objekt desselben Volumens. Je größer die Oberfläche ist, desto schneller kann die Diffusion ablaufen.
Die abgeplattete Scheibenform (zusammen mit ihrer starken Verformbarkeit) ermöglicht es den Erythrozyten, auch enge Kapillaren zu durchfließen.

b Die Erythrozyten tragen auf ihren Oberflächen entweder die Antigene A, B, AB oder sie sind frei von Antigenen. Bei einer Transfusion gelangen Erythrozyten des Spenders in das Blut des Empfängers, der in seinem Blutserum je nach Blutgruppe Antikörper gegen die fremden Erythrozyten besitzen kann. Somit kann es zu einer Verklumpung des Blutes durch Antigen-Antikörper-Reaktionen kommen.

90 **a**

Verletzung → Abgabe von Signalstoffen → Verengung der Blutgefäße → Anlagern und Verklumpen von Thrombozyten → Aktivierung von Gerinnungsfaktoren → Umwandlung von Prothrombin zu Thrombin → Umwandlung von Fibrinogen zu Fibrin → Vernetzung langer Fibrinfäden

b Der **Druckverband** wird als Erste-Hilfe-Maßnahme bei stark blutenden Wunden durchgeführt und soll vor allem einen zu großen Blutverlust verhindern:

- betroffenes Körperteil hochhalten bzw. hochlagern (dadurch wird Blutverlust bereits etwas verringert)
- Wunde mit Wundauflage, steriler Kompresse oder notfalls auch nur mit sauberem Tuch bedecken
- nicht saugfähiges Druckpolster, z. B. verpacktes Verbandpäckchen oder Taschentücher samt Kunststoffverpackung, auf Wundauflage anbringen
- Wundauflage samt Druckpolster mit Mullbinde oder notfalls auch nur mit der Hand auf der Wunde fixieren; Druck sollte so stark sein, dass Blutung zum Stehen kommt, aber Blutversorgung nicht unterbrochen wird
- Notruf absetzen

Hinweis: Neben vielen weiteren Informationsmöglichkeiten bietet das Deutsche Rote Kreuz eine sehr gute Zusammenfassung als Erste-Hilfe-Online an: www.drk.de/angebote/erste-hilfe-und-rettung/erste-hilfe-online/blutungen-und-blutstillung/druckverband.html

91 Der Begriff **Thrombose** bezeichnet die Bildung eines Thrombus, das heißt eines Pfropfen, der aus Blutfetten, Kalk und Blutzellen besteht. Die dadurch auftretende allmählich fortschreitende Verengung des betroffenen Blutgefäßes kann im Extremfall zu einem kompletten Gefäßverschluss führen, was zur Folge hat, dass bestimmte Gewebeabschnitte nicht mehr versorgt werden und die Zellen absterben.
In manchen Fällen reißt ein Thrombus vom Gefäßendothel ab und wird durch den Blutstrom so lange mitgeführt, bis er in einem engen Blutgefäß stecken bleibt. Dies bezeichnet man als **Embolie**. Der Verschluss des Blutgefäßes hat zur Folge, dass die betroffenen Geweberegionen nicht mehr durchblutet werden und absterben.

92 Krankheitsbild – Leukämie:

☐ Sie ist eine Erkrankung des blutbildenden Systems, bei der zu viele weiße Blutkörperchen gebildet werden.

☒ Sie ist eine Erkrankung des blutbildenden Systems, bei der zu wenige weiße Blutkörperchen gebildet werden.

☒ Sie ist eine Erkrankung des blutbildenden Systems, bei der zu viele rote Blutkörperchen gebildet werden.

☐ Sie ist eine Erkrankung des blutbildenden Systems, bei der zu wenige rote Blutkörperchen gebildet werden.

- [x] Zur Blutzellersatz-Therapie werden den Patienten weiße Blutkörperchen verabreicht.
- [ ] Zur Blutzellersatz-Therapie werden den Patienten rote Blutkörperchen verabreicht.
- [x] Zur Blutzellersatz-Therapie werden den Patienten rote und weiße Blutkörperchen verabreicht.

93 a

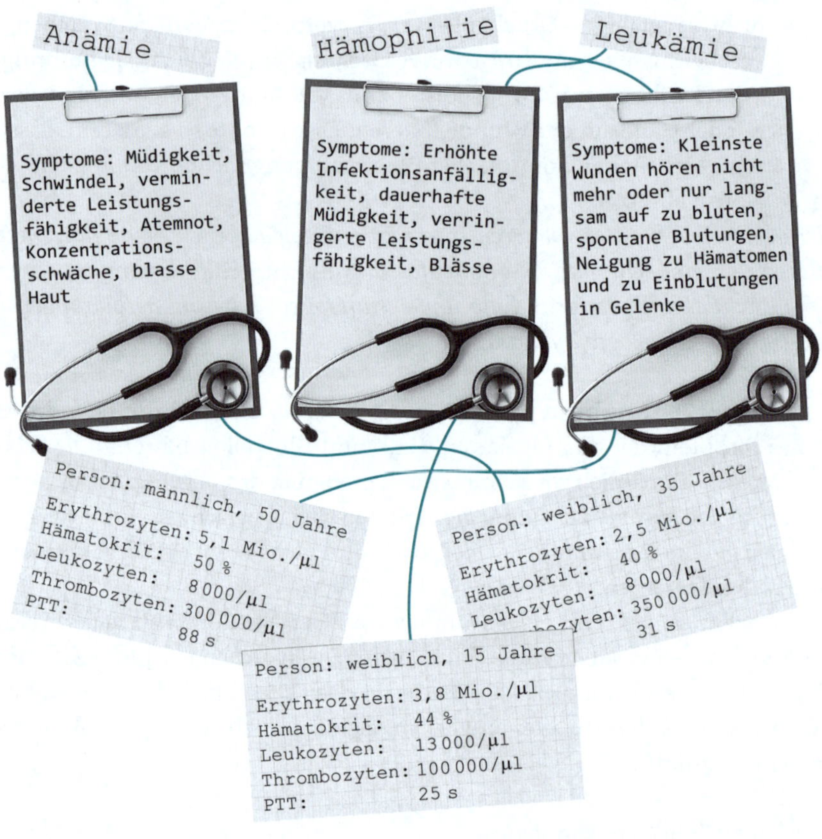

- Ursache Anämie: großer Blutverlust oder angeborene bzw. durch Infektionen erworbene Störungen beim Auf- (im Knochenmark) oder Abbau (in Leber und Milz) der roten Blutkörperchen
- Ursache Hämophilie: angeborene Störung der Blutgerinnung
- Ursache Leukämie: genetische Veranlagung, aber auch virale Infektionen, UV-Strahlung und bestimmte chemische Substanzen

b Unter der Sonderform Eisenmangelanämie leiden vor allem schwangere Frauen, da die Ursache zumeist in einem erhöhten Bedarf an Eisen während der Schwangerschaft liegt. Um die Versorgung des Fötus zu gewährleisten, erhöht sich während des 3. Schwangerschaftsmonats die Blutmenge im mütterlichen Blutkreislauf um ca. 1,5 ℓ. Außerdem steigt der Bedarf an Eisen, wenn die fetale Blutbildung einsetzt.

94 a Bei einem durchschnittlichen Einatemvolumen von ca. 0,5 Litern pro Atemzug und 16 Atemzügen beträgt das Einatemvolumen pro Minute ca. 8 Liter.

b Bei einer Atemfrequenz von 50 Atemzügen pro Minute und einem Atemminutenvolumen von bis zu 132 Litern ergibt sich ein Volumen von **2,65 Litern pro Atemzug**.

95 a Die beiden Lungenflügel sind aus Lungenlappen aufgebaut und bestehen aus den Enden der Bronchien, die sich in den Lungenflügeln zu immer feineren und dünneren Ästen, den Bronchiolen, verzweigen. Die Bronchiolen münden in die nahezu kugelförmigen Alveolen (Lungenbläschen). Diese in großer Zahl vorhandenen, dünnhäutigen Strukturen sind von einem dichten, eng anliegenden Netz winziger Kapillaren umsponnen.

b Vermutlich liegt dies am **Platzbedarf des Herzens**. Das etwa faustgroße Herz befindet sich zwar einigermaßen mittig unter dem Brustbein, die Herzspitze ragt aber in die linke Körperhälfte.

96 a Durch Kontraktion der Zwischenrippenmuskeln **(Brustatmung)** und des Zwerchfells **(Bauchatmung)** vergrößert sich beim Einatmen der Brustraum. Die Lunge wird dabei passiv gedehnt, da das Lungenfell über die Flüssigkeit im Pleuraspalt am Rippen- und am Zwerchfell haftet. Durch die Dehnung entsteht in der gesamten Lunge und damit auch in den Alveolen ein Unterdruck und sauerstoffreiche Luft wird in das Organ eingesogen.

b
- **Durchstochenes Rippenfell:** Durch die Verletzung gelangt Luft in den flüssigkeitsgefüllten Pleuraspalt. Rippen- und Lungenfell haften dadurch nicht mehr aneinander. Die Lunge macht die Bewegungen des Brustkorbs nicht mehr mit und fällt zusammen. Ein Einsaugen der Luft ist damit nicht mehr möglich.
- **Verletzung der Lunge:** Durch die Wunde kommt es zu einer Blutung ins Alveoleninnere. Damit funktioniert der Gasaustausch nur noch eingeschränkt.

97 **a** Nase → Kehlkopf → Rachenraum → Luftröhre → Bronchie → Bronchiole → Alveole

b a: Brustatmung
b: Bauchatmung

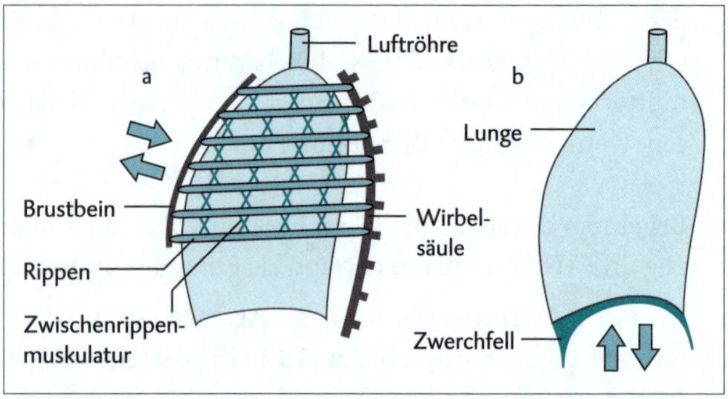

98 **a**

- [x] Durch den Schlag der Flimmerhärchen werden Schleim, Bakterien und Schmutzpartikel in den Rachenraum befördert.
- [ ] Da die Atemgase sehr gut wasserlöslich sind, wird durch die Schleimansammlung der Gasaustausch erleichtert.
- [x] Bei der chronischen Bronchitis ist das Selbstreinigungssystem der Lunge gestört.
- [x] Die Schleimansammlung begünstigt bakterielle Infektionen der unteren Atemwege.

b Da das Kohlenstoffmonooxid eine im Vergleich zum Sauerstoff etwa 300-fach höhere Bindefähigkeit an Hämoglobin besitzt, lagert es sich sehr leicht an das Hämoglobin an. Dadurch wird die Aufnahme von Sauerstoff blockiert und die Körperzellen schlechter mit dem für die Zellatmung entscheidenden Gas versorgt. Aufgrund der **Mangelversorgung** ist die körperliche Leistungsfähigkeit von Rauchern verringert.

99

Krankheitsbild	Ursache	Symptome	Therapiemöglichkeiten
Bronchitis	Entzündung der Bronchien durch Krankheitserreger (akute B.) oder durch im Tabakrauch oder Feinstaub enthaltene Substanzen (chronische B.)	Husten, gelblich-grünlicher Auswurf, Müdigkeit, Fieber mit zum Teil Schüttelfrost und Atemnot	Gabe von Antibiotika (nur bei akuter B.), schleimlösende Medikamente, Bettruhe, Schonung und ausreichend Flüssigkeitszufuhr
Asthma	Entzündung der Bronchien durch Allergene	Husten, Kurzatmigkeit und Atemnot	Asthmaspray

Pneumonie	Entzündung des Lungengewebes durch Krankheitserreger	Fieber, Schüttelfrost, Brust-, Kopf- und Gliederschmerzen, Husten, eitrig-zähschleimiger Auswurf, Atemnot	je nach Erreger und Symptomen z. B. Antibiotika, hustenstillende bzw. schleimlösende und fiebersenkende Medikamente, Bettruhe, Schonung, ausreichend Flüssigkeitszufuhr, Atemgymnastik
Emphysem	irreversible Erkrankung des Lungengewebes durch Rauchen oder Feinstäube	geringe Leistungsfähigkeit, Atemnot bei körperlicher Belastung	Atemgymnastik, medikamentöse Behandlung und operative Verkleinerung der Lunge

100 a

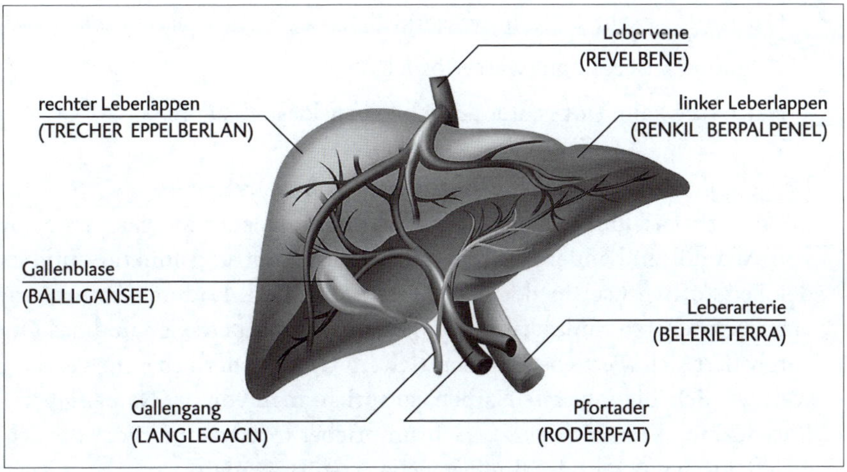

b

Aufgabe	Beschreibung
Aufbau	Proteine des Blutplasmas
Ausscheidung	Abbauprodukte als Gallenflüssigkeit
Umwandlung	Glucose in zu speicherndes Glykogen und umgekehrt
Entgiftung	viele Schadstoffe wie Alkohol
Speicherung	fettlösliche Vitamine

101 a Zelle → Kapillargefäß → Pfortader → Leber → Lebervene → untere Hohlvene → rechte Herzhälfte → Lungenarterie → Lungenkapillare → Lungenvene → linke Herzhälfte → Aorta → Niere → Harn

b Die mit der Nahrung aufgenommenen Proteine werden im Darm in die Aminosäuren zerlegt. In den Körperzellen werden diese Bausteine anschließend zum Aufbau körpereigener Proteine verwendet.
Sind in der Nahrung mehr Eiweiße vorhanden, als zum Aufbau körpereigener Proteine nötig sind, werden diese abgebaut, wobei als Endprodukt giftiger Ammoniak entsteht. Dieser wird von der Leber in weniger giftigen Harnstoff umgewandelt.

102
- ☐ Harnstoff besitzt im Vergleich zu Ammoniak eine geringere Giftigkeit.
- ☒ Harnstoff ist sehr schlecht wasserlöslich.
- ☐ Ammoniak ist sehr gut wasserlöslich.
- ☐ Harnsäure kann trotz guter Löslichkeit auskristallisieren.

103 a Dargestellt ist der Krankheitsverlauf einer **Leberzirrhose**.
Bei dauerhafter und regelmäßiger Einnahme mancher Medikamente sowie von Alkohol und anderen Drogen kann die Entgiftungsfunktion und auch der Fettstoffwechsel in der Leber gestört werden. Dadurch kommt es zu einer vermehrten Einlagerung von Fetten in die Leberzellen und das Organ vergrößert sich (Fettleber). Bilden sich im Gewebe der Leber im Verlauf der weiteren Schädigung erste Narben, so spricht man von der Narbenleber. Die Entwicklung kann sich bis zur Schrumpfleber fortsetzen, bei der die Leberzellen durch wucherndes Bindegewebe zerstört werden.
Der Prozess der Leberzerstörung verläuft zwar in der Regel sehr langsam über Jahre hinweg, ist jedoch ab einem bestimmten Zeitpunkt (Schrumpfleber) nicht mehr rückgängig zu machen und somit tödlich.

b

Krankheitsbild	Ursache	Symptome	Therapiemöglichkeiten
Gallensteine	Auskristallisieren von Cholesterin oder von Salzen des Bilirubins durch Behinderungen des Gallensaftabflusses oder durch Stoffwechselstörungen	krampfartige, äußerst schmerzhafte Gallenkoliken	Zertrümmern oder chemisches Auflösen der Steine, operative Entfernung der Gallenblase

Hyperurikämie	Überernährung (Fleischprodukte) und regelmäßiger Konsum von Alkohol führen zu erhöhter Harnsäurekonzentration im Blut und Ablagerungen der Harnsäure ⇒ Gelenkentzündungen	mit starken Schmerzen verbundene Gichtanfälle, Versteifung oder Verkrüppelung der betroffenen Gelenke	proteinarme Ernährung, Medikamente zur verstärkten Harnsäureausscheidung
Hepatitis	Infektionen mit Hepatitis-Viren	Abgeschlagenheit, Übelkeit, Fieber, Gelbfärbung der Hornhaut, Druckempfindlichkeit im rechten Oberbauch, dunkler Urin, heller Stuhl	Medikamente zur Behandlung der Leberentzündung bzw. zur Unterstützung der Immunabwehr

104 a

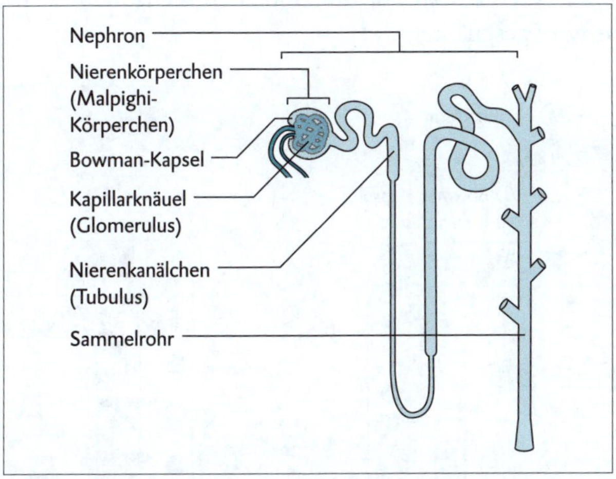

b Neben Harnstoff sind im Primärharn unter anderem noch Wasser, Salze, Glucose und Aminosäuren enthalten.
Der Primärharn entsteht durch Ultrafiltration in den Nierenkörperchen (Malpighi-Körperchen). Da dabei die Blutflüssigkeit bedingt durch den Blutdruck durch die Wand des Glomerulus in die Bowman-Kapsel gepresst wird, hängt die Menge des gebildeten Primärharns hauptsächlich vom Blutdruck ab.

c Sammelrohr → Nierenbecken → Harnleiter → Harnblase → Harnröhre

105 a Überschüssige Proteine werden in den Zellen abgebaut. Als Endprodukt dieses Abbaus entsteht Ammoniak, der von der Leber in Harnstoff umgewandelt wird, wodurch der Harnstoffspiegel im Blut steigt. Harnstoff ist zwar weniger giftig als Ammoniak, aber dennoch schädlich und muss durch eine vermehrte Nierentätigkeit aus dem Blut gefiltert und als Bestandteil des Urins ausgeschieden werden.

b Das im Kaffee enthaltene Koffein erhöht den Blutdruck, wodurch sich eine erhöhte Ultrafiltrationsleistung ergibt. Außerdem wird die Rückresorption von Wasser aus dem Primärharn gehemmt. Dies hat eine größere Menge an Urin zur Folge.
Hinweis: bei regelmäßigem Kaffeekonsum steuert der Organismus jedoch entsprechend entgegen. Der Körper wird also nicht dauerhaft entwässert.

c Da der Salzgehalt des Urins bei maximal etwa 2 % liegt, nimmt der Mensch mit dem Meerwasser mehr Salz auf, als er ausscheiden kann. Somit reichert sich Salz im Blut an und den Gewebezellen wird durch Diffusion Wasser entzogen. Die Zellen können daraufhin ihre Aufgaben nicht mehr erfüllen und der Organismus wird geschädigt.

106 a/b

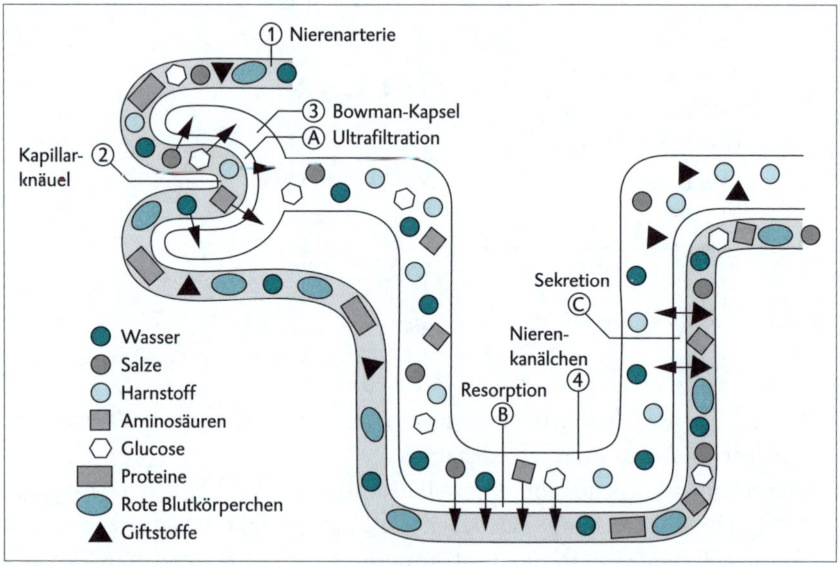

c

Verlauf des Nierenkanälchens ↓	Wasser	Harnstoff	Glucose	Salz	Protein
	100 %	100 %	100 %	100 %	0 %
	30 %	100 %	100 %	30 %	0 %
	12 %	100 %	0 %	10 %	0 %
	1 %	100 %	0 %	2 %	0 %

107

Krankheitsbild	Ursache	Symptome	Therapiemöglichkeiten
Nierensteine	Auskristallisieren von Harnsäure oder verschiedenen Calciumsalzen	krampfartige, äußerst schmerzhafte Nierenkoliken	Zertrümmern, Auflösen der Steine durch erhöhte Trinkmengen und körperliche Bewegung, operative Entfernung der Steine
Harnwegsentzündungen	bakterielle Erreger im Harnsystem	Fieber und Schüttelfrost, Brennen in der Harnröhre beim Wasserlassen, permanenter Harndrang, starke, seitlich ausstrahlende Rückenschmerzen	Gabe von Schmerzmitteln und Antibiotika, Flüssigkeitszufuhr durch erhöhte Trinkmengen
Niereninsuffizienz	verringerte Nierentätigkeit bis vollständiges Nierenversagen durch chronischen Bluthochdruck oder durch stark erhöhte Blutzuckerwerte (Diabetes mellitus)	nicht ausgeschiedene, giftige Stoffe reichern sich im Blut an ⇒ diverse Vergiftungssymptome	(Hämo-)Dialyse, Nierentransplantation

108 a Die **Hämodialyse**, eine künstliche Blutwäsche, übernimmt die Entgiftungsfunktion der Niere. In einem Dialysezentrum werden betroffene Personen mehrmals in der Woche für jeweils etwa 4 bis 8 Stunden an eine künstliche Niere angeschlossen. Das Blut der Patienten wird mehrmals hintereinander durch ein Filtersystem aus künstlichen Membranen geleitet, wo es aufgrund der unterschiedlichen Konzentrationsverhältnisse von schädlichen Stoffen wie Harnstoff gereinigt wird, die in die Dialyseflüssigkeit diffundieren. Nach dem gleichen Prinzip werden auch überschüssige Salze aus dem Blut gefiltert. Das gereinigte Blut wird dem Körper wieder zugeleitet.

b

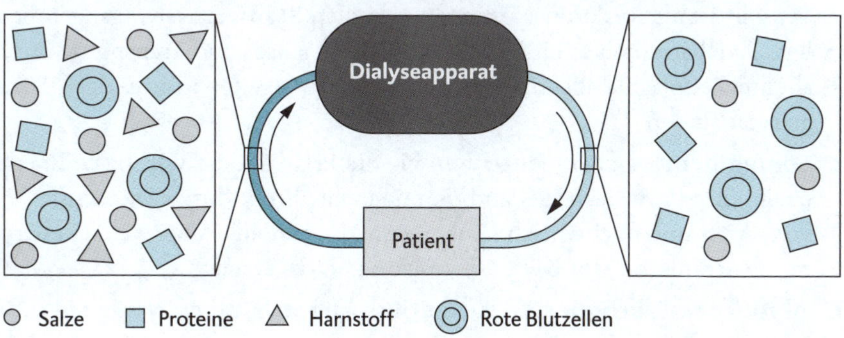

109 **a**

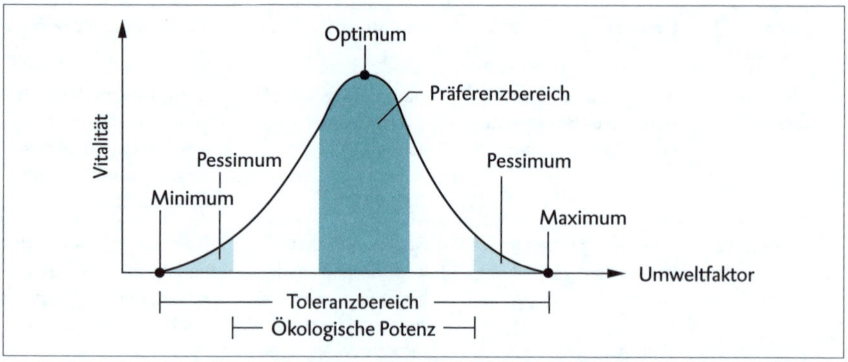

Jenseits von **Minimum** und **Maximum** ist die Existenz eines Lebewesens auf Dauer nicht möglich. Der zwischen diesen beiden Extrempunkten liegende **Toleranzbereich** kennzeichnet die Grenzen, in denen ein Lebewesen die Schwankungen eines Umweltfaktors ertragen kann, wobei im **Optimum** die artspezifisch idealen Lebensbedingungen vorliegen.

Der **Präferenzbereich** gibt den bevorzugten Bereich mit nahezu idealen Bedingungen an. Die **ökologische Potenz** beschreibt den Bereich eines Umweltfaktors, in dem neben dem Überleben auch die Fortpflanzung möglich ist. In den Extrembereichen, den **Pessima**, ist zwar Leben noch möglich, jedoch in der Regel keine Fortpflanzung.

b Bei einer **Temperatur** unter 0 °C gefriert Wasser und steht nicht mehr für den Stoffwechsel zur Verfügung. Die Temperatur beeinflusst darüber hinaus die Aktivität der Enzyme: Nach der Reaktionsgeschwindigkeit-Temperatur-Regel steigen bei einer Temperaturerhöhung um 10 °C die Stoffwechselleistungen in der Zelle um das 2- bis 3-Fache an. Ab Temperaturen von ungefähr 40 °C beginnt jedoch die Denaturierung der Enzymeiweiße, was zu einem vollständigen Funktionsverlust führt.

Wasser ist als Reaktionspartner an fast allen Stoffwechselvorgängen beteiligt. Daneben spielt es eine wichtige Rolle als Löse- und Transportmittel, da alle im Zellplasma ablaufenden Stoffwechselvorgänge in wässrigen Lösungen stattfinden.

c **Sonnenlicht** ist für Produzenten wie die Pflanzen die wichtigste Energiequelle, da sie in der Lage sind, Sonnenlicht direkt durch Fotosynthese zu verwerten und in chemische Energie umzuwandeln. Dabei werden energiereiche organische Stoffe wie Glucose und Stärke erzeugt.

d **Abiotische Faktoren** sind die Einflüsse der unbelebten Natur, die auf die Lebewesen einwirken.

Weitere Beispiele: Luft, mechanische Faktoren, chemische Faktoren

110 **a** Vom eingestrahlten Sonnenlicht werden 10 % ungenutzt reflektiert. Mit 80 % verbleibt der Hauptanteil des Lichts in der Kronenschicht und wird dort fotosynthetisch genutzt, während noch 6 % die Strauchschicht erreichen. Nur noch jeweils 2 % des Sonnenlichts stehen den Pflanzen im Unterholz und am Boden zur Verfügung.

b Das Sonnenlicht ist die Hauptenergiequelle der grünen Pflanzen. Die Organe der Fotosynthese, die Laubblätter, müssen für das Überleben bzw. für das Wachsen einer Pflanze mindestens so viel Beleuchtungsstärke erhalten, dass die Gesamtmenge der durch die Fotosynthese erzeugten energiereichen organischen Stoffe größer ist als die durch die Zellatmung verbrauchte Menge.

- **Hypothese 1:** Bei vielen Pflanzenarten der untersten Waldschichten wird es sich um **Schattenpflanzen** handeln, die nur geringe Beleuchtungsstärken benötigen, um durch die Fotosynthese genügend organische Stoffe zu erzeugen.
- **Hypothese 2:** Einige Pflanzenarten der untersten Waldschichten werden als **Frühblüher** so frühzeitig im Jahr austreiben, dass die Laubbäume noch keine Blätter tragen. Das dadurch erhöhte Lichtangebot im zeitigen Frühling wird von ihnen genutzt, um Reservestoffe in Speicherorgane einzulagern.

111 **a** Als **euryök** bezeichnet man Arten, die gegenüber einem Umweltfaktor, z. B. der Temperatur, einen großen Toleranzbereich aufweisen.
Stenöke Arten weisen dagegen einen kleinen Toleranzbereich auf.

b

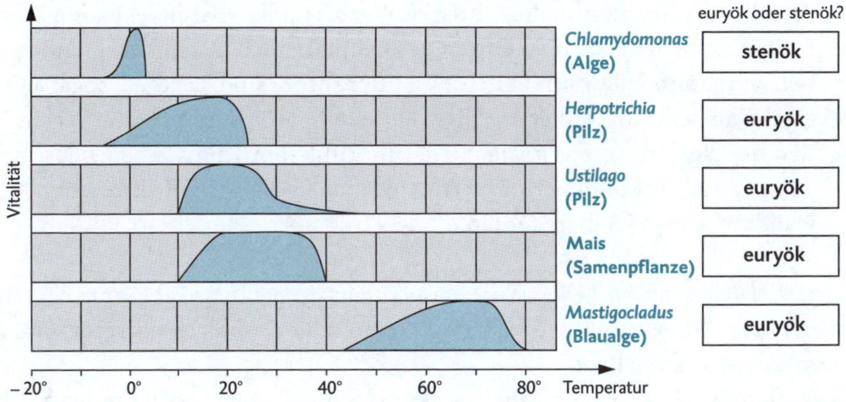

112 **a** Der Weihnachtsstern ist vermutlich eine typische Kurztagpflanze, bei der die Blütenbildung nur bei einer täglichen Belichtungszeit von unter 12 Stunden ausgelöst wird.

b Da Weihnachtssterne nur blühen, wenn sie weniger als 12 Stunden pro Tag belichtet werden, muss in den Gärtnereien rechtzeitig (etwa ab Oktober) damit begonnen werden, die Dunkelphase künstlich auf über 12 Stunden zu verlängern. Dies lässt sich z. B. durch das Abdecken der Pflanzen mit dunkler Folie erreichen.

113 a Die Wassertemperatur wird beim linken Modell deutlich schneller absinken als beim rechten.

b Beim linken Modell mit dem kleineren Kolben ist die Oberfläche im Verhältnis zum Volumen sehr viel größer als beim rechten Modell mit dem größeren Gefäß. Damit ist links auch der Wärmeverlust durch die Wärmeabstrahlung deutlich größer als rechts.
Aus diesem Grund weisen in kalten Klimaten lebende gleichwarme Tierarten in der Regel eine größere Körpergröße auf als Arten, die in wärmeren Klimaten vorkommen (Bergmann'sche Regel).

114 a Die **Allen'sche Regel** besagt, dass die Körperanhänge von Tieren umso kleiner ausgebildet sind, je kühler das Klima in dem Lebensraum ist, in dem die Tiere vorkommen.

b Der Wärmeverlust durch Wärmeabstrahlung ist unter anderem von der Größe der Körperanhänge wie etwa der Ohren abhängig. Haben die Körperanhänge eine große Oberfläche, bedeutet dies, dass eine große Fläche zum Abstrahlen von Körperwärme vorhanden ist.
Aus diesem Grund sind die Ohren des während der Eiszeit lebenden **Mammuts** besonders klein. Die Ohren des hauptsächlich in sehr warmen Regionen vorkommenden **afrikanischen Elefanten** sind dagegen sogar etwas größer als sein Kopf, da er mit ihrer Hilfe seine Körpertemperatur regelt. **Indische Elefanten**, die in der Regel in kühlerem Klima leben oder mehr Wasser zur Abkühlung zur Verfügung haben als ihre afrikanischen Verwandten, haben kleinere Ohren.

115 Der Wettbewerb von Lebewesen um gemeinsam genutzte, aber nur begrenzt vorhandene Ressourcen wie Nahrung, Raum oder Geschlechtspartner wird als **Konkurrenz** bezeichnet.
Koexistenz bedeutet, dass Lebewesen unterschiedlicher Arten innerhalb eines Biotops unterschiedliche Ressourcen nutzen und somit im gleichen Lebensraum überleben können.

116 **a** In getrennten Kulturen zeigen die beiden Paramecium-Arten nach einer Eingewöhnungsphase ein exponentielles Wachstum, das anschließend in eine stationäre Phase übergeht. *P. caudatum* erreicht dieses Maximum erst etwas später als *P. aurelia*. *P. caudatum* liegt außerdem mit unter 200 Tieren pro *mℓ* Nährlösung deutlich unterhalb der Werte von *P. aurelia*.

b Der dargestellte Versuch veranschaulicht das **Konkurrenzausschlussprinzip**. Dieses besagt, dass zwei Arten mit völlig gleichen ökologischen Ansprüchen nicht dauerhaft im selben Biotop existieren können.
Die beiden Paramecium-Arten besetzten dieselbe ökologische Nische und konkurrieren um Nahrung und Lebensraum. *P. aurelia* erzeugt dabei schneller und mehr Nachkommen als *P. caudatum*. Da *P. aurelia* damit die konkurrenzstärkere Art ist, stirbt *P. caudatum* schließlich in der Mischkultur aus.

c Kommen die beiden Paramecium-Arten nebeneinander im selben Gewässer vor, haben sie nur dann eine Überlebenschance, wenn sie verschiedene Lebensräume bewohnen oder sich ihre ökologischen Ansprüche zumindest geringfügig voneinander unterscheiden. Durch die **Konkurrenzvermeidung** besetzen sie dann unterschiedliche ökologische Nischen.

117 **a** Alle aufgeführten Vogelarten fressen **Insekten**, haben sich für ihre Nahrungssuche aber auf **unterschiedliche Orte** im Wald spezialisiert: Während Schwalben im Flug fliegende Insekten jagen, durchsuchen Mönchsgrasmücken und Amseln das Unterholz bzw. die Bodenstreu. Spechte, Kleiber, Blaumeisen und Goldhähnchen wiederum suchen beispielsweise am selben Baum an unterschiedlichen Orten nach Nahrung.

b
- Unterschiedliche Größe der Nahrung (z. B. kleinere oder größere Insekten)
- Unterschiedliche Jagdzeiten (z. B. tagsüber oder nachts)
- Unterschiedliche Nahrungsarten (z. B. tierische oder pflanzliche)

118 **a**

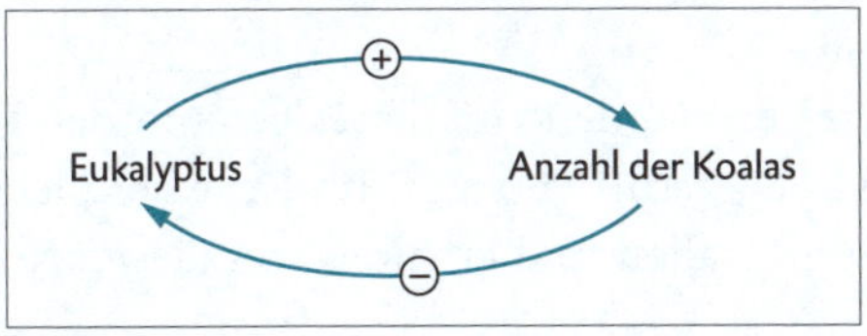

b **Vorteile:** Da die Koalas hauptsächlich in den Bäumen der jeweiligen Eukalyptusarten leben, ist die Nahrungssuche sehr zielgerichtet, effektiv und wenig energieaufwendig. Auch ist ihr gesamter Verdauungsapparat optimal an die Nutzung des Eukalyptus angepasst.

Risiken: Die genannten Vorteile werden jedoch zu Nachteilen, wenn durch äußere Einflüsse wie Rodungen der Wälder oder Waldbrände die Nahrung knapp wird. Das Aufsuchen neuer Nahrungsquellen kann problematisch werden und ein Ausweichen auf andere Nahrungsquellen ist nicht möglich.

119 Als **adaptive Radiation** wird die evolutive Entstehung vieler neuer Arten aus einer Stammart aufgrund von Angepasstheiten an die Umweltverhältnisse bezeichnet.

Auf den Galapagosinseln haben sich die 13 unterschiedlichen Arten der **Darwinfinken** vermutlich aus einer gemeinsamen Gründerpopulation entwickelt. Anfangs konnten sich die Individuen dieser Gründerpopulation aufgrund fehlender Fressfeinde sowie ausreichender Nahrung (z. B. Samen und Früchte) nahezu unbegrenzt vermehren. Durch die steigende Anzahl an Finken auf den Inseln herrschte jedoch bald Konkurrenz um die begrenzte Ressource Nahrung. Die Nachkommen der Gründerpopulation wiesen jedoch eine genetisch bedingte Variabilität hinsichtlich der Größe und der Form ihrer Schnäbel auf. Diese Variabilität bedeutete für manche Individuen eventuell Vorteile gegenüber den anderen Vögeln der Population, etwa dadurch, dass sie eine andere Nahrungsquelle nutzen konnten. Dadurch stieg der Selektionsvorteil des betreffenden Individuums und führte zu dessen erhöhten Fortpflanzungserfolg. Somit kam es zu einer Anreicherung der zugrundeliegenden Gene innerhalb der Population und zu einer Einnischung der Finken aufgrund von Nahrungsspezialisierung.

120 **Konvergenz:** Der Fachbegriff bezeichnet die durch die Angepasstheiten an vergleichbare Umweltbedingungen bedingte Entwicklung von analogen Merkmalen.

121 a Bei der beschriebenen **Mykorrhiza** werden die nicht mehr zur Fotosynthese befähigten Orchideen durch den Pilz ernährt. Dieser dürfte im Inneren der Wurzelzellen gut geschützt sein.

Die Korallenpolypen der **Steinkorallen** werden von den Algen mit den Fotosyntheseprodukten Glucose und Sauerstoff versorgt. Im Gegenzug leben die Algen geschützt im Inneren der Korallen und erhalten von diesen Kohlenstoffdioxid.

b **Erniedrigte pH-Werte:** Erniedrigte pH-Werte haben neben vielen anderen Einflüssen vor allem negative Auswirkungen auf Mykorrhizapilze. Wenn diese absterben, haben Pflanzen, die komplett auf die Ernährung durch die Pilze angewiesen sind, keine Überlebenschance.

Erhöhte Wassertemperaturen: Wenn sich die Wassertemperaturen erhöhen, werden die Algen von den Korallen abgestoßen. Die Polypen werden somit nicht mehr durch die Fotosyntheseprodukte der Algen versorgt. Aufgrund dessen ist das Wachstum der Korallen stark vermindert und sie sterben in der Regel ab.

122

Muscheln filtern Nahrung bestimmter Größe aus dem Wasser.	F
Rotfüchse erjagen beispielsweise Feldmäuse und Kaninchen.	F
Zecken saugen Blut an Reptilien, Vögeln oder Säugetieren.	P
Schnecken beißen als Weidegänger Pflanzenteile ab und zerkleinern diese.	F
Manche Ameisenarten „melken" Blattläuse, um von ihnen Honigtau zu erhalten. Dafür werden die Blattläuse von den Ameisen sogar in ihrem Nest überwintert.	S
Lupinen werden von Bakterien, die geschützt in von der Pflanze gebildeten Wurzelknöllchen leben, mit Stickstoff versorgt.	S
Eichhörnchen sammeln gezielt unter anderem Nüsse und Beeren als Nahrung.	F
Einige südostasiatische Arten der Eulenfalter ernähren sich mithilfe eines Stechrüssels von menschlichem Blut.	P

*Hinweis: Die Eichhörnchen finden nur etwa 30 % der Nahrungsvorräte wieder. Dadurch tragen sie zur Verbreitung ihrer Nahrungspflanzen bei. Somit könnte das Verhalten auch mit **S** beschrieben werden.*

123 a Der Begriff **Koevolution** beschreibt die wechselseitige Beeinflussung der Evolution zweier miteinander in Beziehung stehender Arten.

b Durch die gegenseitige Angepasstheit wird die Übertragung des Pollens von einer Pflanze auf die Narbe einer anderen Blüte und damit die Fremdbestäubung gewährleistet. Dies ist die Voraussetzung für die sexuelle Fortpflanzung der Pflanze. Die Pflanzen produzieren Pollen und Nektar, die die Bestäuber im Gegenzug zur Ernährung erhalten.

c Ein klarer **Vorteil** besteht darin, dass die Bestäuber durch ihre Spezialisierung nach dem Besuch einer Blüte der Vanille mit großer Wahrscheinlichkeit eine andere Blüte der gleichen Art besuchen und dadurch bestäuben. Die Fremdbestäubung erfolgt dadurch zielgerichteter und effektiver. Das **Risiko** liegt jedoch darin, dass die Vanille für ihre Vermehrung unbedingt auf die Tätigkeit bestimmter Bestäuber angewiesen ist. Nimmt die Anzahl der Individuen der betreffenden Tierarten in einer Region stark ab oder sterben sie sogar aus, ist das Überleben der Vanille demnach ebenfalls stark gefährdet. Je weniger Bestäuberarten für eine Pflanze infrage kommen, desto abhängiger ist sie demnach.

124 a Wasser spielt in den Zellen eine wichtige Rolle als:
- Reaktionspartner bei Stoffwechselvorgängen
- Lösemittel
- Transportmittel

Für Pflanzen und Tiere ist daher die Verfügbarkeit von Wasser in ihren Lebensräumen von entscheidender Bedeutung.

b 1 Verdunstung 2 Wolkenbildung 3 Niederschlag
4 Flusswasser 5 Seewasser 6 Versickerung
7 Grundwasser 8 Meerwasser

125 a

Ernährungsformen	Lebewesen des Ökosystems See, z. B.	Lebewesen des Ökosystems Wald, z. B.
Produzenten	Phytoplankton wie Grünalgen, Wasserpflanzen wie das Laichkraut	Flechten (Grünalgen samt Symbiosepartner Pilz), Bäume wie die Fichte und die Rotbuche
Pflanzenfresser (Konsumenten 1. Ordnung)	Vögel wie die Ente, Zooplankton wie die Bachflohkrebse	Insekten wie der Borkenkäfer, Säugetiere wie die Eichhörnchen
Fleischfresser (Konsumenten 2. Ordnung)	Friedfische wie Rotaugen	Insektenfresser wie die Spechte und die Schwalben
Fleischfresser (Konsumenten 3. Ordnung)	Raubfische wie der Hecht, Vögel wie der Fischadler	Greifvögel wie der Sperber und der Habicht
Allesfresser	Viele Fische wie die Bachforelle und der Karpfen	Säugetiere wie das Wildschwein bzw. der Rotfuchs, Vögel wie der Buchfink
Destruenten	Insektenlarven wie die Zuckmückenlarve, Schwämme, Muscheln wie die Teichmuschel	Pilze wie Baumschwämme, Bakterien, Ringelwürmer wie der Regenwurm
Parasiten	Muschellarven wie die der Flussperlmuschel	Bandwürmer wie der Fuchsbandwurm

b

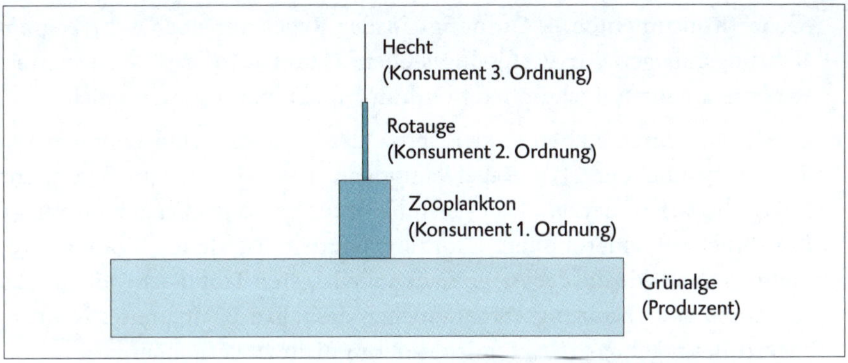

c Durch den **großflächigen Holzeinschlag** im Wald werden die Produzenten und damit auch die Nahrungsgrundlage der pflanzenfressenden und indirekt auch der fleischfressenden Tiere vernichtet. In den durch die Abholzung entstehenden Kahlflächen verändern sich die abiotischen Faktoren komplett und die ursprüngliche Lebensgemeinschaft wird zerstört. Nach einiger Zeit wird jedoch im Normalfall die Neubesiedelung des entstandenen Freiraums durch Pionierpflanzen stattfinden und somit die Entwicklung zu einem neuen Endzustand beginnen.
Karpfen fressen Zooplankton, welches sich wiederum von Phytoplankton (Algen) ernährt. Durch das **Abfischen** der Karpfen kann sich das Zooplankton sehr stark vermehren, was zu einer verstärkten Dezimierung der Algen führt. Da durch das Abfischen die Ausscheidungen der Karpfen sowie die Menge an toten Fischen abnehmen und auch weniger abgestorbene Phytoplankton-Organismen anfallen, reduziert sich die von den Destruenten freigesetzte Mineralstoffmenge, was sich ebenfalls negativ auf das Wachstum der Algen auswirkt. Vermutlich werden sich jedoch aufgrund der geringeren Nahrungskonkurrenz durch die Karpfen nach einer gewissen Zeit andere im Gewässer lebende zooplanktonfressende Fische stärker vermehren und dadurch die Zooplanktonmenge wieder reduzieren.

126 a Nach der 10%-Regel gehen bei jedem Trophiestufenübergang 90% der Energie z. B. in Form von Wärme verloren und nur 10% gelangen in die nächste Trophieebene. Von einem Pflanzenfresser (Konsument 1. Ordnung) zu einem Fleischfresser (Konsument 2. Ordnung) findet ein Übergang statt. Folglich muss ein Konsument 2. Ordnung zum Aufbau von 90 g Körpersubstanz 900 g Pflanzenfresser fressen.

b Der stufenweise Verlust sowohl an Energie als auch an Biomasse innerhalb einer Nahrungskette hat zur Folge, dass für die Lebewesen der 5. Trophieebene (Konsumenten 4. Ordnung) in der Regel nur noch sehr begrenzte Nahrungsmengen zur Verfügung stehen. Damit wäre das Überleben eines Endkonsumenten noch höherer Ordnung nicht bzw. kaum möglich.

c Endkonsumenten stehen an der Spitze der Biomasse- und Energiepyramiden. Aufgrund der 10 %-Regel benötigen sie viele Beutetiere, um ihren Energiebedarf zu decken. Da es sich bei ihrer Beute jedoch auch bereits um Konsumenten einer hohen Ordnung handelt, ist deren Biomasse nicht mehr so hoch wie die der Arten in den niedrigeren Trophieebenen. Endkonsumenten einer Nahrungskette brauchen deshalb z. B. ein breites Nahrungsspektrum und ein **großes Jagdrevier**, um nicht zu verhungern.

127 a **Produzenten** wie die grünen Pflanzen stellen durch die Fotosynthese aus dem in der Atmosphäre enthaltenen CO_2 (und Wasser) mithilfe der Lichtenergie energiereiche organische Stoffe wie Glucose her, in denen der Kohlenstoff gebunden ist. Die Stoffe werden zum Teil von den Pflanzen selbst durch die Zellatmung unter Energiegewinnung wieder abgebaut. Dabei wird der gebundene Kohlenstoff mithilfe von Sauerstoff wieder zu CO_2 umgewandelt und in die Atmosphäre abgegeben. Zellatmung wird jedoch nicht nur von den Pflanzen, sondern auch von den **Konsumenten** und **Destruenten** betrieben, denen die pflanzliche Biomasse als Nahrung dient. Auch sie geben das dabei entstehende Kohlenstoffdioxid an ihre Umgebung ab.

b

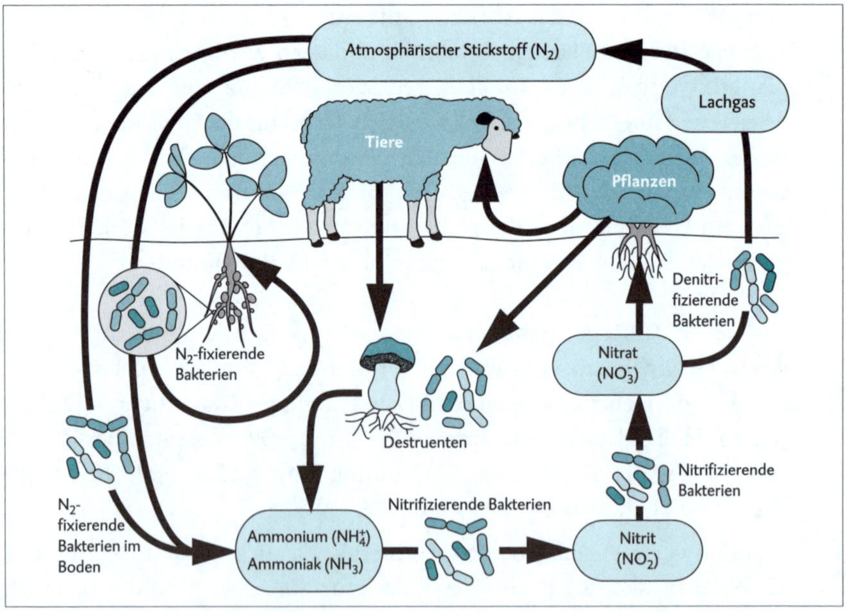

c Bei der Fotosynthese wird die im Sonnenlicht enthaltene Energie chemisch fixiert. Dazu sind nur die Produzenten in der Lage. Durch die Pflanzenfresser (Konsument 1. Ordnung) und die Fleischfresser (Konsument 2. Ordnung) werden die energiereichen organischen Stoffe innerhalb der Nahrungskette von Trophieebene zu Trophieebene weitergegeben, wobei bei jedem Übergang etwa 90 % z. B. als Wärme abgegeben werden und nur 10 % in der nächsten Ebene ankommen (10 %-Regel). Der Energiefluss innerhalb eines Ökosystems ist demnach ein offenes System und erfolgt nur in eine Richtung.

128 Buchen und Eichen wuchsen aufgrund des **Viehverbisses** nicht mehr so gut und so schnell. Dadurch waren die Bäume nicht mehr in der Lage, so viele Samen zu produzieren wie ohne die Schädigung. Die Verbreitung der Baumarten wurde zusätzlich eingeschränkt, da die Früchte samt den Samen gefressen wurden und sich so weniger junge Pflanzen entwickelten.
Durch das **Entfernen von Laub und Humus** kam es langfristig zu einer Verarmung des Bodens an Mineralstoffen, wodurch das Wachstum der angestammten Pflanzen beschränkt wurde. Eventuell siedelten sich sogar andere Pflanzenarten an, die an die nährstoffärmeren Bedingungen besser angepasst waren.

129 a Als Monokultur wird der Anbau einer bestimmten Pflanzenart auf einer großen Nutzfläche für einen bestimmten Zeitraum bezeichnet.

b Fichten und Kiefern zählen zu den wichtigsten forstwirtschaftlich genutzten Baumarten, da das von ihnen gelieferte Holz vielseitig als Brenn- oder Bauholz und bei der Herstellung von Möbeln verwendbar ist. Eine erhöhte Nachfrage macht eine effektivere Nutzung der zur Verfügung stehenden Anbauflächen nötig.
Die Beschränkung auf nur eine Pflanzenart in der Monokultur ermöglicht eine gezielte Ausrichtung, z. B. von Baumerntemaschinen und Schädlingsbekämpfungsmaßnahmen, auf das angebaute Produkt und liefert dadurch im Idealfall einen hohen Ertrag.

c Vor allem bei langjähriger und großflächiger Bewirtschaftung der Anbauflächen in Monokultur zeigen sich viele negative Folgen. Dazu zählen beispielsweise die erhöhte Erosionsgefahr, die Verarmung des Bodens durch die einseitige Beanspruchung, die Förderung der Artenarmut, die Gefahr der massenhaften Vermehrung von Schädlingen und die starke wirtschaftliche Abhängigkeit von einem einzigen Rohstoff.

In naturnahen Mischwäldern herrscht ein relativ stabiles ökologisches Gleichgewicht. Dadurch werden die Böden weniger stark beansprucht und das Ökosystem ist weniger anfällig für Schädlinge. Darüber hinaus können naturnahe Wälder vielseitiger genutzt werden.

130 Mögliche Auswirkungen der Eutrophierung im **Ökosystem See:**

- Eine erhöhte Zunahme des Nährstoffgehalts eines Gewässers bedingt ein verstärktes Pflanzenwachstum, vor allem von Algen.
- Daraufhin steigt auch die Biomasse der Konsumenten und Destruenten an.
- Damit erhöht sich auch die Menge an organischem Material, das auf den Gewässergrund sinkt, und der Sauerstoffverbrauch durch den aeroben Abbau nimmt zu.
- Dadurch kann es zum Absterben der im See lebenden Organismen kommen. Er „kippt um".

Mögliche Auswirkungen des Borkenkäferbefalls im **Ökosystem Wald:**

- Bei einer wirtschaftlichen Nutzung des Waldes entsteht für den Waldbesitzer durch das Absterben von Bäumen großer finanzieller Schaden.
- Der Befall von gesunden Bäumen schmälert deren Fotosyntheseleistung. Dadurch verringert sich die Menge der durch die Produzenten des Waldes erzeugten energiereichen organischen Stoffe. Auch die Sauerstoffproduktion geht zurück.
- Der Befall von Randbäumen und deren Schwächung bzw. Absterben verringert die Widerstandskraft des Waldbestands gegenüber Wind und Sturm. Dadurch können in der Folge noch mehr Bäume geschädigt werden, die dann wiederum vermehrt vom Schädling befallen werden.

Stichwortverzeichnis

Quellenverzeichnis

Umschlagbild: © adimas – Fotolia.com
S. 1: © Sebastian Kaulitzki/Dreamstime.com
S. 3, Abb. 2: Rahmann, H. und M.: Das Gedächtnis. Neurobiologische Grundlagen, Bergmann, München 1988, S. 105, Abb. 4.1 [ISBN 978-3-642-54183-4]
S. 9, Abb. 6 (verändert), S. 10, Abb. 7 (verändert), S. 17, unten (verändert), S. 216, Abb. 99: Peter Kornherr
S. 13, Abb. 10, links (verändert): © Wissen Media Verlag, Gütersloh
S. 16: Foto: MethoxyRoxy; http://commons.wikimedia.org/wiki/File:Pyramidal_hippocampal_neuron_40x.jpg?uselang=de; lizenziert unter der Creative Commons Attribution ShareAlike 2.5-Lizenz
S. 17, oben: Foto aus Dr. Jastrows elektronenmikroskopischem Atlas (www.drjastrow.de)
S. 19: © Temelko Temelov/Dreamstime.com
S. 28, Abb. 18: Claudia Bauer
S. 29, Abb. 19 (verändert): © Chittka, L., Brockmann, A. (2005): Perception Space — The Final Frontier; PLoS Biol 3(4): e137. doi:10.1371/journal.pbio.0030137
S. 36, oben: Verändert nach: Ignacio Icke, http://commons.wikimedia.org/wiki/File:Eye-diagram.svg; lizenziert unter der Creative Commons Attribution ShareAlike 3.0-Lizenz
S. 36, unten: Claudia Bauer
S. 37, unten: © senoldo – Fotolia.com
S. 41, Abb. 24, links: Foto: Quartl; http://commons.wikimedia.org/wiki/File:Inachis_io_qtl4.jpg?uselang=de; lizenziert unter der Creative Commons Attribution ShareAlike 3.0-Lizenz
S. 41, Abb. 24, rechts: © Reena – Fotolia.com
S. 48, Tab. 2: Daten nach: Holmes TH, Rahe RH: The Social Readjustment Rating Scale. In: Journal of Psychosomatic Research. Vol. 11, Nr. 2, 1967, S. 213–218
S. 52, oben: © Nikolai Sorokin/Dreamstime.com
S. 53, oben: © Laurie Barr/Dreamstime.com
S. 53, unten: © Fred De Bailliencourt/Dreamstime.com
S. 55: © Didier Kobi/Dreamstime.com
S. 57: © Subbotina/Dreamstime.com
S. 70 (Hintergrund): © L_amica – Fotolia.com
S. 73, Abb. 34: Lymphomas by Rachel Williams. © Lymphoma Association; http://www.lymphomas.org.uk/sites/default/files/pdfs/Lymphomas%20booklet.pdf
S. 83 (Hintergrund): © Natalia Bersukova/Dreamstime.com
S. 84: Verändert nach: CAMPBELL, NEIL A., REECE JANE B.: BIOLOGY, 8th Edition, Copyright © 2008. Reprinted by permission of Pearson Education, Inc., Upper Saddle River, NJ
S. 99: Abbildung: Sansculotte: http://commons.wikimedia.org/wiki/File:Grafik_pest.png?uselan; lizenziert unter der Creative Commons Attribution ShareAlike 1.0-Lizenz
S. 100, oben: © WHO, 2012
S. 100, unten: Abbildung: Percherie: http://commons.wikimedia.org/wiki/File:Borreliose.png; lizenziert unter der Creative Commons Attribution ShareAlike 3.0-Lizenz
S. 122 (Hintergrund): Foto: Clio20; http://commons.wikimedia.org/wiki/File:Minnakht_01.JPG?uselang=de; lizenziert unter der Creative Commons Attribution ShareAlike 3.0-Lizenz
S. 128, Abb. 58: © MEDICOM Pharma GmbH, www.medicom.de
S. 142: © Martinmark/Dreamstime.com
S. 145: BZgA, www.bzga.de
S. 154, oben: Verändert nach: CAMPBELL, NEIL A., REECE JANE B.: BIOLOGY, 8th Edition, Copyright © 2008. Reprinted by permission of Pearson Education, Inc., Upper Saddle River, NJ
S. 154, unten (Hintergrund): © Helder Almeida/Dreamstime.com
S. 155: Geisler, Linus S.: Innere Medizin. Lehrbuch für Pflegeberufe. 19. überarb. Aufl. © 2006 W. Kohlhammer GmbH, Stuttgart, S. 77
S. 166 (Klemmbrett): © Gina Sanders – Fotolia.com
S. 179: © blueringmedia – Fotolia.com
S. 180: © Liver Foundation

S. 193, Abb. 88, links: © Filip Fuxa/Dreamstime.com
S. 196, Abb. 90: U.S. Geological Survey
S. 201, Abb. 94, S. 206, Abb. 95, rechts, S. 211, S. 245, Abb. 114 (verändert), S. 246, Abb. 115 (verändert), S. 251, Abb. 117, S. 258, Abb. 120: Dr. Ole Müller
S. 208, Abb. 97, links: Foto: Tim Parkinson; http://commons.wikimedia.org/wiki/File:Fennec_Fox_@_Africa_Alive,_Lowestoft_2t4.jpg?uselang=de; lizenziert unter der Creative Commons Attribution ShareAlike 2.0-Lizenz
S. 208, Abb. 97, Mitte: Foto: Elias Neideck; http://commons.wikimedia.org/wiki/File:Jaculus_jaculus.jpg?uselang=de; lizenziert unter der Creative Commons Attribution ShareAlike 3.0-Lizenz
S. 208, Abb. 97, rechts: Foto: B. Simpson Cairocamels; http://commons.wikimedia.org/wiki/File:Dromedary_camel_dahab_egypt.jpg?uselang=de; lizenziert unter der Creative Commons Attribution ShareAlike 3.0-Lizenz
S. 212, oben: © Julia Tsokur/Dreamstime.com
S. 212, links: © Dinoprints, www.dinoprints.com
S. 212, Mitte: © Vichaya Kiatying-ansulee/Dreamstime.com
S. 212, rechts: © Cpdp/Dreamstime.com
S. 215, Tab. 13 (Grauhörnchen): © Bruce Macqueen/Dreamstime.com
S. 215, Tab. 13 (Eichhörnchen): © Michaël Biche – Fotolia.com
S. 217, Abb. 100: Stebbins, G.: Evolutionsprozesse, Grundbegriffe der modernen Biologie, Bd. 2. Urban Fischer Verlag, 2. Auflage 1980
S. 218, Abb. 101: Osche, Günther.: Evolution. Grundlagen, Erkenntnisse, Entwicklungen der Abstammungslehre. Freiburg: Herder 1978
S. 222, Abb. 104, S. 261: Eigene Darstellung nach: Todt, D.: Funk-Kolleg Biologie; Fischer Taschenbuch, 1976
S. 223, Abb. 105: © Thomas Freund, Tierheilpraxis Materia Medica, Bochum
S. 225, Abb. 106: © The McGraw-Hill Companies
S. 231, oben: Osche, Günther.: Evolution. Grundlagen, Erkenntnisse, Entwicklungen der Abstammungslehre. Freiburg: Herder 1972, S. 54
S. 231, unten (Hintergrund): © Zoom-zoom/Dreamstime.com
S. 231, unten links: Foto: S. Egli, WSL
S. 231, unten rechts: Foto: Bruno de Giusti; http://commons.wikimedia.org/wiki/File:Healthy_corals.jpg?uselang=ka; lizenziert unter der Creative Commons Attribution ShareAlike 2.5-Lizenz
S. 238, Tab. 14, Hitzewüste: Foto: Joachim Huber; http://commons.wikimedia.org/wiki/File:Ballooning,_Swakopmund_Namibia_(3052376323).jpg; lizenziert unter der Creative Commons Attribution ShareAlike 2.0-Lizenz
S. 239, Tab. 14, Savanne: © Vladimir Kondrachov – Fotolia.com
S. 239, Tab. 14, Tundra: Foto: APL; http://commons.wikimedia.org/wiki/File:Bolshezemelskaja_tundra_1.JPG; lizenziert unter der Creative Commons Attribution ShareAlike 2.0-Lizenz
S. 239, Tab. 14, Tropischer Regenwald: Aus: © 2006 Virginia Gewin; Gewin V (2006) Beyond Neutrality—Ecology Finds Its Niche. PLoS Biol 4(8): e278. doi:10.1371/journal.pbio.0040278
S. 239, Tab. 14, Hochmoor: Foto: Ballogie; http://commons.wikimedia.org/wiki/File:Raised_Bog_-_geograph.org.uk_-_1243626.jpg; lizenziert unter der Creative Commons Attribution ShareAlike 2.0-Lizenz
S. 239, Tab. 14, Fließgewässer: Foto: Fabien Léonard; http://commons.wikimedia.org/wiki/ File:Calonne_(Les_Br%C3%A9ards).JPG; lizenziert unter der Creative Commons Attribution ShareAlike 3.0-Lizenz
S. 240, Tab. 14, Meer: Foto: MrJoker07; http://commons.wikimedia.org/wiki/File:Sunset_in_Jazan.jpg; lizenziert unter der Creative Commons Attribution ShareAlike 3.0-Lizenz
S. 240, Tab. 14, Wattenmeer: Foto: C. Löser; http://commons.wikimedia.org/wiki/File:Friedrichskoog_Wattenmeer_Bohrinsel-Mittelplate-A_SL274992.JPG; lizenziert unter der Creative Commons Attribution ShareAlike 3.0-Lizenz
S. 240, Tab. 14, Korallenriff: Foto: Nick Hobgood; http://commons.wikimedia.org/wiki/File:Timor_Coral_Reef.jpg; lizenziert unter der Creative Commons Attribution ShareAlike 3.0-Lizenz
S. 253, Abb. 118, Mitte: © mirpic – Fotolia.com
S. 264, Infotext: http://www.atmosphere.mpg.de/enid/Nr_8_April_2__6_Ozon___N2_Kreislauf/C__Der_Stickstoffkreislauf_5ln.html; © Dr. Elmar Uherek, Max-Planck-Institut für Chemie
S. 265: © Dmitry Vereshchagin – Fotolia.com
S. 266, Borkenkäfer: Foto: Nationalpark Bayerischer Wald
S. 266, Fraßgänge: Foto: Thomas Bresson; http://commons.wikimedia.org/wiki/File:2011-11-30_21-25-37-scolytinae-sp.jpg; lizenziert unter der Creative Commons Attribution ShareAlike 3.0-Lizenz
S. 267: © creative soul – Fotolia.com

Der Verlag hat sich bemüht, die Urheber der in diesem Werk abgedruckten Abbildungen ausfindig zu machen. Wo dies nicht gelungen ist, bitten wir diese, sich gegebenenfalls an den Verlag zu wenden.

Ihre Meinung ist uns wichtig!

Ihre Anregungen sind uns immer willkommen. Bitte informieren Sie uns mit diesem Schein über Ihre Verbesserungsvorschläge!

Titel-Nr.	Seite	Vorschlag

Bitte hier abtrennen

Lernen • Wissen • Zukunft
STARK

Zutreffendes bitte ankreuzen!

Die Absenderin/der Absender ist:

- ☐ Lehrer/in in den Klassenstufen: ______
- ☐ Fachbetreuer/in
  Fächer: ______
- ☐ Seminarlehrer/in
  Fächer: ______
- ☐ Regierungsfachberater/in
  Fächer: ______
- ☐ Oberstufenbetreuer/in
- ☐ Schulleiter/in
- ☐ Referendar/in, Termin 2. Staatsexamen: ______
- ☐ Leiter/in Lehrerbibliothek
- ☐ Leiter/in Schülerbibliothek
- ☐ Sekretariat
- ☐ Eltern
- ☐ Schüler/in, Klasse: ______
- ☐ Sonstiges: ______

Unterrichtsfächer: (Bei Lehrkräften!)

______

STARK Verlag
Postfach 1852
85318 Freising

23-V1M
Bitte ausfüllen und im frankierten Umschlag an uns einsenden. Für Fensterkuverts geeignet.

Kennen Sie Ihre Kundennummer?
Bitte hier eintragen.

Absender (Bitte in Druckbuchstaben!)

Name/Vorname

Straße/Nr.

PLZ/Ort/Ortsteil

Telefon privat

Geburtsjahr

E-Mail

Schule/Schulstempel (Bitte immer angeben!)

Bitte hier abtrennen

(Bitte blättern Sie um)